江苏省高等学校重点教材(编号：2021-1-054)
高等职业教育建设工程管理类专业“十四五”数字化新形态教材

建筑工程计量与计价(第三版)

赵勤贤　沈艳峰　主　编
陈宗丽　严红霞　副主编
吕　晶　徐秀维　主　审

中国建筑工业出版社

图书在版编目(CIP)数据

建筑工程计量与计价 / 赵勤贤，沈艳峰主编 ；陈宗丽，严红霞副主编. — 3版. — 北京 ：中国建筑工业出版社，2023.2 (2024.6重印)

江苏省高等学校重点教材 高等职业教育建设工程管理类专业“十四五”数字化新形态教材

ISBN 978-7-112-28162-6

Ⅰ. ①建… Ⅱ. ①赵… ②沈… ③陈… ④严… Ⅲ. ①建筑工程—计量—高等职业教育—教材②建筑造价—高等职业教育—教材 Ⅳ. ①TU723.3

中国版本图书馆CIP数据核字(2022)第215406号

本教材延续了前版任务引领型的编写思路，根据课程实际需要，划分为3个学习情境：计价基础知识、应用定额计价法编制建筑工程施工图预算和应用清单计价法编制建筑工程施工图预算。为强化教学效果，教材设计了学习工作页并在其中设置了各教学任务的对应习题与实训内容，体现理实一体，锻炼学生的实操能力与综合素质。

教材中设置了思政学习内容，确保实现“德才兼备”的人才培养目标。

根据《关于公布2021年高等学校重点教材立项建设名单和第八批出版名单的通知》，本教材获评江苏省高等学校重点教材，编号：2021-1-054。

本教材可作为职业教育工程造价专业、建设工程管理专业及相关专业的课程教材，也可作为工程造价从业人员的学习、参考材料。

为更好地支持相应课程的教学，我们向采用本书作为教材的教师提供教学课件，有需要者可与出版社联系，邮箱：jckj@cabp.com.cn，电话：(010) 58337285，建工书院 http://edu.cabplink.com。

* * *

责任编辑：吴越恺　张　晶
责任校对：李美娜

江苏省高等学校重点教材(编号：2021-1-054)
高等职业教育建设工程管理类专业“十四五”数字化新形态教材
建筑工程计量与计价(第三版)
赵勤贤　沈艳峰　主　编
陈宗丽　严红霞　副主编
吕　晶　徐秀维　主　审
*
中国建筑工业出版社出版、发行(北京海淀三里河路9号)
各地新华书店、建筑书店经销
北京红光制版公司制版
北京圣夫亚美印刷有限公司印刷
*
开本：787毫米×1092毫米　1/16　印张：27¾　字数：685千字
2023年2月第三版　2024年6月第二次印刷
定价：**59.00**元(含学习工作页、赠教师课件)
ISBN 978-7-112-28162-6
(40608)

第三版前言

本教材依据行动导向法的教学思维模式，按照“理论够用，实践为重”的原则，以培养实用为主、技能为本的应用型人才为出发点，根据《高等职业教育工程造价专业教学基本要求》编写。教材内容符合现行的国家标准和行业标准，并强调内容的先进性、针对性和实用性。

本教材摒弃了传统的教材编写模式，实施“双项目并行”的编写模式，分别精心设计两个课程项目——项目1和项目2，以项目及任务驱动为主线动力，构建“学习情境＋项目＋任务”结构。根据实际岗位工作的需要和工程造价岗位工作任务的特点确定学习情境、任务与内容。项目1为课内项目，通过项目分析和项目实施，引导学生做中学，学中做；通过知识支撑，引导强化理论知识和典型案例学习，达到开拓学生视野、实现综合能力和单项能力的有效训练；项目2为课外学生独立完成项目，引导学生循序渐进地掌握本课程的知识和技能。教材内容从企业实际项目中由简到难选取典型工作任务，做到既能满足学生就业初期从事造价岗位的基本需求，又能奠定学生以后成长为注册造价工程师的可持续发展的基础。

整个教材内容以最新的《江苏省建筑与装饰工程计价定额》(2014)为依据，并紧密结合最新的《建设工程工程量清单计价规范》GB 50500—2013，《房屋建筑与装饰工程工程量计算规范》GB 50854—2013，《建筑工程建筑面积计算规范》GB/T 50353—2013，《江苏省建设工程费用定额》(2014年)，《江苏省住房城乡建设厅关于〈建设工程工程量清单计价规范〉及其9本工程量计算规范的贯彻意见》(苏建价〔2014〕448号)，《江苏省住房城乡建设厅关于建筑业实施营改增后江苏省建设工程计价依据调整的通知》(苏建价〔2016〕154号)，《江苏省住房城乡建设厅关于调整建设工程按质论价等费用计取方法的公告》(苏建函价〔2018〕24号)《江苏省住房城乡建设厅关于建筑工人实名制费用计取方法的公告》(〔2019〕19号)来展开，结合实际项目，与施工现场实际工程造价计算对接紧密，涵盖了房屋建筑与装饰工程的工程造价费用计算过程。课程内容的组织和编写符合教学规律和认知规律，具有较强的启发性、可操作性和指导性，能够激发学生学习兴趣，有利于培养学生的学习能力、实践能力和应变能力。编写层次分明，条理清楚；图文并茂，适用性强。

全教材由常州工程职业技术学院赵勤贤、常州科教城置业发展有限公司沈艳峰任主编，常州工程职业技术学院陈宗丽、严红霞任副主编，常州工程职业技术学院张传秀、江苏通达建设集团有限公司王洪良参与编写。其中，学习情境2中的任务2.1、任务2.5、任务2.6、学习情境3、附录3、附录4由赵勤贤编写；附录1、附录2由沈艳峰编写；学习情境2中的任务2.3、任务2.7、任务2.8、任务2.10、任务2.11、任务2.13由陈宗丽编写；学习情境1、学习情境2中的任务2.2、任务2.4、任务2.9、任务2.12由严红霞编写；常州工程职业技术学院张传秀、江苏通达建设集团有限公司王洪良分别参与了学习情境2中的任务2.9装饰分项部分内容的编写。常州工程造价管理处吕晶(高级工程师，注册造价工程师)和常州工程职业技术学院徐秀维教授任本教材主审，审阅了本教材全稿并提出许多宝贵的意见和建议，在此深表感谢。

本教材在编写过程中，参考了国家和省市颁发的有关清单计价方法和江苏省建设工程造价员资格考试辅导方面的资料，并得到了许多同行的支持与帮助，在此一并致谢！

由于时间仓促，加之作者水平有限，书中难免存在欠妥之处，恳请各位同仁和读者批评指正。

2022 年 2 月

第二版前言

本书依据行动导向法的教学思维模式，按照“理论够用，实践为重”的原则，以培养实用为主、技能为本的应用型人才为出发点，根据工程造价专业教学基本要求编写。教材内容符合现行的国家标准和行业标准，并强调内容的先进性、针对性和实用性。

全书摒弃了传统的教材编写模式，采用了任务引领型的教材编写模式，以学习情境、任务的层次来编写，具体分为五个学习情境，分别为计价基础、建筑工程分部分项工程费定额计价、装饰工程分部分项工程费定额计价、计算措施项目费、工程量清单计价。其中学习情境2的各个任务过程打破了传统的按定额章节安排的顺序，把在工程量计算中有关联的分部分项按计算时的前后依赖关系进行有序排列。每个任务均是以附录中的某车间项目计价为主线展开，目的是使读者初步理解工程量计算、计价的技术路线、计算规则应用和方法步骤。由于建筑物结构形式多样，项目中没有涉及的教材通过引入案例的方式进行补充，建议任务实施时可以由教师与学生共同设置情景，进行角色定位，合理分配任务，同时，在教学过程中可设置平行课外项目进行能力训练与提升，以培养和提高学生学习本课程的兴趣，实现教学目标。整个教材内容以最新的《江苏省建筑与装饰工程计价定额》(2014年)为依据，并紧密结合最新的《建设工程工程量清单计价规范》GB 50500—2013，《房屋建筑与装饰工程工程量计算规范》GB 50854—2013，《建筑工程建筑面积计算规范》GB/T 50353—2013，《江苏省建设工程费用定额》(2014年)，江苏省住房城乡建设厅关于《建设工程工程量清单计价规范》及其9本工程量计算规范的贯彻意见(苏建价〔2014〕448号)来展开，结合实际项目，与施工现场工程造价计算对接紧密，涵盖了房屋建筑与装饰工程的工程造价费用计算过程。课程内容的组织和编写符合教学规律和认知规律，具有较强的启发性，可操作性和指导性，能够激发学生的学习兴趣，有利于培养学生的学习能力、实践能力和应变能力。编写层次分明，条理清楚；图文并茂，适用性强。

全书由常州工程职业技术学院赵勤贤、徐秀维任主编，楼晓雯、陈宗丽、张传秀任副主编。其中学习情境1、学习情境2中的任务2.1、任务2.6由常州工程职业技术学院徐秀维编写，学习情境2中的任务2.4、学习情境4中的任务4.2、任务4.3及附录1～附录4由常州工程职业技术学院楼晓雯编写，学习情境2中的任务2.2、任务2.3、任务2.5由常州工程职业技术学院陈万鹏编写，学习情境3由常州工程职业技术学院张传秀、江苏建筑职业技术学院张晓丹编写，学习情境2中的任务2.8、任务2.9、任务2.10、学习情境4中的任务4.4由常州工程职业技术学院陈宗丽编写，学习情境2中的任务2.7、学习情境5和附录5由常州工程职业技术学院赵勤贤、常州第一建筑工程有限公司许华阳编写，学习情境2中的任务2.11、学习情境4中的任务4.1由江苏常州建设高等职业技术学校易丹编写。常州工程造价管理处吕晶(高级工程师，注册造价工程师)和常州工程职业技术学院郑惠虹(副教授、高级工程师)审阅了全书，并提出许多宝贵的意见和建议，在此深表感谢。

本书获评“十二五”江苏省高等学校重点教材(编号：2014-1-125)。编写过程中，本书参考了国家和省市颁发的有关清单计价方法和江苏省建设工程造价员资格考试辅导方面的资料，并得到了许多同行的支持与帮助，在此一并致谢！

由于时间仓促，加之作者水平有限，书中难免存在欠妥之处，恳请各位同仁和读者批评指正。

2015年2月

第一版前言

本书是在项目化课程改革精神的指导下，本着“理论够用，实践为重”的原则，以培养实用为主、技能为本的应用型人才为出发点，依据工程造价专业教学基本要求编写。教材内容符合现行的国家标准和行业标准，并强调内容的先进性、针对性和实用性。

全书摒弃了传统的教材编写模式，采用了任务引领型的教材编写模式，以任务、过程的层次来编写，具体分为五个任务，任务 1 为计算建筑工程分部分项工程费，任务 2 为计算装饰工程分部分项工程费，任务 3 为计算措施项目费，任务 4 为工程量清单计价，任务 5 为计算工程造价。其中任务 1 的过程打破了传统的按定额章节安排的顺序，把在工程量计算中有关联的分部分项按前后依赖关系进行有序排列。整个教材内容以《江苏省建筑与装饰工程计价表》(2004)为依据，并紧密结合最新的《建设工程工程量清单计价规范》GB 50500—2008，江苏省建设厅关于《建设工程工程量清单计价规范》GB 50500—2008 的贯彻意见(苏建价〔2009〕40 号)和《江苏省建设工程费用定额》(2009)来展开。课程内容的组织和编写符合教学规律和认知规律，具有较强的启发性、可操作性和指导性，能够激发学生的学习兴趣，有利于培养学生的学习能力、实践能力和应变能力。编写层次分明，条理清楚，图文并茂，适用性强。

全书由常州工程职业技术学院赵勤贤主编，楼晓雯副主编。其中绪论、过程 1.1、1.5 及附录 3～附录 6 由常州工程职业技术学院楼晓雯编写，过程 1.2、1.4 由常州工程职业技术学院陈万鹏编写，过程 1.3、3.2 由常州工程职业技术学院张传秀编写，过程 1.7、1.8 及过程 3.3～3.5 由常州工程职业技术学院陈宗丽编写，过程 1.6.1～1.6.3、3.1、任务 4、任务 5 和附录 1、附录 2 由常州工程职业技术学院赵勤贤编写，过程 1.6.4 由常州第一建筑工程有限公司许华阳编写，过程 1.9、1.10 由江苏常州建设高等职业技术学校易丹编写，任务 2 由徐州建筑职业技术学院张晓丹编写，常州工程造价管理处吕晶(高级工程师，注册造价工程师)和常州工程职业技术学院徐秀维(高级工程师，副教授)审阅了全书，并提出许多宝贵的意见和建议，在此深表感谢。

本书在编写过程中，参考了国家和省市颁发的有关清单计价方法和江苏省建设工程造价员资格考试辅导方面的资料，并得到了许多同行的支持与帮助，在此一并致谢！

由于时间仓促，加之作者水平有限，书中难免存在欠妥之处，恳请各位同仁和读者批评指正。

2010 年 7 月

目　录

学习情境1　计 价 基 础 知 识

知识目标

1. 理解工程类别划分及工程取费标准的划分；
2. 掌握工程项目费用组成及工程造价计算程序；
3. 掌握分部分项工程包含的内容及计算方法；
4. 掌握措施项目费包含的内容及计算方法；
5. 掌握其他项目包含的内容及计算方法；
6. 掌握规费和税金的组成和取费标准。

能力目标

课程介绍

1. 能够根据相关规定划分工程类别；
2. 能确定工程造价组成；
3. 能区分不可竞争费用并能正确取费；
4. 能正确确定取费费率。

素质目标

1. 养成正确使用规范标准的习惯；
2. 善于自主学习、研究式学习；
3. 能主动与人沟通交流，表达自己的想法；
4. 能有计划地学习和生活。

思政目标

1. 培养学生的规范意识和市场竞争意识，在法律允许的条件下合理报价；
2. 培养学生主动关心行业和国家发展动态，了解行业规范和规则。

任务1.1　建筑与装饰工程费用计算规则

1.1.1　建筑与装饰工程费用的分类解析

1. 按建设行政管理部门规定划分

（1）不可竞争费用

安全文明施工费、工程按质论价费、规费和税金等费用为不可竞争费用，应按规定标准计取。

（2）可竞争费用

除不可竞争费用以外的其他费用，如人工费、材料费、施工机具使用费、企业管理费、利润、除现场安全文明施工费、工程按质论价费用外的措施项目费等为可竞争费用。

2. 按工程取费标准划分

（1）建筑工程按工程规模、工程用途、施工难易程度等划分为三类：一类工程、二类工程和三类工程取费标准。

（2）单独装饰工程不分工程类别。

（3）包工不包料工程。

（4）点工。

3. 按费用项目计算方式划分

（1）按照计价定额子目套用计算确定，主要有：分部分项工程费；措施项目中的单价措施项目费，包括脚手架工程、混凝土模板及支架（撑）、垂直运输、超高施工增加、大型机械进（退）场及安拆、施工排水降水；总价措施项目中的二次搬运等。

（2）按照费用计算规则提供的系数计算确定，主要有：措施项目中的安全文明施工、夜间施工、非夜间施工照明、冬雨季施工、已完工程及设备保护费、临时设施费、赶工措施费、工程按质论价费、建筑工人实名制费、住宅分户验收和其他项目费中的总承包服务费等。

（3）按照发包人提供的金额列项，主要有其他项目费中的暂列金额、材料（工程设备）暂估单价、专业工程暂估价；发包人供应材料（工程设备）单价等。

（4）按照有关部门规定标准计算，主要有：规费及税金。

1.1.2 建筑工程类别划分及说明

1. 建筑工程类别划分（表 1-1-1）

建筑工程类别划分 **表 1-1-1**

项目	类别		单位	一类	二类	三类
工业建筑	单层	檐口高度	m	≥20	≥16	<16
		跨度	m	≥24	≥18	<18
	多层	檐口高度	m	≥30	≥18	<18
民用建筑	住宅	檐口高度	m	≥62	≥34	<34
		层数	层	≥22	≥12	<12
	公共建筑	檐口高度	m	≥56	≥30	<30
		层数	层	≥18	≥10	<10
构筑物	烟囱	混凝土结构高度	m	≥100	≥50	<50
		砖结构高度	m	≥50	≥30	<30
	水塔	高度	m	≥40	≥30	<30
	筒仓	高度	m	≥30	≥20	<20
	贮池	容积（单体）	m³	≥2000	≥1000	<1000
	栈桥	高度	m	—	≥30	<30
		跨度	m	—	≥30	<30
大型机械吊装工程	檐口高度		m	≥20	≥16	<16
	跨度		m	≥24	≥18	<18
桩基础工程	预制混凝土（钢板）桩长		m	≥30	≥20	<20
	灌注混凝土桩长		m	≥50	≥30	<30
大型土(石)方工程	单位工程挖或填土（石）方容量		m³	≥5000		

2. 建筑工程类别划分说明

（1）工程类别划分是根据不同的单位工程按施工难易程度，结合江苏省建筑工程项目管理水平确定的。

（2）不同层数组成的单位工程，当高层部分的面积（竖向切分）占总面积30%以上时，按高层的指标确定工程类别，不足30%的按低层指标确定工程类别。

（3）建筑物、构筑物高度系指设计室外地面标高至檐口顶标高（不包括女儿墙，高出屋面的电梯间、楼梯间、水箱间等的高度）；跨度系指轴线之间的宽度。

（4）工业建筑工程：指从事物质生产和直接为生产服务的建筑工程，主要包括生产（加工）车间、实验车间、仓库、独立实验室、化验室、民用锅炉房、变电所和其他生产用建筑工程。

（5）民用建筑工程：指直接用于满足人们的物质和文化生活需要的非生产性建筑，主要包括：商住楼、综合楼、办公楼、教学楼、宾馆、宿舍及其他民用建筑工程。

（6）构筑物工程：指与工业与民用建筑工程相配套且独立于工业与民用建筑的工程，主要包括烟囱、水塔、仓类、池类、栈桥等。

（7）桩基础工程：指天然地基上的浅基础不能满足建筑物、构筑物稳定要求而采用的一种深基础，主要包括各种现浇和预制桩。

（8）强夯法加固地基、基础钢筋混凝土支撑和钢支撑均按建筑工程二类标准执行。深层搅拌桩、粉喷桩、基坑锚喷护壁按制作兼打桩三类标准执行。专业预应力张拉施工如主体为一类工程按一类工程取费；主体为二、三类工程均按二类工程取费。钢板桩按打预制桩标准取费。

（9）预制构件制作工程类别划分按相应的建筑工程类别划分标准执行。

（10）与建筑物配套的零星项目，如化粪池、检查井、围墙、道路、下水道、挡土墙等，均按三类标准执行。

（11）建筑物加层扩建时要与原建筑物一并考虑套用类别标准。

（12）确定类别时，地下室、半地下室和层高小于2.2m的楼层均不计算层数。空间可利用的坡屋顶或顶楼的跃层，当净高超过2.1m部分的水平面积与标准层建筑面积相比达到50%以上时应计算层数。底层车库（不包括地下或半地下车库）在设计室外地面以上部分不小于2.2m时，应计算层数。

（13）基槽坑回填砂、灰土、碎石工程量不执行大型土石方工程，按相应的主体建筑工程类别标准执行。

（14）凡工程类别标准中，有两个指标控制的，只要满足其中一个指标即可按该指标确定工程类别。

（15）单独地下室工程按二类标准取费，如地下室建筑面积≥10000m^2则按一类标准取费。

（16）有地下室的建筑物，工程类别不低于二类。

（17）多栋建筑物下有连通的地下室时，地上建筑物的工程类别同有地下室的建筑物；其地下室部分的工程类别同单独地下室工程。

（18）桩基工程类别有不同桩长时，按照超过30%根数的设计最大桩长为准。同一单位工程内有不同类型的桩时，应分别计算。

(19) 施工现场完成加工制作的钢结构工程费用标准按照建筑工程执行。

(20) 加工厂完成制作，到施工现场安装的钢结构工程（包括网架屋面），安全文明施工措施费按单独发包的构件吊装标准执行。加工厂为施工企业自有的，钢结构除安全文明施工措施费外，其他费用标准按建筑工程执行。钢结构为企业成品购入的，钢结构以成品预算价格计入材料费，费用标准按照单独发包的构件吊装工程执行。

(21) 在确定工程类别时，对于工程施工难度很大的（如建筑造型、结构复杂，采用新的施工工艺的工程等），以及工程类别标准中未包括的特殊工程，如展览中心、影剧院、体育馆、游泳馆等，由当地工程造价管理机构根据具体情况确定，报上级造价管理机构备案。

3. 单独装饰工程类别划分及说明

(1) 单独装饰工程是指建设单位单独发包的装饰工程，不分工程类别。

(2) 幕墙工程按照单独装饰工程取费。

1.1.3 建筑与装饰工程费用组成与计算方法解析

按照《关于全面推开营业税改征增值税试点的通知》（财税〔2016〕36号），“营改增”后，建设工程计价分为一般计税方法和简易计税方法。除清包工工程、甲供工程、合同开工日期在2016年4月30日前的建设工程可采用简易计税方法外，其他一般纳税人提供建筑服务的建设工程，采用一般计税方法。

建筑与装饰工程费用由分部分项工程费、措施项目费、其他项目费、规费和税金组成。采用一般计税方法的建设工程费用组成中的分部分项工程费、措施项目费、其他项目费、规费中均不包含增值税可抵扣进项税额。采用简易计税方法的建设工程费用组成中的分部分项工程费、措施项目费、其他项目费包含增值税可抵扣进项税额，建设工程造价除税金费率、甲供材料和甲供设备费用扣除程序调整外，均与《江苏省建设工程费用定额（2014年）》原规定一致。

1. 分部分项工程费的组成与计算方法

分部分项工程费是指各专业工程的分部分项工程应予列支的各项费用，由人工费、材料费、施工机具使用费、企业管理费和利润构成。

分部分项工程费＝工程量×（除税）综合单价

综合单价指的是完成一个规定清单项目所需的人工费、材料和设备费、施工机具使用费、企业管理费、利润及一定范围内的风险费用。

风险费用指的是隐含于已标价工程量清单综合单价中，用于化解发承包双方在工程合同中约定内容和范围内的市场价格波动风险的费用。

综合单价的组成如下：

(1) 人工费：是指按工资总额构成规定，支付给从事建筑安装工程施工的生产工人和附属生产单位工人的各项费用。人工费内容包括：计时工资或计件工资、奖金、津贴补贴、加班加点工资、特殊情况下支付的工资。

人工费＝人工消耗量×人工单价

(2) 材料费：是指施工过程中耗费的原材料、辅助材料、构配件、零件、半成品或成品、工程设备的费用。材料费内容包括：材料原价、运杂费、运输损耗费、采购及保管费。

工程设备是指房屋建筑及其配套的构成或计划构成永久工程一部分的机电设备、金属结构设备、仪器装置等建筑设备，包括附属工程中电气、采暖、通风空调、给水排水、通信及建筑智能等为房屋功能服务的设备，不包括工艺设备。具体划分标准见《建设工程计价设备材料划分标准》GB/T 50531—2009。明确由建设单位提供的建筑设备，其设备费用不作为计取税金的基数。

材料费＝材料消耗量×(除税)材料单价

(3) 施工机具使用费：是指施工作业所发生的施工机械、仪器仪表使用费或其租赁费。包含施工机械使用费、仪器仪表使用费。

施工机具使用费＝机械消耗量×(除税)机械单价

(4) 企业管理费：是指施工企业组织施工生产和经营管理所需的费用。

企业管理费＝(人工费＋施工机具使用费)×费率

(5) 利润：是指施工企业完成所承包工程获得的盈利。

利润＝(人工费＋施工机具使用费)×费率

2. 措施项目费的组成与计算方法

(1) 措施项目费的组成

措施项目费是指为完成建设工程施工，发生于该工程施工前和施工过程中的技术、生活、安全、环境保护等方面的费用。

根据现行工程量清单计算规范，措施项目费分为单价措施项目与总价措施项目。

单价措施项目是指在现行工程量清单计算规范中有对应工程量计算规则，按人工费、材料费、施工机具使用费、管理费和利润形式组成综合单价的措施项目。单价措施项目根据专业不同，包括的项目不同，其中建筑与装饰工程措施项目包括：脚手架工程；混凝土模板及支架（撑）；垂直运输；超高施工增加；大型机械设备进出场及安拆；施工排水、降水。

总价措施项目是指在现行工程量清单计算规范中无工程量计算规则，以总价（或计算基础乘费率）计算的措施项目。其中各专业都可能发生的通用总价措施项目如下：

1）安全文明施工：为满足施工安全、文明、绿色施工以及环境保护、职工健康生活所需要的各项费用。本项为不可竞争费用，包括基本费、标化工地增加费和扬尘污染防治增加费三部分费用。

① 环境保护包含范围：现场施工机械设备降低噪声、防扰民措施费用；水泥和其他易飞扬细颗粒建筑材料密闭存放或采取覆盖措施等费用；工程防扬尘洒水费用；土石方、建渣外运车辆冲洗、防洒漏等费用；现场污染源的控制、生活垃圾清理外运、场地排水排污措施的费用；采取移动式降尘喷头、喷淋降尘系统、雾炮机、围墙绿植、环境监测智能化系统等环境保护措施所发生的费用；其他环境保护措施费用。

② 文明施工包含范围："五牌一图"费用；现场围挡的墙面美化（包括内外粉刷、刷白、标语等）、压顶装饰费用；现场厕所便槽刷白、贴面砖，水泥砂浆地面或地砖费用，建筑物内临时便溺设施费用；其他施工现场临时设施的装饰装修、美化措施费用；现场生

活卫生设施费用；符合卫生要求的饮水设备、淋浴、消毒等设施费用；生活用洁净燃料费用；防煤气中毒、防蚊虫叮咬等措施费用；施工现场操作场地的硬化费用；现场绿化费用、治安综合治理费用、现场电子监控设备费用；现场配备医药保健器材、物品费用和急救人员培训费用；用于现场工人的防暑降温费、电风扇、空调等设备及用电费用；其他文明施工措施费用。

③安全施工包含范围：安全资料、特殊作业专项方案的编制，安全施工标志的购置及安全宣传的费用；“三宝”（安全帽、安全带和安全网）、“四口”（楼梯口、电梯井口、通道口和预留洞口），“五临边”（阳台围边、楼板围边、屋面围边、槽坑围边和卸料平台两侧），水平防护架、垂直防护架、外架封闭等防护的费用；施工安全用电的费用，包括配电箱三级配电、两级保护装置要求、外电防护措施；起重机、塔式起重机等起重设备（含井架、门架）及外用电梯的安全防护措施（含警示标志）费用及卸料平台的临边防护、层间安全门、防护棚等设施费用；建筑工地起重机械的检验检测费用；施工机具防护棚及其围栏的安全保护设施费用；施工安全防护通道的费用；工人的安全防护用品、用具购置费用；消防设施与消防器材的配置费用；电气保护、安全照明设施费；其他安全防护措施费用。

④绿色施工包含范围：建筑垃圾分类收集及回收利用费用；夜间焊接作业及大型照明灯具的挡光措施费用；施工现场办公区、生活区使用节水器具及节能灯具增加费用；施工现场基坑降水储存使用、雨水收集系统、冲洗设备用水回收利用设施增加费用；施工现场生活区厕所化粪池、厨房隔油池设置及清理费用；从事有毒、有害、有刺激性气味和强光、噪声施工人员的防护器具；现场危险设备、地段、有毒物品存放地安全标识和防护措施；厕所、卫生设施、排水沟、阴暗潮湿地带定期消毒费用；保障现场施工人员劳动强度和工作时间符合相关国家标准的增加费用等。

2）夜间施工：规范、规程要求正常作业而发生的夜班补助、夜间施工降效、夜间照明设施的安拆、摊销、照明用电以及夜间施工现场交通标志、安全标牌、警示灯安拆等费用。

3）二次搬运：由于施工场地限制而发生的材料、成品、半成品等一次运输不能到达堆放地点，必须进行的二次或多次搬运费用。

4）冬雨季施工：在冬雨季施工期间所增加的费用。包括冬季作业、临时取暖、建筑物门窗洞口封闭及防雨措施、排水、工效降低、防冻等费用。不包括设计要求混凝土内添加防冻剂的费用。

5）地上、地下设施、建筑物的临时保护设施：在工程施工过程中，对已建成的地上、地下设施和建筑物进行的遮盖、封闭、隔离等必要保护措施。在园林绿化工程中，还包括对已有植物的保护。

6）已完工程及设备保护费：对已完工程及设备采取的覆盖、包裹、封闭、隔离等必要保护措施所发生的费用。

7）临时设施费：施工企业为进行工程施工所必需的生活和生产用的临时建筑物、构筑物和其他临时设施的搭设、使用、拆除等费用。

① 临时设施包括：临时宿舍、文化福利及公用事业房屋与构筑物、仓库、办公室、加工场等。

② 建筑、装饰、安装、修缮、古建园林工程规定范围内（建筑物沿边起 50m 以内，多幢建筑两幢间隔 50m 内）围墙、临时道路、水电、管线和轨道垫层等。

8）赶工措施费：施工合同工期比现行工期定额（江苏省）提前，施工企业为缩短工期所发生的费用。如施工过程中，发包人要求实际工期比合同工期提前时，由发承包双方另行约定。

9）工程按质论价费：施工合同约定质量标准超过国家规定，施工企业完成工程质量达到有关部门鉴定或评定为优质工程所必须增加的施工成本费。

工程按质论价费用按国优工程、国优专业工程、省优工程、市优工程、市级优质结构工程 5 个等次计列。

① 国优工程包括中国建设工程鲁班奖、中国土木工程詹天佑奖、国家优质工程奖（金奖、银奖）。

② 国优专业工程包括中国建筑工程装饰奖、中国钢结构金奖、中国安装工程优质奖（中国安装之星）等。

③ 省优工程指江苏省优质工程奖“扬子杯”。

④ 市优工程包括由各设区市建设行政主管部门评定的市级优质工程，如“金陵杯”优质工程奖。

⑤ 市级优质结构工程包括由各设区市建设行政主管部门评定的市级优质结构工程。

工程按质论价费用作为不可竞争费用，用于创建优质工程。依法必须招标的建设工程，招标控制价（即最高投标限价）按招标文件提出的创建目标足额计列工程按质论价费用；投标报价按照招标文件要求的工程质量创建目标足额计取工程按质论价费用。依法不招标项目根据施工合同中明确的工程质量创建目标计列工程按质论价费用。

10）特殊条件下施工增加费：地下不明障碍物、铁路、航空、航运等交通干扰而发生的施工降效费用。

11）建筑工人实名制费用：包含封闭式施工现场的进出场门禁系统和生物识别电子打卡设备，非封闭式施工现场的移动定位、电子围栏考勤管理设备，现场显示屏，实名制系统使用以及管理费用等。

总价措施项目中，除通用措施项目外，建筑与装饰工程措施项目如下：

① 非夜间施工照明：为保证工程施工正常进行，在如地下室、地宫等特殊施工部位施工时所采用的照明设备的安拆、维护、摊销及照明用电等费用。

② 住宅工程分户验收：按《住宅工程质量分户验收规程》DGJ32/TJ 103—2010 的要求对住宅工程进行专门验收（包括蓄水、门窗淋水等）发生的费用。室内空气污染测试不包含在住宅工程分户验收费用中，由建设单位直接委托检测机构完成，由建设单位承担费用。

（2）措施项目费计算方法

1）单价措施项目以清单工程量乘以（除税）综合单价计算。综合单价按照各专业计价定额中的规定，依据设计图纸和经建设方认可的施工方案进行组价。

2）总价措施项目中部分以费率计算的措施项目费率标准见表 1-1-2～表 1-1-10，其计费基础为：分部分项工程费＋单价措施项目费－（除税）工程设备费；其他总价措施项目，按项计取，综合单价按实际或可能发生的费用进行计算。

措施项目费取费标准（简易计税方法） 表 1-1-2

项目	计算基础	建筑工程（%）	单独装饰（%）	备注
夜间施工	分部分项工程费＋单价措施项目费－（除税）工程设备费	0～0.1	0～0.1	
非夜间施工照明		0.2	0.2	
冬雨季施工增加费		0.05～0.2	0.05～0.1	
已完工程及设备保护		0～0.05	0～0.1	
临时设施费		1～2.2	0.3～1.2	
赶工措施		0.5～2	0.5～2	
住宅分户验收		0.4	0.1	

注：1. 在计取非夜间施工照明费时，建筑工程可计取；单独装饰仅特殊施工部位内施工项目可计取。

2. 在计取住宅分户验收时，大型土石方工程、桩基工程和地下室部分不计入计费基础。

措施项目费取费标准（一般计税方法） 表 1-1-3

项目	计算基础	建筑工程	单独装饰
临时设施费	分部分项工程费＋单价措施项目费－（除税）工程设备费	1～2.3	0.3～1.3
赶工措施费		0.5～2.1	0.5～2.2

注：本表中除临时设施、赶工措施费率有调整外，其他费率不变。

安全文明施工措施费基本费取费标准（简易计税方法） 表 1-1-4

序号	工程名称		基本费率（%）
1	建筑工程	建筑工程	3.0
2		单独构件吊装	1.4
3		打预制桩/桩基工程	1.3/1.8
4	单独装饰工程		1.6

安全文明施工措施费基本费取费标准（一般计税方法） 表 1-1-5

序号	工程名称		计费基础	基本费率（%）
1	建筑工程	建筑工程	分部分项工程费＋单价措施项目费－（除税）工程设备费	3.1
		单独构件吊装		1.6
		打预制桩/制作兼打桩		1.5/1.8
2	单独装饰工程			1.7

省级标化工地增加费取费标准 表 1-1-6

序号	工程名称	计费基础		费率（%）		
		一般计税	简易计税	一星级	二星级	三星级
1	建筑工程	分部分项工程费＋单价措施项目费－（除税）工程设备费	分部分项工程费＋单价措施项目费－工程设备费	0.70	0.77	0.84
	单独构件吊装			—	—	—
	打预制桩/制作兼打桩			0.3/0.4	0.33/0.44	0.36/0.48
2	单独装饰工程			0.40	0.44	0.48

注：对于开展市级建筑安全文明施工标准化示范工地创建活动的地区，市级标化工地增加费按对应省级费率乘以系数 0.7 执行。市级不区分星级时，按一星级省级标化增加费费率乘以系数 0.7 执行。

扬尘污染防治增加费取费标准表 **表 1-1-7**

序号	工程名称	一般计税		简易计税	
		计费基础	费率（%）	计费基础	费率（%）
1	建筑工程	分部分项工程费＋单价措施项目费－（除税）工程设备费	0.31	分部分项工程费＋单价措施项目费－工程设备费	0.3
	单独构件吊装		0.1		0.1
	打预制桩/制作兼打桩		0.11/0.2		0.1/0.2
2	单独装饰工程		0.22		0.2

工程按质论价费取费标准表（一般计税） **表 1-1-8**

序号	工程名称	计费基础	简易计税（%）				
			国优工程	国优专业工程	省优工程	市优工程	市级优质结构
1	建筑工程	分部分项工程费＋单价措施项目费－（除税）工程设备费	1.6	1.4	1.3	0.9	0.7
2	安装、单独装饰工程、仿古及园林绿化、修缮工程		1.3	1.2	1.1	0.8	—

工程按质论价费取费标准表（简易计税） **表 1-1-9**

序号	工程名称	计费基础	简易计税（%）				
			国优工程	国优专业工程	省优工程	市优工程	市级优质结构
1	建筑工程	分部分项工程费＋单价措施项目费－工程设备费	1.5	1.3	1.2	0.8	0.6
2	安装、单独装饰工程、仿古及园林绿化、修缮工程		1.2	1.1	1.0	0.7	—

注：1. 国优专业工程按质论价费用仅以获得奖项的专业工程作为取费基础。

2. 获得多个奖项时，按可计列的最高等次计算工程按质论价费用，不重复计列。

建筑工人实名制费用取费标准表 **表 1-1-10**

序号	工程名称	计费基础		费率（%）
		一般计税	简易计税	
1	建筑工程	分部分项工程费＋单价措施项目费－（除税）工程设备费	分部分项工程费＋单价措施项目费－工程设备费	0.05
	单独构件吊装/打预制桩/制作兼打桩			0.02
	人工挖孔桩			0.04
2	单独装饰工程			0.03

注：1. 建筑工人实名制设备是由建筑工人工资专用账户开户银行提供的，建筑工人实名制费用按表中费率乘以系数0.5计取。

2. 装配式混凝土房屋建筑工程按建筑工程标准计取。

3. 其他项目费的组成与计算方法

(1) 其他项目费的组成

1）暂列金额：建设单位在工程量清单中暂定并包括在工程合同价款中的一笔款项。用于施工合同签订时尚未确定或者不可预见的所需材料、工程设备、服务的采购，施工中可能发生的工程变更、合同约定调整因素出现时的工程价款调整以及发生的索赔、现场签证确认等的费用。由建设单位根据工程特点，按有关计价规定估算；施工过程中由建设单位掌握使用，扣除合同价款调整后如有余额，归建设单位。

2）暂估价：建设单位在工程量清单中提供的用于支付必然发生但暂时不能确定价格的材料的单价以及专业工程的金额，包括材料暂估价和专业工程暂估价。材料暂估价在清单综合单价中考虑，不计入暂估价汇总。

3）计日工：是指在施工过程中，施工企业完成建设单位提出的施工图纸以外的零星项目或工作所需的费用。

4）总承包服务费：是指总承包人为配合、协调建设单位进行的专业工程发包，对建设单位自行采购的材料、工程设备等进行保管以及施工现场管理、竣工资料汇总整理等服务所需的费用。总包服务范围由建设单位在招标文件中明示，并且由发承包双方在施工合同中约定。

（2）其他项目取费的计算方法

1）暂列金额、暂估价按发包人给定的标准计取。

2）计日工：由发承包双方在合同中约定。

3）总承包服务费：应根据招标文件列出的内容和向总承包人提出的要求，参照下列标准计算：

① 建设单位仅要求对分包的专业工程进行总承包管理和协调时，按分包的专业工程估算造价的1%计算；

② 建设单位要求对分包的专业工程进行总承包管理和协调，并同时要求提供配合服务时，根据招标文件中列出的配合服务内容和提出的要求，按分包的专业工程估算造价的2%～3%计算。

注意：在一般计税方式下暂列金额、暂估价、总承包服务费中均不包括增值税可抵扣进项税额。

4. 规费的内容与计算方法

（1）规费的内容

规费是指有关部门规定必须缴纳的费用。

1）环境保护税：包括废气、污水、固体及危险废物和噪声排污费等内容。

2）社会保险费：企业应为职工缴纳的养老保险、医疗保险、失业保险、工伤保险和生育保险五项社会保障方面的费用。为确保施工企业各类从业人员社会保障权益落到实处，省、市有关部门可根据实际情况制定管理办法。

3）住房公积金：企业应为职工缴纳的住房公积金。

（2）规费的计算方法

1）环境保护税：仍按照工程造价中的规费计列。因各设区市“环境保护税”征收方法和征收标准不同，具体在工程造价中的计列方法，由各设区市建设行政主管部门根据本行政区域内环保和税务部门的规定执行。

2）社会保险费及住房公积金按表1-1-11、表1-1-12标准计取。

社会保险费费率及公积金费率标准（简易计税方法）　　表1-1-11

序号	工程类别	计算基础	社会保险费率（%）	公积金费率（%）
1	建筑工程	分部分项工程费＋措施项目费＋其他项目费－工程设备费	3	0.5
	单独预制构件制作、单独构件吊装、打预制桩、制作兼打桩		1.2	0.22
	人工挖孔桩		2.8	0.5
2	单独装饰工程		2.2	0.38

注：1. 社会保险费包括养老保险费、失业保险费、医疗保险费、工伤保险费和生育保险费。
2. 点工和包工不包料的社会保险费和公积金已经包含在人工工资单价中。
3. 大型土石方工程适用各专业中达到大型土石方标准的单位工程。
4. 社会保险费费率和公积金费率将随着社保部门要求和建设工程实际缴纳费率的提高，适时调整。

社会保险费及公积金取费标准（一般计税方法）　　表1-1-12

序号	工程类别	计算基础	社会保险费率（%）	公积金费率（%）
1	建筑工程	分部分项工程费＋措施项目费＋其他项目费－（除税）工程设备费	3.2	0.53
	单独预制构件制作、单独构件吊装、打预制桩、制作兼打桩		1.3	0.24
	人工挖孔桩		3	0.53
2	单独装饰工程		2.4	0.42

5. 税金的组成与计算方法

（1）简易计税方法下税金的组成与计算方法

税金是指国家税法规定的应计入建筑安装工程造价内的增值税应纳税额、城市建设维护税、教育费附加及地方教育附加，为不可竞争费。

1）增值税应纳税额＝包含增值税可抵扣进项税额的税前工程造价×适用税率，税率为3%；

2）城市建设维护税＝增值税应纳税额×适用税率，税率为：市区7%、县镇5%、乡村1%；

3）教育费附加＝增值税应纳税额×适用税率，税率为3%；

4）地方教育附加＝增值税应纳税额×适用税率，税率为2%。

以上四项合计，以包含增值税可抵扣进项税额的税前工程造价为计费基础，税金费率为：市区3.36%、县镇3.30%、乡村3.18%。如各市另有规定的，按各市规定计取。

（2）一般计税方法下税金的组成与计算方法

税金是指根据建筑服务销售价格，按规定税率计算的增值税销项税额，为不可竞争费。

税金以除税工程造价为计取基础，费率为9%。

6. 企业管理费的内容组成

（1）简易计税方式下企业管理费的内容组成

1）管理人员工资：是指按规定支付给管理人员的计时工资、奖金、津贴补贴、加班加点工资及特殊情况下支付的工资等。

2）办公费：是指企业管理办公用的文具、纸张、账表、印刷、邮电、书报、办公软件、监控、会议、水电、燃气、采暖、降温等费用。

3）差旅交通费：是指职工因公出差、调动工作的差旅费、住勤补助费，市内交通费和误餐补助费，职工探亲路费，劳动力招募费，职工退休、退职一次性路费，工伤人员就医路费，工地转移费以及管理部门使用的交通工具的油料、燃料等费用。

4）固定资产使用费：指企业及其附属单位使用的属于固定资产的房屋、设备、仪器等的折旧、大修、维修或租赁费。

5）工具用具使用费：是指企业施工生产和管理使用的不属于固定资产的工具、器具、家具、交通工具和检验、试验、测绘、消防用具等的购置、维修和摊销费，以及支付给工人自备工具的补贴费。

6）劳动保险和职工福利费：是指由企业支付的职工退职金、按规定支付给离休干部的经费、集体福利费、夏季防暑降温、冬季取暖补贴、上下班交通补贴等。

7）劳动保护费：是企业按规定发放的劳动保护用品的支出。如工作服、手套、防暑降温饮料、高危险工作工种施工作业防护补贴以及在有碍身体健康的环境中施工的保健费用等。

8）工会经费：是指企业按《中华人民共和国工会法》（以下简称《工会法》）规定的全部职工工资总额比例计提的工会经费。

9）职工教育经费：是指按职工工资总额的规定比例计提，企业为职工进行专业技术和职业技能培训，专业技术人员继续教育、职工职业技能鉴定、职业资格认定以及根据需要对职工进行各类文化教育所发生的费用。

10）财产保险费：指企业管理用财产、车辆的保险费用。

11）财务费：是指企业为施工生产筹集资金或提供预付款担保、履约担保、职工工资支付担保等所发生的各种费用。

12）税金：指企业按规定交纳的房产税、车船使用税、土地使用税、印花税等。

13）意外伤害保险费：企业为从事危险作业的建筑安装施工人员支付的意外伤害保险费。

14）工程定位复测费：是指工程施工过程中进行全部施工测量放线和复测工作的费用。建筑物沉降观测由建设单位直接委托有资质的检测机构完成，费用由建设单位承担，不包含在工程定位复测费中。

15）检验试验费：是施工企业按规定进行建筑材料、构配件等试样的制作、封样、送达和其他为保证工程质量进行的材料检验试验工作所发生的费用。不包括新结构、新材料的试验费，对构件（如幕墙、预制桩、门窗）做破坏性试验所发生的试样费用和根据国家标准和施工验收规范要求对材料、构配件和建筑物工程质量检测检验发生的第三方检测费用，对此类检测发生的费用，由建设单位承担，在工程建设其他费用中列支。但对施工企业提供的具有合格证明的材料进行检测不合格的，该检测费用由施工企业支付。

16）非建设单位所为 4 小时以内的临时停水停电费用。

17）企业技术研发费：建筑企业为转型升级、提高管理水平所进行的技术转让、科技研发、信息化建设等费用。

18）其他：业务招待费、远地施工增加费、劳务培训费、绿化费、广告费、公证费、法律顾问费、审计费、咨询费、投标费、保险费、联防费和施工现场生活用水用电费等。

(2) 一般计税方式下企业管理费的内容组成

一般计税方式下企业管理费的内容组成，除包括上述简易计税方式下企业管理费的18项内容以外，还包括附加税。附加税是指国家税法规定的应计入建筑安装工程造价内的城市建设维护税、教育费附加及地方教育附加。

(3) 企业管理费和利润的计算（表1-1-13～表1-1-16）

1) 企业管理费、利润计算基础按计价定额规定执行。

2) 包工不包料、点工的管理费和利润包含在工资单价中。

建筑工程企业管理费和利润取费标准（简易计税方法）　　表1-1-13

序号	工程名称	计算基础	企业管理费率（%）			利润率（%）
			一类工程	二类工程	三类工程	
1	建筑工程	人工费＋施工机具使用费	31	28	25	12
2	单独预制构件制作		15	13	11	6
3	打预制桩、单独构件吊装		11	9	7	5
4	制作兼打桩		15	13	11	7
5	大型土（石）方工程		6			4

单独装饰工程企业管理费和利润的计算标准（简易计税方法）　　表1-1-14

序号	工程名称	计算基础	企业管理费率（%）	利润率（%）
1	单独装饰工程	人工费＋施工机具使用费	42	15

建筑工程企业管理费和利润取费标准（一般计税方法）　　表1-1-15

序号	项目名称	计算基础	企业管理费率（%）			利润率（%）
			一类工程	二类工程	三类工程	
1	建筑工程	人工费＋（除税）施工机具使用费	32	29	26	12
2	单独预制构件制作		15	13	11	6
3	打预制桩、单独构件吊装		11	9	7	5
4	制作兼打桩		17	15	12	7
5	大型土（石）方工程		7			4

单独装饰工程企业管理费和利润取费标准（一般计税方法）　　表1-1-16

序号	项目名称	计算基础	企业管理费率（%）	利润率（%）
1	单独装饰工程	人工费＋（除税）施工机具使用费	43	15

7. 工程造价计算程序

(1) 一般计税方式下工程造价计算程序

工程量清单法计算程序（包工包料）见表1-1-17。

工程量清单法计算程序（包工包料） **表 1-1-17**

序号	费用名称		计算公式
一	分部分项工程费		清单工程量×除税综合单价
	其中	1. 人工费	人工消耗量×人工单价
		2. 材料费	材料消耗量×除税材料单价
		3. 施工机具使用费	机械消耗量×除税机械单价
		4. 管理费	(1+3) ×费率
		5. 利润	(1+3) ×费率
二	措施项目费		—
	其中	单价措施项目费	清单工程量×除税综合单价
		总价措施项目费	(分部分项工程费+单价措施项目费－除税工程设备费) ×费率 或以项计费
三	其他项目费		—
四	规费		—
	其中	1. 环境保护税	(一+二+三－除税工程设备费)×费率
		2. 社会保障费	
		3. 住房公积金	
五	税金		[一+二+三+四－(除税甲供材料费+除税甲供设备费)/1.01]×费率
六	工程造价		一+二+三+四－(除税甲供材料费+除税甲供设备费)

(2) 简易计税方式下工程造价计算程序

包工包料情况下工程量清单法计算程序见表 1-1-18；包工不包料情况下工程量清单法计算程序见表 1-1-19。

工程量清单法计算程序（包工包料） **表 1-1-18**

序号	费用名称		计算公式
一	分部分项工程费		清单工程量×综合单价
	其中	1. 人工费	人工消耗量×人工单价
		2. 材料费	材料消耗量×材料单价
		3. 施工机具使用费	机械消耗量×机械单价
		4. 管理费	(1+3)×费率或(1)×费率
		5. 利润	(1+3)×费率或(1)×费率
二	措施项目费		—
	其中	单价措施项目费	清单工程量×综合单价
		总价措施项目费	(分部分项工程费+单价措施项目费－工程设备费)×费率 或以项计费
三	其他项目费		—
四	规费		—
	其中	1. 环境保护税	(一+二+三－工程设备费)×费率
		2. 社会保险费	
		3. 住房公积金	
五	税金		(一+二+三+四－甲供材料和甲供设备费/1.01)×费率
六	工程造价		一+二+三+四－甲供材料和甲供设备费/1.01+五

工程量清单法计算程序（包工不包料） **表 1-1-19**

<table>
<tr><th>序号</th><th colspan="2">费用名称</th><th>计算公式</th></tr>
<tr><td>一</td><td colspan="2">分部分项工程费中人工费</td><td>清单人工消耗量×人工单价</td></tr>
<tr><td rowspan="2">二</td><td colspan="2">措施项目费中人工费</td><td>—</td></tr>
<tr><td>其中</td><td>单价措施项目中人工费</td><td>清单人工消耗量×人工单价</td></tr>
<tr><td>三</td><td colspan="2">其他项目费</td><td>—</td></tr>
<tr><td rowspan="2">四</td><td colspan="2">规费</td><td>—</td></tr>
<tr><td>其中</td><td>环境保护税</td><td>（一＋二＋三）×费率</td></tr>
<tr><td>五</td><td colspan="2">税金</td><td>（一＋二＋三＋四）×费率</td></tr>
<tr><td>六</td><td colspan="2">工程造价</td><td>一＋二＋三＋四＋五</td></tr>
</table>

【例 1-1-1】已知某二层民用建筑的分部分项工程费为 500000 元，措施项目中单项措施项目费为 80000 元，设安全文明施工措施费基本费、扬尘污染防治增加费、冬雨季施工费、临时设施费、社会保险费、住房公积金、税金的费率见表 1-1-20，计算该项目工程造价。

某民用建筑工程措施费及费率 **表 1-1-20**

序号	费用名称	税率
1	安全文明施工措施费基本费	3.1%
2	扬尘污染防治增加费	0.31%
3	冬雨季施工费	0.05%
4	临时设施费	1%
5	社会保险费	3.2%
6	住房公积金	0.53%
7	税金	9%

【解】计算过程见表 1-1-21。

某二层民用建筑工程造价计算程序 **表 1-1-21**

<table>
<tr><th>序号</th><th colspan="2">费用名称</th><th colspan="2">计算过程（元）</th><th>计算结果（元）</th></tr>
<tr><td>一</td><td colspan="2">分部分项工程费用</td><td colspan="2">已知</td><td>500000.00</td></tr>
<tr><td rowspan="3">二</td><td colspan="2" rowspan="3">措施项目费</td><td>单价措施项目费</td><td>已知</td><td>80000.00</td></tr>
<tr><td>总价措施费</td><td>（500000＋80000）×
（3.1%＋0.31%＋0.05%＋1%）</td><td>25868.00</td></tr>
<tr><td>小计</td><td colspan="2">105868</td></tr>
<tr><td rowspan="5">三</td><td colspan="2">其他项目费用</td><td>—</td><td colspan="2">—</td></tr>
<tr><td rowspan="4">其中</td><td>1. 暂列金</td><td>—</td><td colspan="2">—</td></tr>
<tr><td>2. 暂估价</td><td>—</td><td colspan="2">—</td></tr>
<tr><td>3. 计日工</td><td>—</td><td colspan="2">—</td></tr>
<tr><td>4. 总承包服务费</td><td>—</td><td colspan="2">—</td></tr>
</table>

续表

序号	费用名称		计算过程（元）	计算结果（元）
四	规费		（一＋二＋三）×费率	22598.88
	其中	1. 环境保护税	—	—
		2. 社会保障费	（500000＋105868）×3.2％	19387.78
		3. 住房公积金	（500000＋105868）×0.53％	3211.10
		小计	22598.88	
五	税金		（一＋二＋三＋四）×费率 （500000＋105868＋22598.88）×9％	56562.02
六	工程造价		一＋二＋三＋四＋五 500000＋105868＋22598.88＋56562.02	685028.90

任务 1.2　计价定额总说明

1.2.1　计价定额表组成、作用及适用范围解析

1.《江苏省建筑与装饰工程计价定额（2014 年）》（以下简称计价定额）共有两册，与 2014 年《江苏省建设工程费用定额》配套使用。

2. 计价定额由 24 章及 9 个附录组成，包括一般工业与民用建筑的工程实体项目和部分措施项目；不能列出定额项目的措施费，应按照《江苏省建设工程费用定额》（2014 年）的规定进行计算。

3. 计价定额的作用

（1）编制工程招标控制价（最高投标限价）的依据；

（2）编制工程标底、结算审核的指导；

（3）工程投标报价、企业内部核算、制定企业定额的参考；

（4）编制建筑工程概算定额的依据；

（5）建设行政主管部门调解工程价款争议、合理确定工程造价的依据。

4. 计价定额适用范围

适用于江苏省行政区域范围内一般工业与民用建筑的新建、扩建、改建工程及其单独装饰工程。国有资金投资的建筑与装饰工程应执行计价定额；非国有资金投资的建筑与装饰工程可参照使用计价定额；当工程施工合同约定按计价定额规定计价时，应遵守计价定额的相关规定。

1.2.2　综合单价组成内容解析

综合单价由人工费、材料费、机械费、管理费、利润等五项费用组成。一般建筑工程、打桩工程的管理费与利润，已按照三类工程标准计入综合单价内；一、二类工程和单独发包的专业工程应根据《江苏省建设工程费用定额》（2014 年）规定进行计算。对管理费和利润进行调整后计入综合单价内。

定额项目中带括号的材料价格供选用，不包含在综合单价内。部分定额项目在引用了其他项目综合单价时，引用的项目综合单价列入材料费一栏，但其五项费用数据在项目汇

总时已做拆解分析，使用中应予注意。

1.2.3 计价定额项目工作内容解析

定额项目中的工作内容均包括完成该项目过程的全部工序以及施工过程中所需的人工、材料、半成品和机械台班数量。除定额中有规定允许调整外，其余不得因具体工程的施工组织设计、施工方法和工、料、机等耗用与计价定额有出入而调整计价定额用量。

1.2.4 建筑物檐高的确定解析

定额中的檐高是指设计室外地面至檐口的高度。檐口高度按以下情况确定：

1. 坡（瓦）屋面按檐墙中心线处屋面板面或椽子上表面的高度计算。

2. 平屋面以檐墙中心线处平屋面的板面高度计算。

3. 屋面女儿墙、电梯间、楼梯间、水箱等高度不计入。

1.2.5 单独装饰工程有关说明解析

1. 定额的装饰项目是按中档水准编制的，设计四星及四星级以上宾馆、高档套房、展览馆及公共建筑等对其装修有特殊设计要求和较高艺术造型的装饰工程时，应适当增加人工，增加标准在招标文件或合同中明确，一般控制在10%以内。

2. 家庭室内装饰也执行计价定额，执行计价定额时其人工乘以系数1.15。

3. 定额中未包括的拆除、铲除、拆换、零星修补等项目，应按照《江苏省房屋修缮计价表》(2009年）及其配套费用定额执行；未包括的水电安装项目按照《江苏省安装工程计价定额》(2014年）及其配套费用定额执行。因定额缺项而使用其他专业定额消耗量时，仍按定额对应的费用定额执行。

1.2.6 计价定额人工工资标准解析

计价定额人工工资分别按一类工85.00元/工日、二类工82.00元/工日、三类工77.00元/工日计算；每工日按照8小时计算，工日中包括基本用工、材料场内运输用工、部分项目的材料加工及人工幅度差。

1.2.7 材料消耗量及有关规定解析

1. 定额中材料预算价格的组成

材料预算价格=[采购原价(包括供销部门手续费和包装费)+场外运输费]×1.02(采购保管费)。

2. 本定额项目中的主要材料、成品、半成品均按合格的品种、规格加附录中操作损耗以数量列入定额，次要材料以“其他材料费”按“元”列入。

3. 周转性材料已按规范及操作规程的要求以摊销量列入相应项目。

4. 使用现场集中搅拌混凝土时综合单价应调整。计价定额按C25以下的混凝土以32.5级复合硅酸盐水泥、C25以上的混凝土以42.5级硅酸盐水泥、砌筑砂浆与抹灰砂浆以32.5级硅酸盐水泥的配合比列入综合单价；混凝土实际使用水泥级别与定额取定不符，竣工结算时以实际使用的水泥级别按配合比的规定进行调整；砌筑、抹灰砂浆使用水泥级别与定额不符，水泥用量不调整，价差应调整。定额各章项目综合单价取定的混凝土、砂浆强度等级，设计与定额不符时可以调整。

5. 定额中，砂浆按现拌砂浆考虑。如使用预拌砂浆，按定额中相应现拌砂浆定额子目进行套用和换算，并按以下办法对人工工日、材料、机械设备台班进行调整。

(1) 使用湿拌砂浆：扣除人工0.45工日/m^3（指砂浆用量）；将现拌砂浆换算成湿拌

砂浆；扣除相应定额子目中的灰浆拌合机台班。

(2) 使用散装干拌（混）砂浆：扣除人工 0.3 工日/m^3（指砂浆用量）；干拌（混）砂浆和水的配合比可按砂浆生产企业使用说明的要求计算，编制预算时，应将每立方米现拌砂浆换算成干拌（混）砂浆 1.75t 及水 0.29t；扣除相应定额子目中的灰浆拌和机台班，另增加电 2.15kW·h/m^3（指砂浆用量），该电费计入其他机械费中。

(3) 使用袋装干拌（混）砂浆：扣除人工 0.2 工日/m^3（指砂浆用量）；干拌（混）砂浆和水的配合比可按砂浆生产企业使用说明的要求计算，编制预算时，应将每立方米现拌砂浆换算成干拌（混）砂浆 1.75t 及水 0.29t。

6. 定额中的黏土材料，如就地取土，应扣除黏土价格，另增加挖、运土方费用。

7. 现浇、预制混凝土构件内的预埋铁件，应另列预埋铁件制作、安装等项目进行计算。

8. 凡注明规格的木材及周转木材单价中，均已包括方板材改制成定额规格木材或周转木材的加工费。方板材改制成定额规格木材或周转木材的出材率按 91%计算(所购置方板材=定额用量×1.0989)，圆木改制成方板材的出材率及加工费另行计算。

9. 定额项目中的综合单价、附录中的材料预算价格仅反映定额编制期的市场价格水平；编制工程概算、预算结算时，按工程实际发生的预算价格计入综合单价内。

10. 建设单位供应的材料，建设单位完成采购和运输并将材料运至施工工地仓库交施工单位保管的，施工单位退价时应按附录中材料预算价格除以 1.01 退给建设单位（1%作为施工单位的现场保管费）；建设单位供应木材中板材（25mm 厚以内）到现场退价时，按定额分析用量和每立方米预算价格除以 1.01 再减 105 元后的单价退给甲方。

1.2.8 垂直运输机械费及建筑物超高增加费解析

1. 定额的垂直运输机械费已包含了单位工程在经江苏省调整后的国家定额工期内完成全部工程项目所需要的垂直运输机械台班费用。

2. 定额中除脚手架、垂直运输费用定额已注明其适用高度外，其余章节均按檐口高度在 20m 以内编制。超过 20m 时，建筑工程另按建筑物超高增加费用定额计算超高增加费，单独装饰工程则另外计取超高人工降效费。

3. 定额中的塔式起重机、施工电梯基础、塔式起重机电梯与建筑物连接件项目，供编制施工图预算、最高投标限价（招标控制价）、标底使用，投标报价、竣工结算时应根据施工方案进行调整。

1.2.9 计价定额机械台班单价解析

计价定额的机械台班单价是按《江苏省施工机械台班 2007 年单价表》取定，其中人工工资单价 82.00 元/工日；汽油 10.64 元/kg；柴油 9.03 元/kg；煤 1.10 元/kg；电 0.89 元/(kW·h)；水 4.70 元/m^3。

1.2.10 混凝土构件模板、钢筋含量表的作用解析

为方便发承包双方的工程量计量，计价定额在附录一中列出了混凝土构件的模板、钢筋含量表，供参考使用。按设计图纸计算模板接触面积或使用混凝土含模量折算模板面积，同一工程两种方法仅能使用其中一种，不得混用。竣工结算时，使用含模量者，模板面积不得调整；使用含钢量者，钢筋应按设计图纸计算的重量进行调整。

1.2.11 二次搬运费用解析

现场堆放材料有困难，材料不能直接运到单位工程周边需再次中转，建设单位不能按正常合理的施工组织设计提供材料、构件堆放场地和临时设施用地的工程而发生的二次搬运费用，按定额第二十章场内二次搬运子目执行。

1.2.12 其他解析

1. 工程施工用水、电，应由建设单位在现场装置水、电表，交施工单位保管使用，施工单位按电表读数乘以预算单价付给建设单位；如无条件装表计量，由建设单位直接提供水电，在竣工结算时按定额含量乘以单价付给建设单位。生活用电按实际发生金额支付。

2. 定额项目同时使用两个或两个以上系数时，采用连乘方法计算。

3. 定额缺项项目，由施工单位提出实际耗用的人工、材料、机械含量测算资料，经工程所在市工程造价管理处（站）批准并报省建设工程造价管理总站备案后方可执行。

4. 定额中凡注有“×××以内”均包括×××本身，“×××以上”均不包括×××本身。

学习情境 2　应用定额计价法编制建筑工程施工图预算

任务 2.1　建　筑　面　积

1. 理解计算建筑面积的意义；
2. 熟悉建筑面积计算的基本概念相关术语；
3. 掌握建筑物计算建筑面积的规则和方法；
4. 掌握计算一般建筑面积的规则和方法；
5. 掌握不计算建筑面积的规则。

1. 能够正确描述建筑面积计算的意义；
2. 能确正确理解并应用建筑面积计算规则；
3. 能够正确应用规范和标准规定，正确计算建筑物的建筑面积；
4. 能够较正确地试做二级造价工程师考试试题。

1. 养成自主学习、观察与探索的良好习惯；
2. 善于规划学习与生活，养成自律与有序的学习和工作习惯；
3. 注重严谨的工作作风，相信和尊重科学；
4. 养成发现问题、提出问题和及时解决问题的良好学习、工作习惯。

1. 严格遵循规范计算建筑面积；
2. 坚持不漏算、不超算、养成严谨求实的工作作风。

2.1.1　建筑面积计算任务分析

1. 施工图分析（学习工作页附图 1）

建筑物整体布局分析：从施工平面图、立面图、局部剖面图分析得知，建筑物共 3 层，局部 4 层，1～3 层层高均为 3.6m，局部 4 层层高 3.6m。

2. 查找相关规范标准和条文

建筑面积计算规范：以住房和城乡建设部《建筑工程建筑面积计算规范》GB/T 50353—2013 国家标准为依据。

根据建筑面积计算规则第3.0.3条规定：形成建筑空间的坡屋顶，结构净高在2.10m及以上的部位应计算全面积；结构净高在1.2m及以上至2.10m以下的部位应计算1/2面积；结构净高在1.20m以下的部位不应计算建筑面积。

3. 分析项目各层结构净高

（1）根据建筑面积计算规则第3.0.3条规定，本项目1～3层各层结构净高均大于2.10m，各层均应计算全面积；

（2）根据建筑面积计算规则第3.0.3条规定，本项目电梯机房结构净高大于2.10m，应计算全面积；

（3）雨篷不计算建筑面积，建筑面积计算规则规定：结构的外边线至外墙结构外边线的宽度未超过2.10m者不计算建筑面积。

2.1.2 建筑面积计算任务实施

计算建筑面积见表2-1-1。

建筑面积计算表 **表2-1-1**

楼层	建筑面积计算式	工程量(m^2)
一层	(42+0.12×2)×(19+0.12×2)	812.698
二层	(42+0.12×2)×(19+0.12×2)	812.698
三层	(42+0.12×2)×(19+0.12×2)	812.698
机房	(10.8+0.12×2)×(9.5+0.12×2)	107.53
合计	812.698+812.698+812.698+107.53	2545.624

2.1.3 建筑面积计算知识支撑

1. 建筑面积概述

（1）建筑面积的概念

建筑面积计算规范

建筑物（包括墙体）所形成的楼地面面积。建筑面积包括附属于建筑物的室外阳台、雨篷、檐廊、室外走廊、室外楼梯等。

我国现行的《建筑工程建筑面积计算规范》GB/T 50353—2013是由政府对建筑物建筑面积的计算做出的相应法律规定。

（2）建筑面积的作用

1）重要管理指标

建筑面积是建设投资、建设项目可行性研究、建设项目勘察设计、建设项目评估、建设项目招标投标、建筑工程施工和竣工验收、建设工程造价管理、建筑工程造价控制等一系列管理工作中用到的重要指标。

2）重要技术指标

建筑面积是计算开工面积、竣工面积、优良工程率、建筑装饰规模等重要的技术指标。

3）重要经济指标

建筑面积是计算建筑、装饰等单位工程或单项工程的单位面积工程造价、人工消耗、机械台班消耗、工程量消耗的重要经济指标。

各经济指标的计算公式如下：

$$每平方米工程造价=\frac{工程造价}{建筑面积}（元/m^2）$$

$$每平方米人工消耗=\frac{单位工程用量}{建筑面积}（工日/m^2）$$

$$每平方米材料消耗=\frac{单位工程某种材料用量}{建筑面积}（台班/m^2）$$

$$每平方米机械台班消耗=\frac{单位工程某种机械台班用量}{建筑面积}（m^2/m^2）$$

（3）建筑面积计算中的相关术语

1）建筑面积：建筑物（包括墙体）所形成的楼地面面积。建筑面积包括附属于建筑物的室外阳台、雨篷、檐廊、室外走廊、室外楼梯等。

2）自然层：按楼地面结构分层的楼层。

3）结构层高：楼面或地面结构层上表面至上部结构层上表面之间的垂直距离。

4）围护结构：围合建筑空间的墙体、门。

5）建筑空间：以建筑界面限定的、供人们生活和活动的场所。

说明：具备可出入、可利用条件（设计中可能标明使用用途，也可能没有标明使用用途或使用用途不明确）的围合空间，均属于建筑空间。

6）结构净高：楼面或地面结构层上表面至上部结构层下表面之间的垂直距离。

7）围护设施：为保障安全而设置的栏杆、栏板等围挡。

8）地下室：室内地平面低于室外地平面的高度超过室内净高的 1/2 的房间。

9）半地下室：室内地平面低于室外地平面的高度超过室内净高的 1/3，且不超过 1/2 的房间。

10）架空层：仅有结构支撑而无外围护结构的开敞空间层。

11）走廊：建筑物中的水平交通空间。

12）架空走廊：专门设置在建筑物的二层或二层以上，作为不同建筑物之间水平交通的空间。

13）结构层：整体结构体系中承重的楼板层，特指整体结构体系中承重的楼层，包括板、梁等构件。结构层承受整个楼层的全部荷载，并对楼层的隔声、防火等起主要作用。

14）落地橱窗：凸出外墙面且根基落地的橱窗。落地橱窗是指在商业建筑临街面设置的下槛落地、可落在室外地坪也可落在室内首层地板，用来展览各种样品的玻璃窗。

15）凸窗（飘窗）：凸出建筑物外墙面的窗户。凸窗（飘窗）既作为窗，就有别于楼（地）板的延伸，也就是不能把楼（地）板延伸出去的窗称为凸窗（飘窗）。凸窗（飘窗）的窗台应只是墙面的一部分且距（楼）地面应有一定的高度。

16）檐廊：建筑物挑檐下的水平交通空间。檐廊附属于建筑物底层外墙，有屋檐作为顶盖，其下部一般有柱或栏杆、栏板等的水平交通空间。

17）挑廊：挑出建筑物外墙的水平交通空间。

18）门斗：建筑物入口处两道门之间的空间。

19）雨篷：建筑出入口上方为遮挡雨水而设置的部件。雨篷是指建筑物出入口上方、凸出墙面、为遮挡雨水而单独设立的建筑部件。雨篷划分为有柱雨篷（包括独立柱雨篷、多柱雨篷、柱墙混合支撑雨篷、墙支撑雨篷）和无柱雨篷（悬挑雨篷）。如凸出建筑物，且不单独设立顶盖，利用上层结构板（如楼板、阳台底板）进行遮挡，则不视为雨篷，不计算建筑面积。对于无柱雨篷，如顶盖高度达到或超过两个楼层时，也不视为雨篷，不计算建筑面积。

20）门廊：建筑物入口前有顶棚的半围合空间。

门廊是在建筑物出入口，无门、三面或二面有墙，上部有板（或借用上部楼板）围护的部位。

21）楼梯：由连续行走的梯级、休息平台和维护安全的栏杆（或栏板）、扶手以及相应的支托结构组成的作为楼层之间垂直交通使用的建筑部件。

22）阳台：附设于建筑物外墙，设有栏杆或栏板，可供人活动的室外空间。

23）主体结构：接受、承担和传递建设工程所有上部荷载，维持上部结构整体性、稳定性和安全性的有机联系的构造。

24）变形缝：防止建筑物在某些因素作用下引起开裂甚至破坏而预留的构造缝。

说明：变形缝是指在建筑物因温差、不均匀沉降以及地震而可能引起结构破坏变形的敏感部位或其他必要的部位，预先设缝将建筑物断开，令断开后建筑物的各部分成为独立的单元，或者是划分为简单、规则的段，并令各段之间的缝达到一定的宽度，以能够适应变形的需要。根据外界破坏因素的不同，变形缝一般分为伸缩缝、沉降缝、抗震缝三种。

25）骑楼：建筑底层沿街面后退且留出公共人行空间的建筑物。

说明：骑楼是指沿街二层以上用承重柱支撑骑跨在公共人行空间之上，其底层沿街面后退的建筑物。

26）过街楼：跨越道路上空并与两边建筑相连接的建筑物。

说明：过街楼是指当有道路在建筑群穿过时为保证建筑物之间的功能联系，设置跨越道路上空使两边建筑相连接的建筑物。

27）建筑物通道：为穿过建筑物而设置的空间。

28）露台：设置在屋面、首层地面或雨篷上的供人室外活动的有围护设施的平台。

说明：露台应满足四个条件：一是位置，设置在屋面、地面或雨篷顶；二是可出入；三是有围护设施；四是无盖，这四个条件须同时满足。如果设置在首层并有围护设施的平台，且其上层为同体量阳台，则该平台应视为阳台，按阳台的规则计算建筑面积。

29）勒脚：在房屋外墙接近地面部位设置的饰面保护构造。

30）台阶：联系室内外地坪或同楼层不同标高而设置的阶梯形踏步。

说明：台阶是指建筑物出入口不同标高地面或同楼层不同标高处设置的供人行走的阶梯式连接构件。室外台阶还包括与建筑物出入口连接处的平台。

2. 掌握建筑面积计算规则

（1）应计算建筑面积部分

1）建筑物的建筑面积应按自然层外墙结构外围水平面积之和计算。结构层高在2.20m及以上的，应计算全面积；结构层高在2.20m以下的，应计算1/2面积。

说明：建筑面积计算，在主体结构内形成的建筑空间，满足计算面积结构层高要求的均应按本条规定计算建筑面积。主体结构外的室外阳台、雨篷、檐廊、室外走廊、室外楼梯等按相应条款计算建筑面积。当外墙结构本身在一个层高范围内不等厚时，以楼地面结构标高处的外围水平面积计算。

计算建筑面积部分

2）建筑物内局有局部楼层时，对于局部楼层的二层及以上楼层，有围护结构的应按其围护结构外围水平面积计算，无围护结构的应按其结构底板水平面积计算，且结构层高在 2.20m 及以上的，应计算全面积，结构层高在 2.20m 以下的，应计算 1/2 面积。

【例 2-1-1】某仓库内局部设二层办公室如图 2-1-1 所示，设计完成后，甲方想获知该建筑物的总面积是多少，试计算建筑面积。

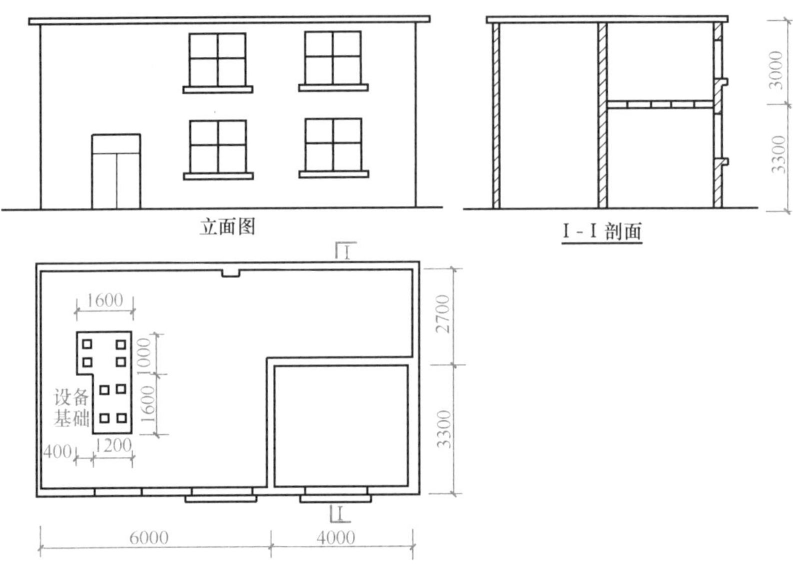

图 2-1-1　建筑面积计算示意图（单位：mm）

【解】分析图 2-1-1 得知，该建筑物内设局部楼层，该建筑物局部楼层有围护结构，按照计算规则，该建筑物及其局部楼层高均大于 2.20m，应全部计算建筑面积。

$$底层\ S=(6.0+4.0+0.24)\times(3.3+2.7+0.24)=63.90\text{m}^2$$

$$局部二层办公室\ S=(4+0.24)\times(3.3+0.24)=15.01\text{m}^2$$

$$该建筑物总面积=63.90+15.01=78.91\text{m}^2$$

3）对于形成建筑空间的坡屋顶，结构净高在 2.10m 及以上的部位应计算全面积；结构净高在 1.20m 及以上至 2.10m 以下的部位应计算 1/2 面积；结构净高在 1.20m 以下的部位不应计算建筑面积，如图 2-1-2 所示。

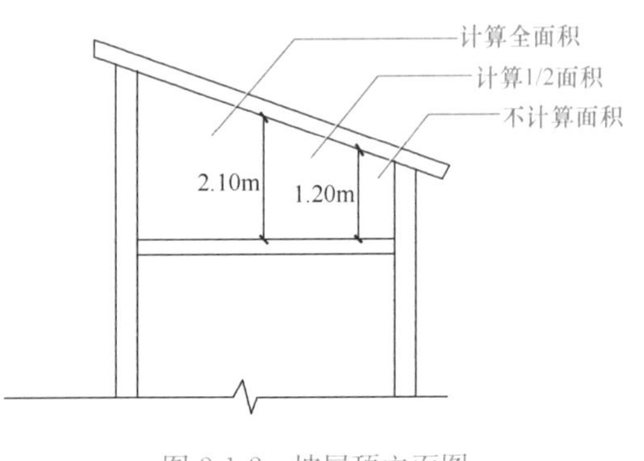

图 2-1-2　坡屋顶立面图

【例 2-1-2】图 2-1-3 为某住宅阁楼剖面楼示意图，试问阁楼应计算建筑面积的范围如何确定？

【解】计算规则规定：结构净高在 1.20～2.10m 的部位应计算 1/2 面积，结构净高在 2.10m 及以上的部位应计算全面积。

分析图 2-1-3 所注 S_1 部分：

板底结构标高为 12.000，坡屋面高度在 13.2～14.1m（12＋1.2＝13.2m；12＋

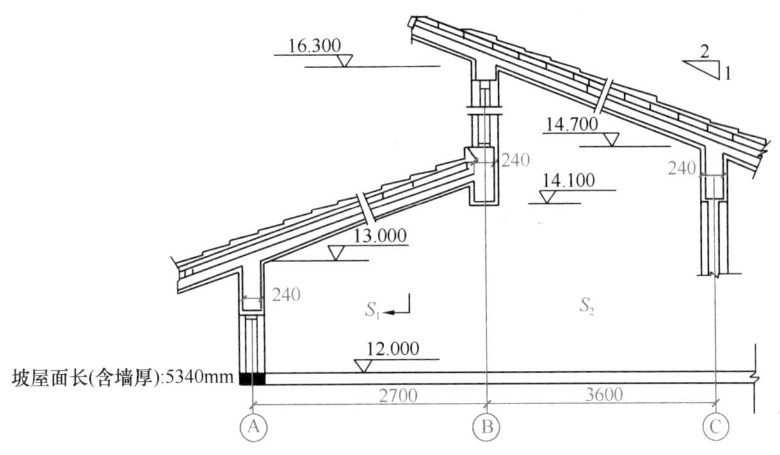

图 2-1-3 某阁楼剖面示意图（单位：mm）

2.1＝14.1m）范围内计算 1/2 面积，超过 14.1m 范围计算全部面积。

分析图 2-1-3 所注 S_2 部分：

板底标高到坡屋顶板面结构标高的高差为（14.7－12＝2.7m）大于 2.1m 全部计算建筑面积。

4）对于场馆看台下的建筑空间，结构净高在 2.10m 及以上的部位应计算全面积；结构净高在 1.20m 及以上至 2.10m 以下的部位应计算 1/2 面积；结构净高在 1.20m 以下的部位不应计算建筑面积。室内单独设置的有围护设施的悬挑看台，应按看台结构底板水平投影面积计算建筑面积。有顶盖无围护结构的场馆看台应按其顶盖水平投影面积的 1/2 计算面积，如图 2-1-4 所示。

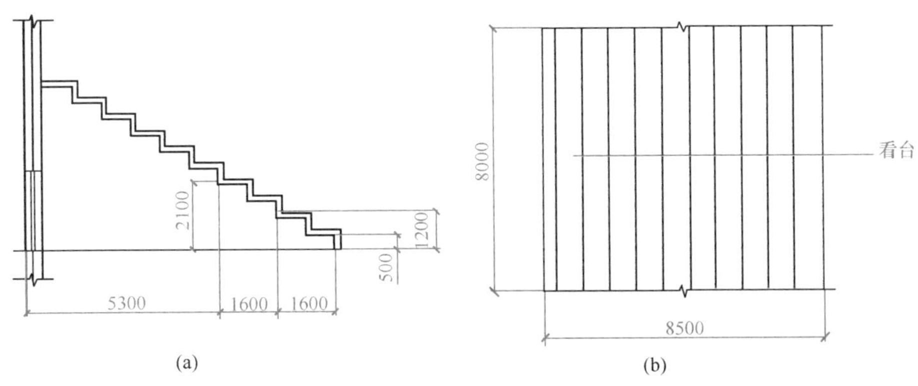

图 2-1-4 场馆看台下的建筑空间计算建筑面积示意图（单位：mm）

（a）剖面；（b）平面

说明：场馆看台下的建筑空间因其上部结构多为斜板，所以采用净高的尺寸划定建筑面积的计算范围和对应规则。室内单独设置的有围护设施的悬挑看台，因其看台上部设有顶盖且可供人使用，所以按看台板的结构底板水平投影计算建筑面积。

“有顶盖无围护结构的场馆看台”所称的“场馆”为专业术语，指各种“场”类建筑，如：体育场、足球场、网球场、带看台的风雨操场等，如图 2-1-5 所示。

5）地下室、半地下室应按其结构外围水平面积计算。结构层高在 2.20m 及以上的，应计算全面积；结构层高在 2.20m 以下的，应计算 1/2 面积，如图 2-1-6 所示。

图 2-1-5　有顶盖无围护结构的场馆看台示意图

说明：

① 地下室作为设备、管道层的建筑面积计算规定。

设备层、管道层虽然其具体功能与普通楼层不同，但在结构上及施工消耗上并无本质区别，且规范中定义自然层为“按楼地面结构分层的楼层”，因此设备、管道楼层归为自然层，其计算规则与普通楼层相同。在吊顶空间内设置管道的，则吊顶空间部分不能被视为设备层、管道层。

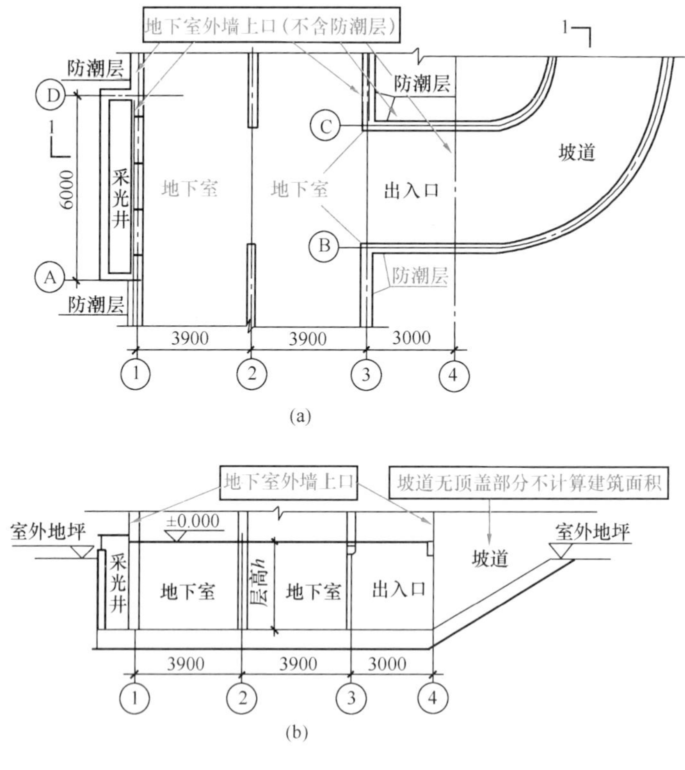

图 2-1-6　地下室局部示意图

(a) 平面图；(b) 1—1 剖面图

设备层、管道层、避难层等有结构层的楼层（图 2-1-7），结构层高在 2.20m 及以上的，应计算全面积；结构层高在 2.20m 以下的计算 1/2 面积。

② 地下室的各种竖向井道，有顶盖的采光井应按一层计算面积，结构层高在

2.10m 及以上的，计算全面积，结构层高在 2.10m 以下的，应计算 1/2 面积，如图 2-1-8所示。

③ 地下室的围护结构不垂直于水平面时建筑面积计算规定。

围护结构不垂直于水平面的楼层，应按其底板面的外墙外围水平面积计算。结构净高在 2.10m 及以上的部位，应计算全面积；结构净高在 1.20m 及以上至 2.10m 以下的部位，应计算 1/2 面积；结构净高在 1.20m 以下的，不应计算建筑面积，如图 2-1-9所示。

图 2-1-7 管道层示意图

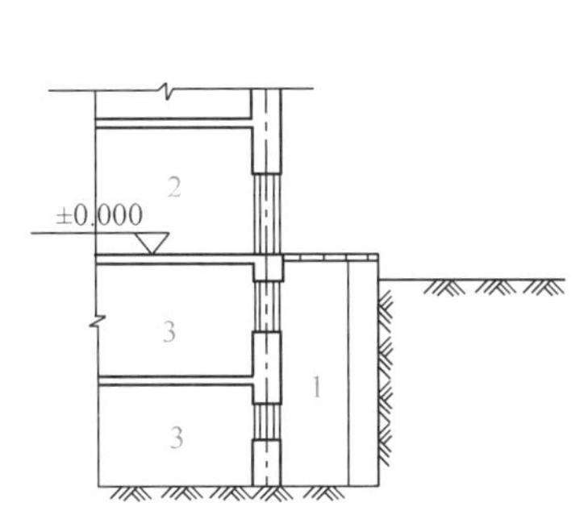

图 2-1-8 地下室采光井示意图

1—采光井；2—室内；3—地下室

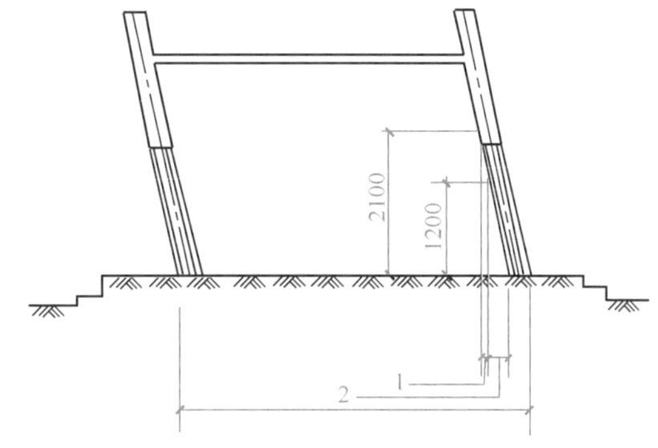

图 2-1-9 斜围护结构示意图

1—计算 1/2 建筑面积部位；2—不计算建筑面积部位

【例 2-1-3】图 2-1-10 为某小区地下室示意图，物业管理处拟按照建筑面积公摊管理费，需准确计算其建筑面积。

【解】分析图 2-1-10 得知，该地下室深度 3m，设出入口，按照计算规则，地下室与出入口均应计算建筑面积。

$$地下室\ S=(12.30+0.24)\times(10.0+0.24)=128.41m^2$$

$$出入口\ S=2.10\times0.80+6.00\times2.00=13.68m^2$$

6）出入口外墙外侧坡道有顶盖的部位，应按其外墙结构外围水平面积的 1/2 计算面积。

说明：出入口坡道分有顶盖出入口坡道和无顶盖出入口坡道，出入口坡道顶盖的挑出长度，为顶盖结构外边线至外墙结构外边线的长度；顶盖以设计图纸为准，对后增加及建设单位自行增加的顶盖等，不计算建筑面积。顶盖不分材料种类（如钢筋混凝土顶盖、彩钢板顶盖、阳光板顶盖等），地下室出入口如图 2-1-11 所示。

7）建筑物架空层及坡地建筑物吊脚架空层，应按其顶板水平投影计算建筑面积。结构层高在 2.20m 及以上的，应计算全面积；结构层高在 2.20m 以下的，应计算 1/2 面积。

说明：本条既适用于建筑物吊脚架空层、深基础架空层建筑面积的计算，也适用于目前部分住宅、学校教学楼等工程在底层架空或在二层或以上某个甚至多个楼层架空，作为

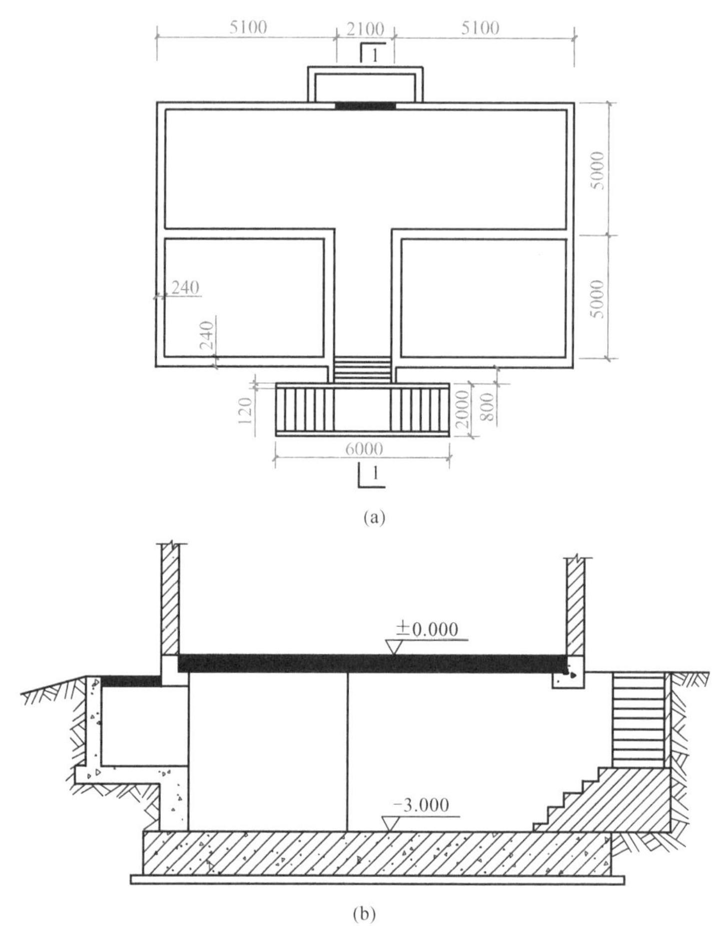

图 2-1-10　地下室建筑面积计算示意图

（a）地下室平面图；（b）地下室剖面图

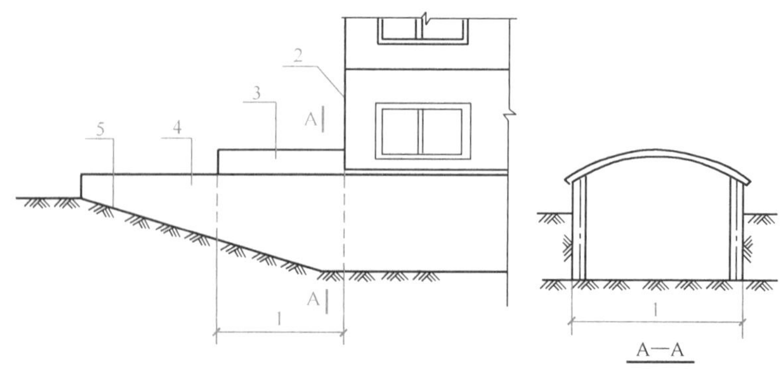

图 2-1-11　地下室出入口示意图

1—计算 1/2 投影面积部位；2—主体建筑；

3—出入口顶盖；4—封闭出入口侧墙；5—出入口坡道

公共活动、停车、绿化等空间的建筑面积的计算。架空层中有围护结构的建筑空间按相关规定计算。建筑物吊脚架空层如图 2-1-12 所示。

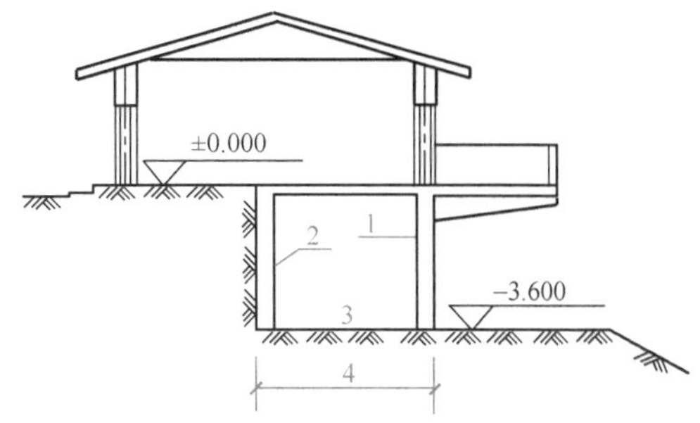

图 2-1-12　建筑物吊脚架空层示意图

1—柱；2—墙；3—吊脚架空层；4—计算建筑面积部位

8）建筑物的门厅、大厅应按一层计算建筑面积，门厅、大厅内设置的走廊应按走廊结构底板水平投影面积计算建筑面积。结构层高在 2.20m 及以上的，应计算全面积；结构层高在 2.20m 以下的，应计算 1/2 面积。

【例 2-1-4】某高校获准建设一幢综合实训大楼（如图 2-1-13 所示，墙厚 240mm），使用部门需要回廊部分的建筑面积数据，以备后期功能区划分和试验设备布置，请计算回廊部分建筑面积。

【解】分析图 2-1-13 为大厅内设有回廊的建筑物，其建筑面积计算如下：

$$大厅部分\ S=12\times30=360\text{m}^2$$

回廊部分 $S=(30+12-2.1\times2)\times2\times2.1\times2=317.52\text{m}^2$

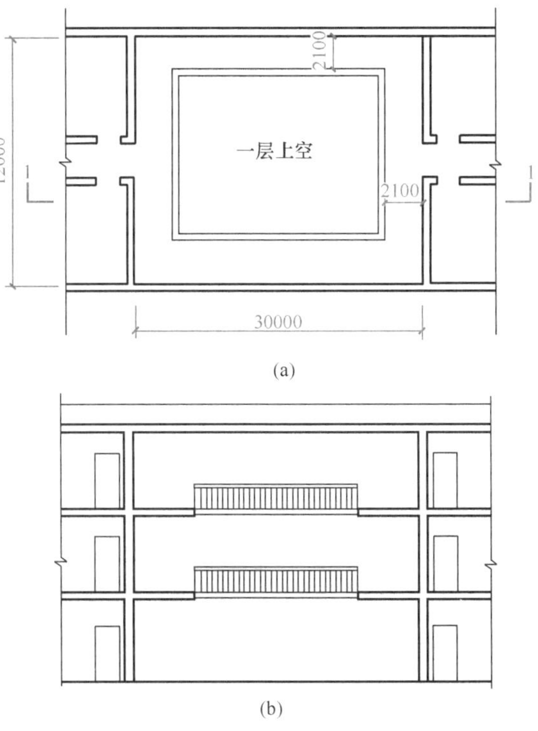

图 2-1-13　大厅设有回廊建筑面积计算示意图

（a）平面图；（b）1-1 剖面图

9）对于建筑物间的架空走廊，有顶盖和围护设施的，应按其围护结构外围水平面积计算全面积；无围护结构、有围护设施的，应按其结构底板水平投影面积计算 1/2 面积。无围护结构架空走廊如图 2-1-14 所示。

【例 2-1-5】计算图 2-1-15 二层和三层架空走廊的建筑面积。

图 2-1-14　无围护结构架空走廊示意图
1—栏杆；2—架空走廊

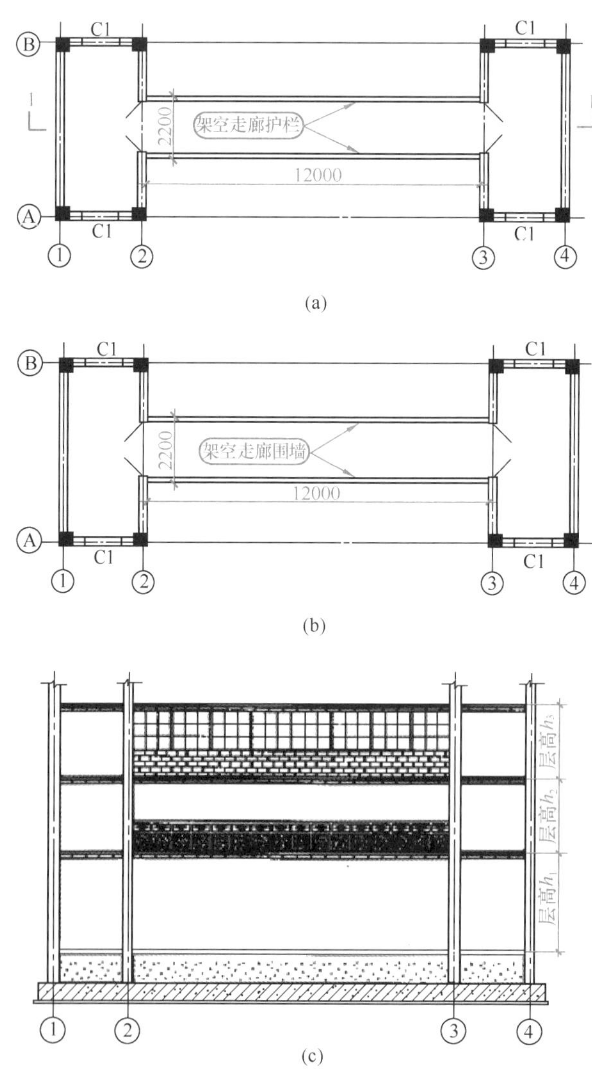

图 2-1-15　某建筑示意图
(a) 二层平面；(b) 三层平面；(c) 剖面图

【解】图纸分析：图中的三层走廊，属于有围护结构的架空走廊，当三层层高 $h_3 \geq$ 2.20m 时，架空走廊应计算全面积，则 $S=12\times2.2=26.4m^2$；当三层层高 $h_3<2.20m$ 时，应计算 1/2 面积，则 $S=12\times2.2\times1/2=13.2m^2$。

二层走廊属于有永久性屋盖无围护结构的架空走廊，面积按其结构底板水平投影面积 1/2 计算，则 $S=12\times2.2\times1/2=13.2m^2$。

10）对于立体书库、立体仓库、立体车库，有围护结构的，应按其围护结构外围水平面积计算建筑面积；无围护结构、有围护设施的，应按其结构底板水平投影面积计算建筑面积。无结构层的应按一层计算，有结构层的应按其结构层面积分别计算。结构层高在 2.20m 及以上的，应计算全面积；结构层高在 2.20m 以下的，应计算 1/2 面积。

图 2-1-16 立体车库示意图

说明：本条主要规定了图书馆中的立体书库、仓储中心的立体仓库、大型停车场的立体车库等建筑的建筑面积计算规定。起局部分隔、存储等作用的书架层、货架层或可升降的立体钢结构停车层均不属于结构层，故该部分分层不计算建筑面积，如图 2-1-16 所示。

【例 2-1-6】某社区拟将一建筑物改建为物业维护档案资料管理库，按照图 2-1-17 的设计，试计算其建筑面积是多少？

【解】分析图 2-1-17 所示的立体书库，按照建筑面积计算规则，应计算底层建筑面积

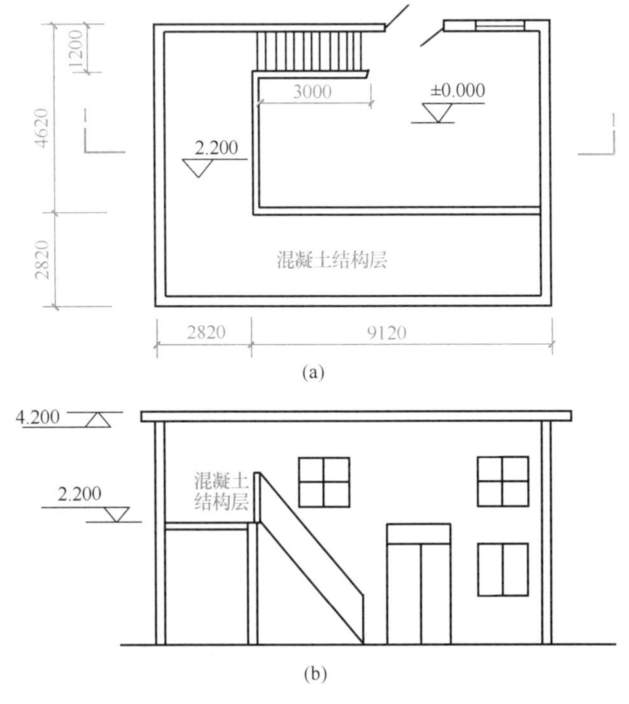

图 2-1-17 立体书库建筑面积计算示意图
（a）平面图；（b）1-1 剖面图

和结构层建筑面积（结构层高不足 2.20m）。

底层建筑面积 $S=(2.82+4.62)\times(2.82+9.12)+3.0\times1.20=92.43\text{m}^2$

结构层建筑面积 $S=(4.62+2.82+9.12)\times2.82\times1/2=23.35\text{m}^2$

11）有围护结构的舞台灯光控制室，应按其围护结构外围水平面积计算。结构层高在 2.20m 及以上的，应计算全面积；结构层高在 2.20m 以下的，应计算1/2面积。有围护结构的舞台灯光控制室如图 2-1-18 所示。

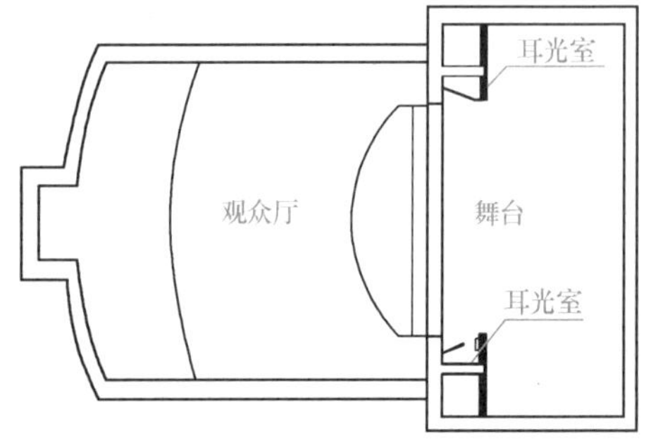

图 2-1-18　有围护结构的舞台灯光控制室

【例 2-1-7】计算图 2-1-19 所示某剧院灯光控制室建筑面积。

【解】图纸分析：当有围护结构的灯光控制室层高 $h\geqslant2.20\text{m}$ 时，应计算全面积。

则：
$$S=(3.24+0.24)\times1.62=5.64\text{m}^2$$

当有围护结构的灯光控制室层高 $h<2.20\text{m}$ 时，应计算 1/2 面积。

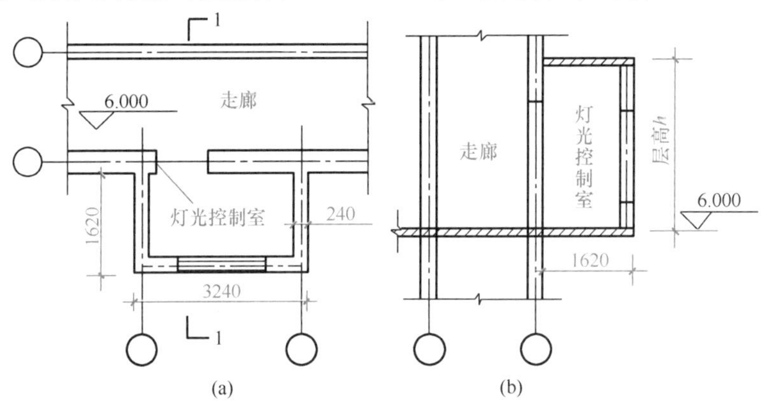

图 2-1-19　某剧院灯光控制室示意图

(a)平面图；(b)1—1 剖面

则：
$$S=(3.24+0.24)\times1.62\times1/2=2.82\text{m}^2$$

12）附属在建筑物外墙的落地橱窗，应按其围护结构外围水平面积计算。结构层高在 2.20m 及以上的，应计算全面积；结构层高在 2.20m 以下的，应计算1/2面积，如图 2-1-20所示。

图 2-1-20　附属在建筑物外墙的落地橱窗示意图

【例 2-1-8】计算图 2-1-21 所示某建筑物门斗和橱窗的建筑面积。

【解】图纸分析：

当门斗、橱窗层高 $h\geqslant2.20\text{m}$ 时，应计算全面积。

则：门斗面积 $S_1=3.24\times1.5=4.86\text{m}^2$；橱窗面积 $S_2=2.22\times0.6=1.33\text{m}^2$

当门斗、橱窗层高 $h<2.20\text{m}$ 时，应计算 1/2

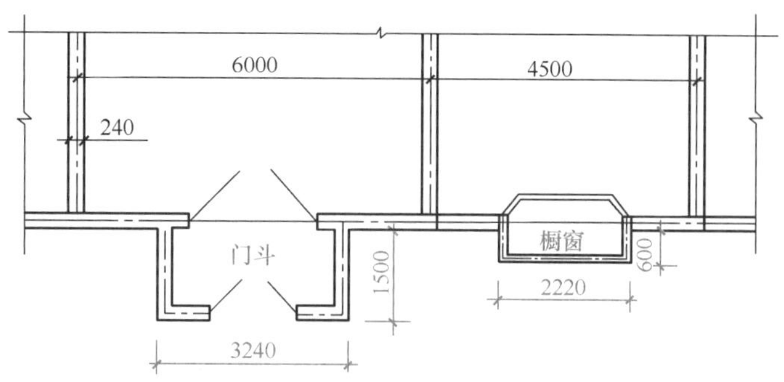

图 2-1-21　某建筑物平面示意图

面积。

则：门斗面积 $S_1 = 3.24 \times 1.5 \times 1/2 = 2.43\text{m}^2$；橱窗面积 $S_2 = 2.22 \times 0.6 \times 1/2 = 0.67\text{m}^2$

13）窗台与室内楼地面高差在 0.45m 以下且结构净高在 2.10m 及以上的凸（飘）窗，应按其围护结构外围水平面积计算 1/2 面积。飘窗如图 2-1-22 所示。

图 2-1-22　凸（飘）窗示意图

14）有围护设施的室外走廊（挑廊），应按其结构底板水平投影面积计算 1/2 面积；有围护设施（或柱）的檐廊，应按其围护设施（或柱）外围水平面积计算 1/2 面积。

15）门斗应按其围护结构外围水平面积计算建筑面积，且结构层高在 2.20m 及以上的，应计算全面积；结构层高在 2.20m 以下的，应计算 1/2 面积。某建筑门斗如图 2-1-23所示。

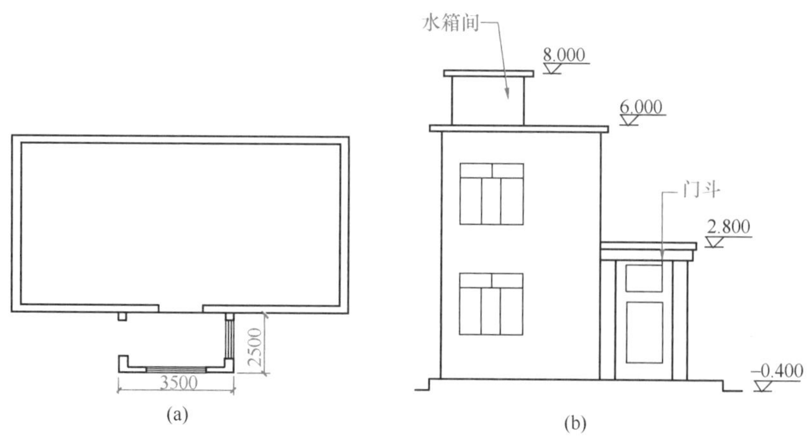

图 2-1-23　某建筑门斗示意图

（a）底层平面；（b）侧立面

16）门廊应按其顶板的水平投影面积的 1/2 计算建筑面积；有柱雨篷应按其结构板水平投影面积的 1/2 计算建筑面积；无柱雨篷的结构外边线至外墙结构外边线的宽度在 2.10m 及以上的，应按雨篷结构板的水平投影面积的 1/2 计算建筑面积。

说明：雨篷分为有柱雨篷和无柱雨篷。有柱雨篷，没有出挑宽度的限制，也不受跨越层数的限制，均计算建筑面积。无柱雨篷，其结构板不能跨层，并受出挑宽度的限制，设计出挑宽度大于或等于 2.10m 时才计算建筑面积。出挑宽度，系指雨篷结构外边线至外墙结构外边线的宽度，弧形或异形时，取最大宽度。

17）设在建筑物顶部的、有围护结构的楼梯间、水箱间、电梯机房等，结构层高在 2.20m 及以上的应计算全面积；结构层高在 2.20m 以下的，应计算 1/2 面积。电梯机房水箱间，如图 2-1-24 所示。

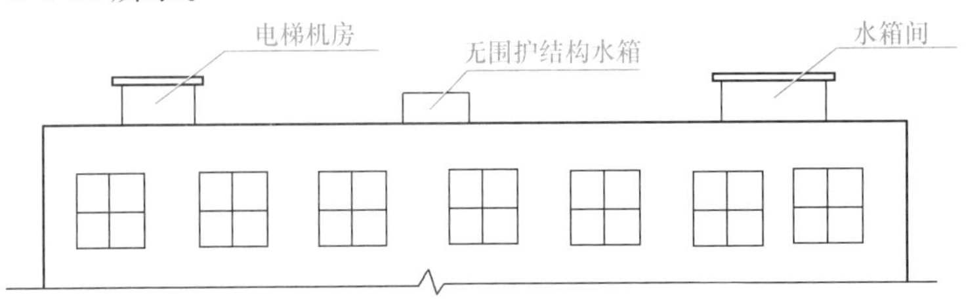

图 2-1-24　电梯机房、水箱间示意图

18）围护结构不垂直于水平面的楼层，应按其底板面的外墙外围水平面积计算。结构净高在 2.10m 及以上的部位，应计算全面积；结构净高在 1.20m 及以上至 2.10m 以下的部位，应计算 1/2 面积；结构净高在 1.20m 以下的部位，不应计算建筑面积。

说明：向内、向外倾斜均适用。在高度划分上，本条使用的是“结构净高”，与其他正常平楼层按层高划分不同，但与斜屋面的划分原则相一致。由于目前很多建筑设计追求新、奇、特，造型越来越复杂，很多时候根本无法明确区分什么是围护结构、什么是屋顶，因此对于斜围护结构与斜屋顶采用相同的计算规则，即只要外壳倾斜，就按结构净高划段，分别计算建筑面积。

19）建筑物的室内楼梯、电梯井、提物井、管道井、通风排气竖井、烟道，应并入建筑物的自然层计算建筑面积。有顶盖的采光井应按一层计算面积，且结构净高在 2.10m 及以上的，应计算全面积；结构净高在 2.10m 以下的，应计算1/2面积。电梯井如图 2-1-25所示。

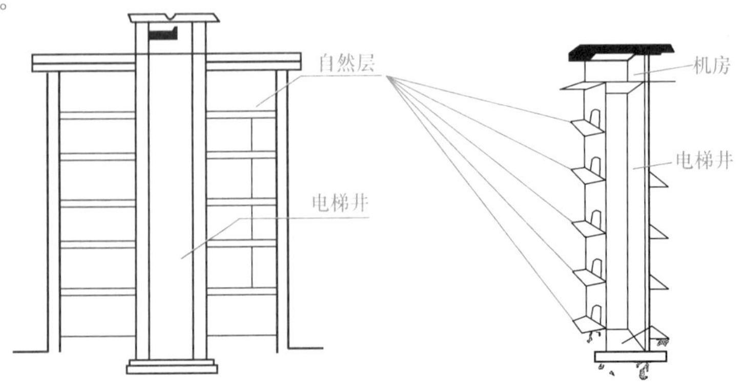

图 2-1-25　电梯井示意图

说明：建筑物的楼梯间层数按建筑物的层数计算。有顶盖的采光井包括建筑物中的采光井和地下室采光井。

20）室外楼梯应并入所依附建筑物自然层，并应按其水平投影面积的1/2计算建筑面积。

说明：室外楼梯作为连接该建筑物层与层之间交通不可缺少的基本部件，无论从其功能、还是工程计价的要求来说，均需计算建筑面积。层数为室外楼梯所依附的楼层数，即梯段部分投影到建筑物范围的层数。利用室外楼梯下部的建筑空间不得重复计算建筑面积；利用地势砌筑的为室外踏步，不计算建筑面积。

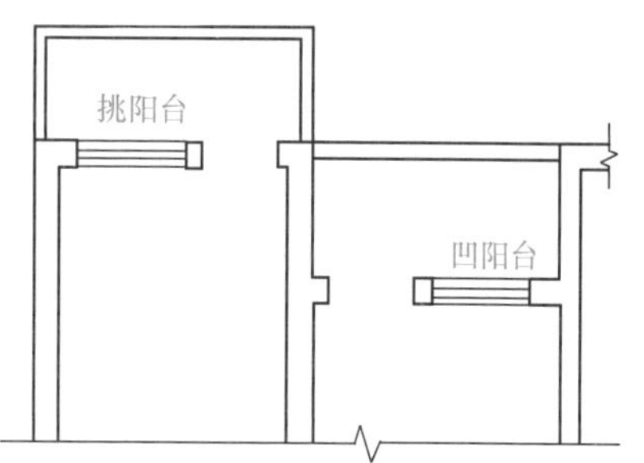

图2-1-26　阳台平面示意图

21）在主体结构内的阳台，应按其结构外围水平面积计算全面积；在主体结构外的阳台，应按其结构底板水平投影面积计算1/2面积。阳台平面如图2-1-26所示。

说明：建筑物的阳台，不论其形式如何，均以建筑物主体结构为界分别计算建筑面积。

22）有顶盖无围护结构的车棚、货棚、站台、加油站、收费站等，应按其顶盖水平投影面积的1/2计算建筑面积。货棚如图2-1-27所示。

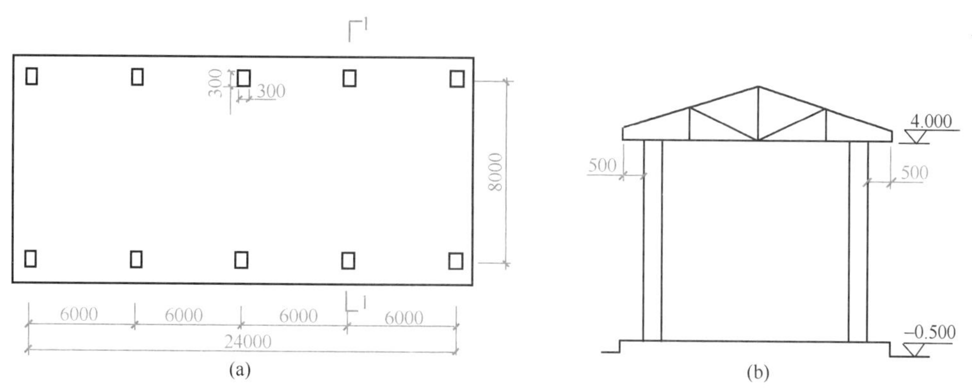

图2-1-27　货棚示意图

（a）平面；（b）1—1剖面

23）以幕墙作为围护结构的建筑物，应按幕墙外边线计算建筑面积。

说明：幕墙以其在建筑物中所起的作用和功能来区分，直接作为外墙起围护作用的幕墙，按其外边线计算建筑面积；设置在建筑物墙体外起装饰作用的幕墙，不计算建筑面积，如图2-1-28所示。

24）建筑物的外墙外保温层，应按其保温材料的水平截面积计算，并计入自然层建筑面积。

说明：建筑物外墙外侧有保温隔热层的，保温隔热层以保温材料的净厚度乘以外墙结构外边线长度按建筑物的自然层计算建筑面积，其外墙外边线长度不扣除门窗和建筑物外已计算建筑面积构件（如阳台、室外走廊、门斗、落地橱窗等部件）所占长度。当建筑物外已计算建筑面积的构件（如阳台、室外走廊、门斗、落地橱窗等部件）有保温隔热层时，其保温隔热层也不再计算建筑面积。外墙是斜面的按楼面楼板处的外墙外边线长度乘以保温材料的净厚度计算。外墙外保温以沿高度方向满铺为准，某层外墙外保温铺设高度未达到全部高度时（不包括阳台、室外走廊、门斗、落地橱窗、雨篷、飘窗等），不计算建筑面积。保温隔热层的建筑面积是以保温隔热材料的厚度来计算的，不包含抹灰层、防潮层、保护层（墙）的厚度。外墙保温隔热层如图 2-1-29 所示。

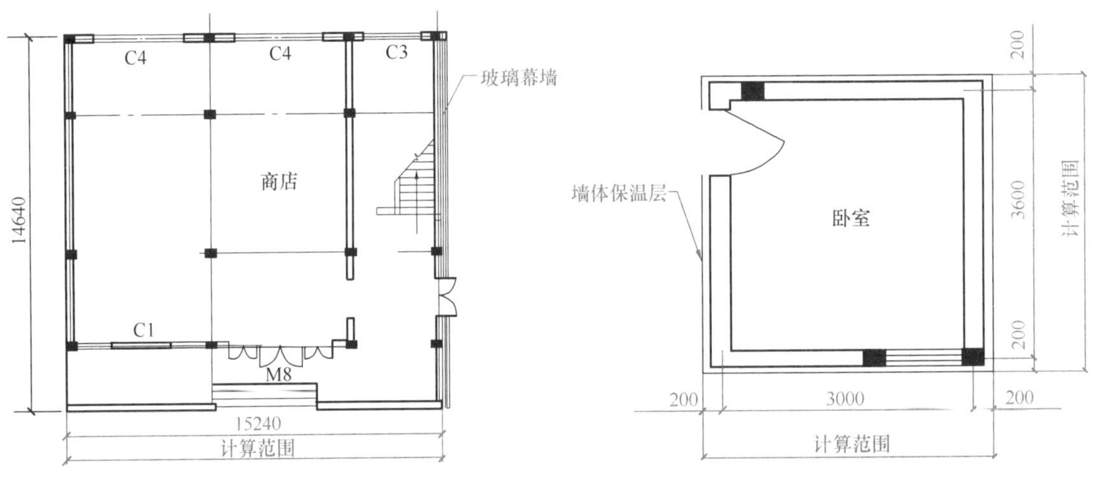

图 2-1-28　围护性幕墙示意图

图 2-1-29　外墙保温隔热层

25）与室内相通的变形缝，应按其自然层合并在建筑物建筑面积内计算。对于高低联跨的建筑物，当高低跨内部连通时，其变形缝应计算在低跨面积内。

说明：规范所指的与室内相通的变形缝，是指暴露在建筑物内，在建筑物内可以看得见的变形缝。

26）对于建筑物内的设备层、管道层、避难层等有结构层的楼层，结构层高在 2.20m 及以上的，应计算全面积；结构层高在 2.20m 以下的，应计算 1/2 面积。

说明：设备层、管道层虽然其具体功能与普通楼层不同，但在结构上及施工消耗上并无本质区别，且规范定义自然层为“按楼地面结构分层的楼层”，因此设备、管道楼层归为自然层，其计算规则与普通楼层相同。在吊顶空间内设置管道的，则吊顶空间部分不能被视为设备层、管道层。

不计算建筑面积

（2）不计算建筑面积项目

1）与建筑物内不相连通的建筑部件；

2）骑楼、过街楼底层的开放公共空间和建筑物通道；

3）舞台及后台悬挂幕布和布景的天桥、挑台等；

4）露台、露天游泳池、花架、屋顶的水箱及装饰性结构构件；

5）建筑物内的操作平台、上料平台、安装箱和罐体的平台；

6）勒脚、附墙柱、垛、台阶、墙面抹灰、装饰面、镶贴块料面层、装饰性幕墙，主体结构外的空调室外机搁板（箱）、构件、配件，挑出宽度在 2.10m 以下的无柱雨篷和顶盖高度达到或超过两个楼层的无柱雨篷；

7）窗台与室内地面高差在0.45m以下且结构净高在2.10m以下的凸（飘）窗，窗台与室内地面高差在0.45m及以上的凸（飘）窗；

8）室外爬梯、室外专用消防钢楼梯；

9）无围护结构的观光电梯；

10）建筑物以外的地下人防通道，独立的烟囱、烟道、地沟、油(水)罐、气柜、水塔、贮油(水)池、贮仓、栈桥等构筑物。

3. 领会典型案例的计算思路

【例2-1-9】如图2-1-30所示，某多层住宅变形缝宽度为0.20m，阳台水平投影尺寸为1.80m×3.60m（共18个），雨篷水平投影尺寸为2.60m×4.00m，坡屋面阁楼室内净高最高点为3.65m，坡屋面坡度为1∶2；平屋面女儿墙顶面标高为11.60m。请按《建筑工程建筑面积计算规范》GB/T 50353—2013计算图2-1-30所示的建筑面积。

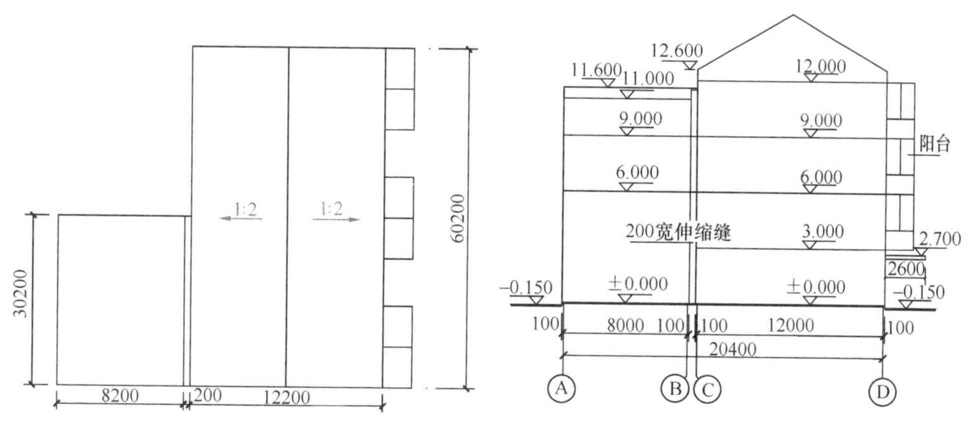

图2-1-30　某建筑物示意图

【解】根据图2-1-30，该建筑物为联体建筑，两个建筑物之间设有变形缝，建筑物东侧各层均有阳台，主要为坡屋面。

根据建筑面积计算规则条文规定：建筑物内的变形缝，应按其自然层合并在建筑物面积内计算，因此，应该计算建筑面积。

该建筑物建筑面积计算如下：

Ⓐ—Ⓑ轴建筑面积 $S_1=30.2\times[(8.4\times2)+(8.4\times1/2)]=634.20m^2$

Ⓑ—Ⓒ轴建筑面积 $S_2=60.20\times12.20\times4=2937.76m^2$

坡屋面建筑面积 $S_3=60.20\times(6.20+1.80\times2\times1/2)=481.60m^2$

雨篷建筑面积 $S_4=2.60\times4.00\times1/2=5.2m^2$

阳台建筑面积 $S_5=18\times1.8\times3.6\times1/2=58.32m^2$

建筑物总建筑面积 $S=S_1+S_2+S_3+S_4+S_5=4117.08m^2$

【例2-1-10】计算图2-1-31所示某五层建筑物的建筑面积。

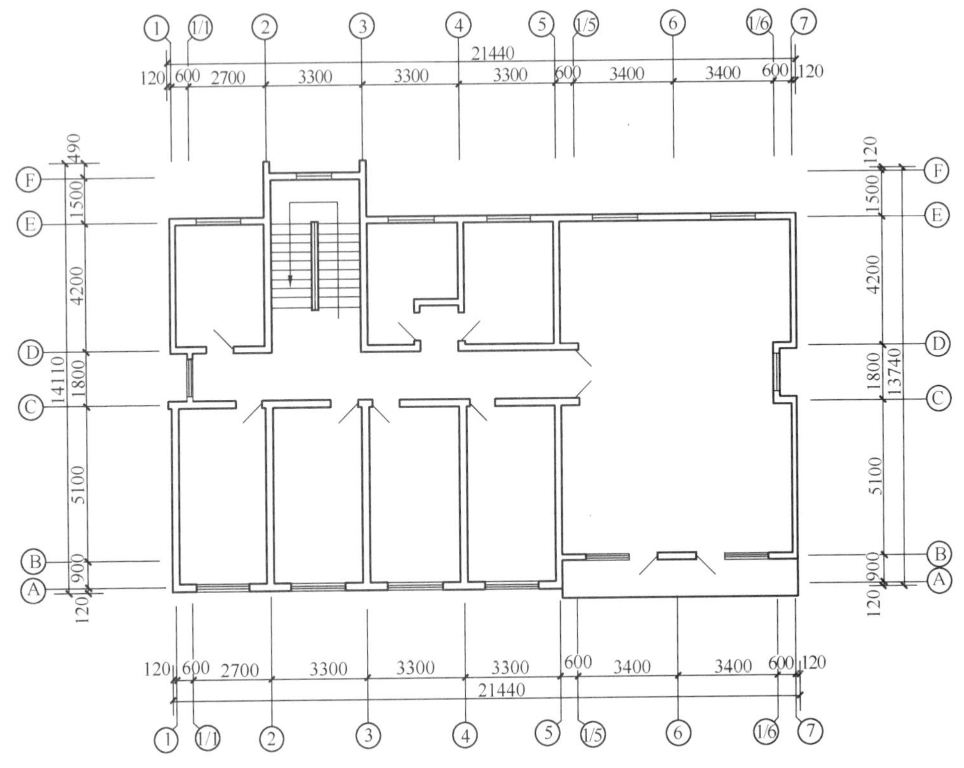

图 2-1-31 某建筑首层平面图

【解】建筑面积：

$$S=(21.44\times12.24+1.5\times3.54-0.6\times1.56\times2-0.9\times8)\times5$$

$$=1293.32\text{m}^2$$

该建筑物的建筑面积为 1293.32m^2。

【例 2-1-11】求图 2-1-32 所示高低跨单层厂房的建筑面积。

【解】一般高低联跨的单层建筑物，需分别计算建筑面积。但本例的建筑物，由于内容一致，故不需要将中跨、边跨分开计算。这样，建筑面积的计算就和一般单层建筑物一样。

$$\text{建筑面积 } S=(60+0.175\times2)\times(12+18+12+0.35\times2)=2577\text{m}^2$$

该建筑物的建筑面积为 2577m^2。

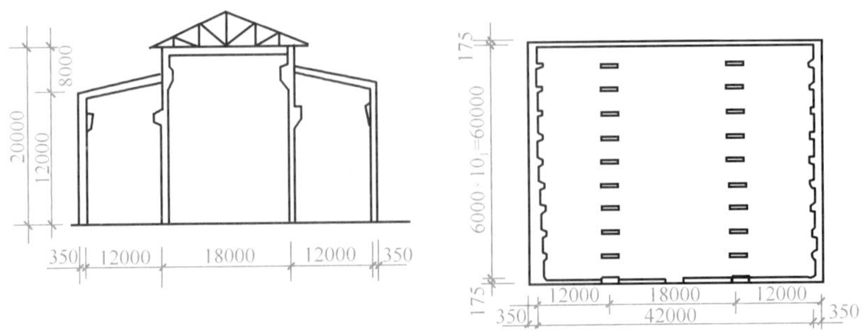

图 2-1-32 高低跨单层厂房

任务2.2　打桩及基础垫层工程费

1. 理解《江苏省建筑与装饰工程计价定额》中桩基工程定额说明。
2. 掌握桩基工程量计算规则及定额应用。

1. 能熟练使用计价定额有关桩基的相关内容（定额说明及定额附注、工程量计算规则），熟练计算桩基的工程费。
2. 能够较快地完成二级造价工程师考试试题。

1. 养成自主学习、观察与探索的良好习惯；
2. 善于规划学习与生活，养成自律与有序的学习和工作习惯；
3. 注重严谨的工作作风，相信和尊重科学；
4. 养成发现问题、提出问题和及时解决问题的良好学习、工作习惯。

思政目标

1. 从基础在建筑中的作用引申，引导和培养学生打好人生基础；
2. 从打桩施工工艺引申，培养学生提高抗压能力，正确面对各方面压力。

2.2.1　打桩及基础垫层工程任务分析

任务背景：某服饰车间（学习工作页附图1），计算桩基工程费。

（1）任务实施前的准备工作

1）认真识读结构说明和结构图：通过图纸明确本工程桩基础采用的是预制离心管桩（PHC管桩），桩径为400mm，壁厚70mm，工程桩一般长度为14.0m，桩顶相对标高为−1.500m，室外标高为−0.300m，接桩采用螺栓焊接连接。

2）领会计价定额中相关规定和工程量计算规则；确定工程类别。

3）确定桩基础施工的方法：静压方式施工。

（2）打桩工程子目设置：静压预制钢筋混凝土管桩、静压离心管桩送桩、螺栓加焊接接桩、人工截桩头等。

（3）工程量计算：按桩基工程子目设置查找对应的子目工程量计算规则，计算每个子目的工程量。

（4）综合单价的计算：按桩基工程子目设置查找对应的子目的定额编号，根据当期的人工工资单价、材料信息指导价、机械台班单价、工程类别，对综合单价进行价目调整确定每个子目的综合单价。

（5）桩基工程费计算：桩基工程费为子目工程量乘以子目综合单价之和。

2.2.2 打桩及基础垫层工程任务实施

任务的实施：某服饰车间桩基工程（学习工作页附图 1），计算该部分桩基工程分部分项工程费（人工单价、材料单价、机械台班单价按计价定额执行不调整）：

（1）结构说明：静压预制钢筋混凝土离心管桩，桩径 400mm，桩长 14m，垫层为 C20 商品混凝土。

（2）工程类别为三类，管理费率为 11%，利润率为 6%。

（3）某服饰车间桩基工程量计算。

桩基础计算见表 2-2-1～表 2-2-5。

1）压桩（表 2-2-1）

压桩计算表 **表 2-2-1**

部位	静力压预制钢筋混凝土离心管压桩桩长在 24m 以内	工程量（m^3）
三桩	3.14×(0.2×0.2－0.13×0.13)×14×10×3	30.464
四桩	3.14×(0.2×0.2－0.13×0.13)×14×2×4	8.124
五桩	3.14×(0.2×0.2－0.13×0.13)×14×3×5	15.232
六桩	3.14×(0.2×0.2－0.13×0.13)×14×2×6	12.186
九桩	3.14×(0.2×0.2－0.13×0.13)×14×9	9.139
合　计		75.145

2）送桩（表 2-2-2）

送桩计算表 **表 2-2-2**

部位	静力压离心管送桩桩长在 24m 以内	工程量（m^3）
三桩	3.14×(0.2×0.2－0.13×0.13)×(1.15－0.3＋0.5)×10×3	2.938
四桩	3.14×(0.2×0.2－0.13×0.13)×(1.15－0.3＋0.5)×2×4	0.783
五桩	3.14×(0.2×0.2－0.13×0.13)×(1.15－0.3＋0.5)×3×5	1.469
六桩	3.14×(0.2×0.2－0.13×0.13)×(1.15－0.3＋0.5)×2×6	1.175
九桩	3.14×(0.2×0.2－0.13×0.13)×(2.65－0.3＋0.5)×9	1.86
合　计		8.225

3）接桩（表 2-2-3）

接桩计算表 **表 2-2-3**

部位	电焊接方桩螺栓＋电焊	工程量（根）
三桩	1×10×3	30
四桩	1×2×4	8
五桩	1×3×5	15
六桩	1×2×6	12
九桩	1×9	9
合　计		74

4）凿桩（表 2-2-4）

凿桩计算表 **表 2-2-4**

部位	人工凿桩头，预制方（管）桩	工程量（根）
三桩	1×10×3	30
四桩	1×2×4	8
五桩	1×3×5	15
六桩	1×2×6	12
九桩	1×9	9
合　计		74

（4）打桩与垫层工程分部分项工程费计算（表 2-2-5）

打桩与垫层工程分部分项工程费计算表 **表 2-2-5**

序号	计价定额编号	项 目 名 称	计量单位	工程量	综合单价（元）	合价（元）
1	3-21	静力压预制钢筋混凝土离心管压桩桩长在 24m 以内	m^3	75.145	294.45	22126.45
2	3-23	静力压离心管送桩桩长在 24m 以内	m^3	8.225	290.90	2392.65
3	3-27	电焊接方桩螺栓+电焊	根	74	211.41	15644.34
4	3-94	人工截桩头，预制方（管）桩	10 根	7.4	468.63	3467.86
5	4-8	现浇方桩桩内主筋与底板钢筋焊接	10 根	7.4	131.34	971.92
合　计						44603.22

2.2.3 打桩及基础垫层工程

1. 桩基工程基本规定

打桩工程计价

（1）2014 计价定额适用于一般工业与民用建筑工程的桩基础，不适用于支架上、室内打桩。打试桩可按相应定额项目的人工、机械乘系数 2，试桩期间的停置台班结算应按实调整。

（2）2014 计价定额的打桩机的类别、规格执行中不换算。打桩机及为打桩机配套的施工机械的进（退）场费和组装、拆卸费用，另按实际进场机械的类别、规格计算。

（3）预制钢筋混凝土桩的制作费，另按相关章节规定计算。打桩如设计有接桩，另按接桩定额执行。

（4）2014 计价定额土壤级别已综合考虑，执行中不换算。子目中的桩长度是指包括桩尖及接桩后的总长度。

（5）电焊接桩钢材用量，设计与定额不同时，按设计用量乘系数 1.05 调整，人工、材料、机械消耗量不变。

（6）每个单位工程的打（灌注）桩工程量小于表 2-2-6 规定数量时，其人工、机械（包括送桩）按相应定额项目乘系数 1.25。

单位工程的打（灌注）桩工程量 表 2-2-6

项目名称	工程量（m^3）
预制钢筋混凝土方桩	150
预制钢筋混凝土离心管桩	50
打孔灌注混凝土桩	60
打孔灌注砂桩、碎石桩、砂石桩	100
钻孔灌注混凝土桩	60

（7）2014 计价定额以打直桩为准，如打斜桩，斜度在 1∶6 以内者，按相应定额项目人工、机械乘系数 1.25；如斜度大于 1∶6 者，按相应定额项目人工、机械乘系数 1.43。

（8）地面打桩坡度以小于 15°为准，大于 15°打桩按相应定额项目人工、机械乘系数 1.15。如在基坑内（基坑深度大于 1.15m）打桩或在地坪上打坑槽内（坑槽深度大于 1.0m）桩时，按相应定额项目人工、机械乘系数 1.11。

（9）2014 计价定额打桩（包括方桩和管桩）已包含 300m 以内的场内运输，实际超过 300m 时，应按相应构件运输定额执行，并扣除定额内的场地运输费。

（10）各种灌注桩中的材料用量预算暂按表 2-2-7 内的充盈系数和操作损耗计算，结算时充盈系数按打桩记录灌入量进行调整，操作损耗不变。

充盈系数指在灌注桩材料时，实际灌注材料体积与按设计桩身直径计算的体积之比。

充盈系数和操作损耗率 表 2-2-7

项目名称	充盈系数	操作损耗率（%）
打孔沉管灌注混凝土桩	1.20	1.50
打孔沉管灌注砂（碎石）桩	1.20	2.00
打孔沉管灌注砂石桩	1.20	2.00
钻孔灌注混凝土桩（土孔）	1.20	1.50
钻孔灌注混凝土桩（岩石孔）	1.10	1.50
打孔沉管夯扩灌注混凝土桩	1.15	2.00

注：1. 各种灌注桩中设计钢筋笼时，按钢筋工程中的钢筋笼定额执行。
2. 设计混凝土强度等级或砂、石级配与定额取定不同，应按设计要求调整材料，其他不变。

（11）钻孔灌注混凝土桩的钻孔深度是按 50m 内综合编制的，超过 50m 桩，钻孔人工、机械乘系数 1.10。人工挖孔灌注混凝土桩的挖孔深度是按 15m 内综合编制的，超过 15m 的桩，挖孔人工、机械乘系数 1.20。

钻孔灌注桩钻土孔含极软岩，钻入岩石以软岩为准（具体参照岩石分类表），如钻入较软岩时，人工、机械乘以系数 1.15；如钻入较硬岩以上时，应另行调整人工、机械用量。

（12）打孔沉管灌注桩分单打、复打，第一次按单打桩定额执行，在单打的基础上再次打，按复打桩定额执行。打孔夯扩灌注桩一次夯扩执行一次夯扩定额，再次夯扩时，应执行二次夯扩定额，最后在管内灌注混凝土到设计高度按一次夯扩定额执行。使用预制钢筋混凝土桩尖时，钢筋混凝土桩尖另加，定额中活瓣桩尖摊销费应扣除。

（13）注浆管埋设定额按桩底注浆考虑，如设计采用侧向注浆，则人工和机械乘系数 1.2。

(14) 灌注桩后注浆的注浆管、声测管埋设，注浆管、声测管如遇材质、规格不同时，可以换算，其余不变。

(15) 2014 计价定额不包括打桩、送桩后场地隆起土的清除及填桩孔的处理（包括填的材料），现场实际发生时，应另行计算。

(16) 凿出后的桩端部钢筋与底板或承台钢筋焊接应按钢筋工程中相应项目执行。

(17) 坑内钢筋混凝土支撑需截断，按截断桩定额执行。

(18) 因设计修改在桩间补打桩时，补打桩按相应打桩定额项目人工、机械乘系数 1.15。

2. 掌握工程量计算规则

(1) 打预制钢筋混凝土桩的体积，按设计桩长（包括桩尖，不扣除桩尖虚体积）乘以桩截面面积，以立方米计算；管桩的空心体积应扣除，管桩的空心部分设计要求灌注混凝土或其他填充材料时，应另行计算（图 2-2-1）。

图 2-2-1　预制混凝土方桩

桩基工程——打桩工程量计算

(2) 接桩：按每个接头计算。

(3) 送桩：以送桩长度（自桩顶面至自然地坪另加 500mm）乘桩截面面积以立方米计算（图 2-2-2）。

(4) 泥浆护壁钻孔灌注桩

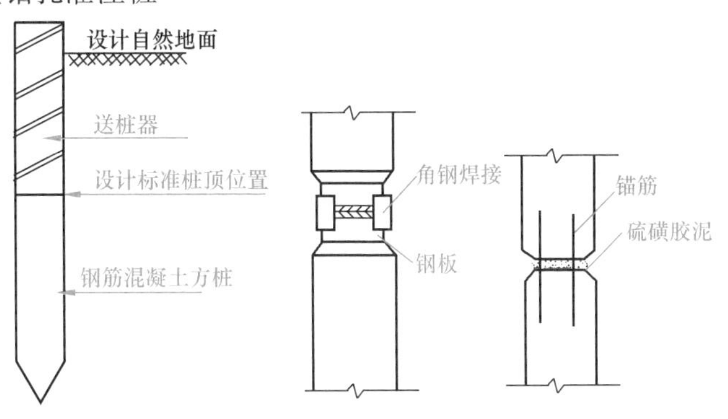

图 2-2-2　送桩与接桩示意图

桩基工程——灌注桩工程量计算

① 钻土孔与钻岩石孔工程量应分别计算。土与岩石地层分类详见土壤和岩石分类表。钻土孔从自然地面至岩石表面之深度乘设计桩截面积以立方米计算；钻岩石孔以入岩深度乘桩截面面积以立方米计算。

② 混凝土灌入量以设计桩长（含桩尖长）另加一个直径（设计有规定的，按设计要求）乘桩截面积以立方米计算；地下室基础超灌高度按现场具体情况另行计算。

③ 泥浆外运的体积按钻孔的体积以立方米计算。

(5) 打孔沉管、夯扩灌注桩

① 灌注混凝土、砂、碎石桩使用活瓣桩尖时，单打、复打体积均按设计桩长（包括桩尖）另加 250mm（设计有规定的，按设计要求）乘以标准管外径以立方米计算。使用预制钢筋混凝土桩尖时，单打、复打桩体积均按设计桩长（不包括预制桩尖）另加

250mm 乘以标准管外径以立方米计算。

② 打孔、沉管灌注桩空沉管部分，按空沉管的实体积计算。

③ 夯扩桩体积分别按每次设计夯扩前投料长度（不包括预制桩尖）乘以标准管内径体积计算，最后管内灌注混凝土按设计桩长另加 250mm 乘以标准管外径体积计算。

④ 打孔灌注桩、夯扩桩使用预制钢筋混凝土桩尖的，桩尖个数另列项目计算，单打、复打的桩尖按单打、复打次数之和计算，桩尖费用另计。

（6）注浆管、声测管按打桩前的自然地坪标高至设计桩底标高的长度另加 0.2m，按长度计算。

（7）灌注桩后注浆按设计注入水泥用量，以质量计算。

（8）人工挖孔灌注混凝土桩中挖井坑土、挖井坑岩石、砖砌井壁、混凝土井壁、井壁内灌注混凝土均按图示尺寸以立方米计算。如设计要求超灌时，另行增加超灌的工程量。

（9）凿灌注混凝土桩头按立方米计算，凿、截断预制方（管）桩均以根计算。

3. 典型案例的计算思路

【例 2-2-1】 某工程用截面 400mm×400mm 预制钢筋混凝土方桩 280 根，设计桩长 24m（包括桩尖），采用轨道式柴油打桩机施工，土壤级别为一级土，采用包钢板焊接接桩，已知桩顶标高为－4.100m，室外设计地面标高为－0.300m，试计算打桩工程量，套用《江苏省建筑与装饰工程计价定额（2014 年）》确定综合单价和合价（人工、材料、机械均按计算定额执行不调整）。

【解】（1）计算工程量

1）一级土 24m 桩长，柴油打桩机打预制方桩：

$$V=0.4\times0.4\times24\times280=1075.2\text{m}^3$$

2）柴油机送桩（桩长 24m，送桩深度 4m 以外）：

$$V=0.4\times0.4\times(4.1-0.3+0.5)\times280=192.64\text{m}^3$$

3）预制桩包钢板焊接接桩：

$$N=280\text{ 个}$$

4）凿桩头：

$$N=280\text{ 个}$$

（2）套用计价定额（表 2-2-8）

套用计价定额计算表 **表 2-2-8**

序号	计价定额编号	项目名称	计量单位	工程量	综合单价（元）	合计（元）
1	3-3	打预制桩	m^3	1075.20	205.13	220555.78
2	3-7	送桩	m^3	192.64	201.01	38722.57
3	3-26换	包钢板焊接接桩	个	280	672.53	188308.40
4	3-93	凿桩头	10 根	28	265.03	7420.84
合计						455007.59

注：3-26换＝595.02＋（224.58－158.33）×（1＋11%＋6%）＝672.53 元/个。

【例 2-2-2】 某打桩工程，设计桩型为 T-PHC-AB700-650(110)－13、13a，管桩数量 250 根，桩外径 700mm，壁厚 110mm，自然地面标高－0.300m，桩顶标高－3.600m，螺栓加焊接接桩，管桩接桩接点周边设计不用钢板，采用静力压桩施工方法，管桩场内运输 250m 考虑（图 2-2-3）。根据当地地质条件需要使用桩尖（180 元/个），成品管桩市场信息价 1800 元/m^3。本工程人工单价、除成品管桩外其他材料单价、机械台班单价按计价定额执行不调整。请根据上述条件按江苏省计价定额的规定计算该打桩工程分部分项工程费。

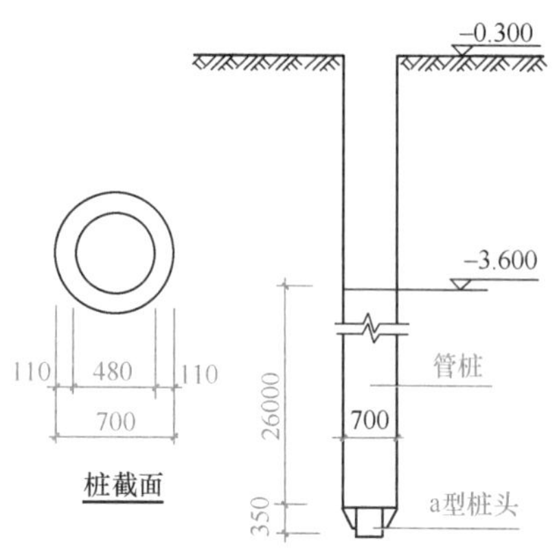

图 2-2-3 静力压预应力管桩

【解】（1）计算工程量

1）压桩：（计价定额含 300m 内场内运输）

3.14 ×(0.35^2－0.24^2) ×(26＋0.35) ×250＝1342.44m^3（管桩的空心体积应扣除；设计桩长包括桩尖）

2）接桩：250×1＝250 个（不计桩尖接头与桩的连接，桩尖接头的焊接含在桩尖中）

3）送桩：

3.14×(0.35^2－0.24^2)×(3.6－0.3＋0.5)×250 ＝193.6m^3

4）成品桩：3.14 ×（0.35^2－0.24^2）×26 ×250 ＝1324.61m^3

5）成品桩尖：250 个

（2）套用计价定额（表 2-2-9）

套用计价定额计算表 **表 2-2-9**

序号	定额编号	项目名称	计量单位	工程量	综合单价（元）	合计（元）
1	3-22换	压桩	m^3	1342.44	384.18	515738.60
2	3-27	接桩	个	250	211.41	52852.50
3	3-24	送桩	m^3	193.60	458.47	88759.79
4		成品桩	m^3	1324.61	1800.00	2384298.00
5		a 型桩尖	个	250	180.00	45000.00
合计						3086648.89

注：3-22换＝379.18＋0.01×（1800－1300）＝384.18 元/ m^3。

【例 2-2-3】 某工程桩基础采用钻孔灌注混凝土桩（图 2-2-4、图 2-2-5），C30 混凝土现场搅拌，土孔中混凝土充盈系数为 1.25，自然地面标高－0.450m，桩顶标高－3.000m，设计桩长 12.30m，桩进入岩层 1m，桩直径 600mm，共计 100 根，泥浆外运 5km，计算工程量并按计价定额规定计价（三类工 77 元/日、管理费和利润以人工费和机械使用费为基础，分别取 11%和 7%）。

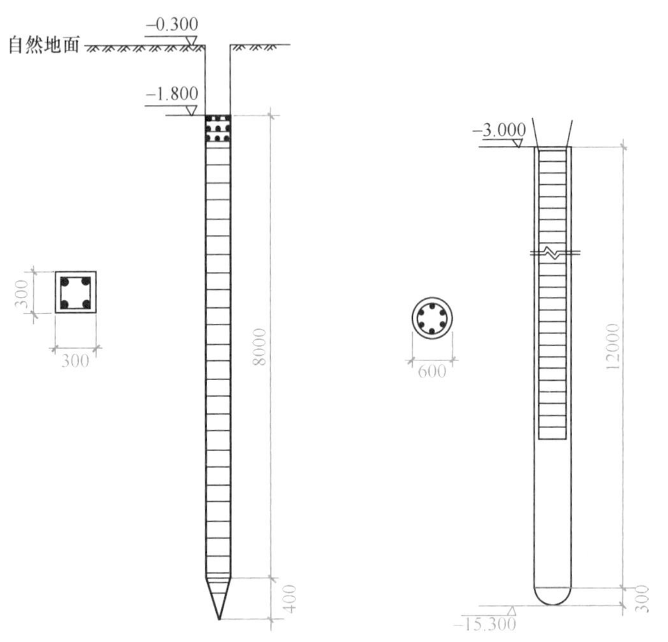

图 2-2-4 某钻孔灌注桩（一） 图 2-2-5 某钻孔灌注桩（二）

【解】（1）计算工程量

1）钻土孔：深度＝15.30－0.45－1.00＝13.85m

0.30×0.30×3.14×13.85×100＝391.40m^3

2）钻岩石孔：深度＝1.0m

0.30×0.30×3.14×1.00×100＝28.26m^3

3）灌注混凝土桩（土孔）：桩长＝12.30＋0.60－1.00＝11.90m

0.30×0.30×3.14×11.90×100＝336.29m^3

4）灌注混凝土桩（岩石孔）：桩长＝1.0m

0.30×0.30×3.14×1.00×100＝28.26m^3

5）泥浆外运＝钻孔体积＝391.40＋28.26＝419.66m^3

6）砖砌泥浆池＝桩体积＝336.29＋28.26＝364.55m^3

7）凿桩头：0.30×0.30×3.14×0.60×100＝16.96m^3

（2）套用计价定额（表 2-2-10）

套用计价定额计算表 **表 2-2-10**

序号	定额编号	项目名称	计量单位	工程量	综合单价（元）	合价（元）
1	3-28	钻土孔	m^3	391.40	300.96	117795.74
2	3-31	钻岩孔	m^3	28.26	1298.80	36704.09
3	3-39换	灌土孔	m^3	336.29	473.45	159216.50
4	3-40	灌岩孔	m^3	28.26	421.18	11902.55
5	3-41	泥浆外运	m^3	419.66	112.21	47090.05

续表

序号	定额编号	项目名称	计量单位	工程量	综合单价（元）	合价（元）
6	3-92	凿桩头	m^3	16.96	207.79	3524.12
7	桩 87 注 2	砖砌泥浆池	m^3	364.55	2.00	729.10
合　价						376962.15

注：$3\text{-}39_{换}$：458.83－351.03＋1.25×1.015×288.20＝473.45 元/m^3。

【例 2-2-4】 某沉管灌注砂石桩，振动打拔桩机打桩，采用预制混凝土桩尖（45 元/个），复打，标准管外径 426mm，共 100 根（图 2-2-6）。试计算分部分项工程费，钢筋不计（人工、材料、机械、管理费、利润按 2014 计价定额）。

【解】（1）工程量计算

1）沉管灌注砂石桩（单打、复打）：

(18＋0.25)×3.14×0.426×0.426/4×100＝259.99m^3

2）空沉管：

(2.6－0.3)×3.14×0.426×0.426/4×100＝32.77m^3

3）混凝土桩尖：

100×2＝200 个

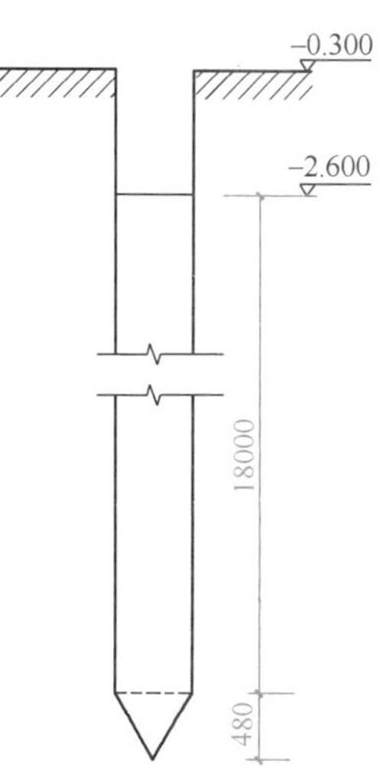

图 2-2-6　沉管灌注砂石桩

（2）套用计价定额（表 2-2-11）

套用计价定额计算表　　**表 2-2-11**

序号	定额编号	项目名称	计量单位	工程量	综合单价（元）	合计（元）
1	$3\text{-}73_{换1}$	单打沉管灌注砂石桩	m^3	259.99	310.92	80836.09
2	$3\text{-}73_{换2}$	复打沉管灌注砂石桩	m^3	259.99	274.11	71265.86
3	$3\text{-}73_{换3}$	空沉管	m^3	32.77	91.56	3000.42
4		混凝土桩尖	个	200	45.00	9000.00
合计						164102.37

注：1. $3\text{-}73_{换1}$＝312.6－1.68＝310.92 元/m^3。

2. $3\text{-}73_{换2}$＝0.53×74＋1.53×62＋4.8＋0.08＋0.01＋6.4＋(52.36＋61.11)×0.93×（1＋14%＋8%）＝274.11 元/m^3。

3. $3\text{-}73_{换3}$＝174.16－47.36－113.83－1.68＋(52.36×0.3＋50.09)×（1＋14%＋8%）＝91.56 元/m^3。

任务 2.3　混 凝 土 工 程 费

1. 理解《江苏省建筑与装饰工程计价定额》中混凝土及钢筋混凝土工程定额说明；
2. 掌握混凝土及钢筋混凝土工程工程量计算规则及定额应用。

1. 能熟练使用计价定额有关混凝土及钢筋混凝土的相关内容（定额说明及定额附注、工程量计算规则），熟练编制混凝土及钢筋混凝土的工程费（即混凝土及钢筋混凝土分部分项工程费）；

2. 能够较快地完成二级造价工程师考试试题。

1. 勤于思考，善于探究，注重对知识的理解；

2. 勤于实践，理论与实践相结合，在实践中锻炼和提高；

3. 耐心细致，精益求精，戒骄戒躁。

1. 遵循计算规范，准确计算；

2. 结合混凝土构件中混凝土与钢筋的共同作用，理解优势互补，认识到团队合作的重要性；

3. 理解选用预拌混凝土对改善城市居民的工作和居住环境的意义，激发学生对于绿色建筑的思考。

2.3.1 混凝土任务分析

任务背景：某服饰车间（学习工作页附图1），计算混凝土工程费。

（1）任务实施前的准备工作

1）认真识读结构说明和结构图：通过结构说明查阅现浇混凝土构件（除混凝土二次构件）的混凝土强度等级为C30，混凝土二次构件（构造柱、圈梁、过梁、女儿墙等）为C20，混凝土二次构件的设置为：①墙长大于5m，在墙中部设置构造柱；②墙高大于4m，在墙体半高处或门窗上皮设置与柱相连沿墙通长的钢筋混凝土水平系梁，梁高180mm；③厨卫四周均设置翻边120mm×200mm。从结构图中确定：①房屋的结构形式为三层框架结构；②基础形式为管桩、桩承台、满堂基础、基础梁等；③上部结构为矩形柱、有梁板（二层板梁、三层板梁、三层屋顶板梁、电梯机房屋顶板梁）、电梯井壁等；④其他构件，如楼梯、雨篷等。

2）领会计价定额中相关规定和工程量计算规则，确定工程类别。

3）确定混凝土构件的拌合方式：本任务中考虑混凝土为商品混凝土，有梁板、楼梯为泵送商品混凝土，其余为非泵送商品混凝土。

（2）混凝土工程子目设置：C20商品混凝土垫层、C30商品混凝土桩承台、C30商品混凝土基础梁、C30商品混凝土满堂基础、C30商品混凝土基础梁、C30商品混凝土矩形柱、C30商品混凝土电梯井壁、C30泵送商品混凝土有梁板、C30泵送商品混凝土楼梯、C30商品混凝土雨篷、C20商品混凝土圈梁、C20商品混凝土构造柱等。

混凝土工程项目设置时考虑到模板的费用计算应注意：钢筋混凝土有梁板子目设置时应根据板厚（100mm以内、200mm以内、200mm以外）和支模高度（3.6m以内、5m以内、8m以内）分别列项；钢筋混凝土矩形柱子目设置时应根据周长（1.6m 以内、2.5m 以内、3.6m 以内、5m 以内、5m 以外）和支模高度（3.6m 以内、5m 以内、8m 以内）分别列项。

（3）工程量计算：按混凝土工程子目设置查找对应的子目工程量计算规则，计算每个子目的工程量。

（4）综合单价的计算：按混凝土工程子目设置查找对应子目的定额编号，根据当期的人工工资单价、材料信息指导价、机械台班单价、工程类别，对综合单价进行价目调整确定每个子目的综合单价。

（5）混凝土工程费计算：混凝土工程费为子目工程量乘以子目综合单价之和。

2.3.2　混凝土任务实施

任务的实施：某服饰车间④轴～⑤轴/Ⓐ轴～Ⓓ轴及楼梯（学习工作页附图 1）为任务，计算该部分混凝土工程分部分项工程费（人工单价、材料单价、机械台班单价按计价定额执行不调整）：

（1）结构说明：混凝土强度等级为 C30，混凝土二次构件（构造柱、圈梁、过梁、女儿墙等）为 C20。

（2）结构图：框架三层，基础为桩承台、基础梁，主体结构为柱、有梁板等。

（3）工程类别为三类，管理费率为 25%，利润率为 12%。

（4）混凝土的拌合方式：均为商品混凝土，有梁板、楼梯为泵送商品混凝土，其余为非泵送商品混凝土。

（5）某服饰车间④轴～⑤轴/Ⓐ轴～Ⓓ轴及楼梯混凝土工程量计算见表 2-3-1。

某服饰车间④轴～⑤轴/Ⓐ轴～Ⓓ轴及楼梯混凝土工程量计算表　　表 2-3-1

序号	部位	计　算　式	计算结果	小计
		混凝土及钢筋混凝土工程		
1		C20 商品混凝土垫层	m^3	2.767
	三桩承台	[(2.122＋0.4/1.732×2＋0.1×2)×(1.85＋0.4＋0.1×2)/2－0.5×0.4/1.732×0.4×3]×0.1×4	1.309	1.309
	五桩承台	2.7×2.7×0.1×2	1.458	1.458
		【计算工程量】2.767m^3		
2		C30 商品混凝土桩承台基础	m^3	14.769
	三桩承台	[(2.122＋0.4/1.732×2)×(1.85＋0.4)/2－0.5×0.4/1.732×0.4×3]×0.6×4	6.644	6.644
	五桩承台	2.5×2.5×0.65×2	8.125	8.125
		【计算工程量】51.773m^3		
3		C30 商品混凝土基础梁	m^3	7.126
	JKL3	0.25×0.6×(19－0.375×2－0.5)×2－[(1.225－0.375)×0.4＜三桩＞＋(2.5－0.5)×0.45＜五桩＞＋(0.875－0.375)×0.4＜三桩＞]×0.25×2	4.605	4.605
	JKL6	0.25×0.6×(7.8－0.2×2)－(2.122－0.4)×0.4＜三桩＞×0.25×1＜个＞	0.938	0.938
	JKL8	0.25×0.6×(7.8－0.25×2)－(2.5－0.5)×0.45×2＜五桩＞×0.25	0.645	0.645
	JKL9	0.25×0.6×(7.8－0.2×2)－(2.122－0.4)×0.4×1×0.25＜三桩＞	0.938	0.938

续表

序号	部位	计算式	计算结果	小计
		【计算工程量】7.126m^3		
4		矩形柱【柱支模高度 5m(3.6+0.3−0.11=3.79m)内，周长 2.5m 内，C30 商品混凝土】	m^3	2.74
		承台顶～−0.05		0.69
	KZ1	0.4×0.5×(0.6−0.05)×4	0.44	0.44
	KZ3	0.5×0.5×(0.55−0.05)×2	0.25	0.25
		−0.05～3.55		2.05
	KZ1	0.4×0.5×(3.55+0.05)×4	0.25	0.25
	KZ3	0.5×0.5×(3.55+0.05)×2	1.8	1.8
		【计算工程量】2.74m^3		
5		矩形柱【柱支模高度 3.6m 内，周长 2.5m 内，C30 商品混凝土】	m^3	4.10
		3.55～7.15		2.05
	KZ1	0.4×0.5×(3.55+0.05)×4	0.25	0.25
	KZ3	0.5×0.5×(3.55+0.05)×2	1.8	1.8
		7.15～10.75		2.05
	KZ1	0.4×0.5×(3.55+0.05)×4	0.25	0.25
	KZ3	0.5×0.5×(3.55+0.05)×2	1.8	1.8
		【计算工程量】4.10m^3		
6		C20 商品混凝土构造柱	m^3	0.884
	一层 MZ1	(0.25×0.25+0.06/2×0.24×2)×(3.55−0.65+0.4)	0.254	0.254
	二层 GZ1	(0.24×0.24+0.06/2×0.24×2)×(3.55−0.65)	0.209	0.209
	三层 GZ1	(0.24×0.24+0.06/2×0.24×2)×(3.55−0.65)	0.209	0.209
	女儿墙 GZ	(0.24×0.24+0.06/2×0.24×2)×(0.8−0.06)×4	0.213	0.213
		【计算工程量】0.884m^3		
7		有梁板【板底支模高度 5m(3.6+0.3−0.11=3.79m)内；板厚度 200mm 以内；泵送 C30 商品混凝土】	m^3	93.288
		3.55 标高		31.096
	110mm 厚板	7.8×(19+0.125×2)×0.11	16.517	16.517
	LL4	0.25×(0.65−0.11)×(7.8−0.3)	1.013	1.013
	LL5	0.25×(0.65−0.11)×(7.8−0.3)	1.013	1.013
	LL6	0.25×(0.65−0.11)×(7.8−0.3)	1.013	1.013
	KL2	0.3×(0.8−0.11)×(19−0.375×2−0.5)×2<4、5>	7.349	7.349
	KL5	0.25×(0.65−0.11)×(7.8−0.4)<A>	0.999	0.999
	KL6	0.25×(0.65−0.11)×(7.8−0.15×2)<B>	1.013	1.013
	KL7	0.3×(0.65−0.11)×(7.8−0.5)<C>	1.183	1.183

续表

序号	部位	计　算　式	计算结果	小计
	KL8	0.25×(0.65−0.11)×(7.8−0.4)<D>	0.999	0.999
		7.15 标高		31.096
	110mm 厚板	16.517<同 3.55 标高>	16.517	16.517
	LL4	0.25×(0.65−0.11)×(7.8−0.3)	1.013	1.013
	LL5	0.25×(0.65−0.11)×(7.8−0.3)	1.013	1.013
	LL7	0.25×(0.65−0.11)×(7.8−0.3)	1.013	1.013
	KL2	0.3×(0.8−0.11)×(19−0.375×2−0.5)×2<4、5>	7.349	7.349
	KL5	0.25×(0.65−0.11)×(7.8−0.4)<A>	0.999	0.999
	KL6	0.25×(0.65−0.11)×(7.8−0.15×2)<B>	1.013	1.013
	KL7	0.3×(0.65−0.11)×(7.8−0.5)<C>	1.183	1.183
	KL8	0.25×(0.65−0.11)×(7.8−0.4)<D>	0.999	0.999
		10.15 标高		31.096
	110mm 厚板	16.517<同 3.55 标高>	16.517	16.517
	WLL3	0.25×(0.65−0.11)×(7.8−0.3)	1.013	1.013
	WLL4	0.25×(0.65−0.11)×(7.8−0.3)	1.013	1.013
	WLL6	0.25×(0.65−0.11)×(7.8−0.3)	1.013	1.013
	WKL3	0.3×(0.8−0.11)×(19−0.375×2−0.5)×2<4、5>	7.349	7.349
	WKL6	0.25×(0.65−0.11)×(7.8−0.4)<A>	0.999	0.999
	WKL7	0.25×(0.65−0.11)×(7.8−0.15×2)<B>	1.013	1.013
	WKL8	0.3×(0.65−0.11)×(7.8−0.5)<C>	1.183	1.183
	WKL9	0.25×(0.65−0.11)×(7.8−0.4)<D>	0.999	0.999
		【计算工程量】93.288m^3		
8		C30 商品混凝土(泵送)直形楼梯	投影面积	63.319
	1 号楼梯	(3−0.125×2)×(1.8+2.8−0.125+0.25)×3<层>	38.981	38.981
	2 号楼梯	(3−0.125×2)×(1.5+2.8−0.125+0.25)×2<层>	24.338	24.338
		【计算工程量】63.319m^3(10m^2投影面积)		
9		C30 商品混凝土(泵送)楼梯、雨篷、阳台混凝土含量每增减 1m^3	m^3	−0.449
		1 号设计含量		7.481
	1 号 LL3	0.25×0.35×(3−0.25)×3	0.722	0.722
	1 号 TL1	0.25×(0.35−0.1)×(3−0.25)×3	0.516	0.516
	1 号休息平台	(1.8−0.125−0.25)×(3−0.25)×0.1×3	1.176	1.176
	1 号梯段	0.5×0.28×0.164×(1.4−0.125)×10×2×3	1.756	1.756
	1 号斜板	(1.4−0.125)×2.8×0.13×1.189×2×3	3.311	3.311
		2 号设计含量		4.99
	2 号 LL3	0.25×0.35×(3−0.25)×2	0.481	0.481

续表

序号	部位	计 算 式	计算结果	小计
	2 号 TL1	0.25×(0.35−0.1)×(3−0.25)×2	0.344	0.344
	2 号休息平台	(1.8−0.125−0.25)×(3−0.25)×0.1×2	0.784	0.784
	2 号梯段	0.5×0.28×0.164×(1.4−0.125)×10×2×2	1.171	1.171
	2 号斜板	(1.4−0.125)×2.8×0.13×1.189×2×2	2.207	2.207
		设计含量		12.658
		(7.481+4.99)×1.015	12.658	
		定额含量		13.107
		63.319×0.207	13.107	
		调整量		
		12.658−13.107	−0.449	
		【计算工程量】−0.449m^3		

（6）混凝土分部分项工程费计算（表 2-3-2）

混凝土分部分项工程费计算表 **表 2-3-2**

序号	计价定额编号	项目名称	计量单位	工程量	综合单价（元）	合价（元）
1	6-301换	C20 非泵送商品混凝土垫层	m^3	2.767	416.01	1151.10
2	6-308换	C30 非泵送商品混凝土桩承台基础	m^3	14.769	451.79	6672.49
3	6-317	C30 非泵送商品混凝土基础梁	m^3	7.126	455.25	3244.11
4	6-313	矩形柱【支模高度 5m 内，周长 2.5m 内，C30 非泵送商品混凝土】	m^3	2.74	498.23	1365.15
5	6-313	矩形柱【柱支模高度 3.6m 内，周长 2.5m 内，C30 非泵送商品混凝土】	m^3	4.10	498.23	2042.74
6	6-316	C20 非泵送商品混凝土构造柱	m^3	0.884	570.42	504.25
7	6-207	有梁板【板底支模高度 5m 内；板厚度 200mm 以内；泵送商品混凝土】	m^3	93.288	461.46	43048.68
8	6-337	C30 商品混凝土（泵送）直形楼梯	$10m^2$	6.332	980.41	6207.96
9	6-342	C30 商品混凝土（泵送）楼梯、雨篷、阳台混凝土含量每增减 1m^3	m^3	−0.449	473.53	−212.61
合 计						64023.87

注：6-301换=412.96−324.8+327.85=416.01 元/m^3。

6-308换=431.39−339.66 +353×1.02=451.79 元/m^3。

2.3.3 混凝土知识支撑

混凝土工程计价

1. 领会混凝土工程基本规定

（1）混凝土石子粒径取定：设计有规定的按设计规定，无设计规定按表 2-3-3规定计算：

石子粒径规定表 **表 2-3-3**

石子粒径	构件名称
5～16mm	预制板类构件、预制小型构件
5～31.5mm	现浇构件：矩形柱（构造柱除外）、圆柱、多边形柱（L、T、+形柱除外）、框架梁、单梁、连续梁、地下室防水混凝土墙 预制构件：柱、梁、桩
5～20mm	除以上构件外均用此粒径
5～40mm	基础垫层、各种基础、道路、挡土墙、地下室墙、大体积混凝土

（2）2014计价定额中毛石混凝土中的毛石（6-2）掺量是按15%计算的，构筑物中毛石混凝土的毛石掺量是按20%计算的，如设计不同时，可按比例换算毛石、混凝土数量，其余不变。

【例 2-3-1】C20毛石混凝土基础中，毛石掺量为25%，按2014计价定额计算C20毛石混凝土综合单价（人工、材料、机械单价和管理费率、利润率按计价定额不做调整）。

【解】毛石定额用量为：0.449×25%/15%=0.748t/m^3

混凝土用量为：0.863×75%/85%=0.761 m^3

6-2$_{换}$ C20毛石混凝土综合单价=344.64+（0.748−0.449）×50+（0.761−0.863）×236.14=335.50元/m^3

（3）江苏省计价定额现浇柱、墙子目中，均已按规范规定综合考虑了底部铺垫1∶2水泥砂浆的用量。

（4）江苏省计价定额中室内净高超过8m的现浇柱、梁、墙、板（各种板）的人工工日分别乘以下系数：净高在12m以内乘以系数1.18；净高在18m以内乘以系数1.25。

【例 2-3-2】C25泵送混凝土框架柱，净高11.5m，按2014计价定额计算C25泵送混凝土柱综合单价（人工、材料、机械单价和管理费率、利润率按计价定额不做调整）。

【解】框架柱净高为11.5m，在12m内，人工乘以1.18。

6-190$_{换}$ C25泵送混凝土框架柱 488.12+62.32×0.18×（1+25%+12%）−358.38（C30）+0.99×352（C25）=493.59元/m^3

（5）泵送混凝土定额中（6-178～6-330）已综合考虑了输送泵车台班，布拆管及清洗人工、泵管摊销费、冲洗费。当输送高度超过30m时，输送泵车台班（含30m以内）乘以1.10，输送高度超过50m时，输送泵车台班（含50m以内）乘以系数1.25。输送高度超过100m时，输送泵车台班（含100m以内）乘以系数1.35。输送高度超过150m时，输送泵车台班（含150m以内）乘以系数1.45。输送高度超过200m时，输送泵车台班（含200m以内）乘以系数1.55。

【例 2-3-3】C30泵送商品混凝土有梁板（泵送高度35m），按2014计价定额计算有梁板综合单价（人工、材料、机械单价和管理费率、利润率按计价定额不做调整）。

【解】有梁板泵送高度为35m，高度超过30m，输送泵车台班乘以1.10。

6-207$_{换}$ C30泵送商品混凝土有梁板 461.46+19.45×0.1×（1+25%+12%）=464.12元/m^3

（6）小型混凝土构件，系指单体体积在0.05m^3以内的未列出子目的构件。

2. 掌握工程量计算规则

（1）现浇混凝土

混凝土工程量除另有规定外，均按图示尺寸以体积计算。不扣除构件内钢筋、支架、螺栓孔、螺栓、预埋铁件及墙、板中 0.3m² 内的孔洞所占体积，留洞所增加工、料不再另增费用。

1）混凝土基础垫层

① 混凝土基础垫层是指砖、石、混凝土、钢筋混凝土等基础下的混凝土垫层，按图示尺寸以体积计算。不扣除伸入承台基础的桩头所占体积。其中工程量计算公式为：

混凝土工程（一）——基础和垫层

带形基础垫层工程量＝垫层长度×垫层断面面积

独立基础或满堂基础垫层工程量＝垫层实铺面积×垫层厚度

② 外墙基础垫层长度按外墙中心线长度计算，内墙基础垫层长度按内墙基础垫层净长计算。

③ 混凝土垫层厚度以 15cm 以内为准，厚度在 15cm 以上的按混凝土基础计算。

2）基础

按图示尺寸以体积计算（图 2-3-1）。不扣除伸入承台基础的桩头所占体积。其中工程量计算公式为：

带形基础体积＝基础断面积×基础长度

基础断面积＝ $B\times h_2+(b+B)\times h_{1/2}+b\times h$

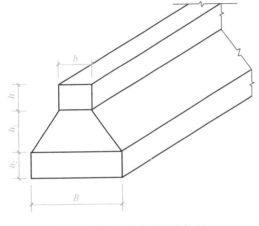

图 2-3-1 有肋带形基础断面

钢筋混凝土带形基础在套定额时要区分有梁式和无梁式。

带形无梁式基础（图 2-3-2）：指基础底板上无肋。

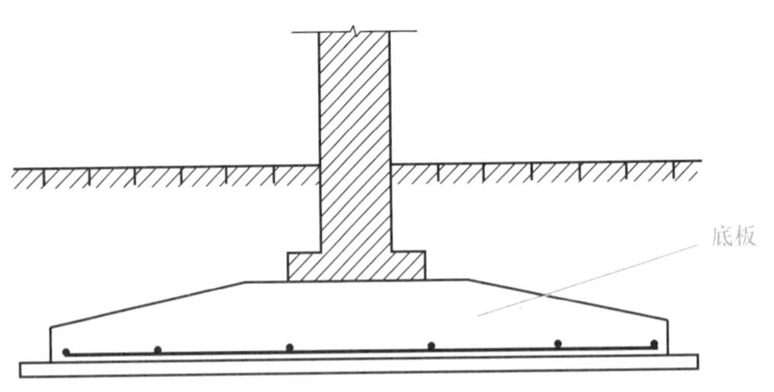

图 2-3-2 带形无梁基础

带形有梁式基础（图 2-3-3）：指基础底板有肋，且肋部配置有纵向钢筋和箍筋。

① 带形基础长度：外墙下条形基础按外墙中心线长度、内墙下带形基础按基底、有斜坡的按斜坡间的中心线长度、有梁部分按梁净长，独立柱基间带形基础按基底净长计算。

② 有梁带形混凝土基础，其梁高与梁宽之比在 4∶1 以内的，按有梁式带形基础计算；超过 4∶1 时，其基础底按无梁式带形基础计算，上部按墙计算（图 2-3-4）。

③ 满堂（板式）基础有梁式（包括反梁）（图 2-3-5）、无梁式（图 2-3-6）应分别计算，仅带有边肋者，按无梁式满堂基础套用定额。

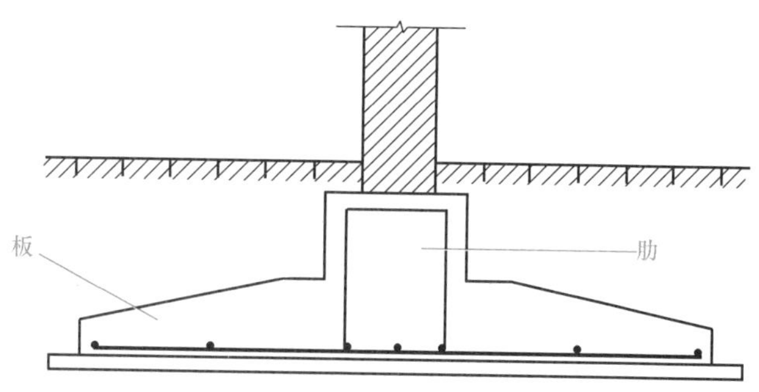

图 2-3-3　带形有梁基础

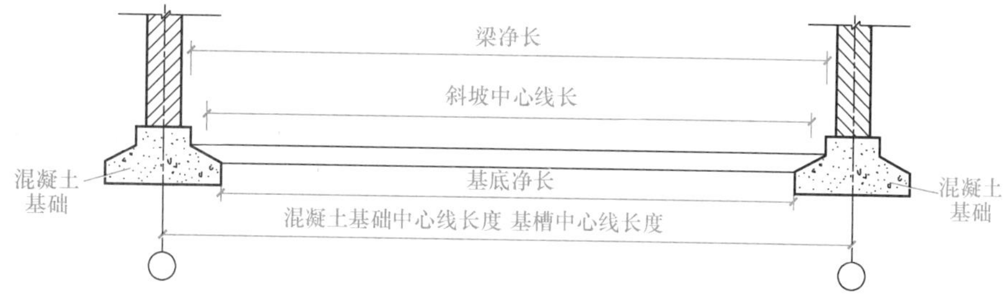

图 2-3-4　带形基础内墙长度示意图

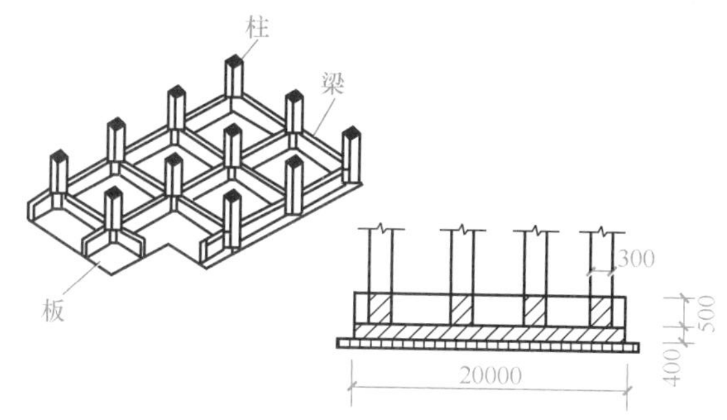

图 2-3-5　有梁式满堂基础

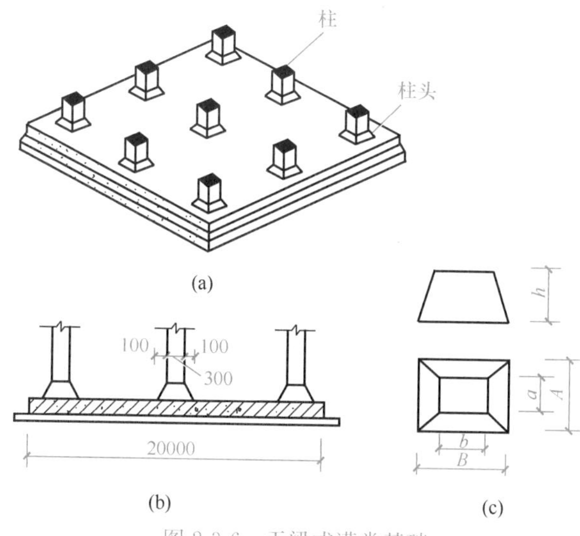

图 2-3-6　无梁式满堂基础

满堂基础工程量计算公式：

有梁式满堂基础=基础底板面积×板厚+梁截面面积×梁长；

无梁式满堂基础=基础底板面积×板厚+柱帽总体积。

其中：柱帽总体积=柱帽个数×单个柱帽体积；

单个柱帽体积按独立基础中方锥形基础体积计算。

④ 设备基础除按块体以外（图 2-3-7），其他类型设备基础分别按基础、梁、柱、板、墙等有关规定计算，套相应的定额。

⑤ 独立柱基、桩承台：按图示（图 2-3-8～图 2-3-11）以体积计算至基础扩大顶面。

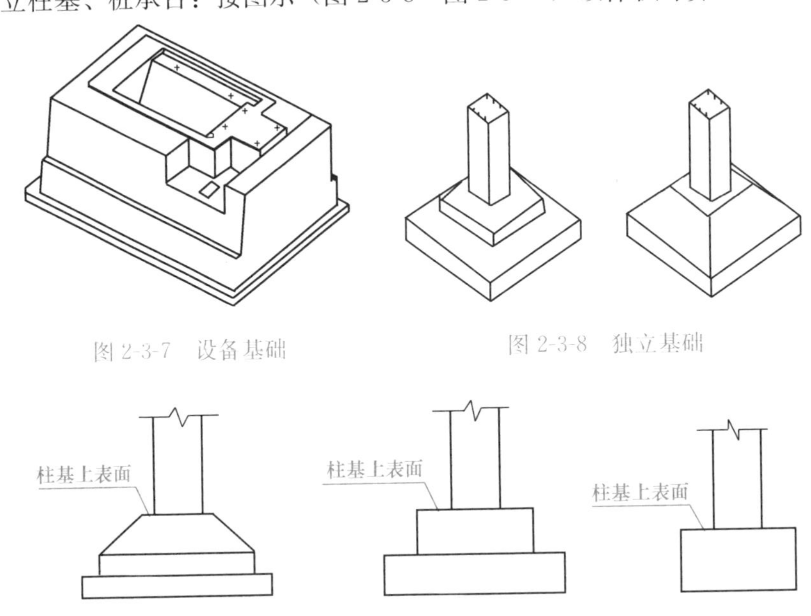

图 2-3-7　设备基础

图 2-3-8　独立基础

图 2-3-9　独立柱基的类型

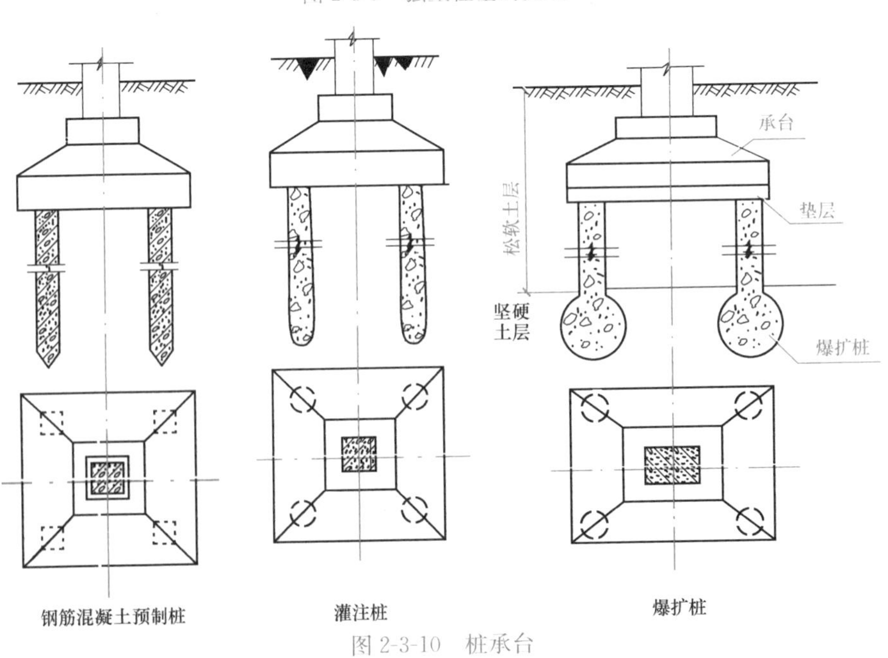

图 2-3-10　桩承台

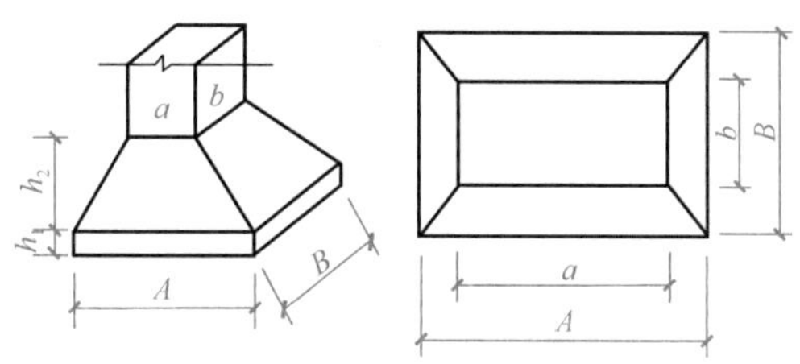

图 2-3-11　独立基础体积计算

$$V = ABh_1 + h_2/6[AB + ab + (A+a)(B+b)]$$

式中　A、B——基础底面的长与宽（m）；

a、b——基础顶面的长与宽（m）；

h_1——基础底部长方体的高度（m）；

h_2——基础棱台的高度（m）。

⑥ 杯形基础（图 2-3-12）套用独立柱基项目。杯口外壁高度大于杯口外长边的杯形基础，套“高颈杯形基础”定额。其工程量计算公式：

锥形杯形基础工程量＝底座体积＋四棱台体积＋脖口体积－杯芯体积

3）柱

按图示断面尺寸乘柱高以立方米计算。其工程量计算公式：

柱体积＝柱的断面面积×柱高

柱高按下列规定确定：

混凝土工程(二)
——柱

① 有梁板的柱高，应自柱基上表面（或楼板上表面）至上一层楼板上表面的高度计算，不扣除板厚。

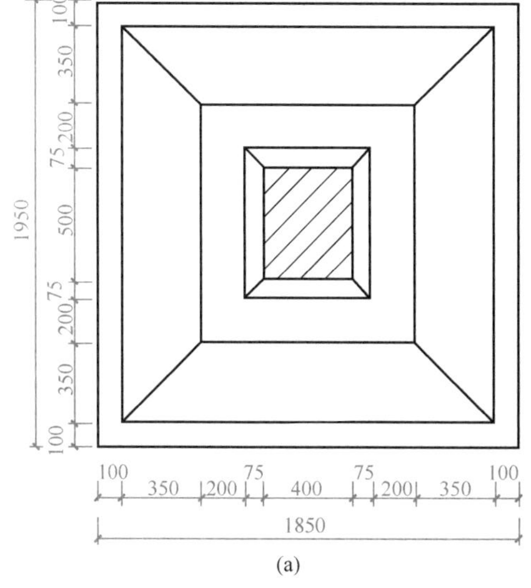

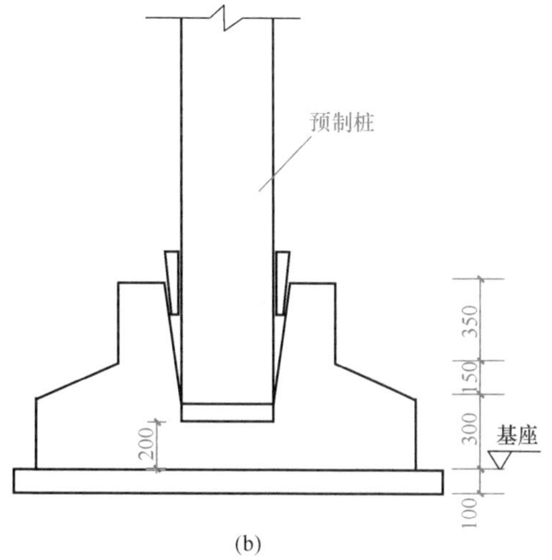

(a)　(b)

图 2-3-12　杯形基础

（a）平面图；（b）剖面图

② 无梁板的柱高，应自柱基上表面（或楼板上表面）至柱帽下表面的高度计算（图 2-3-13）。

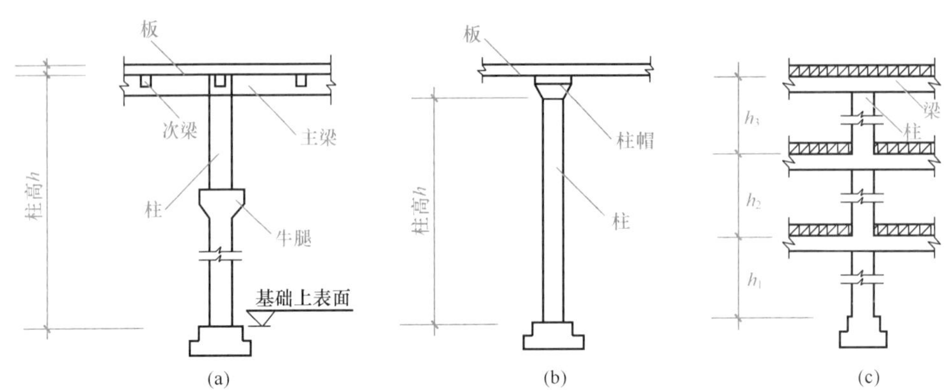

图 2-3-13 柱高计算示意图

（a）有梁板柱高；（b）无梁板柱高；（c）框架柱高

③ 有预制板的框架柱柱高自柱基上表面至柱顶高度计算。

④ 构造柱按全高计算，与砖墙嵌接部分的混凝土体积并入柱身体积内计算（图 2-3-14）。构造柱一般是先砌墙后浇混凝土，在砌墙时一般是每隔五皮砖（约 300mm）留一马牙槎缺口以便咬接，每缺口按 60mm 留槎。计算柱断面积时，槎口平均每边按 30mm 计入柱宽内。

计算公式：

$$V=(B^2+n\times 1/2\times B\times b)\times H$$

式中 V——构造柱混凝土体积（m^3）；

B——构造柱宽度（mm）；

b——马牙槎宽度（mm）；

H——构造柱高度（mm）；

N——马牙槎咬接面数。

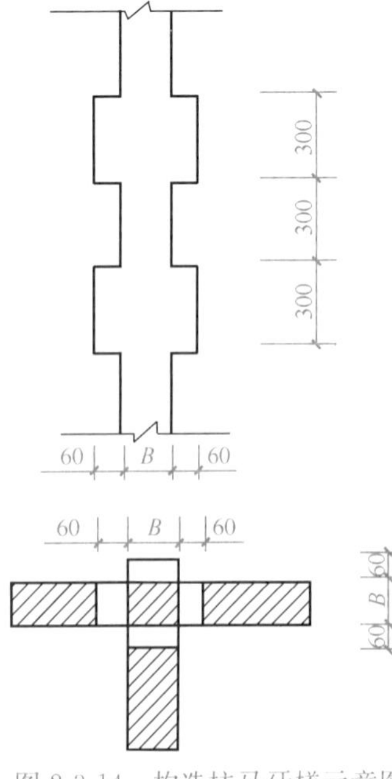

图 2-3-14 构造柱马牙槎示意图

⑤ 依附柱上的牛腿和升板的柱帽，并入相应柱身体积内计算。

⑥ L、T、十形柱，按 L、T、十形柱相应定额执行。当两边之和超过 2000mm，按直形墙相应定额执行。

4）梁：按图示断面尺寸乘梁长以体积计算，其工程量计算公式：

梁体积＝梁长×梁断面面积

梁长按下列规定确定：

① 梁与柱连接时，梁长算至柱侧面。

② 主梁与次梁连接时，次梁长算至主梁侧面。伸入砖墙内的梁头、梁垫体积并入梁体积内计算。

混凝土工程(三)
——梁、板

③ 圈梁、过梁应分别计算，过梁长度按图示尺寸，图纸无明确表示时，按门窗洞口外围宽另加 500mm 计算。平板与砖墙上混凝土圈梁相交时，圈梁高应算至板

底面（图 2-3-15）。

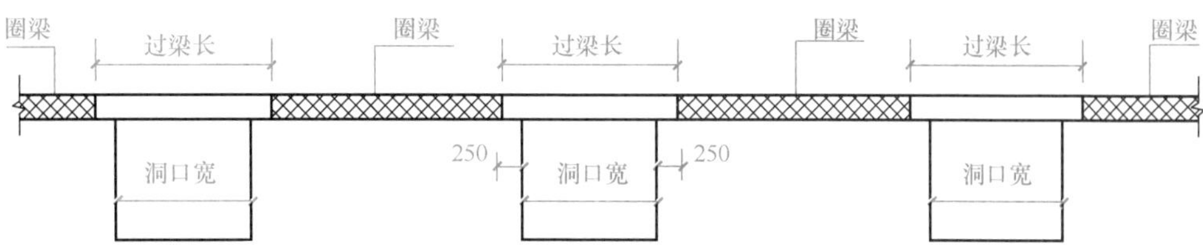

图 2-3-15 圈梁、过梁各自计算长度示意图

④ 依附于梁、板、墙（包括阳台梁、圈过梁、挑檐板、混凝土栏板、混凝土墙外侧）上的混凝土线条（包括弧形条）按小型构件定额执行（梁、板、墙宽算至线条内侧）。

⑤ 现浇挑梁按挑梁计算，其压入墙身部分按圈梁计算；挑梁与单、框架梁连接时，其挑梁应并入相应梁内计算。

⑥ 花篮梁二次浇捣部分执行圈梁子目。

5）板：按图示面积乘板厚以体积计算（梁板交接处不得重复计算），不扣除单个面积 $0.3m^2$ 以内的柱、垛以及孔洞所占体积，应扣除构件中压型钢板所占体积。其中：

① 有梁板又称肋形楼板，是由一个方向或两个方向的梁连成一体的板构成的（图 2-3-16）。有梁板按梁（包括主、次梁）、板体积之和计算，有后浇板带时，后浇板带（包括主、次梁）应扣除。厨房、卫生间墙下设计有素混凝土防水坎时，工程量并入板内，执行有梁板定额。

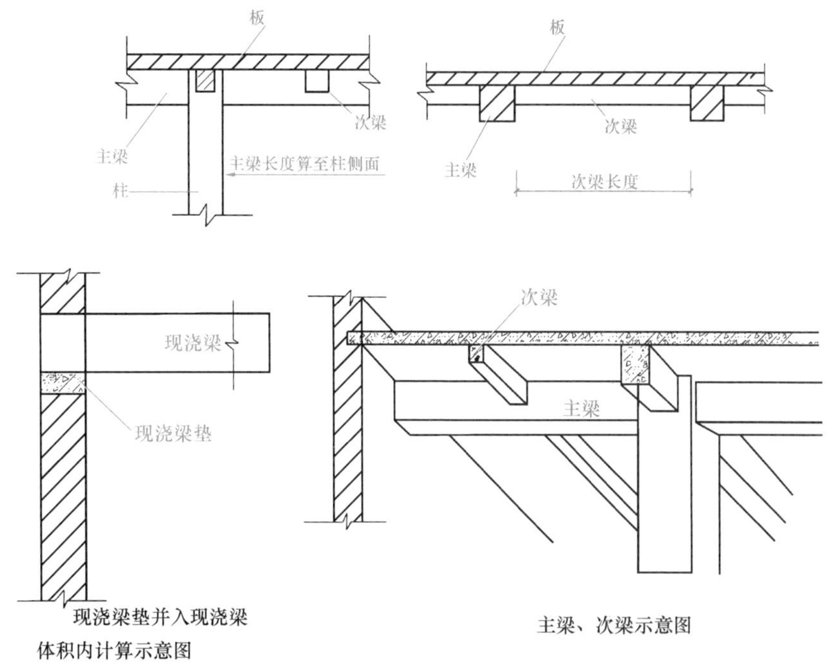

图 2-3-16 主梁、次梁计算长度示意图

② 无梁板按板和柱帽之和计算。无梁楼板是将楼板直接支承在墙、柱上。为增加柱的支承面积和减小板的跨度，在柱顶上加柱帽和托板，柱子一般按正方格布置（图 2-3-17）。

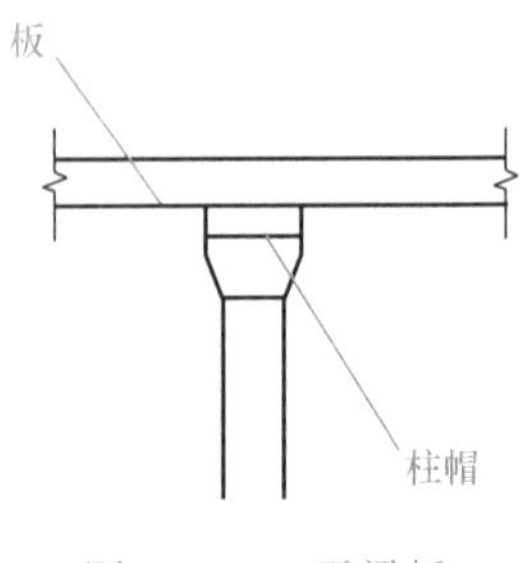

图 2-3-17　无梁板

③ 平板按实体积计算。

④ 现浇挑檐、天沟与板（包括屋面板、楼板）连接时，以外墙面为分界线，与圈梁（包括其他梁）连接时，以梁外边线为分界线。外墙边以外或梁边线以外为挑檐、天沟。天沟底板与侧板工程量应分别计算，底板按板式雨篷以板底水平投影面积计算，侧板按天沟、檐沟竖向挑板以体积计算（图 2-3-18）。

⑤ 飘窗的上下挑板按板式雨篷以板底水平投影面积计算。

⑥ 各类板伸入墙内的板头并入板体积内计算。

⑦ 预制板缝宽度在 100mm 以上现浇板缝按平板计算。

⑧ 后浇墙、板带（包括主、次梁）按设计图纸以立方米计算。

⑨ 现浇混凝土空心楼板混凝土按图示面积乘板厚以立方米计算，其中空心管、箱体及空心部分体积扣除。

⑩ 现浇混凝土空心楼板内筒芯按设计图示中心线长度计算；无机阻燃型箱体按设计图示数量计算。

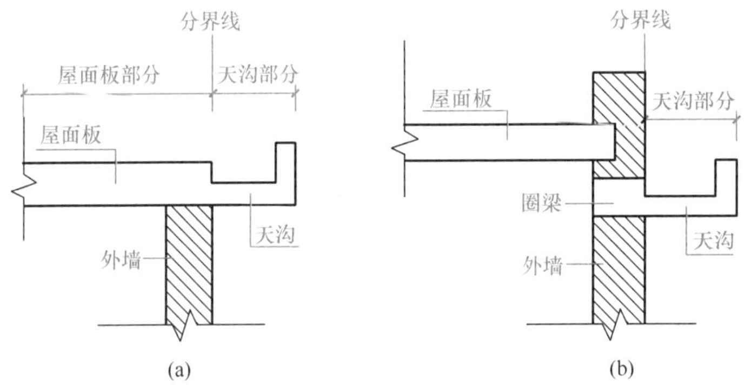

图 2-3-18　现浇挑檐、天沟与板、梁划分

（a）屋面板与天沟相连时的分界线示意图；（b）圈梁与天沟相连时的分界线示意图

6）墙：外墙按图示中心线（内墙按净长）乘墙高、墙厚以体积计算（图 2-3-19），应扣除门、窗洞口及 0.3m^2 外的孔洞体积。单面墙垛其凸出部分并入墙体体积内计算，双面墙垛（包括墙）按柱计算。弧形墙按弧线长度

混凝土工程(四)
——墙

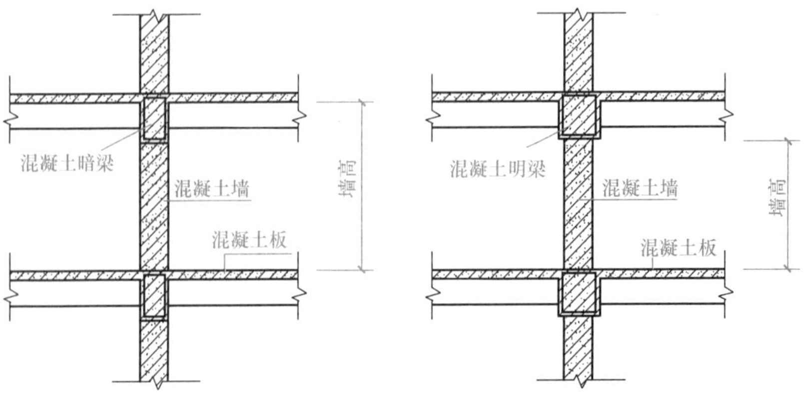

图 2-3-19　现浇混凝土墙高度计算示意图

乘墙高、墙厚计算，地下室墙有后浇墙带时，后浇墙带应扣除。梯形断面墙按上口与下口的平均宽度计算。墙高的确定：

① 墙与梁平行重叠，墙高算至梁顶面；当设计梁宽超过墙宽时，梁、墙分别按相应定额计算。

② 墙与板相交，墙高算至板底面。

③ 屋面混凝土女儿墙按直（圆）形墙以体积计算。

混凝土工程（五）——楼梯

7）整体楼梯包括休息平台、平台梁、斜梁及楼梯梁，按水平投影面积计算，不扣除宽度小于 500mm 的楼梯井，伸入墙内部分不另增加，楼梯与楼板连接时，楼梯算至楼梯梁外侧面。当现浇楼板无梯梁连接时，以楼梯的最后一个踏步边缘加 300mm 为界。圆弧形楼梯包括圆弧形梯段、圆弧形边梁及与楼板连接的平台，按楼梯的水平投影面积计算（图 2-3-20）。

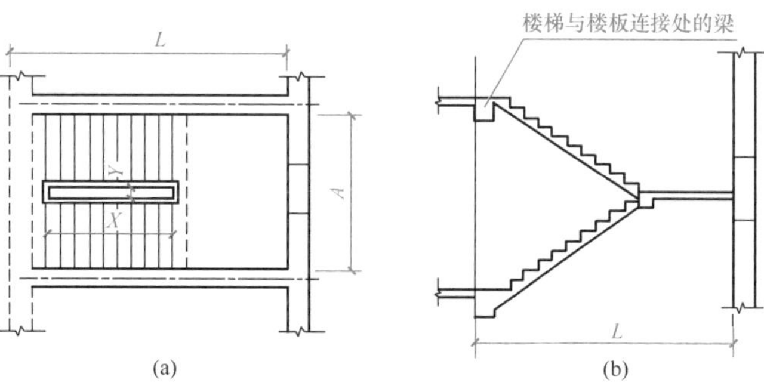

图 2-3-20　现浇钢筋混凝土楼梯

（a）平面图；（b）剖面图

当 $Y \leqslant 500$mm 时，投影面积 $S = L \times A$

当 $Y > 500$mm 时，投影面积 $S = L \times A - Y \times X$

式中　S——楼梯的水平投影面积（m^2）；

L——楼梯长度（m）；

A——楼梯宽度（m）；

Y——楼梯井宽度（m）；

X——楼梯井长度（m）。

8）阳台、雨篷按伸出墙外的板底水平投影面积计算，伸出墙外的牛腿不另计算(图 2-3-21)。

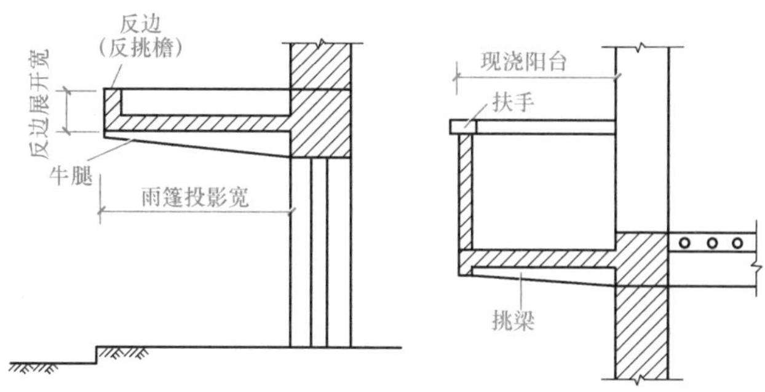

图 2-3-21　雨篷牛腿示意图

① 混凝土雨篷、阳台、楼梯的混凝土含量设计与定额不符要调整，按设计用量加1.5%损耗进行调整。

② 雨篷分悬挑式和柱式。

悬挑式雨篷（图 2-3-22）当宽度≤1.5m 时，雨篷投影面积计算如下：

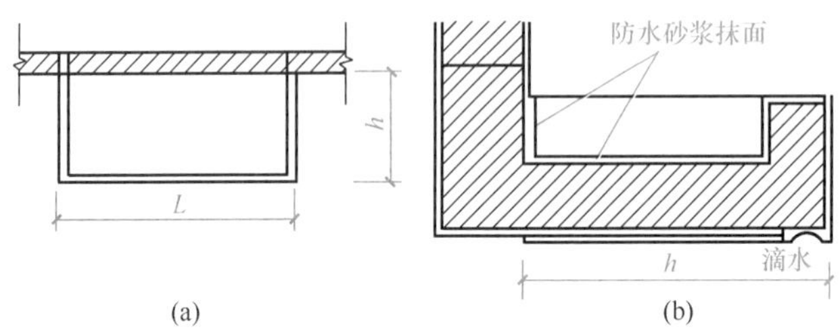

图 2-3-22 悬挑式雨篷

（a）雨篷平面图；（b）雨篷剖面图

$$S=h\times L$$

式中 S——雨篷投影面积（m^2）；

h——雨篷宽度（m）；

L——雨篷长度（m）。

柱式雨篷（图 2-3-23）挑出超过 1.5m，不执行雨篷子目，另按有梁板和柱子目执行。

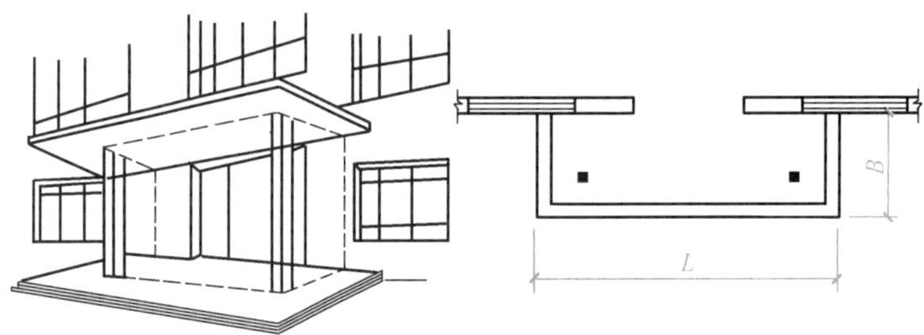

图 2-3-23 柱式雨篷

③ 阳台（图 2-3-24）按与外墙面关系，可分为挑阳台、凹阳台；按其在建筑中所处的位置，可分为中间阳台和转角阳台。对于伸出墙外的牛腿、檐口梁，已包括在定额项目内，不得另行计算其工程量，但嵌入墙内的梁应单独计算工程量。

当阳台宽度 B≤1.8m 时，阳台投影面积计算如下：

$$S=A\times B$$

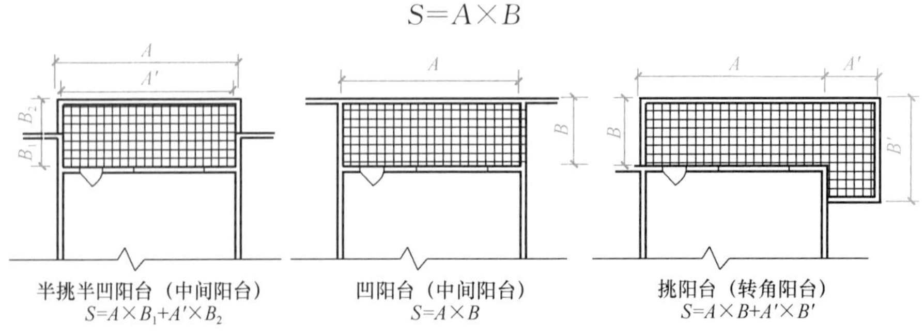

图 2-3-24 阳台

图及算式中　S——阳台的投影面积（m^2）；

A、A'——阳台长度（m）；

B、B_1、B_2——阳台宽度（m）。

当阳台宽度 $B \geqslant 1.8$m 时，不执行阳台子目，另按相应有梁板子目执行。

9）阳台、沿廊栏杆的轴线柱、下嵌、扶手以扶手的长度按延长米计算。混凝土栏板、竖向挑板以立方米计算。栏板的斜长如图纸无规定时，按水平长度乘系数 1.18 计算。地沟底、壁应分别计算，沟底按基础垫层子目执行。

10）预制钢筋混凝土框架的梁、柱现浇接头，按设计断面以立方米计算，套用“柱接柱接头”定额。

11）台阶按水平投影面积以面积计算，设计混凝土用量超过定额含量时，应调整。台阶与平台的分界线以最上层台阶的外口增 300mm 宽度为准，台阶宽以外部分并入地面工程量计算（图 2-3-25）。

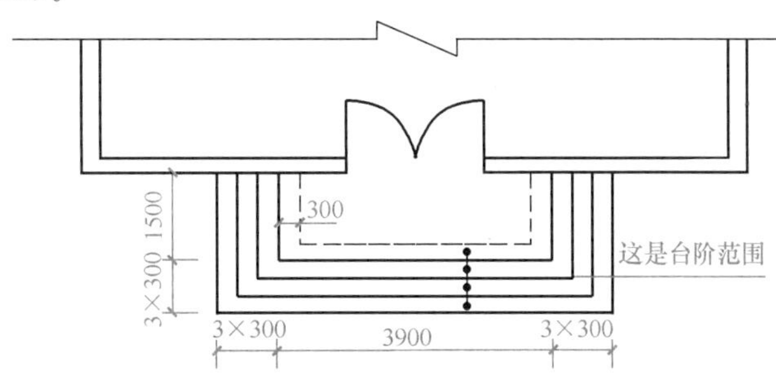

图 2-3-25　混凝土台阶、平台分界

12）空调板按板式雨篷以板底水平投影面积计算。

（2）现场、加工厂预制混凝土构件

1）混凝土工程量按图示尺寸以体积计算，扣除圆孔板内圆孔体积，不扣除构件内钢筋、铁件、后张法预应力钢筋灌浆孔及板内小于 0.3m^2的孔洞面积所占的体积。

2）预制桩按桩全长（包括桩尖）乘设计桩断面积（不扣除桩尖虚体积）以立方米计算。

3）混凝土与钢杆件组合的构件，混凝土按构件体积计算，钢拉杆按计价定额第七章中相应子目执行。

4）镂空混凝土花格窗、花格芯按外形面积以面积计算。

5）天窗架、端壁、桁条、支撑、楼梯、板类及厚度在 50mm 以内的薄型构件按设计图纸加定额规定的场外运输、安装损耗以体积计算。

3. 典型案例的计算思路

【例 2-3-4】某接待室为三类工程，其基础平面图、剖面图如图 2-3-26 所示。基础为 C20 钢筋混凝土条形基础，C20 素混凝土垫层，混凝土采用泵送商品混凝土。请计算混凝土垫层、条形基础的分部分项工程费（人工单价、材料单价、机械台班单价、管理费、利润费率标准等按计价定额执行不调整）。

【解】（1）工程量计算

1）C20 泵送商品混凝土垫层：

外墙中心长度：(14.4＋12)×2＝52.8m

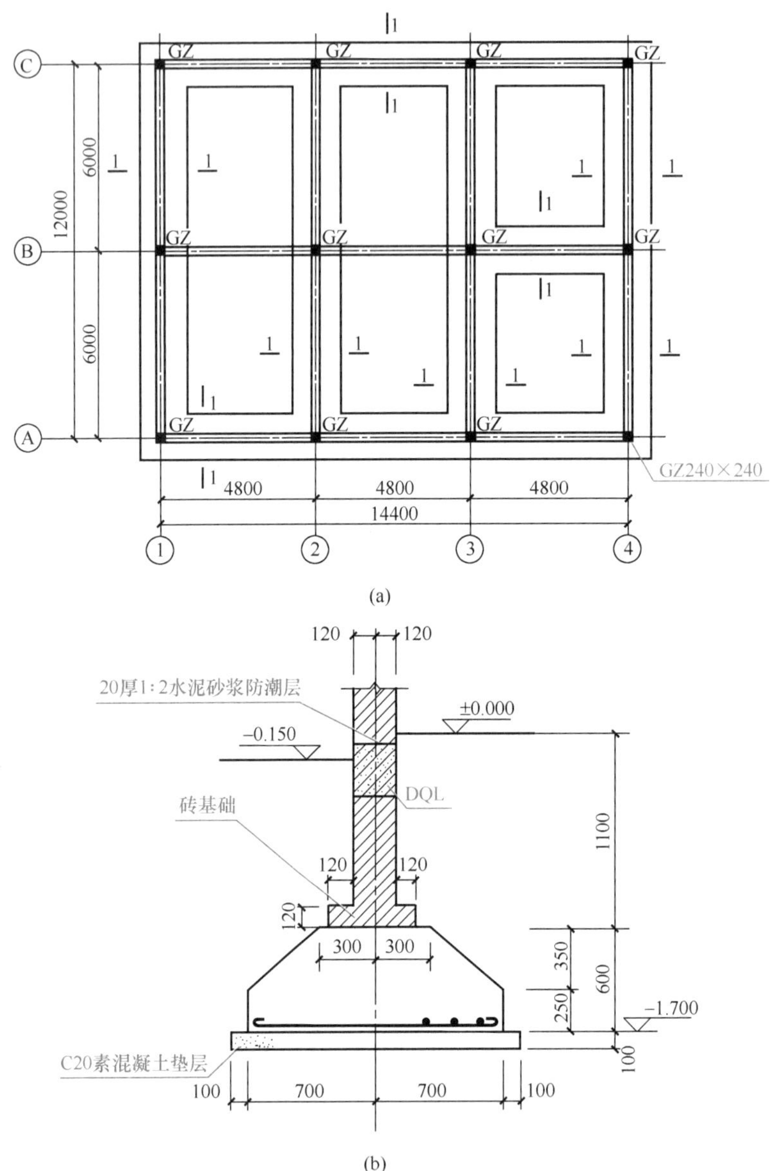

图 2-3-26　基础图

(a) 基础平面图；(b) 1-1 基础剖面图

内墙净长度：(12－1.6)×2＋(4.8－1.6)＝24m

V＝(52.8＋24)×0.1×(0.7×2＋0.1×2)＝12.29m^3

2) C20 泵送商品混凝土条形基础（无梁式）：

直面部分：

外墙中心长度：52.8m（同上）

内墙净长度：(12－1.4)×2＋(4.8－1.4)＝24.6m

$$V_1 = 0.25 \times 1.4 \times (52.8 + 24.6) = 27.09\text{m}^3$$

斜面部分：

外墙中心长度：52.8m（同上）

内墙净长度：(12－0.5×2)×2＋(4.8－0.5×2)＝25.8m

$$V_1=1/2\times(0.6+1.4)\times0.35\times(52.8+25.6)=27.51m^3$$

$$V=V_1+V_2=27.09+27.51=54.60m^3$$

（2）分部分项工程费计算（表2-3-4）

分部分项工程费计算表　　**表 2-3-4**

序号	定额编号	项目名称	计量单位	工程量	综合单价（元）	合计（元）
1	6-178	C20泵送商品混凝土垫层	m^3	12.29	409.10	5027.84
2	6-180	C20泵送商品混凝土条形基础（无梁式）	m^3	54.60	407.65	22257.69
合计						27285.53

【例 2-3-5】某办公楼为三类工程，其地下室如图2-3-27～图2-3-29所示。设计室外标高－0.300m，地下室室内标高－1.500m。已知该工程采用整板基础，C30钢筋混凝土，垫层为C20素混凝土，垫层底标高－1.900m，所有混凝土采用泵送商品混凝土。按2014计价定额规定计算垫层和满堂基础的分部分项工程费（人工单价、材料单价、机械台班单价、管理费、利润费率标准等按计价定额执行不调整）。

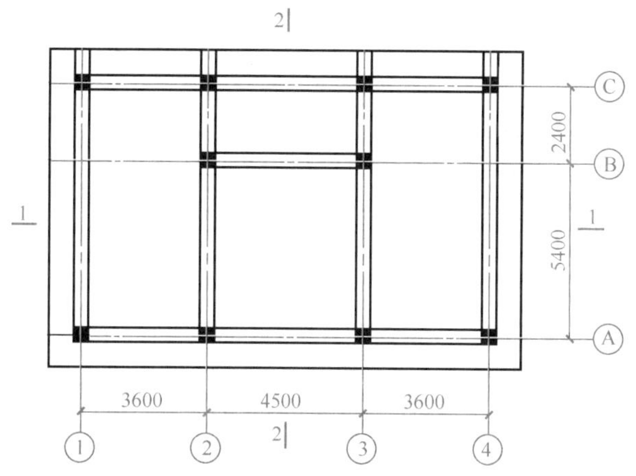

图2-3-27　满堂基础平面图

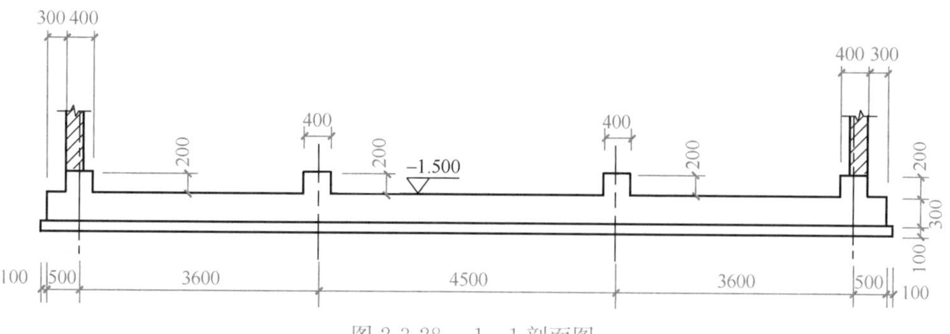

图2-3-28　1—1剖面图

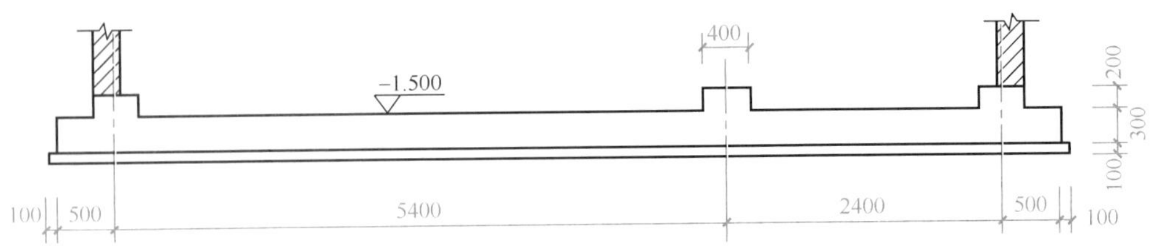

图 2-3-29　2—2 剖面图

【解】

(1) 计算工程量

C20 混凝土基础垫层 (3.6×2+4.5+0.5×2+0.1×2)×(5.4+2.4+0.5×2+0.1×2)×0.1=11.61m³

C30 混凝土满堂基础

底板：(3.6×2+4.5+0.5×2)×(5.4+2.4+0.5×2)×0.3=33.528m³

反梁：0.2×0.4×[(11.7+7.8)×2+(7.8−0.2×2)×2+(4.5−0.2×2)]=4.632m³

满堂基础体积：33.528+4.632=38.16m³

(2) 分部分项工程费计算 (表 2-3-5)

分部分项工程费计算表　　　　**表 2-3-5**

序号	定额编号	项目名称	计量单位	工程量	综合单价(元)	合计(元)
1	6-178	C20 泵送商品混凝土垫层	m³	11.61	409.10	4749.65
2	6-184	C30 泵送商品混凝土满堂基础 (有梁式)	m³	38.16	404.70	15443.35
合计						20193.00

【例 2-3-6】 某工业厂房建筑为三类工程，其基础平面图、剖面图如图 2-3-30 所示。基础为 C20 钢筋混凝土独立柱基础，C20 素混凝土垫层。请计算混凝土垫层以及混凝土基础的分部分项工程费 (人工单价、材料单价、机械台班单价等按计价定额执行不调整)。

【解】 (1) 工程量计算

1) 垫层

J1：(0.6×2+0.1×2)×(0.6×2+0.1×2)×0.1×4=0.78m³

J2：(0.8×2+0.1×2)×(0.8×2+0.1×2)×0.1×2=0.65m³

合计：1.43m³

2) 独立基础

J1：{1.2×1.2×0.3+1/6×0.15×[1.2×1.2+0.5×0.5+(1.2+0.5)×(1.2+0.5)]}×4=2.19 m³

J2：{1.6×1.6×0.3+1/6×0.15×[1.6×1.6+0.5×0.5+(1.6+0.5)×(1.6+0.5)]}×2=1.9 m³

合计：4.09m³

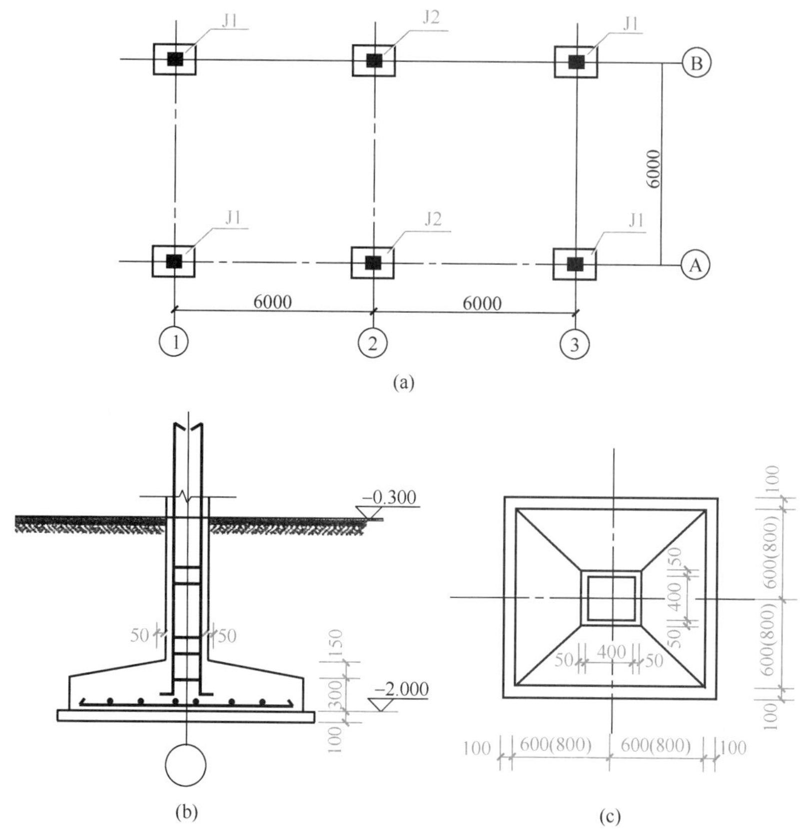

图 2-3-30 基础示意图

(a) 基础平面布置图；(b) 独立基础剖面图；(c) J1 (J2) 平面示意图

(2) 分部分项工程费计算（表 2-3-6）

分部分项工程费计算表　　表 2-3-6

序号	定额编号	项目名称	计量单位	工程量	综合单价（元）	合计（元）
1	6-1	C20 混凝土垫层	m^3	1.43	385.69	551.54
2	6-8	C20 混凝土独立柱基	m^3	4.09	371.51	1519.48
		合计				2071.02

【例 2-3-7】某工业厂房方柱的截面尺寸为 400mm×400mm，C20 混凝土杯形基础尺寸如图 2-3-31 所示，请根据 2014 计价定额有关规定，计算杯形基础的混凝土工程量并计价（二类工程，管理费费率、利润费率按 2014 计价定额执行不调整）。

【解】(1) 计算工程量

1) 下部矩形体积 $V_1=3.5\times4\times0.5=7.0\text{m}^3$

2) 中部棱台体积

根据图示，已知 $a_1=3.5\text{m}$，$b_1=4\text{m}$，$h=0.5\text{m}$，则 $a_2=3.5-1.075\times2=1.35\text{m}$，$b_2=4-1.225\times2=1.55\text{m}$

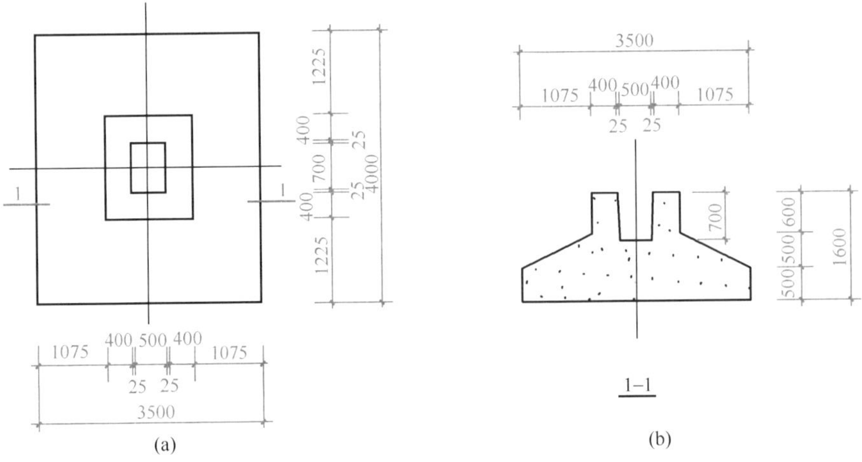

图 2-3-31　杯形基础

(a) 平面图；(b) 1-1 剖面图

$V_2=1\div6\times0.5\times[3.5\times4+(3.5+1.35)\times(4+1.55)+1.35\times1.55]$

$=3.58m^3$

3)上部矩形体积 $V_3=1.35\times1.55\times0.6=1.26m^3$

4) 杯口净空体积

$V_4=1\div6\times0.7\times[0.55\times0.75+(0.55+0.5)\times(0.75+0.7)+0.5\times0.7]$

$=0.27m^3$

5) 杯形基础体积

$V=V_1+V_2+V_3-V_4=7.0+3.58+1.26-0.27=11.58m^3$

(2) 套计价定额（表 2-3-7）

套计价定额计算表　　**表 2-3-7**

序号	定额编号	项目名称	计量单位	工程量	综合单价（元）	合计（元）
1	6-8	C20 混凝土杯形基础	m^3	11.58	371.51	4302.09
合计						4302.09

【例 2-3-8】某加油库如图 2-3-32 所示，全现浇框架结构，柱、梁、板均为非泵送商品混凝土，C25 混凝土柱：500mm×500mm，L1 梁：300mm×550mm，L2 梁：300mm×500mm，现浇板厚 100mm。轴线尺寸为柱和梁中心线尺寸。计算混凝土柱、梁、板的混凝土分部分项工程费（人工单价、材料单价、机械台班单价、管理费、利润费率标准等按计价定额执行不调整）。

【解】(1) 计算工程量

1) 矩形柱：$0.5\times0.5\times(10+1.3)\times15$(柱高度算至板顶)$=42.375m^3$

2) 矩形梁：L1(标高 6.00 处)$0.3\times0.55\times[5-0.25\times2$(扣柱尺寸)$]\times16$(根)$=11.88m^3$

3) 现浇有梁板：

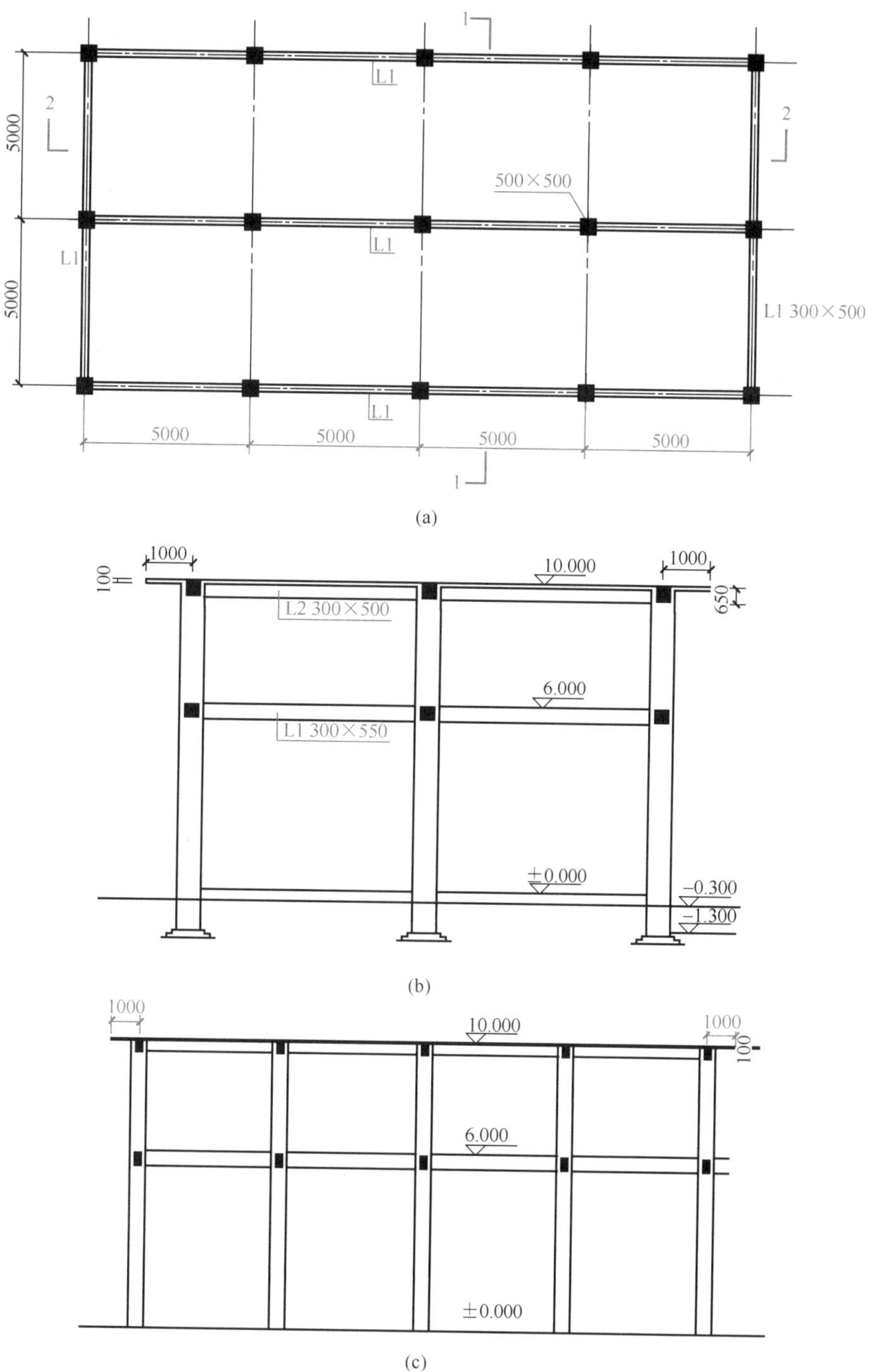

图 2-3-32　某加油库

(a) 标高 6.000 处平面图；(b) 1-1 剖面图；(c) 2-2 剖面图

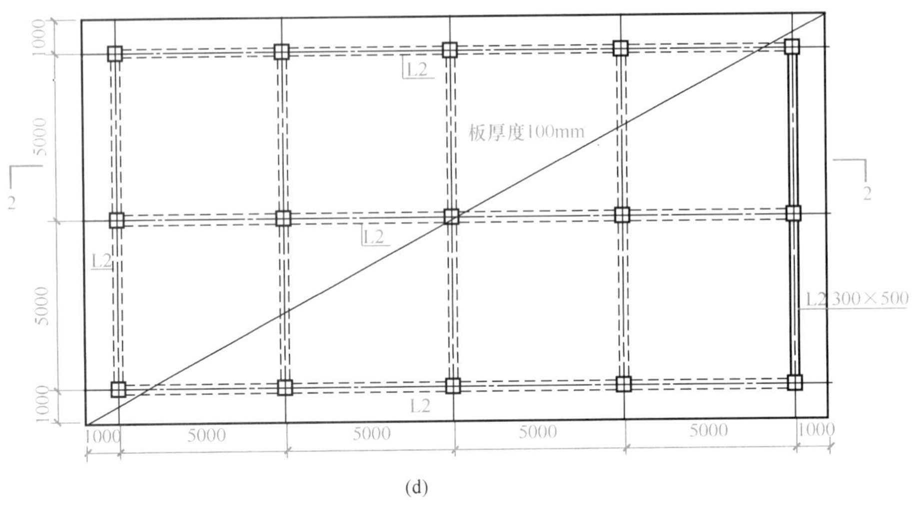

(d)

图 2-3-32　某加油库（续）

(d) 标高 10.000 处平面图

L2(标高 10.00 处)：0.3×[0.5－0.1(扣板厚)]×[5－0.25×2(扣柱尺寸)]×22(根)＝11.88m³

板：(5×4＋1×2)×(5×2＋1×2)×0.1(单个面积 0.3m² 以内的柱不扣除)＝26.4m³

小计：11.88＋26.4＝38.28m³

(2) 分部分项工程费计算（表 2-3-8）

分部分项工程费计算表　　表 2-3-8

序号	定额编号	项目名称	计量单位	工程量	综合单价（元）	合计（元）
1	6-313换	C25 非泵送商品混凝土矩形柱	m³	42.375	488.33	20692.98
2	6-318换	C25 非泵送商品混凝土矩形梁	m³	11.88	456.53	5423.58
3	6-331换	C25 非泵送商品混凝土有梁板	m³	38.28	442.01	16920.14
合计						43036.70

注：6-313换＝498.23－349.47（C30 非泵送混凝土）＋0.99×343（C25 非泵送混凝土）＝488.33 元/m³。
6-318换＝466.73－360.06（C30 非泵送混凝土）＋1.02×343（C25 非泵送混凝土）＝456.53 元/m³。
6-331换＝452.21－360.06（C30 非泵送混凝土）＋1.02×343（C25 非泵送混凝土）＝442.01 元/m³。

【例 2-3-9】根据下列数据计算构造柱体积：(1) 90°转角形：墙厚 240mm，柱高 10.0m；(2) T 形接头：墙厚 240mm，柱高 15.0m；(3) 十字形接头：墙厚 365mm，柱高 20.0m；(4) 一字形：墙厚 240mm，柱高 10.0m。

【解】计算混凝土工程量

1) 90°转角

V＝10.0×[0.24×0.24＋0.06×0.24×1/2×2(边)]＝0.72m³

2) T 形

V＝15.0×[0.24×0.24＋0.06×0.24×1/2×3(边)]＝1.188m³

3）十字形

V＝20.0×[0.365×0.365＋0.06×0.365×1/2×4(边)]＝3.541m^3

4）一字形

V＝10.0×[0.24×0.24＋0.06×0.24×1/2×2(边)]＝0.72m^3

小计：0.72＋1.188＋3.541＋0.756＝6.205m^3

【例 2-3-10】某宿舍楼楼梯如图 2-3-33 所示，属于三类工程，轴线墙中，墙厚 200mm，C20 泵送商品混凝土，要求按 2014 计价定额计算楼梯的混凝土分部分项工程费（人工单价、材料单价、机械台班单价、管理费、利润费率标准等按计价定额执行不调整）。

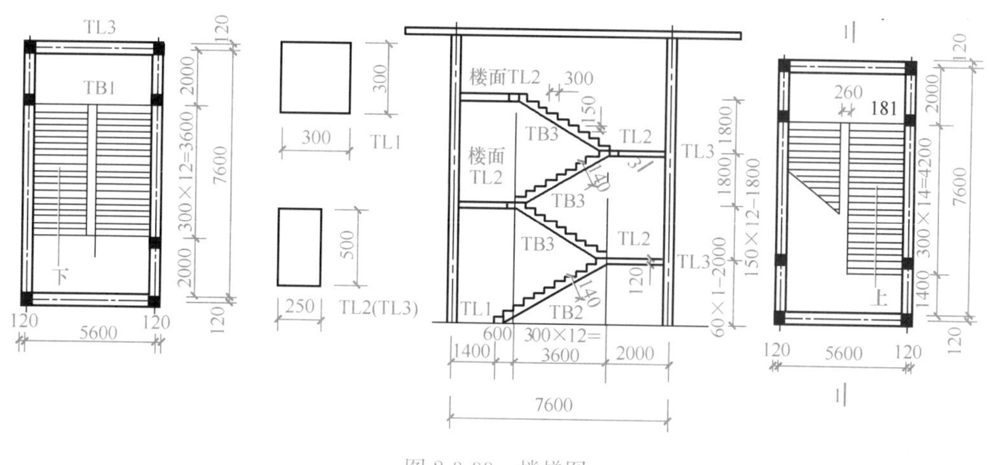

图 2-3-33　楼梯图

【解】（1）计算工程量（按楼梯水平投影面积计算）

楼梯：(5.6－0.12×2)×[2－0.12＋3.6＋0.25(楼梯算至楼梯梁外侧面)]×2(层)＝61.43m^2

底层增加：(5.6－0.12×2)(不扣除宽度小于 500mm 的楼梯井)×1/2×[0.6－0.25(扣梯梁)]＝0.94m^2

小计：61.43＋0.94＝62.37m^2

（2）计算混凝土含量

TL1：0.30×0.3×[5.6－0.12×2－0.26(楼梯井宽)]/2＝0.23m^3

TL2：0.25×0.50×(5.6－0.12×2)×4＝2.68m^3

TL3：0.25×0.50×(5.6－0.12×2) ×2＝1.34m^3

休息平台 TB1：[2－0.25(TL2)－0.13(TL3)]×(5.6－0.12×2)×0.12(板厚)×2＝2.08m^3

斜板 TB2：0.14(板厚)×{[3.6＋0.6－0.3(扣 TL1 宽)]^2＋(13×0.143)^2}$^{1/2}$×[5.6－0.12×2－0.26(楼梯井宽)]/2＝1.54m^3

斜板 TB3：0.14(板厚)×[3.6^2＋(12×0.15)^2]$^{1/2}$×[5.6－0.12×2－0.26(楼梯井宽)]/2×3(段数)＝4.31m^3

踏步：TB2：0.3(踏步宽)×0.143(踏步高)÷2×[5.6－0.12×2－0.26(楼梯井宽)]/

2×13(踏步数)=0.71m^3

TB3：0.3(踏步宽)×0.15(踏步高)÷2×[5.6−0.12×2−0.26(楼梯井宽)]/2×12(踏步数)×3(段数)=2.07m^3

小计：0.23+2.68+1.34+2.08+1.54+4.31+0.71+2.07=14.96m^3

设计含量：14.96×1.015=15.18m^3

定额含量：62.37÷10×2.07=12.91m^3

应调增混凝土含量：15.18−12.91=2.27m^3

(3) 分部分项工程费计算（表 2-3-9）

分部分项工程费计算表 **表 2-3-9**

序号	定额编号	项目名称	计量单位	工程量	综合单价(元)	合计(元)
1	6-213	C20 非泵送商品混凝土直形楼梯	10m^2 水平投影面积	6.237	995.07	6206.25
2	6-218	楼梯混凝土含量增加	m^3	2.27	478.11	1085.31
合计						7291.56

任务 2.4 砌筑工程费计算

知识目标

1. 理解《江苏省建筑与装饰工程计价定额》中砌筑工程定额说明；
2. 掌握砌筑工程量计算规则及定额应用。

能力目标

1. 能熟练使用计价定额有关砌筑的相关内容（定额说明及定额附注、工程量计算规则），熟练编制砌筑的工程费；
2. 能够较快地完成二级造价工程师考试试题。

素质目标

1. 养成自主学习、观察与探索的良好习惯；
2. 培养严谨的工作作风，相信和尊重科学；
3. 养成发现问题、提出问题、及时解决问题的良好学习和工作习惯。

思政目标

1. 通过世界砌筑工技能大赛的励志故事培养学生的大国工匠精神，鼓励学生打好扎实的专业基本功。

2. 讲授不同砌筑材料对工程质量和工程造价的影响，培养学生的成本控制意识和职业素养。

2.4.1　砌筑工程任务分析

任务背景：某服饰车间（学习工作页附图 1），计算砌筑工程费。

（1）任务实施前的准备工作

1）认真识读建筑说明和建筑图，通过图纸明确本工程砌体材料主要为混凝土砖和混凝土空心砌块，混凝土砖主要用在基础上，对应的砌筑砂浆为 M10 水泥砂浆；混凝土空心砌块则用在±0.000 以上的内外墙，对应的砌筑砂浆为 M7.5 的混合砂浆。

2）领会计价定额中相关规定和工程量计算规则，确定工程类别。

（2）砌筑工程子目设置：M10 水泥砂浆砌筑混凝土砖基础、M7.5 混合砂浆砌筑混凝土空心砌块，墙厚 240mm。

（3）工程量计算：按砌筑工程子目设置查找对应的子目工程量计算规则，计算每个子目的工程量。

（4）综合单价的计算：按砌筑工程子目设置查找对应的子目的定额编号，根据当期的人工工资单价、材料信息指导价、机械台班单价、工程类别，对综合单价进行价目调整确定每个子目的综合单价。

（5）砌筑工程费计算：砌筑工程费为子目工程量乘以子目综合单价之和。

2.4.2　砌筑工程任务实施

任务的实施：某服饰车间基础与一层砌筑工程（学习工作页附图 1），计算该部分砌筑工程分部分项工程费（人工单价、材料单价、机械台班单价按计价定额执行不调整）：

（1）建筑说明：砖基础采用混凝土砖，砂浆为 M10 水泥砂浆；墙体为混凝土空心砌块，砂浆为 M7.5 混合砂浆。

（2）工程类别为三类，管理费率为 25%，利润率为 12%。

（3）某服饰车间基础与砌筑工程量计算

1）计算混凝土砖基础（表 2-4-1）

混凝土砖基础工程量计算表　　　　表 2-4-1

部位	水泥砂浆 M10 直形混凝土砖基础	工程量(m³)
JLL1	0.24×0.4×19	1.824
JKL1	0.24×0.4×(9.5−0.15−0.375)	0.862
JLL2	0.24×0.4×(9.5−3−0.12)	0.612
JKL4	0.24×0.4×(3−0.125−0.12)	0.264
JLL3	0.24×0.35×(3−0.125×2)×2	0.462
JKL5	0.24×0.4×(19−0.5×2−0.375)	1.692
JKL6	0.24×0.4×(42−0.4×4)	3.878
JKL7	0.24×0.4×(7.8−0.25−0.275)	0.698
JKL8	0.24×0.4×(3+3.4−0.12−0.6−0.3)	0.516
JLL4	0.24×0.4×(3.4−0.12×2)×2	0.607
JKL9	0.24×0.4×(42−0.5×2−0.4×3−0.275)	3.794
扣±0.000 以下构造柱	−0.702−0.182	−0.884
合计		14.325

2）计算一层混凝土空心砌块墙（表 2-4-2）

混凝土空心砌块墙工程量计算表 **表 2-4-2**

一层	混合砂浆 M7.5 混凝土空心砌块墙厚 240mm	工程量(m^3)
<1>	0.24×(3.6－0.5)×19	14.136
<2>～<3>	0.24×(3.6－0.35)×(9.5－0.12)	7.316
<C>～<D>	0.24×(3.6－0.65)×(3.4－0.12×2)	2.237
<C>～<D>	0.24×(3.6－0.65)×(3.4－0.12×2)	2.237
<2>	0.24×(3.6－0.8)×(9.5－0.375－0.3)	5.93
<6>	0.24×(3.6－0.8)×(3－0.12－0.125)	1.851
<7>	0.24×(3.6－0.8)×(19－0.375×2－0.5)	11.928
<A>	0.24×(3.6－0.65)×(42－0.4×4)	28.603
<B>	0.24×(3.6－0.6)×(7.8－0.25－0.275)	5.238
<C>	0.24×(3.6－0.9)×(3＋3.4－0.12－0.6)	3.681
<D>	0.24×(3.6－0.65)×(42－0.5×2－0.4×3－0.275)	27.984
扣窗	－0.24×(1.8×1.2＋2.4×1.8×15＋1.8×1.6×5)	－19.526
扣门	－0.24×(2.0×2.8＋1.8×2.2＋0.9×2.2×2＋1.8×2.2)	－4.195
扣构造柱	－(5.136＋1.303)	－6.439
合计		81.272

（4）套用计价定额（表 2-4-3）

套用计价定额计算表 **表 2-4-3**

序号	定额编号	项目名称	计量单位	工程量	综合单价（元）	合计（元）
1	ACZ3-B1.1	M10 水泥砂浆直形混凝土砖基础	m^3	14.327	235.17	3369.28
2	ACZ3-B7.5	M7.5 混合砂浆混凝土空心砌块墙厚 240mm	m^3	81.272	199.89	16245.460

2.4.3 砌筑工程知识支撑

1. 砌筑工程基本规定

（1）砌砖、砌块墙定额解析

1）标准砖墙不分清、混水墙及艺术形式复杂程度。砖碹、砖过梁、砖圈梁、腰线、砖垛、砖挑檐、附墙烟囱等因素已综合在定额内，不得另立项目计算。阳台砖隔断按相应内墙定额执行。

2）砖砌体如使用配砖与定额不同时，不作调整。

砌筑工程计价

3）空斗墙中门窗立边、门窗过梁、窗台、墙角、檩条下、楼板下、踢脚线部分和屋檐处的实砌砖已包括在定额内，不得另立项目计算。空斗墙中遇有实砌钢筋砖圈梁及单面附垛时，应另列项目按零星砌块定额执行。

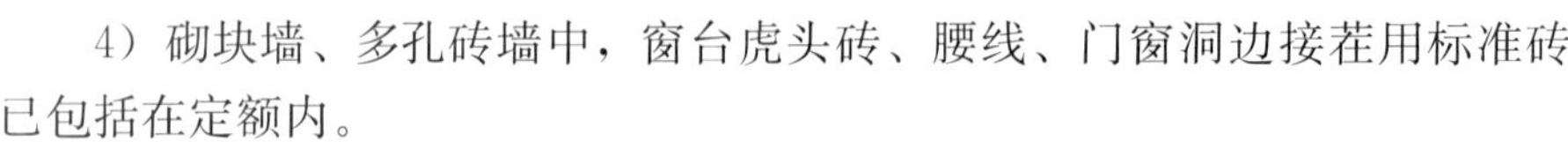

4）砌块墙、多孔砖墙中，窗台虎头砖、腰线、门窗洞边接茬用标准砖已包括在定额内。

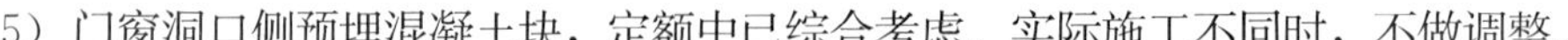

5）门窗洞口侧预埋混凝土块，定额中已综合考虑。实际施工不同时，不做调整。

6）各种砖砌体的砖、砌块是按表2-4-4中规格编制的，规格不同时，可以换算。

砖的尺寸 表2-4-4

砖名称	长×宽×高（mm）
普通黏土（标准）砖	240×115×53
七五配砖	190×90×40
KP1多孔砖	240×115×90
多孔砖	240×240×115，240×115×115
KM1空心砖	190×190×90，190×90×90
三孔砖	190×190×90
六孔砖	190×190×140
九孔砖	190×190×190
页岩模数多孔砖	240×190×90，240×140×90 240×90×90，190×120×90
普通混凝土小型空心砌块（双孔）	390×190×190
普通混凝土小型空心砌块（单孔）	190×190×190，190×190×90
粉煤灰硅酸岩砌块	880×430×240，580×430×240 430×430×240，280×430×240
加气混凝土砌块	600×240×150，600×200×250 600×100×150

7）除标准砖墙外，其他品种砖弧形墙其弧形部分每立方米砌体按相应项目人工增加15%，砖5%，其他不变。

8）砌砖、砌块定额中已包括了门、窗框与砌体的原浆勾缝在内，砌筑砂浆强度等级按设计规定应分别套用。

9）砖砌体内的钢筋加固及转角、内外墙的搭接钢筋，按设计图示钢筋长度乘以单位理论质量计算，执行计价定额第五章“砌体、板缝内加固钢筋”子目。

10）砖砌挡土墙以顶面宽度按相应墙厚内墙定额执行，顶面宽度超过一砖按砖基础定额执行。

11）零星砌体系指砖砌门墩、房上烟囱、地垅墙、水槽、水池脚、垃圾箱、台阶面上矮墙、花台、煤箱、垃圾箱、容积在3m^{3}内的水池、大小便槽（包括踏步）、阳台栏板等砌体。

12）砖砌围墙如设计为空斗墙、砌块墙时，应按相应项目执行，其基础与墙身除定额注明外应分别套用定额。

13）蒸压加气混凝土砌块根据施工方法的不同，分为普通砂浆砌筑加气混凝土砌块墙（指主要靠普通砂浆或专用砌筑砂浆粘结，砂浆灰缝厚度不超过15mm）和薄层砂浆砌筑加气混凝土砌块墙（简称薄灰砌筑法，使用专用粘结砂浆和专用铁件连接，砂浆灰缝一般3～4mm）。定额分别按蒸压加气混凝土砌块和蒸压砂加气混凝土砌块列入子目，实际砌块种类与定额不同时，可以替换。

（2）砌石定额说明

1）定额分为毛石、方整石砌体两种。毛石是指无规则的乱毛石，方整石是指已加工好有面、有线的商品方整石（方整石砌体不得再套打荒、錾凿、剁斧项目）。

2）毛石、方整石零星砌体按窗台下墙相应定额执行，人工乘系数 1.10。毛石地沟、水池按窗台下石墙定额执行。毛石、方整石围墙按相应墙定额执行。砌筑圆弧形基础、墙（含砖、石混合砌体），人工按相应项目乘系数 1.10，其他不变。

（3）构筑物定额说明

砖烟囱毛石砌体基础按水塔的相应项目执行。

（4）基础垫层

1）整板基础下垫层采用压路机碾压时，人工乘以系数 0.9，垫层材料乘以系数 1.15，增加光轮压路机（8t）0.022 台班，同时扣除定额中的电动夯实机台班（已有压路机的子目除外）。

2）混凝土垫层应另行执行 2014 计价定额第六章相应子目。

2. 掌握工程量计算规则

（1）砌筑工程量计算一般规则

1）计算墙体工程量时，应扣除门窗、洞口、嵌入墙身的钢筋混凝土柱、梁、圈梁、挑梁、过梁及凹进墙内的壁龛、管槽、暖气槽、消火栓箱等所占体积，不扣除梁头、板头、檩头、垫木、木楞头、沿椽木、木砖、门窗走头、砖墙内加固钢筋、木筋、铁件、钢管及单个面积在 0.3m^2 以下的孔洞等所占的体积。凸出墙面的腰线、挑檐、压顶、窗台线、虎头砖、门窗套的体积亦不增加。凸出墙面的砖垛并入墙体体积内计算。

砌筑工程（一）——墙体厚度

2）附墙烟囱、通风道、垃圾道按其外形体积并入所依附的墙体积内合并计算，不扣除每个横截面在 0.1m^2 以内的孔洞体积。

（2）墙体厚度按如下规定计算

1）多孔砖、空心砖墙、加气混凝土砌块、硅酸盐砌块、小型空心砌块墙均按砖或砌块的厚度计算，不扣除砖或砌块本身的空心部分体积。

2）标准砖计算厚度按表 2-4-5 计算。

标准砖墙计算厚度 **表 2-4-5**

标准砖	1/4	1/2	3/4	1	3/2	2
砖墙计算厚度（mm）	53	115	178	240	365	490

（3）基础与墙身划分

1）砖墙

基础与墙（柱）身使用同一种材料时，以设计室内地坪（有地下室者以地下室设计室内地坪）为界，以下为基础，以上为墙身。基础、墙身使用不同材料时，位于设计室内地坪±300mm 以内，以不同材料为分界线，超过±300mm，以设计室内地坪分界。

2）石墙

石墙的外墙以设计室外地坪，内墙以设计室内地坪为界，以下为基础，以上为墙身。

3）砖、石围墙，以设计室外地坪为界，以下为基础，以上为墙身。

（4）砖石基础长度的确定

1）外墙墙基按外墙中心线长度计算。

2）内墙墙基按内墙基最上一步净长度计算。基础大放脚 T 形接头处重叠部分以及嵌入基础的钢筋、铁件、管道、基础防水砂浆防潮层、通过基础单个面积在0.3m²以内孔洞所占的体积不扣除，但靠墙暖气沟的出檐亦不增加。附墙垛基础宽出部分体积，并入所依附的基础工程量内。

（5）墙身长度的确定

外墙按外墙中心线，内墙按内墙净长线计算。弧形墙按中心线长度计算。

砌筑工程（二）——墙体长度

（6）墙身高度的确定

墙身高度的确定设计有明确高度时以设计高度计算，未明确时按下列规定计算：

1）外墙

坡（斜）屋面无檐口天棚者，算至墙中心线屋面板底，无屋面板，算至椽子顶面；有屋架且室内外均有天棚者，算至屋架下弦底面另加200mm，无天棚，算至屋架下弦另加300mm；出檐宽度超过600mm时按实砌高度计算；有现浇钢筋混凝土平板楼层者，应算至平板底面。

2）内墙

内墙位于屋架下，其高度算至屋架底，无屋架，算至天棚底另加100mm；有钢筋混凝土楼隔层者，算至钢筋混凝土板底，有框架梁时，算至梁底面。

3）女儿墙

从屋面板上表面算至女儿墙顶面（如有混凝土压顶时算至压顶下表面）。

（7）框架间砌体

不分内外墙，按墙体净尺寸以体积计算。框架外表面镶贴砖部分，按零星砌砖子目计算。

（8）空斗墙、空花墙、围墙

1）空斗墙按外形尺寸以空斗墙外形体积计算。墙角、内外墙交接处、门窗洞口立边、窗台砖、屋檐处的实砌部分体积，并入空斗墙体积内。空斗墙的窗间墙、窗台下、楼板下、梁头下等的实砌体积部分，按零星砌砖定额计算。

砌筑工程（三）——墙体高度

2）空花墙按设计图示尺寸以空花部分的外形体积计算，不扣除空洞部分体积。空花墙外有实砌墙，其实砌部分应以体积另列项目计算。

3）围墙：按设计图示尺寸以体积计算，其围墙附垛及砖压顶应并入墙身工程量内；砖围墙上有混凝土花格、混凝土压顶时，混凝土花格及压顶应按计价定额第六章规定另行计算，其围墙高度算至混凝土压顶下表面。

（9）填充墙

按设计图示尺寸以填充外形体积计算，其实砌部分及填充料已包含在定额内，不另计算。

（10）砖柱

按设计图示尺寸以体积计算。扣除混凝土及钢筋混凝土梁垫、梁头、板头所占体积。砖柱基础、柱身不分断面，均以设计体积计算，柱身、柱基工程量合并套“砖柱”定额。柱基与柱身砌体品种不同时，应分开计算并分别套用相应定额。

（11）砖砌地下室墙身及基础

按设计图示尺寸以体积计算，内、外墙身工程量合并计算按相应内墙定额执行。墙身外侧面砌贴砖按设计厚度以体积计算。

（12）钢筋砖过梁

加气混凝土砌块、硅酸盐砌块、小型空心砌块墙砌体中设计钢筋砖过梁，应另行计算，套“零星砌砖”定额。

（13）毛石墙、方整石墙

按图示尺寸以体积计算。方整石墙单面墙垛并入墙身工程量内，双面墙垛按柱计算。标准砖镶砌门、窗门立边、窗台虎头砖、钢筋砖过梁等按实砌砖体积另列项目计算，套“零星砌体”定额。

（14）墙基防潮层

按墙基顶面水平宽度乘以长度以面积计算，有附垛时将附垛面积并入墙基内。

（15）其他

1）砖砌台阶按水平投影面积以面积计算；

2）毛石、方整石台阶均以图示尺寸按体积计算，毛石台阶按毛石基础定额执行；

3）墙面、柱、底座、台阶的剁斧以设计展开面积计算；

4）砖砌地沟沟底与沟壁工程量合并以体积计算；

5）毛石砌体打荒、剁斧按砌体裸露外表面积计算；

6）烟囱、水塔等构筑物砌筑工程量计算规则详见 2014 计价定额说明。

3. 领会典型案例的计算思路

【例 2-4-1】 如图 2-4-1 所示，采用 M10 水泥砂浆砌砖基础，1∶2 防水砂浆防潮层，基础墙厚 240mm，防潮层以上采用 KP1 多孔砖，防潮层以下采用标准砖。计算砖基础和防潮层工程量并计价。

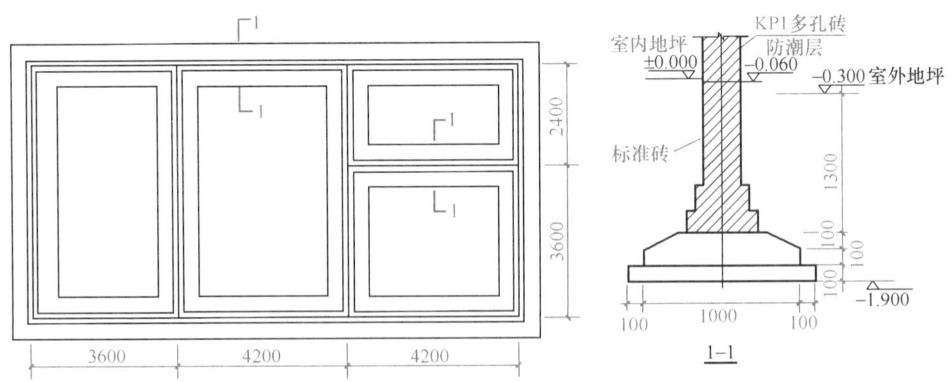

图 2-4-1 某建筑基础示意图

【解】（1）计算工程量

1）M10 水泥砂浆砌砖基础

查基础折加高度表得知：折加高度为 0.197m

基础墙高：1.9－0.06－0.1×3＋0.197＝1.737m

基础墙长：(3.6＋4.2×2＋2.4＋3.6）×2＋(6－0.24)×2＋(4.2－0.24)＝51.48m

砖基础体积：1.737×0.24×51.48=21.46m^3

2）1∶2 防水砂浆防潮层

0.24×51.48=12.36m^2

（2）套用计价定额（表 2-4-6）

套用计价定额计算表　　表 2-4-6

序号	定额编号	项目名称	计量单位	工程量	综合单价（元）	合计（元）
1	4-1换	直形砖基础（M10 水泥砂浆）	m^3	21.46	408.95	8776.07
2	4-52	1∶2 防水砂浆防潮层	10m^2	1.24	173.94	215.69
合计						8991.76

注：4-1换=406.25−43.65+46.35=408.95 元/m^3。

【例 2-4-2】 计算图 2-4-2 所示基础砌筑工程量并计价，砌块为标准砖及毛石（其中砖柱砌筑砂浆为 M10 混合砂浆、条形砖基础与毛石基础砌筑砂浆为 M5 水泥砂浆、人工工资为二类工 82 元/日）。

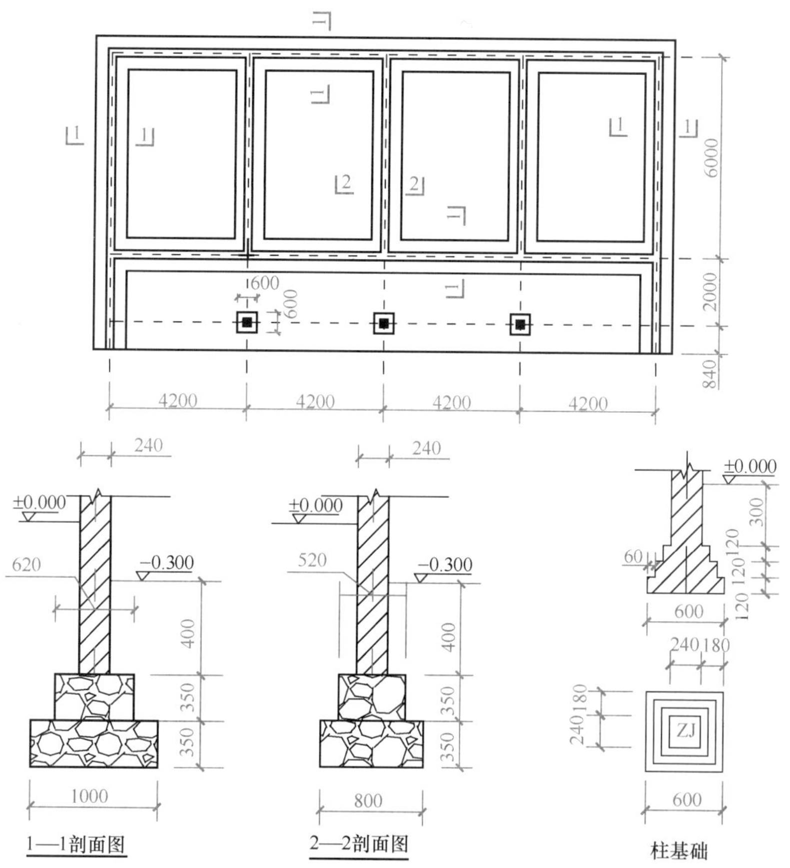

图 2-4-2　某砌筑基础示意图

【解】 本工程基础分为条形基础和柱基础两类，其中柱基础与柱身使用同一种材料，条形基础下部放脚使用毛石，上部使用标准砖，应注意基础与墙身的分界线。

(1) 计算工程量

柱基础：(0.3+0.36+1.271)×0.24×0.24×3=0.333m^3

砖条形基础：[(6.0+2.0+0.84)×2+(4.2×4×2−0.24)+(6.0−0.24)×3]×0.7×0.24=11.478m^3

毛石基础：

1—1 剖面图：[(6.0+2.0+0.84)×2+(4.2×4×2−1.0)]×0.35×1.0+[(6.0+2.0+0.84)×2+(4.2×4×2−0.62)]×0.35×0.62
=17.598+10.993=28.591m^3

2—2 剖面图：(6.0−1.0)×3×0.35×0.8+(6.0−0.62)×3×0.35×0.52=7.137m^3

(2) 套用计价定额（表 2-4-7）

套用计价定额计算表 **表 2-4-7**

序号	定额编号	项目名称	计量单位	工程量	综合单价（元）	合计（元）
1	4-3	方形砖柱（M10 混合砂浆）	m^3	0.333	500.48	166.66
2	4-1	条形砖基础（M5 水泥砂浆）	m^3	11.478	406.25	4662.94
3	4-59	毛石基础（M5 水泥砂浆）	m^3	35.728	296.41	10590.14
合计						15419.74

【例 2-4-3】 某单位传达室平面图、剖面图及墙身大样图如图 2-4-3 所示，构造柱截面尺寸 240mm×240mm，有马牙槎与墙嵌接，圈梁截面尺寸 240mm×300mm，屋面板厚 100mm，门窗上中无圈梁处设置过梁高 120mm，过梁长度为洞口尺寸两边各加 250mm，

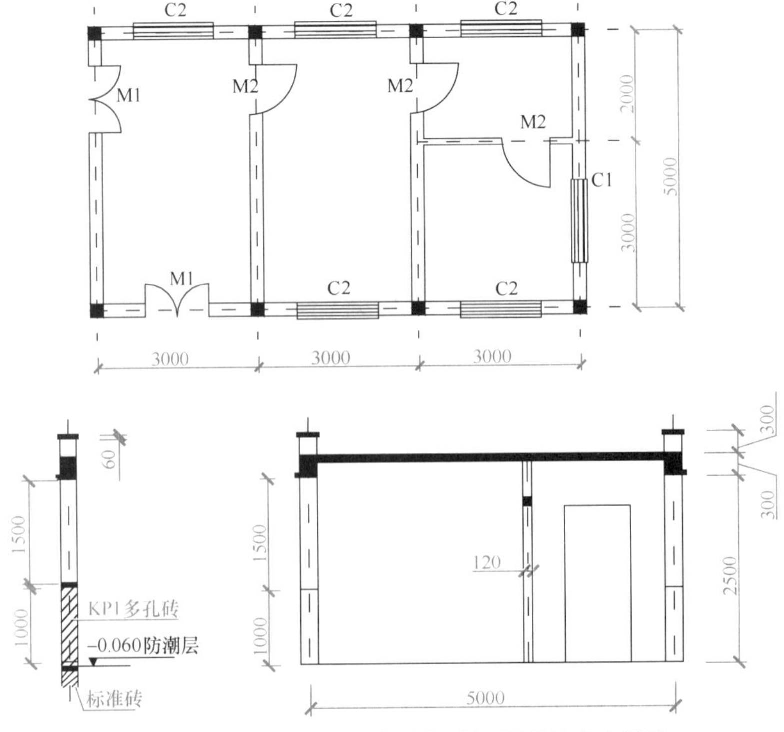

图 2-4-3 某单位传达室平面图、剖面图及墙身大样图

窗台板厚60mm，长度为窗洞口尺寸两边各加60mm，窗两侧有60mm宽砖砌窗套（门窗尺寸见表2-4-8），砌体材料为KPl多孔砖，女儿墙为标准砖，计算墙体工程量并套用计价定额进行计价（砌砖砂浆为M5混合砂浆、人工工资为二类工82元/日）。

门窗尺寸 表2-4-8

编号	宽（mm）	高（mm）	樘数
M1	1200	2500	2
M2	900	2100	3
C1	1500	1500	1
C2	1200	1500	5

【解】（1）工程量计算

1）KPl黏土一砖墙

① 墙长度：外：(9.00+5.00)×2=28.00m

内：(5.00−0.24)×2=9.52m

② 墙高度：2.50+0.06=2.56m

③ 外墙体积：0.24×2.56×28.00=17.20m³

减构造柱：0.24×0.24×2.56×8=1.18m³

减马牙槎：0.24×0.06×2.56×1/2×16=0.29m³

减C1窗台板：0.24×0.06×1.62×1=0.02m³

减C2窗台板：0.24×0.06×1.32×5=0.10m³

减M1：0.24×1.20×2.50×2=1.44m³

减C1：0.24×1.50×1.50×1=0.54m³

减C2：0.24×1.20×1.50×5=2.16m³

外墙体积V_1=11.47m³

④ 内墙体积：0.24×2.56×9.52=5.85m³

减马牙槎：0.24×0.06×2.56×0.5×4=0.07m³

减过梁：0.24×0.12×1.40×2=0.08m³

减M2：0.24×0.90×2.10×2=0.91m³

内墙体积V_2=4.79m³

⑤ 一砖墙合计：11.47+4.79=16.26m³

2）KPl黏土半砖墙

① 内墙长度：3.00−0.24=2.76m

② 墙高度：2.80−0.10=2.70m

③ 体积：0.115×2.70×2.76=0.86m³

减过梁：0.115×0.12×1.40=0.02m³

减M2：0.115×0.90×2.10=0.22m³

④ 半砖墙合计：0.62m³

3）女儿墙

① 墙长度：(9.00+5.00)×2=28.00m

② 墙高度：0.30−0.06=0.24m

③ 体积：0.24×0.24×28=1.61m^3

（2）套用计价定额（表 2-4-9）

套用计价定额计算表 表 2-4-9

序号	定额编号	项目名称	计量单位	工程量	综合单价（元）	合价（元）
1	4-28	KP1 黏土一砖墙	m^3	16.26	311.14	5059.14
2	4-27	KP1 黏土半砖墙	m^3	0.62	331.12	205.29
3	4-35	标准砖砌外墙	m^3	1.61	442.66	712.68
合计						5977.11

【例 2-4-4】某单层框架结构办公用房如图 2-4-4 所示，柱、梁、板均为现浇混凝土。

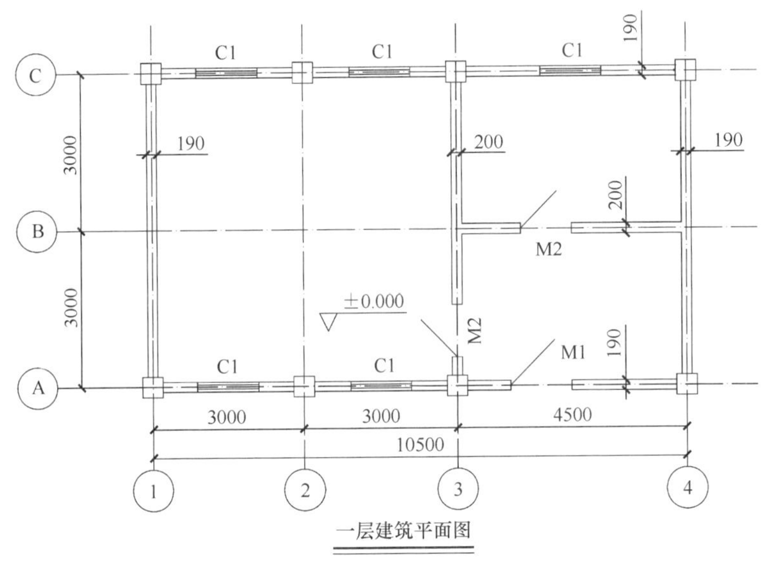

一层建筑平面图

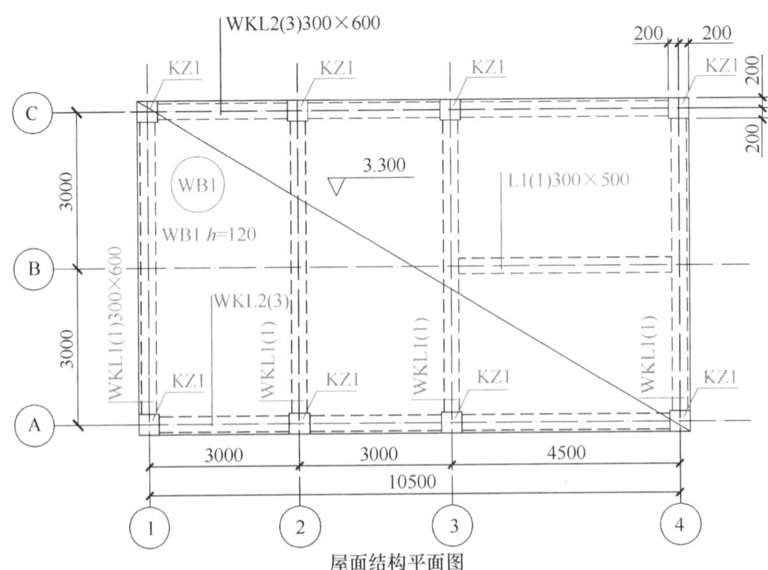

屋面结构平面图

说明：1. 本层屋面板标高未注明者均为H=3.3m。
2. 本层梁顶标高未注明者均为H=3.3m。
3. 梁、柱定位未注明者均关于轴线居中设置。

图 2-4-4 某单层框架结构办公用房示意图

外墙 190mm 厚，采用页岩模数多孔砖（190mm×240mm×90mm）；内墙 200mm 厚，采用蒸压灰加气混凝土砌块，属于无水房间、底无混凝土坎台。砌筑所用页岩模数多孔砖、蒸压灰加气混凝土砌块的强度等级均满足国家相关质量规范要求。内外墙均采用 M5 混合砂浆砌筑。外墙体中 C20 混凝土构造柱体积为 0.56m^3（含马牙槎），C20 混凝土圈梁体积 1.2m^3。内墙体中 C20 混凝土构造柱体积为 0.4m^3（含马牙槎），C20 混凝土圈梁体积 0.42m^3。圈梁兼做门窗过梁。基础与墙身使用不同材料，分界线位置为设计室内地面，标高为±0.000。已知门窗尺寸为 M1：1200mm×2200mm，M2：1000mm×2200mm，C1：1200mm×1500mm。试计算外墙砌筑、内墙砌筑工程量并套用计价定额计价。

【解】（1）工程量计算

1）多孔砖墙

①轴：0.19(墙厚)×(3.3−0.6)(墙高)×(6−0.4)(墙长)＝2.873m^3

④轴：0.19(墙厚)×(3.3−0.6)(墙高)×(6−0.4)(墙长)＝2.873m^3

Ⓐ轴：0.19(墙厚)×(3.3−0.6)(墙高)×(10.5−0.4×3)(墙长)−1.2×1.5×2×0.19(扣 C1 窗)−1.2×2.2×0.19(扣 M1 门)＝3.585m^3

Ⓒ轴：0.19(墙厚)×(3.3−0.6)(墙高)×(10.5−0.4×3)(墙长)−1.2×1.5×3×0.19(扣 C1 窗)＝3.745m^3

外墙体积＝2.873×2＋3.585＋3.745−0.56(扣外墙构造柱)−1.2(扣外墙上的圈梁)＝11.32m^3

2）砌块墙

③轴：0.2(墙厚)×(3.3−0.6)(墙高)×(6−0.4)(墙长)−1×2.2×0.2(扣 M2 门)＝2.584m^3

Ⓑ轴：0.2(墙厚)×(3.3−0.5)(墙高)×(4.5−0.2÷2 −0.19÷2)(墙长)−1×2.2×0.2(扣 M2)＝1.971m^3

内墙体积＝2.584＋1.971−0.4(扣内墙中的构造柱)−0.42(扣内墙中的圈梁)＝3.74m^3

（2）套用计价定额（表 2-4-11）

套用计价定额计算表　　**表 2-4-11**

序号	定额编号	项目名称	计量单位	工程量	综合单价（元）	合计（元）
1	4-32	页岩模数多孔砖	m^3	11.32	440.54	4986.91
2	4-7	蒸压灰加气混凝土砌块	m^3	3.74	359.41	1344.19
合计						6331.10

任务 2.5　土石方工程费计算

1. 理解人工土石方、机械土石方的概念及相关规定；

2. 熟悉土石方工程说明中的相关条文规定；
3. 掌握土石方工程量计算规则和方法；
4. 掌握平整场地、人工挖一般土方、基坑、基槽划分原则；
5. 掌握放坡、工作面的选取规定及方法；
6. 掌握土方工程的列项方法及计价定额的使用方法。

能力目标

1. 能够根据项目具体情况、施工方法、设计及施工规范正确列项；
2. 能确正确理解并应用土石方工程量计算规则、计算方法计算土方工程量；
3. 能够正确套用计价定额进行土方工程计价；
4. 能够较好地完成二级造价工程师考试试题。

素质目标

1. 养成自主学习、注重细节、善于思考的习惯；
2. 养成发现问题、提出问题的探索与创新思维和严谨的工作作风。

思政目标

1. 介绍土方工程的绿色实施方法，分析绿色施工的最新发展趋势，培养学生“绿水青山就是金山银山”的绿色可持续发展理念；

2. 不同施工方案下土方费用会有很大不同，引领学生培养认真细致的工匠精神并牢固树立成本控制的职业素养。

2.5.1 土石方工程任务分析

1. 项目背景分析：某服饰车间（学习工作页附图 1）。计算土（石）方工程量（挖三类干土，人力车运土，弃土运距 150m，回填土运距 150m）并计价（人工工资单价按 2014 计价定额，管理费率取定 25%，利润取定 12%）。

2. 土（石）方工程量计算的基本步骤

第 一 步

准备工作：

1）认真阅读施工说明，熟悉并认真研究基础平面图、基础大样图；

2）确定工程类别（由于综合单价中管理费与利润是按三类工程标准计入，如果不是三类工程，综合单价中的管理费与利润应进行调整）；

3）拟定施工方案（确定土方开挖的方式：人工挖方、机械挖方、人机配合）；

4）干土与湿土的划分（应以地质勘察资料为准；如无资料时以地下常水位为准，常水位以上为干土，常水位以下为湿土）；

5）确定放坡高度及比例（根据挖土的深度、土壤的类别、土方的开挖形式确定）；

6）确定工作面宽度（根据基础材料和施工工序确定）。

第 二 步

工程类别、土方开挖方式、干土与湿土的划分的确定：

1）工程类别确定：本工程为檐高 9.0m＜18m 的多层工业建筑，工程类别为三类；

2）土方开挖方式的确定：本工程土方开挖采用人工开挖，弃土运距为 150m；

3）干土与湿土的划分：本工程挖土均按干土考虑。

第 三 步

平整场地工程量计算：

1）建筑物场地自然地坪与设计挖、填土方±300mm 以内的找平，便于进行施工放线；

2）平整场地计算范围：按建筑物外墙外边线每边各加 2m（西面、南面已建房屋处不需要平整），以面积计算；

3）计算平整场地工程量。

第 四 步

基坑土方开挖工程量计算：

1）三桩承台、四桩承台、五桩承台、六桩承台、挖土深度（设计室外地坪标高至垫层下表面）均小于 1.5m，土方类别为三类，故土方开挖不需要放坡；

2）考虑浇筑混凝土桩承台需支模板，施工工作面宽度为 0.3m；

3）凡土方底长≤3 倍的底宽且底面积≤150m^{2}以内的为基坑，采用定额计价时，应根据底面积的不同，分别按底面积 20～150m^2、20m^2 以内，套用相应的定额子目。本工程三桩承台、四桩承台、五桩承台、六桩承台基坑底面积均在 20m^2 内，九桩承台基坑底面积＞20m^2，且＜150m^{2}故为挖基坑；

4）九桩承台及电梯底板挖土深度（设计室外地坪标高至垫层下表面）均大于 1.5m，土方类别为三类，故土方开挖时需要放坡，查表放坡系数应为 0.33；施工工作面宽度为 0.3m；

5）计算三桩承台、四桩承台、五桩承台、六桩承台、九桩承台基坑土方工程量。

第 五 步

基槽土方开挖工程量计算：

1）基础梁挖土深度（设计室外地坪标高至垫层下表面）均小于 1.5m，土方类别为三类，故土方开挖不需要放坡；

2）考虑浇筑混凝土基础梁需支模板，根据表 1-5-7 基础梁施工工作面宽度为 0.3m；

3）凡底宽≤7m 且底长＞3 倍底宽的为沟槽，大于定额计价时，应根据底宽的不同，分别按照底宽 3～7m 之间、3m 以内，套用定额子目。本工程基础梁槽底长、宽均满足沟槽的基本要求，故为挖沟槽。

第 六 步

土方回填土工程量计算：

1）土方回填土包括基槽、基坑回填土，室内回填土；

2）基槽、坑回填土体积＝挖土体积－设计室外地坪以下埋设的体积（包括垫层、基础、基础墙、柱等）；

3）室内回填土体积按主墙间净面积乘填土厚度计算，不扣除附垛及附墙烟囱等体积；

4）分别计算基槽、基坑回填土，室内回填土工程量。

第 七 步

定额的套用：

1）套用人工平整场地定额；

2）土方开挖：根据土方开挖的形式（人工开挖）、挖土深度、土方类别分别套用挖基坑（底面积≤20m²、20m²＜底面积≤150m² 分别套用定额）、挖基槽土方定额；并考虑弃土运距 150m 套用运土方定额；

3）土方回填：应按基（槽）坑夯填土、地面夯填土分别套用定额；土方运距 150m 执行运土方定额、增加挖一类土（挖余松土）定额（以天然密实方计算）。

2.5.2 土石方工程任务实施

1. 任务实施准备

（1）按照规范格式设定工程量计算表格，表格应体现计算部位、计算过程、计算结果，以便于复核和修改；

（2）数据准备：将人工挖基坑、基槽、土方回填（基础回填、室内回填）以及余土外运等相关工程量计算所需的数据分析整理；

（3）分析并计算土（石）方工程量数据，按照规范格式填入工程量计算表格中。

2. 任务实施

（1）平整场地工程量计算（表 2-5-1）

平整场地工程量计算表 表 2-5-1

部位	平整场地	工程量（m^2）
—	(42＋0.12×2＋2)×(19＋0.12×2＋2×2)－2×(7.8＋3.9＋0.12×2)	1004.26

（2）基坑土方开挖工程量计算（表 2-5-2）

基坑土方开挖工程量计算表 表 2-5-2

部位	基坑土方	工程量(m^3)
三桩承台	(2.122＋0.4/1.732<tan60°>×2＋0.1×2＋0.3×2)×(1.85＋0.4＋0.1×2＋0.3×2)/2×(1.3－0.3)×10<个>	51.60

续表

部位	基坑土方	工程量（m^3）
四桩承台	(2.0+0.1×2+0.3×2)×(2+0.1×2+0.3×2)×(1.3−0.3)×2<个>	15.68
五桩承台	(2.5+0.1×2+0.3×2)×(2.5+0.1×2+0.3×2)×(1.3−0.3)×3<个>	32.67
六桩承台	(2.0+0.1×2+0.3×2)×(3.2+0.1×2+0.3×2)×(1.3−0.3)×2<个>	22.40
小计		122.35
	单(双)轮车运土 运距 150m 以内	122.35
九桩承台	(2.8−0.3)/6×[(3.2+0.1×2+0.3×2)×(3.2+0.1×2+0.3×2)+(3.2+0.1×2+0.3×2+0.25×2.4×2)×(3.2+0.1×2+0.3×2+0.25×2.4×2) +(4.0+5.2)×(4.0+5.2)]	53.2
电梯底板	(1.5+0.3+0.1−0.3)/6×[(3.4+0.12×2+0.2×2+0.1×2+0.3×2)×(3+0.12×2+0.2×2+0.1×2+0.3×2)+(3.4+0.12×2+0.2×2+0.1×2+0.3×2+0.25×1.6×2)×(3+0.12×2+0.2×2+0.1×2+0.3×2+0.25×1.6×2)+(4.44+5.24)×(4.84 +5.64)]−(1.6+0.1+0.3)×(1.6+0.1+0.3)×(1.5+0.3+0.1−0.3)<九桩承台所占体积>	34.264
小计		87.46

（3）基槽土方开挖工程量计算（表 2-5-3）

基槽土方开挖工程量计算表　　**表 2-5-3**

部位	基槽土方	工程量（m^3）
JLL1	(0.25+0.3×2) × (1−0.3) ×19<①轴>	11.305
JKL1	(0.25+0.3×2) × (1−0.3) × [19−1.625−1.525− (3.0+0.12+0.2+0.1+0.3) − (1.6+0.1+0.3)] <②轴>	6.027
JLL2	(0.25+0.3×2) × (0.75−0.3) × (9.5−3+0.12+0.2+0.1+0.3−0.425) <②~③轴>	2.048
JKL2	(0.25+0.3×2) × (1−0.3) × (19−1.625−1.525−2.8) <③轴>	7.765
JKL3	(0.25+0.3×2) × (1−0.3) × (19−1.625−1.275−3.3) ×2<④、⑤轴>	15.232
JKL4	(0.25+0.3×2) × (1−0.3) × (19−0.425−3.3−2.8−1.275) <⑥轴>	6.664
JLL3	(0.25+0.3×2) × (0.75−0.3) × (3−0.425×2) ×2<⑥~⑦轴>	1.645
JKL5	(0.25+0.3×2) × (1−0.3) × (19−2.65×2−1.275) <⑦轴>	7.393
JKL6	(0.25+0.3×2) × (1−0.3) × (42−1.461−2.921×3) <Ⓐ轴>	18.907
JKL7	(0.25+0.3×2) × (1−0.3) × (7.8−1.65−1.536) <Ⓑ轴>	2.745
JKL8	(0.25+0.3×2) × (1−0.3) × [39− (3.4+0.12+0.2+0.1+0.3) −4−3.3×2−2.8−1.536] <Ⓒ轴>	11.867
	(0.3+0.3×2) × (1.2−0.3) × (3−2−0.425)	0.466
JLL4	(0.25+0.3×2) × (1−0.3) × (7.8−0.425×2−0.85) <Ⓒ~Ⓓ轴>	3.63
	0.25× (1−0.3) × [7.8− (3.4+0.12+0.2+0.1+0.3) −0.425]	0.57
JKL9	(0.25+0.3×2) × (1−0.3) × (42−2−2.8−2.922×3−1.536) <Ⓓ轴>	16.004
小计		112.267

(4) 基础回填土工程量计算(表 2-5-4)

基础回填土工程量计算表 表 2-5-4

部位	基(槽)坑夯填土	工程量(m^3)
挖土方	122.354+112.267+87.46	322.081
垫层	−19.955	−19.955
桩承台	−51.773	−51.773
基础梁	−39.709	−39.709
电梯底板	−4.412	−4.412
电梯井	−(3+0.12×2)×(3.4+0.12×2)×(1.5−0.3)	−14.152
砖基础	−(14.327+0.884)×0.1/0.4	−3.80
小计		192.985

(5) 室内回填土(表 2-5-5)

室内回填土工程量计算表 表 2-5-5

部位	室内回填土	工程量(m^3)
—	{(42−0.12×2)×(19−0.12×2)−0.24×[(7.8−0.12)+(3−0.12)+(3+3.4−0.12)+(9.5−0.12)+(9.5−0.12×2)]}×(0.3−0.1−0.06−0.02−0.01)	85.239

(6) 根据项目土石方工程施工方案,依据 2014 计价定额、取费标准,按照规范格式进行列项、选取定额子目、确定计量单位、填入工程量、套用定额综合单价,计算合价(表 2-5-6)。

土方工程套用计价定额计算表 表 2-5-6

序号	计价定额编号	项目名称	计量单位	工程数量	金额(元)	
					综合单价	合价
一		平整场地				
1	1-98	平整场地	$10m^2$	100.426	60.13	6038.62
二		基坑土方				
1	1-59	人工挖底面积≤$20m^2$的基坑三类干土深度在(1.5m 以内)	m^3	122.354	53.80	6582.65
2	1-92+95×2	单(双)轮车运输土运距在 50m 以内	m^3	122.354	28.49	3485.87
3	1-60	人工挖底面积≤$20m^2$ 的基坑三类干土深度在(3m 以内)	m^3	87.464	62.24	5443.76
4	92+95×2	单(双)轮车运输土运距在 50m 以内	m^3	87.464	28.49	2491.85
5	1-27	人工挖底宽≤3m 且底长>3 倍底宽的沟槽三类干土深度在 1.5m 以内	m^3	112.26	47.47	5328.98
6	1−92+95×2	单(双)轮车运输土运距在 150m 以内	m^3	112.26	28.49	3198.28
三		基槽坑回填				
1	1-104	基(槽)坑夯填回填土	m^3	192.985	31.17	6015.34
2	1-102	地面夯填回填土	m^3	85.239	28.40	2420.79
3	1-1	人工挖一类土	m^3	278.240	10.55	2935.43
4	1−92+95×2	单(双)轮车运土 运距 150m 以内	m^3	278.240	28.49	7927.06

(7) 复核：可采用小组互评、同学互评等方式进行复核。具体步骤和方法如下：

1) 仔细阅读施工图纸，对照设计、施工规范、计价定额说明及计算规则，核对基坑、基槽工程量计算数据来源及计算准确性；

2) 根据选取的施工方法和工序，核对所列项目是否完整、合理，选用定额子目是否准确；

3) 复核合价计算数据的准确性；

4) 复核格式规范性。

2.5.3　土石方工程知识支撑

1. 领会计价额定相关规定

土石方工程计价

所谓土、石方工程，即采用人工或机械的方法，对（天然）土（石）体进行必要的挖、运、填，以及配套的平整、夯实、排水、降水等工作内容。土、石方工程的施工特点是人工或机械的劳动强度大，施工条件复杂，施工方案要因地制宜。土、石方工程造价与地基土的类别和施工组织设计方案关系极为密切。

(1) 人工挖土、石方的主要工作内容

1) 人工挖一般土方；

2) 人工挖基坑；

3) 人工挖沟槽；

4) 人工挖淤泥、流砂、支挡土板；

5) 人力车运土石方（渣）；

6) 平整场地、打底夯、回填土；

7) 人工挖石方等；

8) 人工打眼放炮；

9) 人工清理槽、坑、地面石方。

(2) 机械挖土、石方工作主要内容

1) 推土机推土；

2) 铲运机铲土；

3) 挖掘机挖土；

4) 机械挖沟槽；

5) 机械挖基坑；

6) 支撑下挖土；

7) 装载机铲松散土、自装自运土；

8) 自卸汽车运土；

9) 平整场地、碾压；

10) 机械打眼爆破石方；

11) 推土机推渣；

12) 挖掘机挖渣；

13) 自卸汽车运渣。

2. 土、石方工程的基本规定

（1）人工土、石方

1）土壤及岩石的划分（表 2-5-7、表 2-5-8）

土壤划分表 **表 2-5-7**

土壤划分	土壤名称	工具鉴别方法
一、二类土	粉土、砂土（粉砂、细砂、中砂、粗砂、砾砂）、粉质黏土、弱中盐渍土、软土（淤泥质土、泥炭、泥炭质土）、软塑红黏土、冲填土	用锹、少许用镐、条锄开挖、机械能全部直接铲挖载满者
三类土	黏土、碎石土（圆砾、角砾）混合土、可塑红黏土、硬塑红黏土、强盐渍土、素填土、压实填土	主要用镐刨，条锄开挖、少许用铁锹挖掘。机械需部分刨松方能铲满载者或可直接铲挖但不能满载者
四类土	碎石土（卵石、碎石、漂石、块石）、坚硬红黏土、超盐渍土、杂填土	全部用镐刨，条锄开挖、少许用铁锹挖掘，机械须普遍刨松方能铲挖满载者

岩石划分表 **表 2-5-8**

岩石分类		代表性岩石	开挖方法
极软石		1. 全风化的各种山石 2. 各种半成岩	部分用手凿工具、部分用爆破法开挖
软质石	软岩	1. 强风化的坚硬岩或较硬岩 2. 中等风化-强风化的较软岩 3. 未风化-微风化的页岩、泥岩、泥质砂岩等	用风镐和爆破法开挖
	较软岩	1. 中等风化-强风化的坚硬岩或较坚硬岩 2. 未风化-微风化的凝灰岩、板岩、石灰岩、白云岩、钙质砂岩等	用爆破法开挖
硬质岩石	较硬岩	1. 微风化的坚硬岩 2. 未风化-微风化的大理石、板岩、石灰岩、白云岩、钙质砂岩等	用爆破法开挖
	坚硬岩	未风化-微风化的花岗石、闪长岩、辉绿岩、安山岩、片麻岩、石英岩、石英砂岩、硅质砾岩、硅质石灰岩等	用爆破法开挖

2）土、石方的体积除定额中另有规定外，均按天然实体积计算（自然方）。

3）挖土深度一律以设计室外标高为起点，如实际自然地面标高与设计地面标高不同时，其工程量在竣工结算时调整。

4）干土与湿土的划分应以地质勘察资料为准；如无资料时以地下常水位为准：常水位以上为干土，常水位以下为湿土。采用人工降低地下水位时，干、湿土的划分仍以常水位为准。

5）运余松土或挖堆积期在一年以内的堆积土，除按运土方定额执行外，另增加挖一类土的定额项目（工程量按实方计算，若为虚方按工程量计算规则的折算方法折算成实方）。取自然土回填时，按土壤类别执行挖土定额。

6）支挡土板不分密撑、疏撑，均按定额执行，实际施工中材料不同均不调整。

7）桩间挖土按打桩后坑内挖土相应定额执行，桩间挖土，指桩（不分材质和成桩方式）顶设计标高以下及桩顶设计标高以上 0.50m 范围内的挖土。

（2）机械土、石方

1）定额中机械土方定额是按三类土取定；如实际土壤类别不同时，定额中机械台班量乘表 2-5-9 中系数。

机械台班量系数　　**表 2-5-9**

项目名称	三类土	一、二类土	四类土
推土机推土方	1.00	0.84	1.18
铲运机铲运土方	1.00	0.84	1.26
自行式铲运机铲运土方	1.00	0.86	1.09
挖掘机挖土方	1.00	0.84	1.14

2）土、石方体积均按天然实体积（自然方）计算：推土机、铲运机推铲未经压实的堆积土，按三类土定额项目乘以系数 0.73。

3）推土机推土、石，铲运机运土重车上坡时，如坡度大于 5%时，其运距按坡度区段斜长乘表 2-5-10 中系数计算。

坡度系数　　**表 2-5-10**

坡度（%）	10 以内	15 以内	20 以内	25 以内
系数	1.75	2.00	2.25	2.50

4）机械挖土方工程量，按机械实际工程量计算。机械确实挖不到的地方，用人工修边坡、整平的土方工程量套用人工挖一般土方定额（最多不得超过挖方量的 10%），人工乘以系数 2。机械挖土、石方单位工程量小于 2000m^3 或在桩间挖土、石方，按相应定额乘 1.10 系数。

5）机械挖土均以天然湿度土壤为准，含水率达到或超过 25%时，定额人工、机械乘以系数 1.15；含水率超过 40%时，另行计算。

6）支撑下挖土定额适用于有横支撑的深基坑开挖。

7）计价定额自卸汽车运土，对道路的类别及自卸汽车吨位已分别进行综合计算。

8）自卸汽车运土，按正铲挖掘机挖土考虑，如系反铲挖掘机装车，则自卸汽车运土台班量乘系数 1.10；拉铲挖掘机装车，自卸汽车运土台班量乘系数 1.20。

9）挖掘机在垫板上作业时，其人工、机械乘系数 1.25，垫板铺设所需的人工、材料、机械消耗另行计算。

10）推土机推土或铲运机铲土，推土区土层平均厚度小于 300mm 时，其推土机台班乘系数 1.25，铲运机台班乘系数 1.17。

11）装载机装原状土，需由推土机破土时，另增加推土机推土项目。

12）爆破石方定额是按炮眼法松动爆破编制的，不分明炮或闷炮，如实际采用闷炮的，其覆盖保护材料另行计算。

13）爆破石方定额是按电雷管导电起爆编制的，如采用雷管起爆，雷管数量不变，单价换算，胶质导线扣除，但导火索应另外增加（导火索长度按每个带雷管 2.12m 计算）。

14）石方爆破中已经综合了不同开挖深度、坡面开挖、放炮找平因素，如设计规定爆破有粒径要求时，需增加的人工、材料、机械应由甲乙双方协商处理。

3. 掌握工程量计算规则

（1）人工土、石方

1）计算土、石方工程量之前，应确定下列各项资料：

① 土壤及岩石类别的确定。土壤及岩石类别的划分，应依工程地质勘查资料与前面所述“土壤及岩石的划分表”对照后确定。

② 地下水位标高。

③ 土方、沟槽、基坑挖（填）起止标高、施工方法及运距。

④ 岩石开凿、爆破方法、石渣清运方法及运距。

⑤ 其他有关资料。

2）一般规则

土方体积，以挖凿前的天然密实体积（m^3）为准，若虚方计算，按表 2-5-11 进行折算。

土方体积折算表 **表 2-5-11**

虚方体积	天然密实体积	夯实后体积	松填体积
1.00	0.77	0.67	0.83
1.20	0.92	0.80	1.00
1.30	1.00	0.87	1.08
1.50	1.15	1.00	1.25

注：1. 虚方指未经碾压、堆积时间不长于一年的土壤。
2. 挖土以设计室外地坪标高为起点，深度按图示尺寸计算。
3. 按不同的土壤类别、挖土深度、干湿土分别计算工程量。
4. 在同一槽、坑内或沟内有干、湿土时应分别计算，但使用定额时，按槽、坑或沟的全深计算。
5. 桩间挖土不扣除桩的体积。

3）平整场地工程量计算规则

① 平整场地的界定：是指建筑物场地挖、填土方厚度在±300mm 以内及找平（图 2-5-1）。

② 平整场地工程量按建筑物外墙外边线每边各加 2m 以面积计算（图 2-5-2）。

平整场地的界定和工程量计算

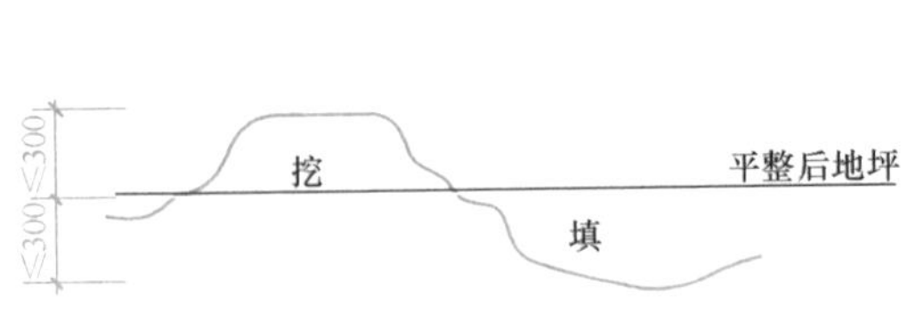

图 2-5-1 平整场地示意图

图 2-5-2 人工平整场地范围

4）沟槽、基坑土方工程量计算规则

① 沟槽和基坑的界定：凡沟槽底宽≤7m；沟槽底长＞3 倍槽底宽为沟槽。套用定额

计价时，应根据底宽的不同，分别按底宽 3～7m、3m 以内，套用对应的定额子目；底长≤3 倍底宽且底面积≤150m² 的为基坑。套用定额计价时，应根据底面积的不同，分别按底面积 20～150m²、20m² 以内套用对应的定额子目；凡沟槽底宽 7m 以上，基坑底面积 150m² 以上，按挖一般土方或挖一般石方计算。

挖基坑工程量计算

② 沟槽工程量按沟槽长度乘以沟槽截面积计算。

沟槽长度（m）：外墙按图示基础中心线长度计算、内墙按图示基础底宽加工作面宽度之间净长度计算，沟槽宽度按设计宽度加工作面宽度计算。凸出墙面的附墙烟囱、垛等体积并入沟槽土方工程量内（图 2-5-3、图 2-5-4）。

挖沟槽工程量计算

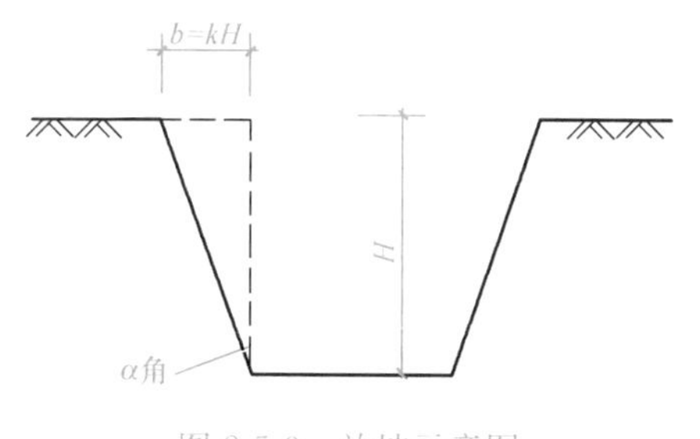

图 2-5-3　放坡示意图

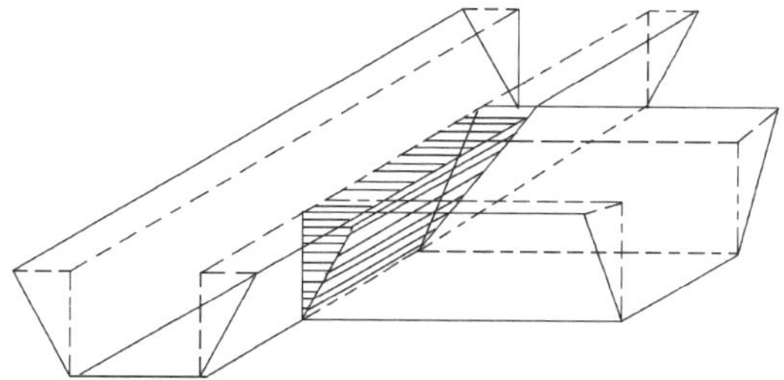

图 2-5-4　沟槽放坡时交接处重复工程量示意图

③ 挖沟槽、基坑、一般土方需放坡时，以施工组织设计规定计算，施工组织设计无明确规定时，放坡高度、比例按表 2-5-12 计算。

放坡高度、比例确定表　　**表 2-5-12**

土壤类别	放坡深度规定（m）	高与宽之比	高与宽之比		
		人工挖土	机械挖土		
			坑内作业	坑上作业	顺沟槽在坑上作业
一、二类土	超过 1.20	1∶0.5	1∶0.33	1∶0.75	1∶0.5
三类土	超过 1.50	1∶0.33	1∶0.25	1∶0.67	1∶0.33
四类土	超过 2.00	1∶0.25	1∶0.10	1∶0.33	1∶0.25

注：1. 沟槽、基坑中土壤类别不同时，分别按其土壤类别、放坡比例以不同土壤厚度分别计算。
2. 计算放坡工程量时，在交接处的重复工程量不扣除，原槽、坑作基础垫层时，放坡自垫层上表面开始计算。

④ 基础施工所需工作面宽度按表 2-5-13 规定计算。

基础施工所需工作面宽度表　　**表 2-5-13**

基础材料	每边各增加工作面宽度（mm）
砖基础	200
浆砌毛石、条石基础	150
混凝土基础垫层支模板	300
混凝土基础支模板	300
基础垂直面做防水层	1000（防水层面）

⑤ 沟槽、基坑需支挡土板时，挡土板面积按槽、坑边实际支挡板面积（即：每块挡

板的最长边×挡板的最宽之积）计算。

5）建筑物场地厚度在±300mm以外的竖向布置挖土或山坡切土，均按挖一般土方计算。

6）回填土区分夯填、松填以立方米计算（图2-5-5）

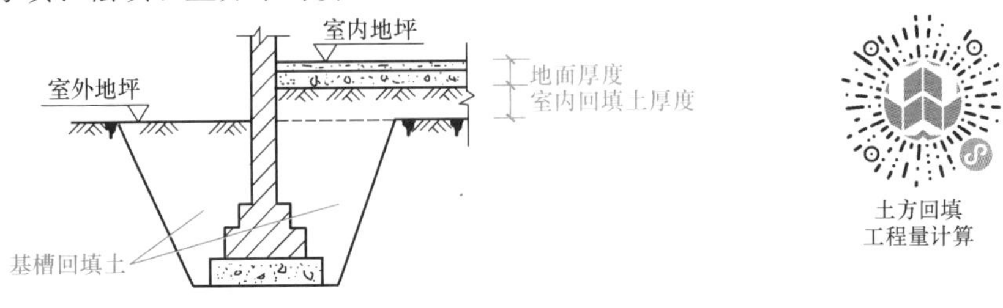

图2-5-5　回填土厚度示意图

土方回填
工程量计算

① 基槽、基坑回填土体积＝挖土体积－设计室外地坪以下埋设的体积（包括基础垫层、柱、基础墙等）。

② 室内回填土工程量按主墙间净面积乘填土厚度计算，不扣除附垛及附墙烟囱等体积。

7）余土外运、缺土内运工程量按下式计算：

运土工程量＝挖土体积－回填土工程量。正值为余土外运，负值为缺土内运。

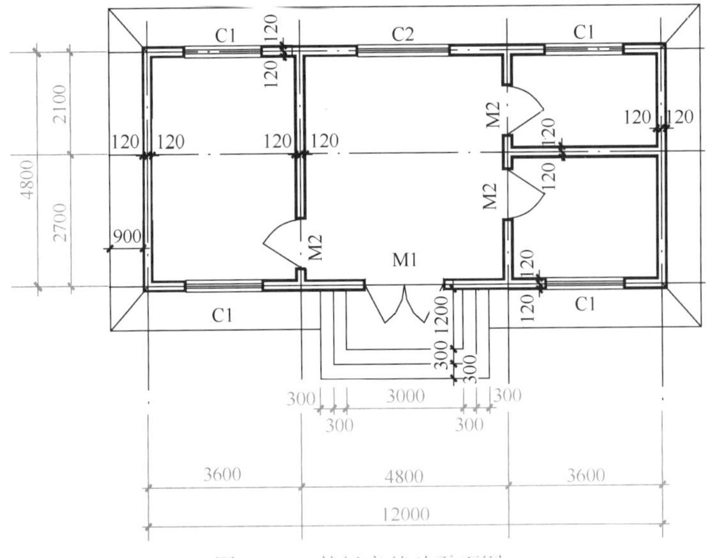

图2-5-6　某门房基础平面图

（2）机械土、石方

1）机械土、石方运距按下列规定计算：

① 推土机推距：按挖方区重心至回填区重心之间的直线距离计算；

② 铲运机运距：按挖方区重心至卸土重心加转向距离45m计算；

③ 自卸汽车运距：按挖方区重心至填土区（或堆放地点）重心的最短距离计算。

2）建筑场地原土碾压以面积计算，填土碾压按图示填土厚度以体积计算。

以夯锤底面积计算，并根据设计要求的夯击能量和每点夯击数，执行相应定额。

4. 领会典型案例的计算思路

【例2-5-1】某门房基础如图2-5-6所示，计算建筑物人工场地平整的工程量并计价，墙厚均为240mm，轴线均居中（人工工资单价按2014计价定额，管理费率取定25%，利润取定12%）。

【解】（1）计算工程量

$$S=(12+0.24+4)\times(4.8+0.24+4)=146.8\text{m}^2$$

（2）套用定额计价（表2-5-14）

套用计价定额计算表　　**表2-5-14**

项目名称	定额编号	计量单位	工程量（m^2）	单价（元）	合价（元）
平整场地	1-98	$10m^2$	14.68	60.13	882.71

总结分析：平整场地是对建筑场地自然地坪与设计室外标高差±300mm内的人工就地挖、填、找平，便于进行施工放线。围墙、挡土墙、窨井、化粪池等不计算平整场地。

【例2-5-2】计算图2-5-7所示的采取人工挖基坑土方工程量，根据项目土质勘探报告，工程所在地土壤类别为三类土，基础垫层为混凝土，地下常水位为−2.000m，请计算工程量并套用定额计价。

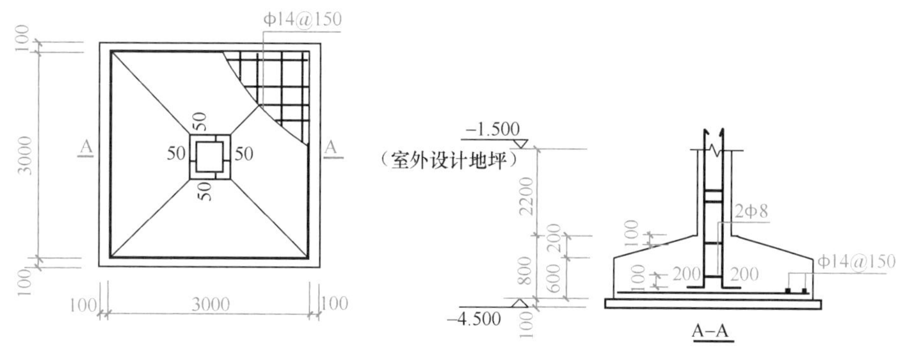

图2-5-7　独立柱基础图

【解】（1）各项资料准备

1）图纸分析

由图2-5-7可知，独立柱基础垫层长3.2m，宽3.2m，设计室外地坪标高为−1.500m，基础垫层顶面标高−4.500m。

2）施工分析

混凝土基础垫层支模板，每边各增加工作面宽度0.3m（查表2-5-7），人工挖三类土，同一基坑内分别有干土、湿土。

3）数据分析

① 挖土深度$H_{总}=4.6-1.5=3.1$m（设计室外标高至基础垫层底标高之间的高差），需放坡（查表2-5-12），放坡系数$K=0.33$。

② 地下常水位标高为−2.0m（−2.0m以上为干土，−2.0m以下为湿土），同一基坑内的湿土$H_{湿}=4.6-2=2.6$m。

③ 底面积$S=(3.2+0.3\times2)\times(3.2+0.3\times2)=14.44\text{m}^2$，底长<3倍的底宽，底面积<$20\text{m}^2$，

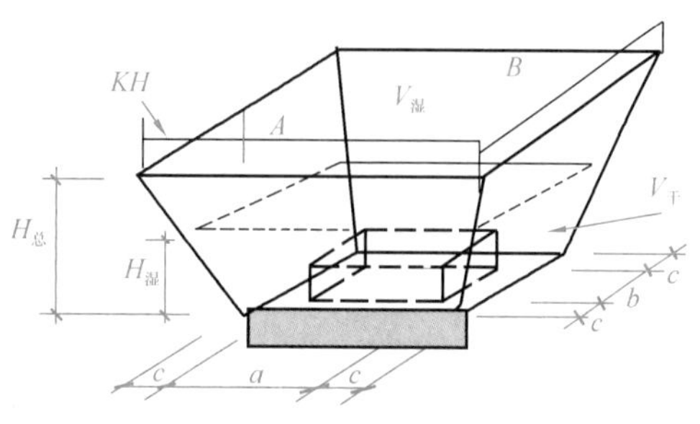

图2-5-8　基坑示意图

为基坑。放坡后的基坑如图 2-5-8 所示。

（2）计算工程量（表 2-5-15）

表 2-5-15

人工挖基坑工程量计算：$V=\frac{H}{6}\times[(a\times b+A\times B)+(a+A)\times(b+B)]$	
总挖方量	$H=4.6-1.5=3.1\text{m}$；$a=3.2+0.3\times2=3.8\text{m}$；$b=3.2+0.3\times2=3.8\text{m}$；$K=0.33$
	$A=a+2HK=3.8+2\times3\times0.33=5.78\text{m}$；$B=b+2Kh=3.8+2\times3\times0.33=5.78\text{m}$
	$V_{总}=\frac{3.1}{6}\times[(3.8\times3.8+5.78\times5.78)+(3.8+5.78)\times(3.8+5.78)]=72.14\text{m}^3$
湿土	$H_{湿}=4.6-2=2.6\text{m}$；$a=3.2+0.3\times2=3.8\text{m}$；$b=3.2+0.3\times2=3.8\text{m}$；$K=0.33$
	$A=a+2Hk=3.8+2\times2.6\times0.33=5.52\text{m}$；$B=b+2Kh=3.8+2\times2.6\times0.33=5.52\text{m}$
	$V_{湿}=\frac{2.6}{6}\times[(3.8\times3.8+5.52\times5.52)+(3.8+5.52)\times(3.8+5.52)]=57.10\text{m}^3$
干土	$V_{干}=V_{总}-V_{湿}=72.14-57.10=15.04\text{m}^3$

（3）套用定额计价（表 2-5-16）

套用计价定额计算表　　表 2-5-16

序号	定额编号	项目名称	计量单位	工程量（m^3）	单价（元）	合计（元）
1	1-61	底面积≤20m^{2}的基坑人工挖土三类干土深度在 4m 以内	m^3	15.04	66.46	999.56
2	1-77	底面积≤20m^{2}的基坑人工挖土三类湿土深度在 4m 以内	m^3	57.10	77.01	4397.27
合计						5396.83

总结分析：

① 人工挖土分为：人工挖一般土方、人工挖沟槽、人工挖基坑等分项。由于本题基坑底面积小于 20m^2，宽度小于 7m，所以本项目是人工挖基坑土方。

② 人工挖土方当超过放坡起点时，应按放坡开挖计算（除施工组织设计规定支挡土板开挖外），三类土人工挖土深度超过 1.5m 放坡系数为 0.33。

③ 基底为矩形时，放坡后为四棱台。

④ 人工挖土遇有湿土时，干、湿土部分均按全深特性套用定额。

⑤ 基坑按照底面积分为 20m^2<底面积≤150m^2、底面积≤20m^2 两种情况，应根据项目情况正确套用。

⑥ 沟槽定额子目按底宽分为 3m<底宽<7m、底宽≤3m 且底长>3 倍底宽，应根据项目情况正确套用。凡沟槽底宽 7m 以上，基坑底面积 150m^2 以上，按挖一般土方或挖一般石方计算。

【例 2-5-3】某建筑物基础的平面图、剖面图如图 2-5-9 所示，已知室外设计地坪以下各工程量：混凝土垫层 2.4m^3，砖基础体积 16.24m^3，请根据 2014 计价定额计算平整场地、挖土方、回填土、室内回填、余土外运采用人工双轮车运土，运距 300m，土壤类别

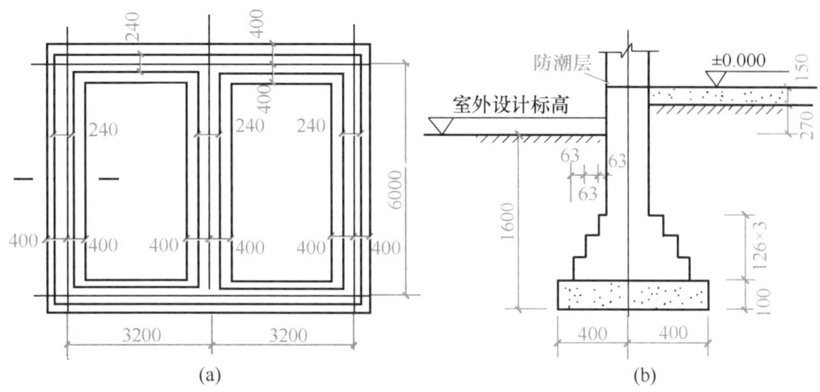

图 2-5-9　某建筑物基础示意图

(a) 平面图；(b) 剖面图

为二类干土。

【解】(1) 各项资料准备

1) 图纸分析：由图 2-5-9 可知，该项目为条形基础构成，混凝土垫层，设计室外地坪标高为−0.270m。

2) 施工分析

条形（砖）基础，混凝土基础垫层支模板，每边各增加工作面宽度 0.3m（查表 2-5-7），人工挖二类土。

3) 数据分析

① 挖土深度 $H=1.6$m（设计室外标高至基础垫层底标高之间的高差），需放坡（查表 2-5-6），放坡系数 $K=1.05$。

② 条形基础开挖底宽 $B=0.8+2\times0.3=1.40$m，底宽<3m 且底长>3 倍底宽的沟槽人工挖土。

(2) 计算工程量（表 2-5-17）

工程量计算表　　　　**表 2-5-17**

1. 平整场地工程量　$S=(3.2\times2+4)\times(6+0.24+4)=108.95\text{m}^2$	
2. 人工挖基槽工程量计算：　$V=S_{沟槽断面积}\times L_{沟槽长度}$　其中：$K=0.5$　$H=1.6$m；$B_{(下底)}=0.8+0.3\times2=1.4$；$B_{(上底)}=[B_{(下底)}+2KH]=1.4+2\times0.5\times1.6=3$m	
计算工程量	$S_{沟槽断面积}=[B_{(下底)}+B_{(上底)}]H/2=(1.4+3)\times1.6/2=2.72\text{m}^2$
	$L_{沟槽长度}=L_{内墙净长线}+L_{外墙中心线}=(6-1.4)+(3.2\times2+6)\times2=29.4$m
	$V=S_{沟槽断面积}\times L_{沟槽长度}=2.72\times29.4=79.97\text{m}^3$
3. 土方回填工程量计算　V=基础回填+室内回填	
计算工程量	基础回填：V=挖土体积−室外地坪以下埋设的垫层及砌筑工程量 $V=79.97-(2.4+16.24)=61.33\text{m}^3$
	室内回填：V=室内面积$\times h=[(3.2-0.24)\times(6-0.24)]\times2\times0.27=9.21\text{m}^3$
	土方回填工程量$=61.33+9.21=70.54\text{m}^3$
4. 余土外运工程量　V=挖方体积−回填体积 $V=79.97-70.54=9.43\text{m}^3$	

（3）套用定额计价（表 2-5-18）

套用计价定额计算表　　表 2-5-18

序号	定额编号	项目名称	计量单位	工程量	综合单价（元）	合计（元）
1	1-98	平整场地	m^2	108.95	60.13	6551.16
2	1-24	底宽≤3m 且底长>3 倍底宽的沟槽人工挖二类干土深度在 3m 以内	m^3	79.97	33.76	2699.79
3	1-104	基槽回填（夯填）	m^3	61.33	31.17	1911.66
4	1-102	地面回填（夯填）	m^3	9.21	28.40	261.56
5	1-1	人工挖一般土方（一类土）	m^3	9.43	10.55	99.49
6	1-92	人工、人力车运土、石方单（双）轮车运土 50m 以内	m^3	9.43	20.05	189.07
7	1-95×5	单（双）轮车运输运距在 500m 以内每增加 50m	m^3	9.43	4.22	198.97
合计						11911.70

【例 2-5-4】某建筑基础土石方工程如图 2-5-10 所示，工程采用斗容量 $1m^3$ 的反铲挖掘机大开挖，土质为三类干土，自卸洗车运土，运距 4km，基坑回填土方量为挖量的 35%。试按照 2014 计价定额计价。

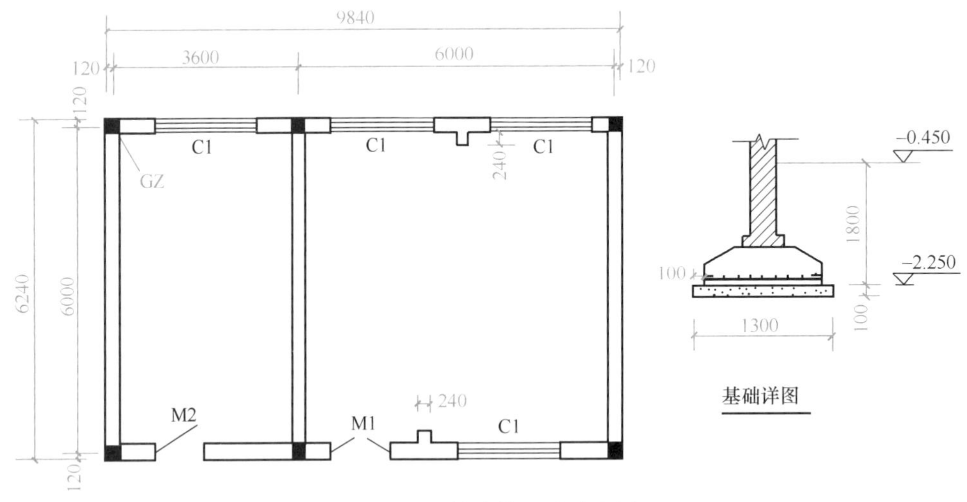

图 2-5-10　某建筑基础示意图

【解】（1）各项资料准备

1）图纸分析

由图 2-5-10 可知：本项目设计室外标高为－0.450m，混凝土基础垫层，垫层底标高－2.250m，挖土深度 $H=2.25+0.1-0.45=1.9$m。

2）施工分析

本项目采用反铲挖掘机开挖土方、坑上作业、装车、斗容量 $1m^3$，自装汽车运土，运距 4km。

3）数据分析

挖掘机坑上作业，查表2-5-6，放坡系数K＝0.67，混凝土基础垫层需支模板，工作面宽度0.3m。坑底面积S＝(9.84－0.24＋1.3＋0.1×2＋0.3×2)×(6.24－0.24＋1.3＋0.1×2＋0.3×2)＝94.77m²，人工修整边坡、整平的工作量不超过挖方量的10％。

（2）计算工程量（表2-5-19）

工程量计算表　　表2-5-19

1. 挖方工程量计算：$V=\frac{H}{6}\times[(a\times b+A\times B)+(a+A)\times(b+B)]$

数据分析	H＝1.9m；a＝9.84－0.24＋1.3＋0.3×2＋＝11.5m K＝0.67；b＝6.24－0.24＋1.3＋0.3×2 ＝7.9m
	$A=a+2HK$＝11.5＋2×1.9×0.67＝ 14.05m；$B= b+2Kh$＝7.9＋2×1.9×0.67＝10.45m
	$V_{基坑}=\frac{1.9}{6}\times[(11.5\times7.9+14.05\times10.45)+(11.5+14.05)\times(7.9+10.45)]=223.73m^3$

2. 机械挖方量：V＝223.73×90％＝201.36m³
3. 人工挖方量：V＝223.73×10％＝22.37m³
4. 土方回填量V＝223.73×35％＝78.31m³
5. 汽车运土量V＝223.73－78.31＝145.42 m³

（3）套用计价定额（表2-5-20）

套用计价定额计算表　　表2-5-20

序号	计价定额编号	项目名称	计量单位	工程量（m³）	单价（元）	合计（元）
1	1-204换	反铲挖掘机斗容量1m³装车	1000m³	0.20	5559.28	1111.86
2	1-3换	人工挖一般土方	m³	22.37	52.75	1180.02
3	1-104	基坑土方回填（夯填）	m³	78.31	31.17	2440.92
4	1-264换	自卸汽车运土（运距在4km）	1000m³	0.15	21987.75	3298.16

注：1-204换＝5053.89×1.1＝5559.28元/1000m³（机械土方单位工程量小于2000m³，或在桩间挖土，按相应定额乘以系数1.10）。

1-3换＝19.25×2×（1＋25％＋12％）＝52.75元/m³（机械土方工程中，人工修整边坡等工程量按挖一般土方定额，人工乘以系数2，管理费、利润费需调整）。

1-264换＝40.42＋（243.9＋14341.86×1.1）×（1＋25％＋12％）＝21987.75元/1000m³（反铲挖掘挖土，自卸汽车运土，自卸汽车台班乘以系数1.10，管理费、利润费需调整）。

【例2-5-5】某办公楼为三类工程，其地下室如图2-5-11所示。设计室外标高－0.3m，地下室室内标高－1.5m。已知该工程采用整板基础，C30混凝土，垫层为C200素混凝土，垫层底标高－1.9m，所有混凝土采用商品混凝土。地下室墙外壁做防水层。1）方案一：施工组织设计确定用75kW推土机平整场地，反铲挖掘机（斗容量1m³）挖土（开挖时，不允许机械开挖至基底设计标高，应留出200厚土层进行人工开挖，以免扰动持力层），土壤为四类干土，机械挖土坑上作业，装车，余土外运3.5km（自卸汽车）。2）方案二：施工组织设计确定用人工平整场地，反铲挖掘机（斗容量1m³）挖土（开挖时，不允许机械开挖至基底设计标高，应留出 200 厚土层进行人工开挖，以免扰动持力层），土壤为四类干土，机械挖土坑上作业，装车，余土人力车外运 0.5km。请分别按 2014 计价定额计算两种方案下土方工程的分部分项费用。

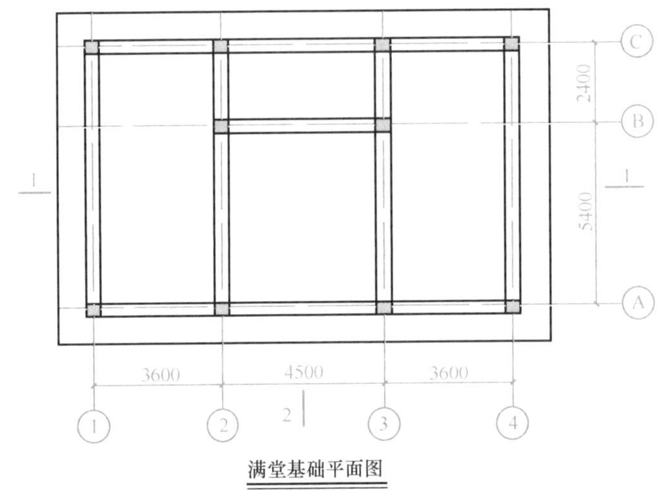

图 2-5-11　某地下室基础示意图

【解】

方案一：

1）计算土方工程工程量

① 场地平整：(3.6×2＋4.5＋0.2×2＋2×2)×(5.4＋2.4＋0.2×2＋2×2)＝196.42m^2

挖土总量：H＝1.9－0.3＝1.6　K＝0.67

下底 a＝ 3.6×2＋4.5＋0.2×2＋1×2＝14.1m；b＝ 5.4＋2.4＋0.2×2＋1×2＝10.2m

上底 A＝14.1＋1.6×0.67×2＝16.244m；B＝10.2＋1.6×0.67×2＝12.344m

V＝1.6/6×[14.1×10.2＋(14.1＋16.244)×(10.2＋12.344)＋16.244×12.344]＝274.24m^3

② 人工挖土：V＝14.1×10.2×0.2＝28.76m^3

③ 机械挖土：V＝274.24－28.76＝245.48m^3

④ 基础回填土：按“挖土总量－室内－底板－垫层”计算。

其中：井室＝12.1×8.2×(1.5－0.3)＝119.06m^3

(4.5＋3.6×2＋0.2×2＝12.1m；2.4＋5.4＋0.2×2＝8.2m)

底板＝(3.6×2＋4.5＋0.5×2)×(5.4＋2.4＋0.5×2)×0.3＝33.53m^3

垫层＝(3.6×2＋4.5＋0.5×2＋0.1×2)×(5.4＋2.4＋0.5×2＋0.1×2)×0.1＝11.61m^3

基础回填土＝274.24－11.61－33.53－119.06＝110.04m^3

⑤ 余土外运＝274.24－110.04＝164.2m^3

2）套计价定额（表 2-5-21）。

套用计价定额计算表 表 2-5-21

序号	定额编号	项目名称	计量单位	工程量	综合单价（元）	合计（元）
1	1-273	场地平整	$1000m^2$	0.196	805.94	157.96
2	1-204	挖掘机挖土	$1000m^3$	0.245	5053.89	1238.20
3	1-3换	人工修边坡	m^3	28.76	52.74	1516.80
4	1-104	基槽坑回填	m^3	110.04	31.17	3429.95
5	1-264换	余土外运	$1000m^3$	0.164	21987.75	3605.99
合计						9948.90

注：1-3换＝26.37×2＝52.74 元/$1000m^3$；

1-264换＝20022.91＋14341.86×0.1×1.37＝21987.75 元/$1000m^3$。

方案二：

1）计算土方工程工程量

① 场地平整：(3.6×2＋4.5＋0.2×2＋2×2)×(5.4＋2.4＋0.2×2＋2×2)＝196.42m^2

挖土总量：H＝1.9－0.3＝1.6 K＝0.67

下底 a＝ 3.6×2＋4.5＋0.2×2＋1×2＝14.1m；b＝ 5.4＋2.4＋0.2×2＋1×2＝10.2m

上底 A＝14.1＋1.6×0.67×2＝16.244m；B＝10.2＋1.6×0.67×2＝12.344m

V＝1.6/6×[14.1×10.2＋(14.1＋16.244)×(10.2＋12.344)＋16.244×12.344]＝274.24m^3

② 人工挖土：V＝14.1×10.2×0.2＝28.76m^3

③ 机械挖土：V＝274.24－28.76＝245.48m^3

④ 基础回填土：按"挖土总量－室内－底板－垫层"计算。

其中：井室＝12.1×8.2×(1.5－0.3)＝119.06m^3

(4.5＋3.6×2＋0.2×2＝12.1m；2.4＋5.4＋0.2×2＝8.2m)

底板＝ (3.6×2＋4.5＋0.5×2)×(5.4＋2.4＋0.5×2)×0.3＝33.53m^3

垫层＝(3.6×2＋4.5＋0.5×2＋0.1×2)×(5.4＋2.4＋0.5×2＋0.1×2)×0.1＝11.61m^3

基础回填土＝274.24－11.61－33.53－119.06＝110.04m^3

⑤ 余土外运＝274.24－110.04＝164.2m^3

2）套计价定额（表 2-5-22）

套用计价定额计算表 表 2-5-22

序号	定额编号	项目名称	计量单位	工程量	综合单价（元）	合计（元）
1	1-98	场地平整	$10m^2$	19.642	60.13	1181.07
2	1-204	挖掘机挖土	$1000m^3$	0.245	5053.89	1238.20
3	1-3换	人工修边坡	m^3	28.76	52.74	1516.80

续表

序号	定额编号	项目名称	计量单位	工程量	综合单价（元）	合计（元）
4	1-104	基槽坑回填	m^3	110.04	31.17	3429.95
5	1-92+95×9	余土外运	m^3	164.2	58.03	9528.53
合计						16894.55

对比方案一和方案二，由于方案二平整场地和余土外运采用了人工施工作业方式，导致方案二的土方工程费用比方案一多了 6945.65 元。可见施工方案不同，土方工程项目的造价就不同。因此，从事工程造价不仅仅要熟悉计算规则，还要仔细审阅施工条件，了解项目的施工方案，从而培养自己认真细致的工匠精神和提升成本控制的职业素养。

任务 2.6　金属结构、木结构工程和构件运输及安装工程费计算

知识目标

1. 理解《江苏省建筑与装饰工程计价定额》金属结构、木结构工程和构件运输及安装工程说明；

2. 掌握金属结构、木结构工程和构件运输及安装工程工程量计算规则及定额应用。

能力目标

1. 能够根据金属结构、木结构工程和构件运输及安装工程计算规则和说明计算实际工程的工程量。

2. 能够较好地完成二级造价工程师考试试题。

素质目标

1. 养成自主学习、观察与探索的良好习惯；

2. 善于规划学习与生活，养成自律与有序的学习和工作习惯；

3. 注重严谨的工作作风，相信和尊重科学；

4. 养成发现问题、提出问题和及时解决问题的良好学习、工作习惯。

1. 培养学生的思辨能力和严谨科学的精神，实事求是，不多算、不漏算。

2. 培养学生认真细致的工匠精神和成本控制的职业素养。

2.6.1　金属结构、木结构和构件运输及安装工程任务分析

任务背景：某服饰车间（学习工作页附图 1），计算金属结构、木结构、构件运输及安装工程费。

(1) 任务实施前的准备工作

识读图纸，确定项目中有金属结构工程，没有木结构工程，只有少量构件运输部分内容。考虑到有混凝土预制构件的部分，即要考虑构件运输及安装，本工程中，过梁为预制过梁，所以要计算塔式起重机安装过梁工程量，并考虑施工中过梁接头灌缝。

(2) 子目设置：塔式起重机安装过梁；M10 水泥砂浆过梁接头灌缝。

(3) 工程量计算：构件运输及安装工程计量计算方法与构件制作计量计算方法相同，但有一些构件需要考虑运输及安装过程中的损耗。过梁的安装及接头灌缝的工程量同过梁工程量。

(4) 综合单价的计算：按构件运输及安装工程子目设置查找对应的子目的定额编号，根据当期的人工工资单价、材料信息指导价、机械台班单价、工程类别，对综合单价进行价目调整确定每个子目的综合单价。

(5) 构件运输及安装工程费计算：构件运输及安装工程费为子目工程量乘以子目综合单价之和。

2.6.2　金属结构、木结构和构件运输及安装工程任务实施

1. 计算步骤

第　一　步

识读图纸，确定项目中金属结构、木结构、构件运输部分内容是否存在。

1) 工业建筑中金属结构较多，民用建筑中较少；

2) 门、窗、楼梯、屋面部分木结构较多，其他较少；

3) 有金属结构、混凝土预制构件的部分要考虑构件运输。

第　二　步

按照各分部分项工程，进行正确列项。注意：

1) 根据计价定额子目，确定金属结构、木结构中各个构件的制作安装是否要分别列项；

2) 构件运输和构件的安装要分别列项；

3) 需根据施工实际增加相应子目。

第　三　步

确定工程量计算，见工程量计算规则，注意：

1) 计量单位的多样性；

2) 构件运输及安装工程计量计算方法与构件制作计量计算方法相同。但有一些构件需要考虑运输及安装过程中的损耗。

第　四　步

套用计价定额，具体参见计价定额说明，注意：

1) 构件运输及安装中，构件类别的划分；

2) 计价表中场内运输的考虑。

2. 计算工程量（表 2-6-1）

工程量计算表　　表 2-6-1

项目名称	计算	工程量（m^3）
塔式起重机安装过梁	同预制过梁工程量	1.042
M10 水泥砂浆过梁接头灌缝	同预制过梁工程量	1.042

3. 套用计价定额（表 2-6-2）

套用计价定额计算表　　表 2-6-2

序号	计价定额编号	项目名称	计量单位	工程量	综合单价（元）	合价（元）
1	8-72	塔式起重机安装过梁	m^3	1.042	108.48	113.04
2	8-109	M10 水泥砂浆过梁接头灌缝	m^3	1.042	40.03	41.71
合计						154.75

2.6.3 金属结构、木结构和构件运输及安装工程知识支撑

1. 领会构件运输及安装工程计价定额相关规定

构件运输及安装工程

（1）计价定额构件运输类别划分详见表 2-6-3 和表 2-6-4。

混凝土构件　　表 2-6-3

	项目
Ⅰ类	各类屋架、桁架、托架、梁、柱、桩、薄腹梁、风道梁
Ⅱ类	大型屋面板、槽形板、肋形板、天沟板、空心板、平板
Ⅲ类	天窗架、端壁架、挡风架、侧板、上下挡、各种支撑
Ⅳ类	全装配式内外墙板、楼顶板、大型墙板

钢结构　　表 2-6-4

	项目
Ⅰ类	钢柱、钢梁、屋架、托架梁、防风桁架
Ⅱ类	吊车梁、制动梁、型（轻）钢檩条、钢拉杆、钢栏杆、盖板、垃圾出灰门、篦子、爬梯、平台、扶梯、烟囱紧固箍
Ⅲ类	墙架、挡风架、天窗架、组合檩条、钢支撑、上下挡、轻型屋架、滚动支架、悬挂支架、管道支架、零星金属构件

（2）构件安装场内运输按下列规定执行

1）现场预制构件已包括了机械回转半径 15m 以内的翻身就位。如受现场条件限制，混凝土构件不能就位预制，运距在 150m 以内，每立方米构件另加场内运输 23.26 元。

2）加工厂预制构件安装，计价定额中已考虑运距在 500m 以内的场内运输。

3）金属构件安装未包括场内运输费。如发生，单件在 0.5t 以内、运距在 150m 以内的，每吨构件另加场内运输费 10.97 元；单件在 0.5t 以上的金属构件按计价定额的相应项目执行。

4）场内运距如超过以上规定时，应扣去上列费用，另按 1km 以内的构件运输计价定额执行。

（3）2014 计价定额中构件安装是按履带式起重机、塔式起重机编制的，如施工组织

设计需使用轮胎式起重机或汽车式起重机，经建设单位认可后，可按履带式起重机相应项目套用，其中人工、吊装机械乘系数1.18；轮胎式起重机或汽车起重机的起重吨位，按履带式起重机相近的起重吨位套用，台班单价换算。

（4）金属构件中轻钢檩条拉杆的安装是按螺栓考虑，其余构件拼装或安装均按电焊考虑，设计用连接螺栓，其连接螺栓按设计用量另行计算（人工不再增加），电焊条、电焊机应相应扣除。

（5）单层厂房屋盖系统构件如必须在跨外安装时，按相应构件安装计价定额中的人工、吊装机械台班乘系数1.18。用塔吊安装时，不乘此系数。

（6）履带式起重机安装点高度以20m内为准，超过20m但未超过30m的，人工、吊装机械台班（子目中履带式起重机小于25t者应调整到25t）乘系数1.20；超过30m但未超过40m的，人工、吊装机械台班（子目中履带式起重机小于50t者应调整到50t）乘1.40系数；超过40m，按实际情况另行处理。

（7）钢屋架单榀重量在0.5t以下者，按轻型钢屋架子目执行。

2. 掌握工程量计算规则

（1）构件运输及安装工程计量计算方法与构件制作计量计算方法相同（即运输、安装工程量等于制作工程量）。但天窗架、端壁、桁条、支撑、踏步板、板类及厚度在50mm内薄型构件，由于在运输、安装过程中易发生损耗，其损耗率见表2-6-5；工程量按下列规定计算：

金属结构工程计量与计价

制作、场外运输工程量＝设计工程量×1.018

安装工程量＝设计工程量×1.01

预制混凝土构件场内、外运输、安装损耗率　　表2-6-5

名称	场外运输	场内运输	安装
天窗架、端壁、桁条、支撑、踏步板、板类及厚度在50mm内薄型构件	0.8	0.5	0.5

（2）加气混凝土板（块），硅酸盐块运输每立方米折合钢筋混凝土构件体积0.4m^3，按Ⅱ类构件运输计算。

（3）木门窗运输按门窗洞口的面积（包括框、扇在内）以100m^{2}计算，带纱扇另增洞口面积的按40%计算。

（4）预制构件安装后接头灌缝工程量均按预制钢筋混凝土构件实体积计算，柱与柱基的接头灌缝按单根柱的体积计算。

（5）组合屋架安装，以混凝土实际体积计算，钢拉杆部分不另计算。

3. 领会典型案例的计算思路

【例2-6-1】某简易钢屋架（图2-6-1），按照计价定额规则计算金属结构工程量（角钢L50×5：3.77kg/m，槽钢[80×43×5：8.04kg/m，型钢理论重度7.85t/m^3）并进行定额计价。

【解】（1）列项：轻型屋架（7-9）

（2）计算工程量：

上弦杆(角钢)：4×2×3.77＝30.16kg

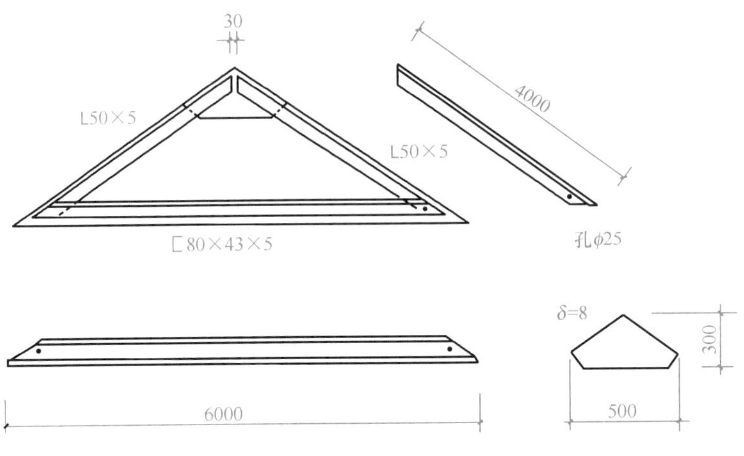

图 2-6-1　某简易钢屋架图

下弦杆（槽钢）：6×8.04=48.24kg

连接板：0.5×0.3×0.008×7.85×10^3=0.942kg

工程量合计：30.16+48.24+0.94=79.34kg=0.008t

（3）套用定额计价表 2-6-6

套用计价定额计算表　　**表 2-6-6**

序号	计价定额编号	项目名称	计量单位	工程量	综合单价（元）	合计（元）
1	7-9	轻型屋架	t	0.08	7175.78	574.06
合计						574.06

【例 2-6-2】 某工程按施工图计算混凝土天窗架 30m^3，加工厂制作，场外运输 15km，请计算混凝土天窗运输、安装工程量，并套定额子目，计算定额综合单价。

【解】（1）列项：混凝土天窗架场外运输（8-16）；混凝土天窗架安装（8-30）。

（2）计算工程量

混凝土天窗架场外运输工程量：30×1.018=30.54m^3

混凝土天窗架安装工程量：30×1.01=30.30m^3

（3）套用计价定额（表 2-6-7）

套用计价定额计算表　　**表 2-6-7**

序号	计价定额编号	项目名称	计量单位	工程量	综合单价（元）	合价（元）
1	8-16	混凝土天窗架场外运输	m^3	30.54	337.93	10320.38
2	8-30	混凝土天窗架安装	m^3	30.3	877.41	26585.52
合计						36905.90

任务2.7　屋面及防水工程费计算

1. 理解《江苏省建筑与装饰工程计价定额》屋面及防水工程说明；
2. 掌握屋面及防水工程工程量计算规则及定额应用。

1. 能够根据屋面及防水工程计算规则和说明计算实际工程的屋面及防水工程量；
2. 能够较好地完成二级造价工程师考试试题。

1. 养成自主学习、观察与探索的良好习惯。
2. 善于规划学习与生活，养成自律与有序的学习和工作习惯。
3. 注重严谨的工作作风，相信和尊重科学。
4. 养成发现问题、提出问题、及时解决问题的良好学习和工作习惯。

1. 从屋面构造做法的多样感受我们国家幅员辽阔与建筑智慧；从防水材料的发展感受国家经济的迅速发展，培养爱国情怀。

2. 屋面工程排水防水是核心，屋面工程的质量直接影响人们的生活，工程人要具有工匠精神，以人民利益为重。

2.7.1　屋面及防水工程任务分析

项目背景：某服饰车间（学习工作页附图1）。计算屋面及防水工程费。

（1）任务实施前的准备工作

识读图纸，确定项目中屋面为平屋面，屋面的构造做法为：4mm厚APP防水卷材；20mm厚水泥砂浆找平层；水泥珍珠岩保温层；沥青玛𤨣脂隔气层；20mm厚1∶2水泥砂浆找平层；现浇屋面板。

（2）子目设置：屋面部分子目较多，包括屋面防水、伸缩缝及屋面排水等项目。

（3）工程量计算：按屋面及防水工程子目设置查找对应的子目工程量计算规则，计算每个子目的工程量。

（4）综合单价的计算：按屋面及防水工程子目设置查找对应的子目的定额编号，根据当期的人工工资单价、材料信息指导价、机械台班单价、工程类别，对综合单价进行价目调整确定每个子目的综合单价。

（5）屋面及防水工程费计算：屋面及防水工程费为子目工程量乘以子目综合单价之和。

2.7.2　屋面及防水工程任务实施

1. 计算屋面工程量的一般步骤

第 一 步

识读施工说明，屋面平面图、详图，确定：

1）屋面的类型（平屋面、坡屋面）；

2）屋面的构造组成（卷材屋面、刚性屋面、涂膜屋面）；

3）屋面的排水方式（自由落水、有组织排水的方式）。

第 二 步

按照屋面的组成，进行正确地列项：

1）综合在子目里的项目不需要单独列出，计价说明中明确规定附加层不需要单独列出；

2）其他都应单独列出子目进行计算；

3）排水工程中需要列出排水管及安装连接设备。

第 三 步

确定屋面工程的工程量计算，见工程量计算规则，注意：

1）屋面的水平投影的范围；

2）瓦屋面的坡度系数、脊瓦的计算；

3）平屋面的计量弯起部分；

4）保温层、排水工程的计量单位。

第 四 步

套用计价定额，具体参见计价定额说明，注意：

1）常用换算；

2）屋面的砂浆，如果是找平层，套用屋面找平层子目；如果是防水层，即起到防水作用，则按屋面工程中刚性防水屋面子目执行。

2. 以屋面部分工程量为例计算，填入工程量计算表格中，其余自行完成。

（1）屋面卷材防水（表 2-7-1）

屋面卷材防水工程量计算表　　表 2-7-1

项目名称	屋面卷材防水	工程量（m^2）
热熔满铺法铺单层 APP 改性沥青防水卷材	[(42－0.12×2)×(19－0.12×2)－9.5×10.8)]＋0.25×[(42－0.12×2)×2＋(19－0.12×2)×2＋(9.5－0.12×2)×2＋(10.8－0.12×2)]	818.773

（2）屋面天沟（表 2-7-2）

屋面天沟工程量计算表　　表 2-7-2

项目名称	屋面天沟	工程量（m^3）
商品混凝土 C20（非泵送）垫层	[3.325＋（0.75×2＋2.4－0.2－0.12）]×1.2×0.04	0.331

（3）屋面排水管（表 2-7-3）

屋面排水管工程量计算表　　表 2-7-3

项目名称	屋面排水管	工程量（m）
ϕ100 PVC 水落管	(10.8+0.3)×8+(14.5+0.3)	103.6

（4）变形缝（表 2-7-4）

变形缝工程量计算表　　表 2-7-4

项目名称	变形缝	工程量（m）
立面油浸麻丝填伸缩缝	(10.8+0.8+0.3)×4	47.6

3. 套用计价表定额（表 2-7-5）

套用计价定额计算表　　表 2-7-5

序号	计价定额编号	项目名称	计量单位	工程量	综合单价（元）	合价（元）
1	10-40	热熔满铺法铺单层 APP 改性沥青防水卷材	$10m^2$	81.877	431.59	35337.29
2	13-11	商品混凝土 C20（非泵送）垫层	m^3	0.331	395.95	131.06
3	10-202	ϕ100 PVC 水落管	10m	10.36	364.58	3777.05
4	10-165	立面油浸麻丝填伸缩缝	10m	4.76	288.95	1375.40
合计						40620.80

2.7.3　屋面及防水工程知识支撑

1. 领会计价定额相关规定

屋面及防水工程量计算

（1）屋面防水分为瓦、卷材、刚性、涂膜四部分。

1）瓦材规格与计价表定额不同时，瓦的数量可以换算，其他不变。

换算公式：$10m^2$/瓦有效长度×有效宽度×1.025（操作损耗）

【例 2-7-1】 水泥瓦规格为 420mm×332mm，长度搭接 75mm，宽向搭接 32mm；脊瓦规格为 432mm×228mm，长向搭接 75mm；计算每 $10m^2$ 用瓦数量和每 10m 用脊瓦的数量。

【解】 ① 计算瓦的数量：每 $10m^2$ = $10m^2$/ [(0.42－0.075)×(0.332－0.032)]×1.025=99.03(块/$10m^2$) ≈100 块/$10m^2$

② 计算脊瓦的数量。

每 10m=10m/[(0.432－0.075)]×1.025=28.71≈29 块/10m

2）油毡卷材屋面包括刷冷底子油一遍，但不包括天沟、泛水、屋脊、檐口等处的附加层在内，其附加层应另行计算。其他卷材屋面均包括附加层。

3）本任务计价定额以石油沥青、石油沥青玛琋脂为准，设计使用煤沥青、煤沥青玛琋脂，材料调整。

4）冷胶“二布三涂”项目，其“三涂”是指涂膜构成的防水层数，并非指涂刷遍数，每一涂层的厚度必须符合规范（每一涂层刷二至三遍）要求。

5）高聚物、高分子防水卷材粘贴，实际使用的胶粘剂与定额不同，单价可以换算，其他不变。

(2) 平、立面及其他防水是指楼地面及墙面的防水，分为涂刷、砂浆、粘贴卷材三部分，既适用于建筑物（包括地下室），又适用于构筑物。

各种卷材的防水层均已包括刷冷底子油一遍和平、立面交界处的附加层工料在内。

(3) 粘结层上单撒绿豆砂者（计价定额中已包括绿豆砂的项目除外），每 $10m^2$ 铺洒面积增加 0.066 工日。绿豆砂 0.078t，合计 6.62 元。

【例 2-7-2】 某屋面 SBS 改性沥青防水卷材（热熔满铺法双层，撒砂），按 2014 计价定额计算综合单价。

【解】 $10\text{-}33_{换}=743.45+0.066\times(362-342)\times1.37+0.078\times115.4=754.26$ 元/$10m^2$

(4) 伸缩缝项目中，除已注明规格可调整外，其余项目均不调整。

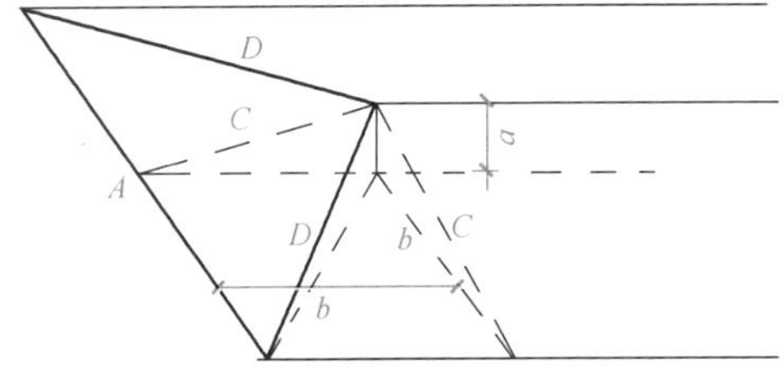

图 2-7-1　瓦屋面相关参数示意图

2. 掌握工程量计算规则

(1) 瓦屋面按图 2-7-1 所示尺寸的水平投影面积乘以屋面坡度延长系数 C（见表 2-7-6）以平方米计算（瓦出线已包括在内），不扣除房上烟囱、风帽底座、风道、屋面小气窗、斜沟等所占面积，屋面小气窗的出檐部分也不增加。

(2) 瓦屋面的屋脊、蝴蝶瓦的檐口花边、滴水应另列项目按延长米计算，四坡屋面斜脊长度按下图中的“b”乘以隅延尺系数 D（表 2-7-6）以延长米计算，山墙泛水长度$=A\times C$，瓦穿铁丝、钉铁钉、水泥砂浆粉挂瓦条按每 $10m^2$ 斜面积计算。

屋面坡度延长米系数表　　　　**表 2-7-6**

坡度比 (a/b)	角度 (Q)	延长系数 (C)	隅延尺系数 (D)
1/1	45°	1.4142	1.7321
1/1.5	33°40′	1.2015	1.5620
1/2	26°34′	1.1180	1.5000
1/2.5	21°48′	1.0770	1.4697
1/3	18°26′	1.0541	1.4530

(3) 彩钢芯板、彩钢复合板屋面按实铺面积以平方米计算，支架、槽铝、角铝等均包含在计价定额内。

(4) 彩板屋脊、天沟、泛水、包角、山头按设计长度以延长米计算，堵头已包含在计价定额内。

(5) 卷材屋面工程量按以下规定计算：

1) 卷材屋面按图示尺寸的水平投影面积乘以规定的坡度系数以平方米计算，但不扣除房上烟囱，风帽底座、风道所占面积。女儿墙、伸缩缝、天窗等处的弯起高度按图示尺寸计算并入屋面工程量内；如图纸无规定时，伸缩缝，女儿墙的弯起高度按 250mm 计算，天窗弯起高度按 500mm 计算并入屋面工程量内；檐沟、天沟按展开面积并入屋面工程量内。

平面立面及其他防水

2) 油毡屋面均不包括附加屋在内，附加层按设计尺寸和层数另行计算。其他卷材屋面已包括附加层在内，不另行计算；收头、接缝材料已列入计价定额内。

(6) 屋面刚性防水按设计图示尺寸以面积计算，不扣除房上烟囱、风帽底座、风道等所占面积。

（7）屋面涂膜防水工程量计算同卷材屋面。

（8）平、立面防水工程量按以下规定计算：

1）涂刷油类防水按设计涂刷面积计算。

2）防水砂浆防水按设计抹灰面积计算、扣除凸出地面的构筑物、设备基础及室内铁道所占的面积。不扣除附墙垛、柱、间壁墙、附墙烟囱及 0.3m^{2}以内孔洞所占面积。

3）粘贴卷材、布类

① 平面：建筑物地面、地下室防水层按主墙（承重墙）间净面积以平方米计算，扣除凸出地面的构筑物、柱、设备基础等所占面积，不扣除附墙垛、间壁墙、附墙烟囱及 0.3m^{2}以内孔洞所占面积。与墙间连接处高度在 300mm 以内者，按展开面积计算并入平面工程量内，超过 300mm 时，按立面防水层计算。

② 立面：墙身防水层按图示尺寸扣除立面孔洞所占面积（0.3m^{2}以内孔洞不扣）以 m^{2}计算；

③ 构筑物防水层按实铺面积计算，不扣除 0.3m^{2}以内孔洞所占面积。

（9）伸缩缝、盖缝、止水带按延长米计算，外墙伸缩缝在墙内、外双面填缝者，工程量应按双面计算。

（10）屋面排水工程量按以下规定计算：

1）玻璃钢、PVC、铸铁水落管、檐沟均按图示尺寸以延长米计算。水斗、女儿墙弯头、铸铁落水口（带罩）均按只计算。

2）阳台 PVC 管通水落管按只计算。每只阳台出水口至水落管中心线斜长按 1m 计（内含两只 135°弯头，一只异径三通）。

3. 领会典型案例的计算思路

【例 2-7-3】卷材屋面见图 2-7-2，1∶3 水泥砂浆找平 25mm 厚（有分格缝，间距 6m），SBS 改性沥青防水卷材热熔满铺法单层，屋面坡度 1∶3，请按 2014 计价定额计算工程量和综合单价及合价（管理费费率、利润费率、人工工资单价、材料单价和施工机械台班单价按 2014 版计价定额取定）。

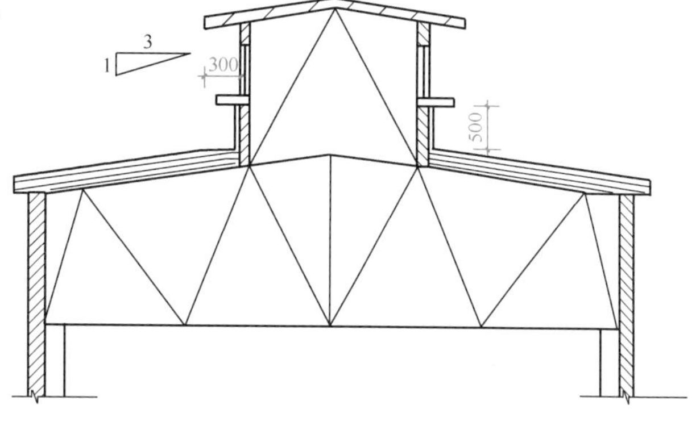

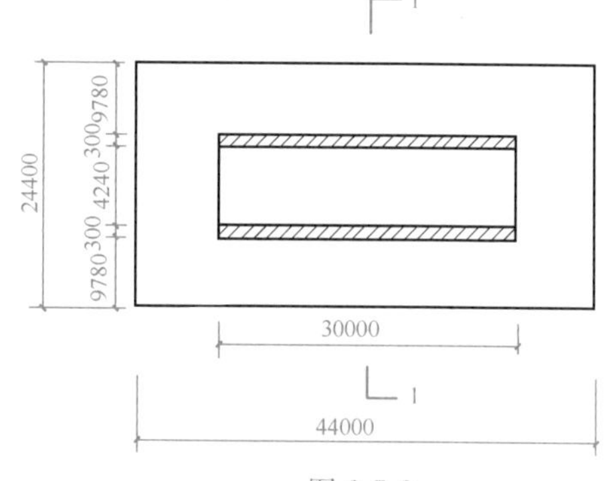

图 2-7-2

【解】（1）列项：25 厚 1∶3 水泥砂浆找平（10-72＋10-73）；SBS 改性沥青防水卷材（10-32）

（2）计算工程量

1）25mm 厚 1∶3 水泥砂浆找平

24.4×44×1.0541（坡度 1∶3 屋面延长系数）＋0.3×30×2×1.0541＋（30＋4.24）×2×0.5（天窗弯起高

度)＝1184.90m²

2）SBS卷材防水层

$24.4\times44\times1.0541+0.3\times30\times2\times1.0541+(30+4.24)\times2\times0.5=1184.90m^2$

（3）套用计价定额（表2-7-7）

套用计价定额计算表　　表2-7-7

序号	计价定额编号	项目名称	计量单位	工程量	综合单价（元）	合计（元）
1	10-72＋10-73	25厚1∶3水泥砂浆找平	10 m²	118.49	199.88	23683.78
2	10-32	SBS卷材热熔单层满铺	10 m²	118.49	434.60	51495.75
合计						75179.53

【例2-7-4】 某工程的平屋面做法见图2-7-3，计算屋面中找平层、防水层、排水管（铸铁弯头落水口、ϕ100PVC水落管、水斗）等的工程量。

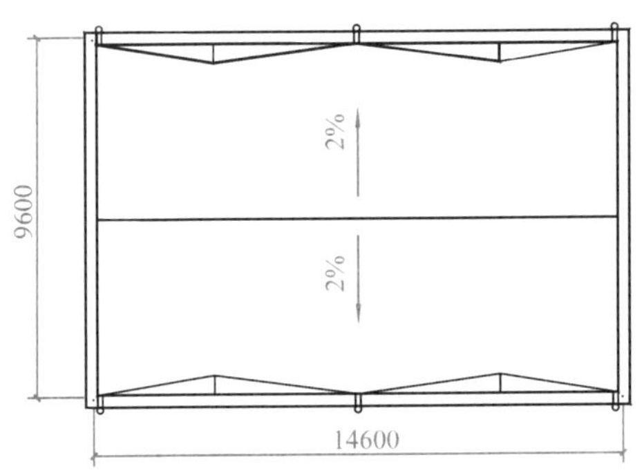

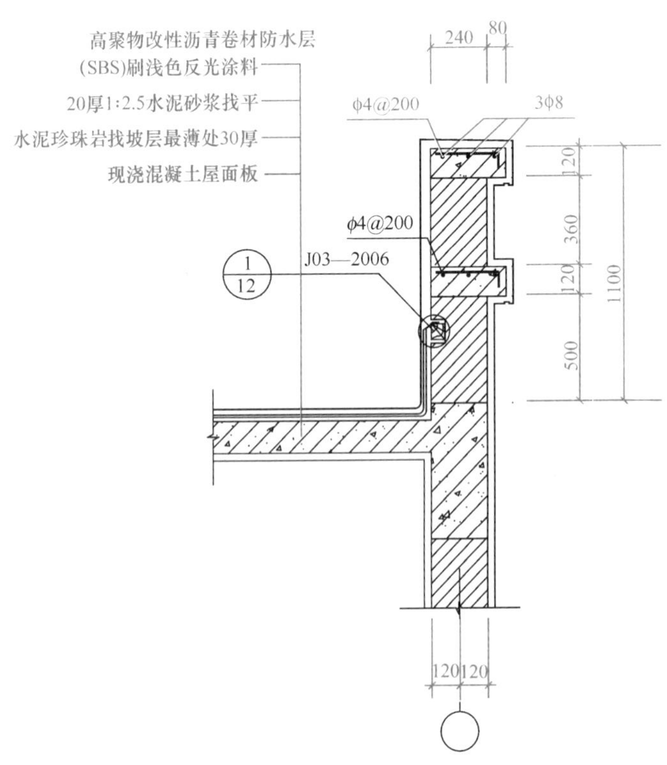

图2-7-3

【解】（1）列项：20mm厚1∶2.5水泥砂浆找平（13-16换）；SBS卷材防水（10-30）；铸铁弯头落水口（10-219）；ϕ110PVC水斗（10-206）；ϕ110PVC水落管（10-202）。

（2）计算工程量

1）20mm厚1∶2.5水泥砂浆找平：134.41＋11.86＝146.27m^2

屋面：(14.6－0.24)×(9.6－0.24)＝134.41m^2

泛水部分：[(14.6－0.24)＋(9.6－0.24)]×2×0.25＝11.86m^2

2）计算SBS卷材防水层：

屋面：(14.6－0.24)×(9.6－0.24)＝134.41m^2

泛水部分：[(14.6－0.24)＋(9.6－0.24)]×2×0.25＝11.86m^2

3）计算屋面排水落水工程量(檐口滴水处按10m考虑，室内外高差按0.3m考虑)。

落水管 L＝(10＋0.3)×6＝61.8m

4）女儿墙铸铁弯头落水口、雨水斗6只。

（3）套用计价定额（表2-7-8）

套用计价定额计算表　　　　**表2-7-8**

序号	计价定额编号	项目名称	计量单位	工程量	综合单价（元）	合计（元）
1	13-16换	20mm厚1∶2.5水泥砂浆找平	10m^2	14.627	170.27	2490.54
2	10-32	SBS卷材热熔单层满铺	10m^2	14.627	434.60	6356.89
3	10-219	铸铁弯头落水口	10个	0.6	862.09	517.25
4	10-206	ϕ100PVC水斗	10只	0.6	422.04	253.22
5	10-202	ϕ100PVC水落管	10m	6.18	364.58	2253.10
合计						11871.00

注：13-16换＝163.84－60.63＋0.253×265.07＝170.27元。

任务2.8　保温、隔热、防腐工程费计算

1. 理解《江苏省建筑与装饰工程计价定额》保温、隔热及防腐工程说明；
2. 掌握保温、隔热及防腐工程量计算规则及定额应用。

1. 能够根据保温、隔热及防腐工程计算规则和说明计算实际工程的保温、隔热及防

腐工程量；

2. 能够较好地完成二级造价工程师考试试题。

1. 养成自主学习、观察与探索的良好习惯；
2. 善于规划学习与生活，养成自律与有序的学习和工作习惯；
3. 注重严谨的工作作风，相信和尊重科学；
4. 养成发现问题、提出问题、及时解决问题的良好学习和工作习惯。

1. 培养学生建筑节能的意识。
2. 激发学生对新型保温隔热材料、提高建筑节能效率方面的学习和研究兴趣。
3. 引导学生学习绿色建筑相关知识。

2.8.1 保温、隔热、防腐工程任务分析

项目背景：某服饰车间（学习工作页附图 1）。计算屋面及防水工程费。

（1）任务实施前的准备工作

识读图纸，确定项目中保温、隔热及防腐工程主要在屋面上，主要是屋面的保温层，构造做法为：现浇水泥珍珠岩保温层 100mm 厚。

（2）领会计价定额中相关规定和工程量计算规则

1）子目设置：屋面、楼地面保温隔热，现浇水泥珍珠岩。

2）工程量计算：按屋面、楼地面保温隔热，现浇水泥珍珠岩子目设置查找对应子目工程量计算规则，计算每个子目的工程量。

3）综合单价的计算：按屋面、楼地面保温隔热，现浇水泥珍珠岩子目设置查找对应子目的定额编号，根据当期的人工工资单价、材料信息指导价、机械台班单价、工程类别，对综合单价进行价目调整确定每个子目的综合单价。

4）保温工程费计算：保温工程费为子目工程量乘以子目综合单价之和。

2.8.2 保温、隔热、防腐工程任务实施

1. 计算屋面工程量的一般步骤

第 一 步

识读施工说明，屋面平面图、详图，确定：
屋面的保温层做法：现浇水泥珍珠岩保温层 100mm 厚。

第 二 步

按照屋面的组成，进行正确列项：
屋面、楼地面保温隔热，现浇水泥珍珠岩。

第 三 步

确定屋面工程的工程量计算，见工程量计算规则，注意：
1）保温层的计量单位；
2）保温层厚度乘以保温层面积。

第 四 步

套用计价定额，具体参见计价定额说明，注意：
常用换算。

2. 以屋面部分工程量为例计算，填入工程量计算表格中，其余自行完成。
屋面卷材防水（表 2-8-1）。

屋面卷材防水工程量计算表 **表 2-8-1**

项目名称	计算	工程量（m^3）
现浇水泥珍珠岩		
10.75 标高	[(42－0.12×2)×(19－0.12×2)－9.5×10.8]×0.1	68.082
14.35 标高	[(10.8－0.12×2)×(9.5－0.12×2)]×0.1	9.779
合计		77.86

3. 套用计价定额（表 2-8-2）

套用计价定额计算表 **表 2-8-2**

序号	计价定额编号	项目名称	计量单位	工程量	综合单价（元）	合价（元）
1	11-6	屋面现浇水泥珍珠岩保温层	m^3	77.86	356.69	27772.00
合计						27772.00

2.8.3 保温、隔热、防腐工程知识支撑

1. 领会计价定额相关规定

（1）外墙聚苯颗粒保温系统，根据设计要求套用相应的工序。

（2）凡保温、隔热工程用于地面时，增加电动夯实机 0.04 台班/m^3。

（3）整体面层和平面块料面层，适用于楼地面、平台的防腐面层。整体面层厚度、切块料面层的规格、结合层厚度、灰缝宽度、各种胶泥、砂浆、混凝土配合比，设计与定额不符应换算，但人工、机械不变。

屋面及防水工程、保温隔热工程计价

块料贴面结合层厚度、灰缝宽度取定如下：

树脂胶泥、树脂砂浆结合层 6mm，灰缝宽度 3mm；水玻璃胶泥、水玻璃砂浆结合层 6mm，灰缝宽度 4mm；硫磺胶泥、硫磺砂浆结合层 6mm，灰缝宽度 5mm；花岗石及其他条石结合层 15mm，灰缝宽度 8mm。

1）块料面层的计算：

每 $10m^2$ 块料用量＝[10/(块料长＋缝宽)×(块料宽＋缝宽)]×(1＋损耗率)

2）粘结层、缝道用胶泥的计算：

每 $10m^2$ 粘结层用量＝10×粘结厚度×(1＋损耗率)

每 $10m^2$ 缝道用胶泥＝(10－块料净面积)×缝深×(1＋损耗率)

(4) 块料面层以平面为准，立面铺砌人工乘以系数 1.38，踢脚板人工乘以系数 1.56，块料乘以系数 1.01，其他不变。

2. 掌握工程量计算规则

(1) 保温隔热层按隔热材料净厚度（不包括胶结材料厚度）乘以设计图示面积按体积计算。

(2) 地墙隔热层，按围护结构墙体内净面积，不扣除 $0.3m^2$ 以内孔洞所占的面积。

(3) 软木、聚苯乙烯泡沫板铺贴平顶以图示长×宽×厚的体积计算。

(4) 外墙聚苯乙烯挤塑板外保温、外墙聚苯乙烯颗粒保温砂浆、屋面架空隔热板、保温隔热砖、瓦、天棚保温（沥青贴软木除外）层，按设计图示尺寸以面积计算。

(5) 墙体隔热：外墙按隔热层中心线，内墙按隔热层净长乘图示尺寸的高度（若图纸未注明高度，则下部由地坪隔热层起算，带阁楼时算至阁楼板顶面止；无阁楼时则算至檐口）及厚度以体积计算，应扣除冷藏门洞口和管道穿墙洞口所占的体积。

(6) 门口周围的隔热部分，按图示部位，分别套用墙体或地坪的相应子目以体积计算。

(7) 软木、泡沫塑料板铺贴柱帽、梁面，以设计图示尺寸按体积计算。

(8) 梁头、管道周围及其他零星隔热工程，均按设计尺寸以体积计算，套用柱帽、梁面定额。

(9) 池槽隔热层按设计图示池槽保温隔热层的长、宽及厚度以体积计算，其中池壁按墙面计算，池底按地面计算。

(10) 包柱隔热层按设计图示柱隔热层中心线的展开长度乘以图示尺寸高度及厚度以体积计算。

(11) 防腐工程项目应区分不同防腐材料种类及厚度，按设计图示尺寸以面积计算，应扣除凸出地面的构筑物、设备基础所占的面积。砖垛等凸出墙面部分按展开面积计算，并入墙面防腐工程量内。

(12) 踢脚板按设计图示尺寸以面积计算。应扣除门洞所占面积，并相应增加侧壁展开面积。

(13) 平面砌筑双层耐酸块料时，按单层面积乘以系数 2.0 计算。

(14) 防腐卷材接缝附加层收头等工料，已计入定额中，不另行计算。

(15) 烟囱内表面涂抹隔绝层，按筒身内壁的面积计算，并扣除孔洞面积。

3. 领会典型案例的计算思路

【例 2-8-1】 某办公楼屋面做法如图 2-8-1 所示，按 2014 计价定额计算屋面保温隔热层工程量及分部分项工程费（管理费费率、利润费率、人工工资单价、材料单价和施工机械台班单价按 2014 版计价定额取定）。

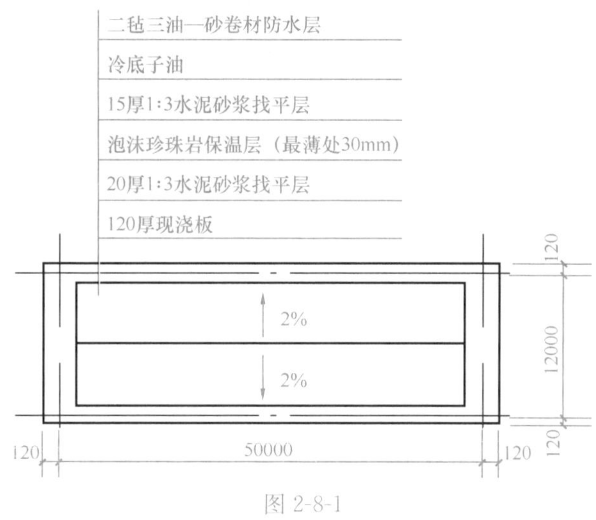

图 2-8-1

【解】（1）列项：泡沫珍珠岩保温层（11-6）。

（2）计算工程量

泡沫珍珠岩保温层厚度＝(6－0.12)×2％×1/2＋0.03＝0.089m

泡沫珍珠岩保温层＝(12－0.24)×(50－0.24)×0.089＝52.08m^3

（3）套用计价定额（表 2-8-3）

套用计价定额计算表　　　**表 2-8-3**

序号	计价定额编号	项目名称	计量单位	工程量	综合单价（元）	合计（元）
1	11-6	泡沫珍珠岩保温层	m^3	52.08	356.69	18576.42
合计						18576.42

【例 2-8-2】 某单层宿舍，平面为长方形，外墙的结构外边线平面尺寸为 33.8m×7.4m。已知外墙外侧面做法为：20 厚 1∶3 水泥砂浆找平层，3 厚胶粘剂，25 厚聚苯颗粒保温砂浆，5 厚抹面砂浆，房屋檐口标高 9m，室内外高差±300mm，外墙门窗洞口面积为 150m^2。按 2014 计价定额计算外墙保温层工程量及分部分项工程费（管理费费率、利润费率、人工工资单价、材料单价和施工机械台班单价按 2014 版计价定额取定）。

【解】（1）列项：25 厚聚苯颗粒保温砂浆（11-50）。

（2）计算工程量

外墙保温中心线长＝33.8＋0.02×2(20 厚 1∶3 水泥砂浆找平层)＋0.003×2(3 厚胶粘剂)＋0.025(25 厚聚苯颗粒保温砂浆)＝33.871m

外墙保温中心线宽＝7.8＋0.02×2＋0.003×2＋0.025＝7.871m

外墙保温层高度＝9（檐口标高）＋0.3（室内外高差）＝9.3m

外墙保温层面积＝（33.871＋7.871）×2×9.3－150＝626.40m^2

（3）套用计价定额（表 2-8-4）

套用计价定额计算表 **表 2-8-4**

序号	计价定额编号	项目名称	计量单位	工程量	综合单价（元）	合计（元）
1	11-50	25 厚聚苯颗粒保温砂浆	$10m^2$	62.64	414.52	25965.53
合计						25965.53

任务 2.9　装饰工程分部分项工程费计算

知识目标

1. 理解垫层、找平层、块料面层、整体面层、木地板等楼地面装饰工程量计算的相关概念、规范和规定，掌握定额中相关内容的工程量计算规则和说明；

2. 理解一般抹灰、装饰抹灰、整体面层、镶贴块料面层等工程量计算的相关概念、规范和规定，掌握定额中相关内容的工程量计算规则和说明；

3. 理解天棚龙骨、天棚吊筋及饰面、天棚抹灰等装饰工程计算的相关概念、规范和规定，掌握定额中相关内容的工程量计算规则和说明。

能力目标

1. 能够根据找平层、块料面层、整体面层、木地板等工程计算规则和说明计算实际工程量；

2. 能够根据一般抹灰、装饰抹灰、整体面层、镶贴块料面层等工程计算规则和说明计算实际工程量；

3. 能够根据天棚龙骨、天棚吊筋及饰面、天棚抹灰等工程计算规则和说明计算实际工程量；

4. 能够较好地完成二级造价工程师考试的相关试题。

素质目标

1. 养成自主学习、能举一反三的良好习惯；

2. 注重严谨的工作作风，相信和尊重科学；

3. 养成善于发现问题、提出问题和解决问题的良好学习和工作习惯。

思政目标

1. 理解不同装饰材料对于工程造价的影响，培养学生的成本控制意识和职业素质；

2. 从建筑装饰材料的飞速发展，引导学生主动关心和了解行业新材料、新工艺，主动学习新材料新工艺的计价方式，保持与时俱进。

2.9.1 任务分析

项目背景：某服饰车间（学习工作页附图 1）。计算一层楼地面、墙柱面及天棚相关工程量并计价。

（1）任务实施前的准备工作

1）研究施工图、收集楼地面、墙柱面及天棚装饰图集。

2）熟悉楼地面、墙柱面及天棚工程量计算规则。

3）熟悉 2014 江苏省建筑与装饰工程计价定额说明和计价规定。

4）熟悉楼地面、墙柱面及天棚装饰施工工艺和特殊施工方法。

（2）楼地面工程子目设置

地面原土打底夯；碎石干铺垫层；C20 非泵送预拌混凝土垫层不分格。

楼地面地砖单块 0.4m^2以内干硬性水泥砂浆；1∶3 水泥砂浆找平层（厚 20mm）混凝土或硬基层上；C20 现浇混凝土细石混凝土找平层，厚 40mm；踢脚线高 150，12 厚 1∶3 水泥砂浆粉面找坡，8 厚 1∶2.5 水泥砂浆压实抹光；1∶2 水泥砂浆楼梯面层。

墙柱面工程子目设置：砂浆粘贴墙面单块面积 0.06m^2 以内墙砖；混凝土面刷界面剂；混凝土墙内墙抹混合砂浆；矩形砖柱面抹水泥砂浆；混凝土墙外墙抹水泥砂浆。

天棚工程子目设置：现浇混凝土天棚，水泥砂浆面。

（3）工程量计算：按楼地面、墙柱面及天棚工程子目设置查找对应的子目工程量计算规则，计算每个子目的工程量。

（4）综合单价的计算：按楼地面、墙柱面及天棚工程子目设置查找对应的子目的定额编号，确定每个子目的综合单价，需要换算的进行相应换算。

（5）楼地面、墙柱面及天棚装饰工程费计算：子目工程量乘以子目综合单价之和。

2.9.2 任务实施

1. 楼地面工程

（1）以一层为例计算楼地面工程量

第 一 步

计算垫层、找平层：

1）地面垫层按室内主墙间净面积乘以设计厚度以立方米计算，应扣除凸出地面的构筑物、设备基础、室内铁道、地沟等所占体积，不扣除柱、垛、间壁墙、附墙烟囱及面积在 0.3m^2 以内孔洞所占体积，但门洞、空圈、暖气包槽、壁龛的开口部分亦不增加。

2）找平层均按主墙间净空面积以平方米计算，应扣除凸出地面的建筑物、设备基础、地沟等所占面积，不扣除柱、垛、间壁墙、附墙烟囱及面积在 0.3m^2以内的孔洞所占面积，但门洞、空圈、暖气包槽、壁龛的开口部分亦不增加。

注意：找平层是否需要单独列项，应根据面层的类型和定额子目的组成情况具体分析。

第 二 步

计算楼地面：

1）计算整体面层

整体面层按主墙间净空面积计算，门洞、空圈、暖气包槽、壁龛的开口部分不增加。

看台台阶、阶梯教室地面整体面层按展开后的净面积计算。

2）计算块料面层

块料面层按图示尺寸实铺面积计算，门洞、空圈、暖气包槽、壁龛的开口部分的工程量并入相应的面层内计算。

3）计算木地板、地毯按图示尺寸实铺面积计算。楼梯地毯压辊安装以套计算。

第 三 步

计算踢脚线：

1）水泥砂浆、水磨石踢脚线按延长米计算。不扣除洞口、门口长度，但其侧壁也不增加；

2）块料面层踢脚线，按图示尺寸以实贴延长米计算，门洞扣除，侧壁另加。

第 四 步

计算台阶：

1）台阶（包括踏步及最上一步踏步口外延 300mm）整体面层按水平投影面积以平方米计算；

2）台阶块料面层，按展开（包括两侧）实铺面积以平方米计算。

第 五 步

计算楼梯：

1）楼梯整体面层按楼梯的水平投影面积以平方米计算，包括踏步、踢脚板、中间休息平台、踢脚线、梯板侧面及堵头。楼梯井宽在 200mm 以内者不扣除，超过 200mm 者，应扣除其面积；楼梯间与走廊连接的，应算至楼梯梁的外侧。

2）楼梯块料面层、按展开实铺面积以平方米计算，踏步板、踢脚板、休息平台、踢脚线、堵头工程量应合并计算。

第 六 步

套用计价定额：

1）找平层砂浆设计厚度不同，按每增、减 5mm 找平层调整。

2）粘结层砂浆厚度与定额不符时，按设计厚度调整。

3）踢脚线高度是按 150mm 编制的，如设计高度与定额高度不同时，整体面层不调整，块料面层（不包括粘贴砂浆材料）按比例调整，其他不变。

4）水磨石面层定额项目已包括酸洗打蜡工料，设计不做酸洗打蜡，应扣除定额中的酸洗打蜡材料费及人工，其余项目均不包括酸洗打蜡，应另列项目计算。

5）螺旋形、圆弧形楼梯贴块料面层按相应项目的人工乘系数 1.20，块料面层材料乘系数 1.10，其他不变。

（2）工程量计算结果

1）楼地面装饰（表 2-9-1）

楼地面装饰工程量计算表 **表 2-9-1**

部位	地面原土打底夯	工程量(m^2)
卫生间	(3.4－0.12×2)×(3.25－0.12×2)×2<间>	19.023
	碎石干铺垫层	
卫生间	19.023×0.1	1.902
	C20 非泵送预拌混凝土垫层不分格	
卫生间	19.023×0.06	1.141
	楼地面地砖单块 0.4m^2以内干硬性水泥砂浆	
卫生间	(3.4－0.24)×(3.25－0.24)×2	19.023
	1∶3 水泥砂浆找平层(厚 20mm) 混凝土或硬基层上	
卫生间	(3.4－0.12×2)×(3.25－0.12×2)×2<间>	19.023
	C20 现浇混凝土细石混凝土找平层 厚 40mm	19.023
	楼地面地砖单块 0.4m^2以内干硬性水泥砂浆	19.023

2）楼梯整体面层装饰（表 2-9-2）

楼梯整体面层装饰工程量计算表 **表 2-9-2**

部位	1∶3 水泥砂浆找平层（厚 20mm）混凝土或硬基层上	工程量（m^2）
二层	(42－0.12×2)×(19－0.12×2)－3×7.8＋(3－0.12×2)×(7.8－0.12×2)－6.4×9.5＋(3－0.12×2)×(9.5－0.12×2)－(3－0.12×2)×(1.8＋2.8－0.12＋0.25)<楼梯>	732.586
合计		732.586

3）水泥砂浆楼梯面层（表 2-9-3）

水泥砂浆楼梯面层工程量计算表 **表 2-9-3**

部位	水泥砂浆楼梯面层【1：2 水泥砂浆楼梯面层】	工程量（m）
1 号楼梯	（3－0.125×2）×（1.8＋2.8－0.125＋0.25）×3＜层＞	12.994
2 号楼梯	（3－0.125×2）×（1.5＋2.8－0.125＋0.25）×2＜层＞	12.196
合计		25.90

4）水泥砂浆踢脚线（表 2-9-4）

水泥砂浆踢脚线工程量计算表 **表 2-9-4**

部位	水泥砂浆踢脚线	工程量（m）
楼梯间	(9.26＋2.76)×2＋(2.76＋7.56)×2	44.68
车间	(41.76＋18.76)×2	121.04
合计		165.72

（3）套用计价定额（表 2-9-5）

套用计价定额计算表 **表 2-9-5**

序号	定额编号	项目名称	计量单位	工程量	综合单价（元）	合计（元）
1	1-99	地面原土打底夯	$10m^2$	1.902	12.04	22.90
2	13-9	碎石干铺垫层	m^3	1.902	171.45	326.10
3	13-13	C20 非泵送预拌混凝土垫层不分格	m^3	1.141	412.36	470.50
4	13-81	楼地面地砖单块 $0.4m^2$ 以内干硬性水泥砂浆	10	1.902	1007.70	1916.66
5	13-15	1：3 水泥砂浆找平层（厚 20mm）混凝土或硬基层上	$10m^2$	73.26	130.68	9573.62
6	13-18	C20 现浇混凝土细石混凝土找平层厚 40mm	$10m^2$	1.902	206.97	393.66
7	13-27	踢脚线高 150，12 厚 1：3 水泥砂浆粉面找坡，8 厚 1：2.5 水泥砂浆压实抹光	10m	16.57	62.94	1042.92
8	13-24	1：2 水泥砂浆楼梯面层	$10m^2$	2.516	827.94	2083.10
合计						15829.46

2. 墙柱面工程

（1）以一层为例计算墙柱面工程量

第　一　步

计算内墙抹灰：

1）内墙面抹灰长度，以主墙间的图示净长计算，不扣除间壁。

2）内墙面抹灰高度，其高度按实际抹灰高度确定。

3）洞口侧壁和顶面抹灰不增加，垛的侧面抹灰面积应并入内墙面工程量内计算。

第 二 步

计算外墙抹灰：

① 外墙面抹灰面积按外墙面的垂直投影面积计算，应扣除门窗洞口和空圈所占的面积，不扣除0.3m^2以内的孔洞面积。但门窗洞口、空圈的侧壁、顶面及垛等抹灰，应按结构展开面积并入墙面抹灰中计算。外墙面不同品种砂浆抹灰，应分别计算按相应子目执行。

② 外墙窗间墙与窗下墙均抹灰，以展开面积计算。

③ 挑沿、天沟、腰线、扶手、单独门窗套、窗台线、压顶等，均以结构尺寸展开面积计算。窗台线与腰线连接时，并入腰线内计算。

④ 外窗台抹灰长度，如设计图纸无规定时，可按窗洞口宽度两边共加20cm计算。窗台展开宽度一砖墙按36cm计算，每增加半砖宽则累增12cm。单独圈梁抹灰（包括门、窗洞口顶部）、附着在混凝土梁上的混凝土装饰线条抹灰均以展开面积以平方米计算。

⑤ 阳台、雨篷抹灰按水平投影面积计算。定额中已包括顶面、底面、侧面及牛腿的全部抹灰面积。阳台栏杆、栏板、垂直遮阳板抹灰另列项目计算。栏板以单面垂直投影面积乘系数2.1。

⑥ 水平遮阳板顶面、侧面抹灰按其水平投影面积乘系数1.5，板底面积并入天棚抹灰内计算。

⑦ 勾缝按墙面垂直投影面积计算，应扣除墙裙、腰线和挑檐的抹灰面积，不扣除门、窗套、零星抹灰和门、窗洞口等面积，但垛的侧面、门窗洞侧壁和顶面的面积亦不增加。

第 三 步

计算挂、贴块料面层：

① 内、外墙面、柱梁面、零星项目镶贴块料面层均按块料面层的建筑尺寸（各块料面层＋粘贴砂浆厚度＝25mm）面积计算。门窗洞口面积扣除，侧壁、附垛贴面应并入墙面工程量中。内墙面腰线花砖按延长米计算。

② 窗台、腰线、门窗套、天沟、挑檐、盥洗槽、池脚等块料面层镶贴，均以建筑尺寸的展开面积（包括砂浆及块料面层厚度）按零星项目计算。

③ 石材块料面板挂、贴均按面层的建筑尺寸（包括干挂空间、砂浆、板厚度）展开面积计算。

④ 石材圆柱面按石材面外围周长乘以柱高（应扣除柱墩、柱帽高度）以平方米计算。石材柱墩、柱帽按石材圆柱面外围周长乘以高度以平方米计算。圆柱腰线按石材圆柱面外围周长计算。

第 四 步

内墙、柱木装饰及柱包不锈钢镜面：

① 内墙、内墙裙、柱（梁）面

木装饰龙骨、衬板、面层及粘贴切片板按净面积计算，并扣除门、窗洞口及 $0.3m^2$ 以上的孔洞所占的面积，附墙垛及门、窗侧壁并入墙面工程量内计算。单独门、窗套按其他零星工程的相应子目计算。

柱、梁按展开宽度乘以净长计算。

② 不锈钢镜面、各种装饰板面均按展开面积计算，若地面天棚面有柱帽、柱脚时，则高度应从柱脚上表面至柱帽下表面计算。柱帽、柱脚，按面层的展开面积以平方米计算，套柱帽、柱脚子目。

③ 幕墙以框外围面积计算。幕墙与建筑顶端、两端的封边按图示尺寸以平方米计算，自然层的水平隔离与建筑物的连接按延长米计算（连接层包括上、下镀锌钢板在内）。幕墙上下设计有窗者，计算幕墙面积时，窗面积不扣除，但每 $10m^2$ 窗面积另增加人工 5 工日增加的窗料及五金按实际计算（幕墙上铝合金窗不再另外计算）。其中全玻璃幕墙以结构外边按玻璃（带肋）展开面积计算，支座处隐藏部分玻璃合并计算。

第 五 步

套用计价定额：

1）墙、柱的抹灰及镶贴块料面层所取定的砂浆品种、厚度详见计价定额附录七，设计砂浆品种、厚度与定额不同均应调整。砂浆用量按比例调整。

2）单独圈梁抹灰（包括门、窗洞口）顶部按腰线子目执行，附着在混凝土梁上的混凝土线条抹灰按混凝土装饰线条抹灰子目执行。但窗间墙单独抹灰或镶贴块料面层，按相应人工乘 1.15。

3）外墙保温材料品种不同，可根据相应子目进行划算调整。

4）定额按中级抹灰考虑，设计砂浆品种、饰面材料规格如与定额不同时，应按设计调整。

（2）工程量计算结果

墙、柱面装饰与隔断、幕墙工程（表 2-9-6）

墙、柱面装饰与隔断、幕墙工程工程量计算表 **表 2-9-6**

部位	块料墙面【卫生间：5 厚釉面砖（200×300）；6 厚 1：0.1：2.5 水泥石灰砂浆结合层；12 厚水泥砂浆打底】	工程量（$10m^2$）
男厕所	(3.01+3.16)×2×(3.6−0.11)−(1.8×1.2+0.9×2.2+1.5×0.9)<门窗>	37.577
女厕所	(3.01+3.16)×2×(3.6−0.11)−(0.9×2.2+1.5×0.9)<门窗>	39.737
	墙面一般抹灰【内墙粉刷：界面剂一道；15 厚 1：1：6 水泥石灰砂浆打底，10 厚 1：0.3：3 水泥石灰砂浆粉面压实抹光】	

续表

部位	块料墙面【卫生间：5厚釉面砖(200×300)；6厚1：0.1：2.5水泥石灰砂浆结合层；12厚水泥砂浆打底】	工程量($10m^2$)
	一层	
楼梯间	(9.26+2.6)×2×(3.6−0.11)−1.8×2.2<FM1822>	78.823
	(7.56+2.76)×2×(3.6−0.11)−1.8×2.2<FM1822>	68.074
车间	[(41.76+18.76)×2+0.26×19+0.16)]×(3.6−0.11)−(2.4×1.8×15<C2418>+1.8×1.2<C1812>+1.8×1.6×5<C1816>+2×2.8<M2028>+2.4×2.8<M2428>+1.9×2.2<电梯门洞>+1.8×2.2×2<FM1822>+0.9×2.2×2<M0922>)	330.489
	柱、梁面一般抹灰【柱面粉刷：12厚1：3水泥砂浆打底，8厚1：2.5水泥砂浆粉面】	
一层	0.5×4×(3.6−0.11)×3<KZ3>+0.6×4×(3.6−0.11)<KZ5>	29.316
	墙面一般抹灰【外墙粉刷：12厚1：3水泥砂浆打底，6厚1：2.5水泥砂浆粉面压实抹光】	
外墙面	[(42−7.8−3.9+0.12−0.12)<南立面>+(19+0.12×2)<东立面>+(42+0.12×2)<北立面>]×[(3.6+0.3)+3.6×2<层>+(0.8×2+0.24)<女儿墙>]	1187.633
机房外墙面	[(10.8+0.12×2)×2+(9.5+0.12×2)]×[3.6+(0.5×2+0.24)<女儿墙>]	154.009
扣门窗	−(2.4×2.8<M2428>+2×2.8<M2028>+2.4×1.8×49<C2418>+1.8×1.6×15<C1816>+1.8×1.4×4<C1814>+1.8×1.2×3<C1812>+1.5×1.8×3<C1518>)	−291.860
窗侧	0.1×(8<M2428>+7.6<M2028>+8.4×49<C2418>+6.8×15<C1816>+6.4×4<C1814>+6×3<C1812>+6.6×3<C1518>)	59.260

（3）套用计价定额（表2-9-7）

套用计价定额计算表　　　　**表2-9-7**

序号	定额编号	项目名称	计量单位	工程量	综合单价（元）	合计（元）
1	14-80	墙面单块面积$0.06m^2$以内墙砖 砂浆粘贴	$10m^2$	77.314	2621.93	202711.90
2	14-31	混凝土面刷界面剂	$10m^2$	477.386	48.75	23272.57
3	14-40换	混凝土墙内墙抹混合砂浆	$10m^2$	477.386	248.60	118678.16
4	14-21	矩形砖柱面抹水泥砂浆	$10m^2$	29.316	296.62	8695.71
5	14-10换	混凝土墙外墙抹水泥砂浆	$10m^2$	110.904	273.82	30367.73
合计						383726.07

3. 天棚工程任务实施

（1）以一层为例计算天棚工程量

第　一　步

计算天棚面抹灰：

1）天棚面抹灰按主墙间天棚水平面积计算，不扣除间壁墙、垛、柱、附墙烟囱、检查洞、通风洞、管道等所占的面积。

2）密肋梁、井字梁、带梁天棚抹灰面积，按展开面积计算，并入天棚抹灰工程量内。斜天棚抹灰按斜面积计算。

3）楼梯底面、水平遮阳板底面和檐口天棚，并入相应的天棚抹灰工程量内计算。混凝土楼梯、螺旋楼梯的底板为斜板时，按其水平投影面积（包括休息平台）乘系数1.18，底板为锯齿形时（包括预制踏步板），按其水平投影面积乘系数1.5计算。

第　二　步

计算天棚饰面：

1）天棚饰面的面积按净面积计算，不扣除间壁墙、检修孔、附墙烟囱、柱垛和管道所占面积，但应扣除独立柱、0.3m^2以上的灯饰面积（石膏板、夹板天棚面层的灯饰面积不扣除）与天棚相连接的窗帘盒面积。

2）天棚中假梁、折线、叠线等圆弧形、拱形、特殊艺术形式的天棚饰面，均按展开面积计算。

3）铝合金扣板雨篷、钢化夹胶玻璃雨篷均按水平投影面积计算。

第　三　步

套用计价定额：

1）天棚每间以在同一平面上为准，设计有圆弧形、拱形时，按其圆弧形、拱形部分的面积：圆弧形面层人工按其相应定额乘系数1.15计算，拱形面层的人工按相应定额乘系数1.5计算。

2）天棚的骨架基层分为简单型、复杂型两种：

简单型是指每间面层在同一标高的平面上。

复杂型是指每间面层不在同一标高平面上，其高差在100mm以上（含100mm），但必须满足不同标高的少数面积占该间面积的15%以上。

3）天棚吊筋、龙骨与面层应分开计算，按设计套用相应定额。设计小房间（厨房、厕所）内不用吊筋时，不能计算吊筋项目，并扣除相应子目中人工含量0.67工日/10m^2。

4）轻钢、铝合金龙骨是按双层编制的，设计为单层龙骨（大、中龙骨均在同一平面上）在套用定额时，应扣除定额中的小（付）龙骨及配件，人工乘以系数0.87，其他不变，设计小（付）龙骨用中龙骨代替时，其单价应调整。

（2）天棚工程量计算结果

天棚抹灰工程量见表2-9-8。

天棚抹灰工程量计算表 　　**表 2-9-8**

部位	天棚抹灰	工程量（m^2）
厕所天棚	3.01×3.16×2	19.023
楼梯间	(9.26−2.8)×2.76+2.76×(7.56−2.8)+2.8×2.76×1.189×2	49.344
车间天棚	9.26×6.4+18.76×27.56+15.76×7.8	699.218
LL3	2×(0.35−0.11)×(3−0.125×2)×2	2.640
LL4	2×(0.65−0.11)×(42−0.125×2−0.3×5)	43.470
LL5	2×(0.65−0.11)×[42−0.125×2−0.3×5−0.25−(3+3.4+0.125+0.15)]	35.991
LL6	2×(0.65−0.11)×[39−0.125−0.15−0.25−0.3×4−(3.4+0.15+0.125)]	36.288
KL1	2×(0.8−0.11)×(19−0.375×2−0.6−9.5)<2	11.247
KL2	2×(0.8−0.11)×(19−0.375−0.6)<3>+2×(0.8−0.11)×(19−0.375×2−0.5)×2<4、5>	73.865
KL3	2×(0.8−0.11)×(19−0.375×2−0.5−3)<6>	20.355
KL6	2×(0.6−0.11)×(42−0.125−0.3×4−0.5−0.275−7.8)<B>	31.458
KL7	0.3×(0.65−0.11)×(42−3−7.8−0.3−0.5×3−0.375−3−3.4)<C>+2×(0.9−0.11)×(3+7.8−0.125−0.6−0.3−3−3.4)	8.998
合计		1031.897

（3）套用计价定额（表 2-9-9）

套用计价定额计算表 　　**表 2-9-9**

序号	定额编号	项目名称	计量单位	工程量	综合单价（元）	合计（元）
1	15-85	现浇混凝土天棚 水泥砂浆面（刷素水泥浆一道，6 厚 1∶3 水泥砂浆打底；6 厚 1∶2.5 水泥砂浆粉面）	$10m^2$	103.19	205.45	21200.39
合计						21200.39

2.9.3　知识支撑

1. 领会计价定额相关规定

（1）楼地面工程

1）楼地面工程中的各种混凝土、砂浆强度等级、抹灰厚度，设计与定额规定不同时，可以换算。

2）楼地面工程中的整体面层子目中均包括基层与装饰面层。找平层砂浆设计厚度不同，按每增、减 5mm 找平层调整。粘结层砂浆厚度与定额不符时，按设计厚度调整。地面防潮层按相应项目执行。

3）整体面层、块料面层中的楼地面项目，均不包括踢脚线工料；水泥砂浆、水磨石楼梯包括踏步、踢脚板、踢脚线、平台、堵头，不包括楼梯底抹灰（楼梯底抹灰另按天棚工程的相应项目执行)。

4）踢脚线高度是按 150mm 编制的，如设计高度与定额高度不同时，整体面层不调整，块料面层按比例调整，其他不变。

5）水磨石面层定额项目已包括酸洗打蜡工料，设计不做酸洗打蜡，应扣除定额中的酸洗打蜡材料费及人工 0.51 工日/10m^2，其余项目均不包括酸洗打蜡，应另列项目计算。

6）石材块料面板镶贴不分品种、拼花，均执行相应子目。包括镶贴一道墙四周的镶边线（阴、阳角处含 45°角），设计有两条或两条以上镶边者，按相应子目人工乘系数 1.10（工程量按镶边的工程量计算）矩形分色镶贴的小方块仍按定额执行。

7）石材块料面板局部切割成折线图案者称“简单图案镶贴”，切除分色镶贴成弧线形图案者称“复杂图案镶贴”，该两种图案镶贴应分别套用定额。

8）石材块料面板镶贴及切割费用已包括在定额内，但石材磨边未包括在内。设计磨边者，按相应子目执行。

9）对石材块料面板地面或特殊地面要求需成品保护。不论采用何种材料进行保护，均按相应子目执行，但必须是实际发生时才能计算。

10）扶手、栏杆、栏板适用于楼梯、走廊及其他装饰性栏杆、栏板、扶手，栏杆定额项目中包括了弯头的制作、安装。设计栏杆、栏板的材料、规格、用量与定额不同，可以调整。定额中栏杆、栏板与楼梯踏步的连接是按预埋件焊接考虑的，设计用膨胀螺栓连接时，每 10m 另增人工 0.35 工日，M10×100 膨胀螺栓 10 只，铁件 1.25kg，合金钢钻头 0.13 只，电锤 0.13 台班。

11）楼梯、台阶不包括防滑条，设计用防滑条者，按相应定额执行。螺旋形、圆弧形楼梯贴块料面层按相应项目的人工乘系数 1.20，块料面层材料乘系数 1.10，其他不变。现场锯割石材块料面板粘贴在螺旋形、圆弧形楼地面，按实际情况另行处理。

12）斜坡、散水、明沟按《室外工程》苏 J08—2006 编制，均包括挖（填）土、垫层、砌筑、抹面。采用其他图集时，材料含量可以调整，其他不变。

13）通往地下室车道的土方、垫层、混凝土、钢筋混凝土按相应子目执行。

14）楼地面工程中不含铁件，如发生另行计算，按相应子目执行。

（2）墙柱面工程

1）一般规定

① 墙柱面工程按中级抹灰考虑，设计砂浆品种、饰面材料如与定额取定不同时，应按设计调整，但人工数量不变。

② 外墙保温材料品种不同时，可根据相应子目进行换算调整。地下室外墙粘贴保温层板，可参照相应子目，材料可换算，其他不变。柱梁面粘贴复合板保温板可参照墙面执行。

③ 墙柱面工程均不包括抹灰脚手架费用，脚手架费用按相应子目执行。

2）柱墙面装饰

① 墙、柱的抹灰及镶贴块料面层所取定的砂浆品种、厚度详见附录七。与设计砂浆品种、厚度与定额不同均应调整。砂浆用量按比例调整。外墙面砖基层刮糙处理，如基层处理设计采用保温砂浆时，此部分砂浆作相应换算，其他不变。

② 在弧形墙面、梁面抹灰或镶贴块料面层（包括挂贴、干挂石材块料面板）按相应子目人工乘系数 1.18（工程量按其弧形面积计算，块料面层中带有弧边的石材损耗，应按实调整），每 10m 弧形部分，切贴人工增加 0.6 工日，合金钢切割片 0.14 片，石材切割机 0.6 台班。

③ 石材块料面层均包括磨边，设计要求磨边或墙柱面贴石材装饰线条者，按相应子目执行。设计线条重叠数次，套相应“装饰线条”数次。

④ 外墙面窗间墙、窗下墙同时抹灰，按外墙抹灰相应子目执行，单独圈梁抹灰（包括门、窗洞口顶部）按腰线子目执行，附着在混凝土梁上的混凝土线条抹灰按混凝土装饰线条抹灰子目执行。但窗间墙单独抹灰或镶贴块料面层，按相应人工乘系数 1.15。

⑤ 门窗洞口侧边、附墙垛等小面贴块料面层时，门窗洞口边侧边、附墙垛等小面排版规格小于块料原规格并需要裁剪的块料面层项目，可套柱、梁、零星项目。

⑥ 内外墙规格贴面砖的规格与取定规格不符，数量应按下式确定：

实际数量＝[$10m^3$×(1＋相应损耗)]/[(砖长＋灰缝宽)×(砖宽＋灰缝厚)]

⑦ 高在 3.60m 以内的围墙抹灰均按内墙面相应抹灰子目执行。

⑧ 石材块料面板上钻孔成槽由供货商完成的，扣除基价中人工的 10%和其他机械费。斩假石已包括底、面抹灰。

⑨ 混凝土墙、柱、梁面的抹灰底层已包括刷一道素水泥浆在内，设计刷两道，每增加一道按相应子目执行。设计采用专用胶粘剂时，可套用相应粉型胶粘剂粘贴子目，换算干粉型胶粘剂材料为相应专用胶粘剂。设计采用聚合物砂浆粉刷的，可套用相应子目，材料换算、其他不变。

⑩ 外墙内表面的抹灰按内墙面抹灰子目执行；砌块墙面的抹灰按混凝土墙面相应抹灰子目执行。

⑪ 干挂石材及大规格面砖所用的干挂胶（AB 胶）每组的用量组成为：A 组 1.33kg，B 组 0.67kg。

3）内墙、柱面木装饰及柱面包钢板

① 设计木墙裙的龙骨与定额间距、规格不同时，应按比例换算木龙骨含量。定额仅编制了一般项目中常用的骨架与面层，骨架、衬板、基层、面层应分开计算。

② 木饰面子目的木基层均未含防火材料，设计要求刷防火涂料，按相应子目执行。

③ 装饰面层中均包括墙裙压顶线、压条、踢脚线、门洞贴脸等装饰线，设计有要求时，应按相应子目执行。

④ 幕墙材料品种、含量，设计要求与定额不同时应调整，但人工、机械不变。所有干挂石材、面砖、玻璃幕墙、金属板幕墙子目中不含钢骨架、预埋（后置）铁件的制作安装费，另按相应子目执行。

⑤ 不锈钢、铝单板等装饰板块折边加工费及成品铝单板折边面积应计入材料单价中，不另计算。

⑥ 网塑夹芯板之间设置加固钢立柱、横梁应根据设计要求按相应子目执行。

⑦ 定额未包括玻璃、石材的车边、磨边费用。石材车边、磨边按相应子目执行；玻璃车边费用按市场加工费另计算。

⑧ 成品装饰面板现场安装，需做龙骨、基层板时，套用墙面相应子目。

（3）天棚工程

1）天棚定额中的木龙骨、金属龙骨是按面层龙骨的方格尺寸取定的。设计与定额不符，应按设计的长度用量加下列损耗调整定额中的含量：木龙骨 6%；轻型龙骨 6%；铝合金龙骨 7%。

2）天棚的骨架基层分为简单型、复杂型两种：

简单型是指每间面层在同一标高的平面上。复杂型是指每间面层不在同一标高平面上，其高差在 100mm 以上（含 100mm），但必须满足不同标高的少数面积占该间面积的 15%以上。

3）天棚吊筋、龙骨与面层应分开计算，按设计套用相应定额。设计小房间（厨房、厕所）内不用吊筋时，不能计算吊筋项目，并扣除相应子目中人工含量 0.67 工日/10m^2。

4）轻钢、铝合金龙骨是按双层编制的，设计为单层龙骨（大、中龙骨均在同一平面上）在套用定额时，应扣除定额中的小（副）龙骨及配件，人工乘以系数 0.87，其他不变，设计小（副）龙骨用中龙骨代替时，其单价应调整。

5）胶合板面层在现场钻吸音孔时，按钻孔板部分的面积，每 10m^2增加人工 0.64 工日计算。

6）木质骨架及面层的上表面，未包括刷防火漆，设计要求刷防火漆时，应按相应定额子目计算。

7）上人型天棚吊顶检修道分为固定、活动两种，应按设计分别套用定额。

8）天棚面层中回光槽按相应定额执行。

9）天棚面的抹灰按中级抹灰考虑，所取定的砂浆品种、厚度详见计价表附录七。设计砂浆品种（纸筋石灰黄除外）厚度与定额不同均应按比例调整，但人工数量不变。

2. 掌握工程量计算规则

（1）楼地面工程

1）地面垫层按室内主墙间净面积乘以设计厚度以立方米计算，应扣除凸出地面的构筑物、设备基础、室内铁道、地沟等所占体积，不扣除柱、垛、间壁墙、附墙烟囱及面积在 0.3m^2以内孔洞所占体积，但门洞、空圈、暖气包槽、壁龛的开口部分亦不增加。

2）整体面层、找平层均按主墙间净空面积以平方米计算，应扣除凸出地面的建筑物、设备基础、地沟等所占面积，不扣除柱、垛、间壁墙、附墙烟囱及面积在 0.3m^2以内的孔洞所占面积，但门洞、空圈、暖气包槽、壁龛的开口部分亦不增加。看台台阶、阶梯教室地面整体面层按展开后的净面积计算。

3）地板及块料面层，按图示尺寸实铺面积以平方米计算，应扣除凸出地面的构筑物、设备基础、柱、间壁墙等不做面层的部分，0.3m^2以内的孔洞面积不扣除。门洞、空圈、暖气包槽、壁龛的开口部分的工程量并入相应的面层内计算。

4）楼梯整体面层按楼梯的水平投影面积以平方米计算，包括踏步、踢脚板、中间休息平台、踢脚线、梯板侧面及堵头。楼梯井宽在 200mm 以内者不扣除，超过 200mm 者，应扣除其面积，楼梯间与走廊连接的，应算至楼梯梁的外侧。

5）楼梯块料面层，按展开实铺面积以平方米计算，踏步板、踢脚板、休息平台、踢脚线、堵头工程量应合并计算。

6）台阶（包括踏步及最上一步踏步口外延 300mm）整体面层按水平投影面积以平方

米计算；块料面层，按展开（包括两侧）实铺面积以平方米计算。

7）水泥砂浆、水磨石踢脚线按延长米计算。其洞口、门口长度不予扣除，但洞口、门口、垛、附墙烟囱等侧壁也不增加；块料面层踢脚线，按图示尺寸以实贴延长米计算，门洞扣除，侧壁另加。

8）多色简单、复杂图案镶贴石材块料面板，按镶贴图案的矩形面积计算。成品拼花石材铺贴按设计图案的面积计算，计算简单、复杂图案之外的面积，扣除简单复杂图案面积时，也按矩形面积扣除。

9）楼地面铺设木地板、地毯以实铺面积计算。楼梯地毯压辊安装以套计算。

10）其他

① 栏杆、扶手、扶手下托板均按扶手的延长米计算，楼梯踏步部分的栏杆与扶手应按水平投影长度乘系数 1.18。

② 斜坡、散水、搓牙均按水平投影面积以平方米计算，明沟与散水连在一起，明沟按宽 300mm 计算，其余为散水，散水、明沟应分开计算。散水、明沟应扣除踏步、斜坡、花台等的长度。

③ 明沟按图示尺寸以延长米计算。

④ 地面、石材面嵌金属和楼梯防滑条均按延长米计算。

（2）墙柱面工程

1）内墙面抹灰

① 内墙面抹灰面积应扣除门窗洞口和空圈所占的面积，不扣除踢脚线、挂镜线及 $0.3m^2$ 以内的孔洞和墙与构件交接处的面积；但其洞口侧壁和顶面抹灰亦不增加。垛的侧面抹灰面积应并入内墙面工程量内计算。内墙面抹灰长度，以主墙间的图示净长计算，不扣除间壁所占的面积。其高度按实际抹灰高度确定。

② 石灰砂浆、混合砂浆粉刷中已包括水泥护角线，不另行计算。

③ 柱和单梁的抹灰按结构展开面积计算，柱与梁或梁与梁接头的面积不予扣除。砖墙中平墙面的混凝土柱、梁等的抹灰（包括侧壁）应并入墙面抹灰工程量内计算。凸出墙面的混凝土柱、梁面（包括侧壁）抹灰工程量应单独计算，按相应子目执行。

④ 厕所、浴室隔断抹灰工程量，按单面垂直投影面积乘系数 2.3 计算。

2）外墙抹灰

① 外墙面抹灰面积按外墙面的垂直投影面积计算，应扣除门窗洞口和空圈所占的面积，不扣除 $0.3m^2$ 以内的孔洞面积。但门窗洞口、空圈的侧壁、顶面及垛等抹灰，应按结构展开面积并入墙面抹灰中计算。外墙面不同品种砂浆抹灰，应分别计算按相应子目执行。

② 外墙窗间墙与窗下墙均抹灰，以展开面积计算。

③ 挑沿、天沟、腰线、扶手、单独门窗套、窗台线、压顶等，均以结构尺寸展开面积计算。窗台线与腰线连接时，并入腰线内计算。

④ 外窗台抹灰长度，如设计图纸无规定时，可按窗洞口宽度两边共加 20cm 计算。窗台展开宽度一砖墙按 36cm 计算，每增加半砖宽则累增 12cm。单独圈梁抹灰（包括门、窗洞口顶部）、附着在混凝土梁上的混凝土装饰线条抹灰均以展开面积以平方米计算。

⑤ 阳台、雨篷抹灰按水平投影面积计算。定额中已包括顶面、底面、侧面及牛腿的

全部抹灰面积。阳台栏杆、栏板、垂直遮阳板抹灰另列项目计算。栏板以单面垂直投影面积乘系数 2.1。

⑥ 水平遮阳板顶面、侧面抹灰按其水平投影面积乘系数 1.5，板底面积并入天棚抹灰内计算。

⑦ 勾缝按墙面垂直投影面积计算，应扣除墙裙、腰线和挑檐的抹灰面积，不扣除门、窗套、零星抹灰和门、窗洞口等面积，但垛的侧面、门窗洞侧壁和顶面的面积亦不增加。

3）挂、贴块料面层

① 内、外墙面、柱梁面、零星项目镶贴块料面层均按块料面层的建筑尺寸（各块料面层＋粘贴砂浆厚度＝25mm）面积计算。门窗洞口面积扣除，侧壁、附垛贴面应并入墙面工程量中。内墙面腰线花砖按延长米计算。

② 窗台、腰线、门窗套、天沟、挑檐、盥洗槽、池脚等块料面层镶贴，均以建筑尺寸的展开面积（包括砂浆及块料面层厚度）按零星项目计算。

③ 石材块料面板挂、贴均按面层的建筑尺寸（包括干挂空间、砂浆、板厚度）展开面积计算。

④ 石材圆柱面按石材面外围周长乘以柱高（应扣除柱墩、帽高度）以平方米计算。石材柱墩、柱帽按石材圆柱面外围周长乘以高度以平方米计算。圆柱腰线按石材圆柱面外围周长计算。

4）内墙、柱木装饰及柱包不锈钢镜面

① 内墙、内墙裙、柱（梁）面

木装饰龙骨、衬板、面层及粘贴切片板按净面积计算，并扣除门、窗洞口及 0.3m^2 以上的孔洞所占的面积，附墙垛及门、窗侧壁并入墙面工程量内计算。单独门、窗套按其他零星工程的相应子目计算。

柱、梁按展开宽度乘以净长计算。

② 不锈钢镜面、各种装饰板面均按展开面积计算，若地面天棚面有柱帽、柱脚时，则高度应从柱脚上表面至柱帽下表面计算。柱帽、柱脚，按面层的展开面积以平方米计算，套柱帽、柱脚子目。

③ 幕墙以框外围面积计算。幕墙与建筑顶端、两端的封边按图示尺寸以平方米计算，自然层的水平隔离与建筑物的连接按延长米计算（连接层包括上、下镀锌钢板在内）。幕墙上下设计有窗者，计算幕墙面积时，窗面积不扣除，但每 10m^2 窗面积另增加人工 5 工日。

增加的窗料及五金按实际计算（幕墙上铝合金窗不再另外计算）。其中全玻璃幕墙以结构外边按玻璃（带肋）展开面积计算，支座处隐藏部分玻璃合并计算。

（3）天棚工程

1）天棚饰面的面积按净面积计算，不扣除间壁墙、检修孔、附墙烟囱、柱垛和管道所占面积，但应扣除独立柱、0.3m^2 以上的灯饰面积（石膏板、夹板天棚面层的灯饰面积不扣除）与天棚相连接的窗帘盒面积，整体金属中间开孔的灯饰面积不扣除。

2）天棚中假梁、折线、叠线等圆弧形、拱形、特殊艺术形式的天棚饰面，均按展开面积计算。

3）天棚龙骨的面积按主墙间的水平投影面积计算，天棚龙骨的吊筋按每 10m^2 龙骨面积套相应子目计算，全丝杆的天棚吊筋按主墙间的水平投影面积计算。

4）天棚中的假梁、折线、叠线等圆弧形、拱形、特殊艺术形式的天棚饰面，均按展开面积计算。

5）圆弧形、拱形的天棚龙骨应按其弧形或拱形部分的水平投影面积计算套用复杂型子目，龙骨用量按设计进行调整，人工和机械按复杂型天棚子目乘以系数1.8。

6）天棚每间以在同一平面上为准，设计有圆弧形、拱形时，按其圆弧形、拱形部分的面积：圆弧形面层人工按其相应定额乘系数1.15计算，拱形面层的人工按相应定额乘系数1.5计算。

7）铝合金扣板雨篷均按水平投影面积计算。

8）天棚面抹灰

① 天棚面抹灰按主墙间天棚水平面积计算，不扣除间壁墙、垛、柱、附墙烟囱、检查洞、通风洞、管道等所占的面积。

② 密肋梁、井字梁、带梁天棚抹灰面积，按展开面积计算，并入天棚抹灰工程量内。斜天棚抹灰按斜面积计算。

③ 天棚抹面如抹小圆角者，人工已包括在定额中，材料、机械按附注增加。如带装饰线者，其线分别按三道线以内或五道线以内，以延长米计算（线角的道数以每一个突出的阳角为一道线）。

④ 楼梯底面、水平遮阳板底面和檐口天棚，并入相应的天棚抹灰工程量内计算。混凝土楼梯、螺旋楼梯的底板为斜板时，按其水平投影面积（包括休息平台）乘系数1.18计算，底板为锯齿形时（包括预制踏步板），按其水平投影面积乘系数1.5计算。

3. 领会典型案例的计算思路

【例2-9-1】 某建筑平面如图2-9-1所示，墙厚（垛宽）240mm，室内铺设500mm×500mm，水泥砂浆铺中国红大理石，做150mm踢脚线，外墙上的门均与墙内侧齐平。请根据2014《江苏省建筑与装饰工程计价定额》有关规定，计算大理石地面、大理石踢脚线的工程量并计价。

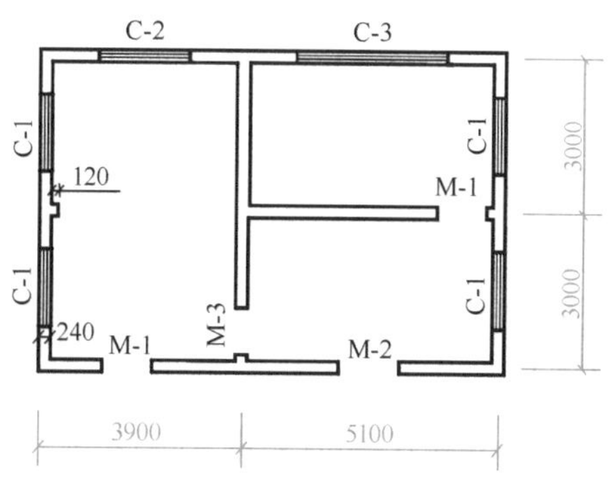

门窗表	
M-1	1000mm×2000mm
M-2	1200mm×2000mm
M-3	900mm×2400mm
C-1	1500mm×1500mm
C-2	1800mm×1500mm
C-3	3000mm×1500mm

图2-9-1　某建筑平面图及门窗表

【解】（1）计算工程量：

1）大理石地面工程量：

(3.9－0.24)×(3＋3－0.24)＋(5.1－0.24)×(3－0.24)×2＋(1.0＋0.9)×0.24－

0.12×0.24＝48.34m^2

2）大理石踢脚线工程量：

(3.9－0.24＋3×2－0.24)×2＋(5.1－0.24＋3－0.24)×2×2－(0.9＋1)×2 －(1.2＋1)＋0.24×4＋0.12×2 ＝ 44.52m

（2）套用计价定额（表 2-9-10）

套用计价定额计算表 **表 2-9-10**

序号	定额编号	项目名称	计量单位	工程量	综合单价（元）	合计（元）
1	13-47	水泥砂浆大理石楼地面	10m^2	4.83	3096.69	14957.01
2	13-50	大理石踢脚线	10m	4.45	477.53	2125.01
合计						17082.02

【例 2-9-2】某学院办公楼入口台阶如图 2-9-2 所示，水泥砂浆花岗石贴面，计算其台阶面层工程量并计价。

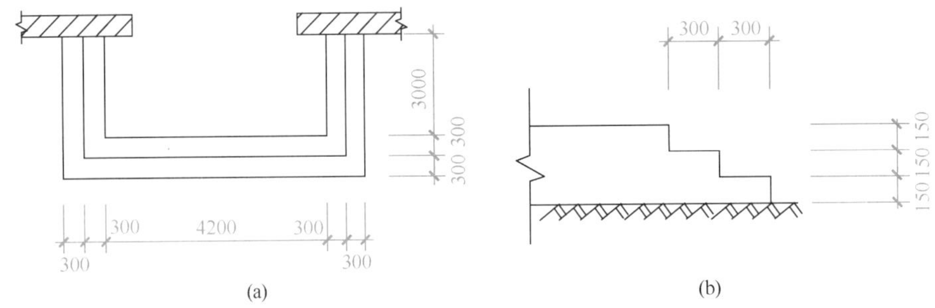

图 2-9-2

【解】（1）计算工程量

踏面：(4.2＋0.3×4)×(3.0＋0.3×2)－(4.2－0.3×2)×(3.0－0.3)＝9.72m^2

踢面：(4.2×3＋3.0×3×2＋0.3×6×2) ×0.15 ＝ 5.13m^2

小计：9.72＋5.13＝14.85m^2

（2）套用计价定额（表 2-9-11）

套用定额计价计算表 **表 2-9-11**

序号	定额编号	项目名称	计量单位	工程量	综合单价（元）	合计（元）
1	13-62	水泥砂浆花岗石地面、台阶	10m^2	1.49	3503.30	5219.92
合计						5219.92

【例 2-9-3】某建筑物内一楼梯如图 2-9-3 所示，同走廊连接，采用直线双跑形式，墙厚 240mm，梯井 300mm 宽，楼梯面层为水泥砂浆。请根据 2014《江苏省建筑与装饰工程计价定额》有关规定，计算楼梯面层的工程量并计价。

【解】（1）计算工程量

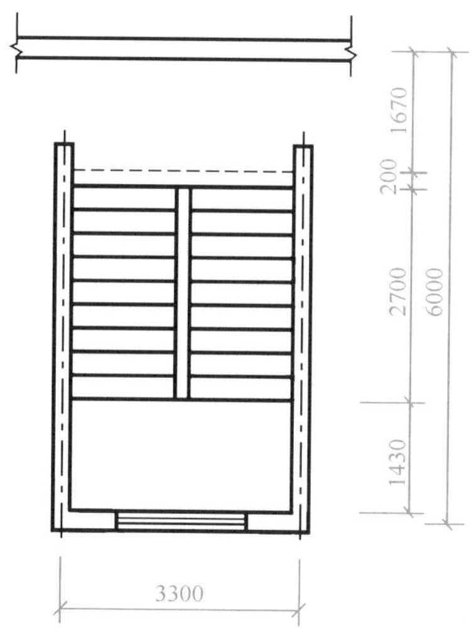

图 2-9-3 某建筑物内一楼梯示意图

(3.3－0.24－0.3)×(0.20＋2.7＋1.43) ＝2.76×4.33 ＝11.95m²

(2) 套用计价定额（表 2-9-12）

套用计价定额计算表 **表 2-9-12**

序号	定额编号	项目名称	计量单位	工程量	综合单价（元）	合计（元）
1	13-24	水泥砂浆楼梯面	10m²	1.2	827.94	993.53
合计						993.53

【例 2-9-4】某建筑平面图、北立面图如图 2-9-4 所示，内墙面为 1∶2 水泥砂浆，砖外墙面为普通水泥白石子水刷石，门窗尺寸分别见例 2-9-1 的门窗表。试计算外墙面抹灰工程量并计价。

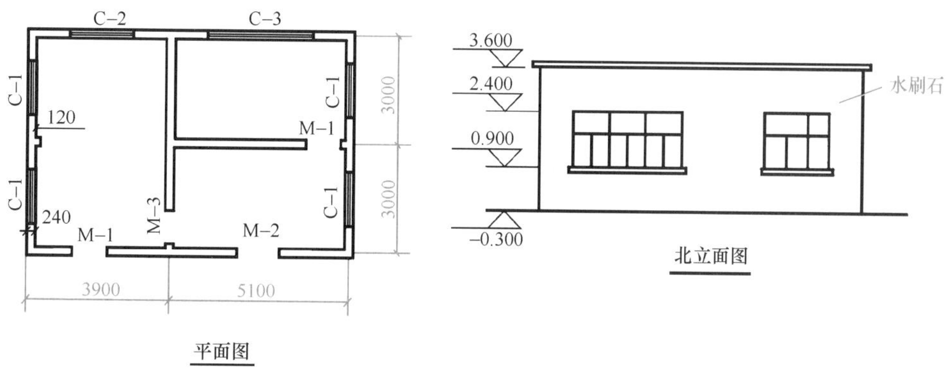

图 2-9-4 某建筑平面图、北立面图

【解】(1) 计算工程量

外墙抹灰工程量＝墙面工程量－门洞口工程量

(3.9＋5.1＋0.24＋3×2＋0.24)×2×(3.6＋0.3)－(1.5×1.5×4＋1.8×1.5＋3×

1.5+1.0×2+1.2×2)

=15.48×2×3.9−(9+2.7+4.5+2.0+2.4)

=100.14m²

(2) 套用计价定额（表 2-9-13）

套用计价定额计算表　　表 2-9-13

序号	定额编号	项目名称	计量单位	工程量	综合单价（元）	合计（元）
1	14-61	水刷石墙面、墙裙	10m²	10.01	488.41	4888.98
合计						4888.98

【例 2-9-5】 某建筑平面图如图 2-9-5 所示，砖墙厚 240mm，室内净高 3.9m，门 1500mm×2700mm，内墙中级抹灰。试计算南立面内墙抹灰工程量并计价。

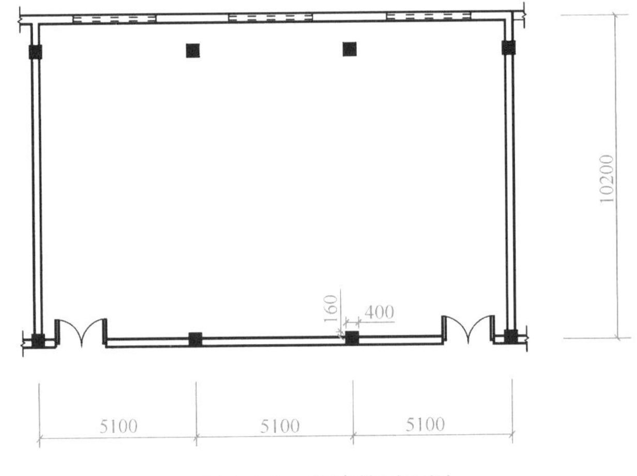

图 2-9-5　某建筑平面图

【解】(1) 计算工程量

南立面内墙面抹灰工程量=墙面工程量+柱侧面工程量−门洞口工程量

内墙面净长=5.1×3−0.24=15.06m

柱侧面工程量=0.16×3.9×6=3.744m²

门洞口工程量=1.5×2.7×2=8.1m²

墙面抹灰工程量=15.06×3.9+3.744−8.1=54.38m²

(2) 套用计价定额（表 2-9-14）

套用计价定额计算表　　表 2-9-14

序号	定额编号	项目名称	计量单位	工程量	综合单价（元）	合计（元）
1	14-9	砖墙内墙抹水泥砂浆	10m²	5.44	226.13	1230.15
合计						1230.15

【例 2-9-6】 预制钢筋混凝土板底不上人型装配式 U 型轻钢龙骨，间距 400mm×

400mm，龙骨上铺钉中密度板，面层粘贴 6mm 厚铝塑板，尺寸如图 2-9-6 所示，计算天棚工程量并计价。

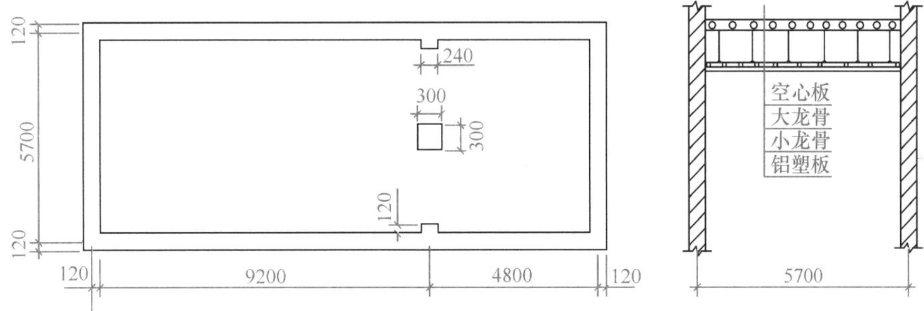

图 2-9-6　某建筑轻钢龙骨示意图

【解】(1) 计算工程量

1) 轻钢龙骨工程量

$(14-0.24)\times(5.7-0.24)=75.13\text{m}^2$

2) 基层板工程量

$(14-0.24)\times(5.7-0.24)-0.30\times0.30=75.04\text{m}^2$

3) 铝塑板面层工程量

$(14-0.24)\times(5.7-0.24)-0.30\times0.30=75.04\text{m}^2$

(2) 套用计价定额（表 2-9-15）

套用计价定额计算表　　　　**表 2-9-15**

序号	定额编号	项目名称	计量单位	工程量	综合单价（元）	合计（元）
1	15-5	装配式 U 型（不上人型）轻钢龙骨	10m^2	7.51	657.15	4935.20
2	15-42	胶合板基层	10m^2	7.50	248.66	1864.95
3	15-54	铝塑板天棚面层	10m^2	7.50	1123.81	8428.58
合计						15228.73

任务 2.10　建筑物超高增加费用计算

1. 理解《江苏省建筑与装饰工程计价定额》建筑物超高增加费工程说明；
2. 掌握建筑物超高增加费工程量计算规则及定额应用。

1. 能够根据建筑物超高增加费工程计算规则和说明计算实际工程的建筑物超高增加费工程量；

2. 能够较快地完成二级造价工程师考试的相关试题。

1. 养成自主学习、观察与探索的良好习惯；
2. 善于规划学习与生活，养成自律与有序的学习和工作习惯；
3. 培养严谨的工作作风，相信和尊重科学；
4. 养成发现问题、提出问题和及时解决问题的良好学习、工作习惯。

1. 向学生传递学无止境，勇攀高峰的科学精神。
2. 建筑的发展凝聚了无数劳动人民的智慧，鼓励学生爱岗敬业，投身祖国的建筑事业。

2.10.1 领会计价定额相关规定

1. 建筑物超高增加费

（1）建筑物设计室外地面至檐口的高度（不包括女儿墙、屋顶水箱、凸出屋面的电梯间、楼梯间等的高度）超过 20m 或建筑物超过 6 层时，应计算超高费。

（2）超高费内容包括：人工降效、除垂直运输机械外的机械降效费用、高压水泵摊销、上下联络通信等所需费用。超高费包干使用，不论实际发生多少，均按 2014 计价定额执行，不调整。

建筑物超高增加费

（3）超高费按下列规定计算：

1）建筑物檐高超过 20m 或建筑物超过 6 层部分的按其超过部分的建筑面积计算。

2）建筑物檐高超过 20m，但其最高一层或其中一层楼面未超过 20m 且在 6 层以内时，则该楼层在 20m 以上部分的超高费，每超过 1m（不足 0.1m 按 0.1m 计算）按相应定额的 20%计算。

3）建筑物 20m 或 6 层以上楼层，如层高超过 3.6m 时，层高每增高 1m（不足 0.1m 按 0.1m 计算）按相应子目的 20%计取。

4）同一建筑物中有 2 个或 2 个以上的不同檐口高度时，应分别按不同高度竖向剖面的建筑面积套用定额。

5）单层建筑物（无楼隔层者）高度超过 20m，其超过部分除构件安装按 2014 计价定额第八章的规定执行外，另再按本章相应项目计算每增高 1m 的层高超高费。

2. 单独装饰工程超高人工降效

（1）“高度”和“层数”，只要其中一个指标达到规定，即可套用该项目。

（2）当同一个楼层中的楼面和天棚不在同一计算段内，按天棚标高段为准计算。

2.10.2 掌握工程量计算规则

（1）建筑物超高费以超过 20m 或 6 层部分的建筑面积计算。

（2）单独装饰工程超高人工降效，以超过 20m 或 6 层部分的工日分段计算。

2.10.3 领会典型案例的计算思路

【例 2-10-1】某商住楼，主楼为 21 层，每层建筑面积为 1200m^2，附楼为 6 层，每层建筑面积为 1700m²，主楼与附楼底层层高均为 5m，其余各层层高均为 3m，室外地坪标高为−0.450m，主楼檐高为 65.45m，附楼檐高为 20.45m，计算该楼的超高费。

【解】（1）列项

1）建筑物高度在 20～70m 以内的超高费：$19\text{-}5_{换1}$；

2）檐高超过 20m 但该层楼面未超过 20m 的超高费：$19\text{-}5_{换2}$；

3）檐高超过 20m 但该层楼面未超过 20m 的超高费：$19\text{-}1_{换}$。

（2）计算工程量

1）楼面超过 20m 部分建筑面积：1200×15＝18000m²

2）檐高超过 20m，但该楼面未超过 20m 的面积：

檐高 65.45m 但该楼面未超过 20m 的面积：1200m²

檐高 20.45m 但该楼面未超过 20m 的面积：1700m²

3）层高超过 3.6m，但不超过 20m，故不计超高费。

（3）套用计价定额（表 2-10-1）

套用计价定额计算表　　　　**表 2-10-1**

序号	定额编号	项目名称	计量单位	工程量	综合单价（元）	合价（元）
1	$19\text{-}5_{换1}$	建筑物高度在 20～70m 以内的超高费	m²	18000	80.62	1451160
2	$19\text{-}5_{换2}$	檐高超过 20m 但该层楼面未超过 20m 的超高费，建筑物高度在20～70m	m²	1200	7.26	8712
3	$19\text{-}1_{换}$	檐高超过 20m 但该层楼面未超过 20m 的超高费，建筑物高度在20～30m	m²	1700	2.75	4675
合　计						1464547

注：$19\text{-}5_{换1}$＝77.66＋(42.64＋6.67)×(31%－25%)＝80.62 元/m²(本工程根据条件判断为一类工程)。
$19\text{-}5_{换2}$＝80.62×20%×0.45＝7.26 元/m²。
$19\text{-}1_{换}$＝[29.30＋(18.86＋2.52)×(31%－25%)]×20%×0.45＝2.75 元/m²。

任务 2.11　脚手架工程费计算

1. 理解 2014《江苏省建筑与装饰工程计价定额》中脚手架工程定额说明；
2. 掌握脚手架工程工程量计算规则及定额应用。

1. 能熟练使用计价定额有关脚手架工程的相关内容（定额说明及定额附注、工程量计算规则），熟练编制脚手架的工程费（即脚手架工程措施项目工程费）；
2. 能够较好地完成二级造价工程师考试试题。

1. 养成自主学习、观察与探索的良好习惯；

2. 善于规划学习与生活，养成自律与有序的学习和工作习惯；

3. 注重严谨的工作作风，相信和尊重科学；

4. 养成发现问题、提出问题和及时解决问题的良好学习、工作习惯。

1. 脚手架搭设关乎生命安全，向学生传授安全意识；

2. 培养学生具备安全生产职业精神；

3. 培养学生以人为本的人文情怀。

2.11.1 脚手架工程任务分析

项目背景：某服饰车间，详见学习工作页附图 1。计算脚手架工程费。

（1）准备工作：熟悉并认真研究施工图；领会相关规定和计算规则。

（2）脚手架工程：某服饰车间为多层工业厂房，不适宜以综合脚手架的形式表现，因此采用单项脚手架。

（3）根据单项脚手架用途划分：砌筑脚手架（内、外墙）、抹灰脚手架（内容包括墙面和天棚抹灰）。

（4）砌外墙脚手架：包括一面抹灰脚手架在内，另一面墙可计算抹灰脚手架。

（5）砌内墙脚手架：按内墙净长乘以内墙净高计算，不扣除门、窗洞口等，故计算时可以利用分部分项工程费中砌筑工程部分进行计算，砌内墙脚手架工程量＝（砖内墙体积＋门窗体积＋二次构件体积）/墙体的厚度。

（6）抹灰脚手架：车间为三层，层高均在 3.6m 内，不可利用满堂脚手架，抹灰脚手架工程量＝墙面抹灰工程量＋天棚抹灰工程量。

（7）综合单价确定

1）砌外墙脚手架：车间檐高为 10.8＋0.3＝11.10m，应选用砌筑脚手架（外架子、双排、檐高 12m 内）定额子目。

2）砌内墙脚手架：内墙层高均在 3.6m 内，应选用砌筑脚手架（里架子、高 3.6m 内）定额子目。

3）抹灰脚手架：车间的墙面和天棚高度在 3.6m 内，只能套用 3.6m 以内的抹灰脚手架。

2.11.2 脚手架工程任务实施

1. 某服饰车间脚手架工程量计算表（表 2-11-1）

某服饰车间脚手架工程量计算表　　表 2-11-1

序号	部位	计算式	计算结果	小计
		脚手架		
1	20-11	砌墙脚手架　外架子　双排　高 12m 以内	$10m^2$	122.28
	南立面	(42−7.8−3.9+0.12−0.12×0.3+3.6×3+0.8)	360.57	360.57
	东立面	(19+0.12×2×0.3+3.6×3+0.8)	228.956	228.956
	北立面	(42+0.12×2×0.3+3.6×3+0.8)+ (10.8−0.12+0.12×3.7+0.5)	548.016	548.016
	机房	[(10.8−0.12+0.12)+(9.5−0.12+0.12)×3.7+0.5]	85.26	85.26

续表

序号	部位	计算式	计算结果	小计
		[计算工程量]1222.802(m²)		
2	20-9	砌墙脚手架　里架子　高3.60m以内	10m²	67.011
		一层		212.129
	<1>	(3.6−0.5)×19	58.9	58.9
	<2>~<3>	(3.6−0.35×9.5−0.12)	30.485	30.485
	<C>~<D>	(3.6−0.65×3.4−0.12×2)	9.322	9.322
	<C>~<D>	(3.6−0.65×3.4−0.12×2)	9.322	9.322
	<2>	(3.6−0.8×9.5−0.375−0.3)	24.71	24.71
	<6>	(3.6−0.8×3−0.12−0.125)	7.714	7.714
	<A>	(3.6−0.65×7.8+3.9)	34.515	34.515
	<B>	(3.6−0.6×7.8−0.25−0.275)	21.825	21.825
	<C>	(3.6−0.9×3+3.4−0.12−0.6)	15.336	15.336
		二层		200.774
	<1>	(3.6−0.5)×19	58.9	58.9
	<2>~<3>	(3.6−0.35×9.5−0.12)	30.485	30.485
	<C>~<D>	(3.6−0.65×3.4−0.12×2)	9.322	9.322
	<C>~<D>	(3.6−0.65×3.4−0.12×2)	9.322	9.322
	<2>	(3.6−0.8×9.5−0.3−0.375)	24.71	24.71
	<6>	(3.6−0.8×3−0.12−0.125)<6>	7.714	7.714
	<A>	(3.6−0.65)×7.8	23.01	23.01
	<B>	(3.6−0.6×7.8−0.2−0.275)	21.975	21.975
	<C>	(3.6−0.9×3+3.4−0.12−0.6)	15.336	15.336
		三层		202.903
	<1>	(3.6−0.5)×19	58.9	58.9
	<2>~<3>	(3.6−0.35×3−0.12)	9.36	31.626
		(3.6−0.11×9.5−3−0.12)	22.266	
	<C>~<D>	(3.6−0.65×3.4−0.12×2)×2	18.644	18.644
	<2>	(3.6−0.8×9.5−0.25−0.375)	24.85	24.85
	<6>	(3.6−0.8×3−0.125−0.12)	7.714	7.714
	<A>	(3.6−0.65)×7.8	23.01	23.01
	<B>	(3.6−0.6×7.8−0.2−0.275)	21.975	21.975
	<C>	(3.6−0.8×3+3.4−0.12−0.5)	16.184	16.184
		机房		54.3
	<1>	(3.6−0.5)×9.5	29.45	29.45
	<2>	(3.6−0.8×9.5−0.25−0.375)	24.85	24.85
		[计算工程量]670.106(m²)		

续表

序号	部位	计算式	计算结果	小计
3	20-23	抹灰脚手架　高 3.60m 内	10m²	487.75
		天棚		2389.55
		一层		764.664
	厕所	3.01×3.16×2	19.023	19.023
	楼梯间	9.26×2.76+2.76×7.56	46.423	46.423
	车间	9.26×6.4+18.76×27.56+15.76×7.8	699.218	699.218
		二层		764.664
	厕所	3.01×3.16×2	19.023	19.023
	楼梯间	9.26×2.76+2.76×7.56	46.423	46.423
	车间	9.26×6.4+18.76×27.56+15.76×7.8	699.218	699.218
		三层		764.664
	厕所	3.01×3.16×2	19.023	19.023
	楼梯间	9.26×2.76+2.76×7.56	46.423	46.423
	车间	9.26×6.4+18.76×27.56+15.76×7.8	699.218	699.218
		机房		95.563
		9.26×2.76+9.26×7.56	95.563	
		墙面		2487.92
		(块料墙面)		
		一层		86.133
	男厕	(3.01+3.16)×2×(3.6−0.11)	43.067	43.067
	女厕	(3.01+3.16)×2×(3.6−0.11)	43.067	43.067
		二层		86.133
	同一层	86.133	86.133	86.133
		三层		86.133
	同一层	86.133	86.133	86.133
		(抹灰墙面)		
		一层		595.045
	楼梯间	(9.26+2.6)×2×(3.6−0.11)	82.783	154.816
		(7.56+2.76)×2×(3.6−0.11)	72.034	
	车间	[(41.76+18.76)×2+0.26×19+0.16×3.6−0.11]	440.229	440.229
		二层		595.045
	楼梯间	(9.26+2.6)×2×(3.6−0.11)	82.783	154.816
		(7.56+2.76)×2×(3.6−0.11)	72.034	
	车间	[(41.76+18.76)×2+0.26×19+0.16×3.6−0.11]	440.229	440.229
		三层		595.045
	同二层	595.045	595.045	595.045

续表

序号	部位	计算式	计算结果	小计
		机房		207.071
		(9.26+2.76)×2×(3.7−0.11)	86.304	
		(9.26+7.56)×2×(3.7−0.11)	120.768	
		独立柱		
		一层		79.572
		(0.5×4+3.6×3.6−0.11)×3<KZ3>+(0.6×4+3.6×3.6−0.11)<KZ5>	79.572	
		二层		79.572
		(0.5×4+3.6×3.6−0.11)×3<KZ3>+(0.6×4+3.6×3.6−0.11)<KZ5>	79.572	
		三层		78.176
		(0.5×4+3.6×3.6−0.11)×3<KZ3>+(0.5×4+3.6×3.6−0.11)<KZ5>	78.176	
		[计算工程量]4877.47(m^2)		

2. 脚手架工程费计算（表 2-11-2）

脚手架工程费计算表　　表 2-11-2

序号	计价定额编号	项目名称	计量单位	工程量	综合单价（元）	合价（元）
1	20-11	砌墙脚手架　外架子　双排　高 12m 以内	$10m^2$	122.28	185.31	22659.71
2	20-9	砌墙脚手架　里架子　高 3.60m 以内	$10m^2$	67.01	16.33	1094.27
3	20-23	抹灰脚手架　高 3.60m 以内	$10m^2$	487.75	3.90	1902.23
合　计						25656.21

2.11.3　脚手架工程知识支撑

1. 领会脚手架工程基本规定

脚手架工程计价

脚手架分为综合脚手架和单项脚手架两部分。单项脚手架适用于单独地下室、装配式和多（单）层工业厂房、仓库、独立的展览馆、体育馆、影剧院、礼堂、饭堂（包括附属厨房）、锅炉房、檐高未超过 3.6m 的单层建筑、超过 3.6m 高的屋顶构架、构筑物等。除此之外的单位工程均执行综合脚手架项目。

（注释：民用建筑包括住宅、商店、教学楼、办公楼、宾馆、图书馆、医院、幼儿园及其他民用房屋建筑工程。）

（1）综合脚手架

1）檐高在 3.6m 内的单层建筑不执行综合脚手架定额。

2）综合脚手架项目仅包括脚手架本身的搭拆，不包括建筑物洞口临边、电器防护设施等费用，以上费用已在安全文明施工措施费中列支。

3）单位工程在执行综合脚手架时，遇有下列情况应另列项目计算，不再计算超过20m脚手架材料增加费。

① 各种基础自设计室外地面起深度超过1.5m（砖基础至大放脚砖基地面、钢筋混凝土基础至垫层上表面），同时混凝土带形基础底宽超过3m、满堂基础或独立基础（包括设备基础）混凝土底面积超过16m²应计算砌墙、混凝土浇捣脚手架。砖基础以垂直面积按单项脚手架中里架子、混凝土浇捣按相应满堂脚手架定额执行。

② 层高超过3.6m的钢筋混凝土框架柱、梁、墙混凝土浇捣脚手架按单项定额规定计算。

③ 独立柱、单梁、墙高度超过3.6m混凝土浇捣脚手架按单项定额规定计算。

④ 施工现场需搭设高压线防护架、金属过道防护棚脚手架按单项定额规定执行。

⑤ 屋面坡度大于45°时，屋面基层、盖瓦的脚手架费用应另行计算。

⑥ 为计算到建筑面积的室外柱、梁等，其高度超过3.6m时，应另按单项脚手架相应定额计算。

⑦ 地下室的综合脚手架按檐高在12m以内的综合脚手架相应定额乘以系数0.5执行。

⑧ 檐高20m以下采用悬挑脚手架的可计取悬挑脚手架增加费用，20m以上悬挑脚手架增加费已包括在脚手架超高材料增加费中。

（2）单项脚手架

1）2014计价定额适用于综合脚手架以外的檐高在20m以内的建筑物，凸出主体建筑屋顶的女儿墙、电梯间、水箱等不计入檐口高度。前后檐高不同，按平均高度计算。檐高在20m以上的建筑物，脚手架除按计价定额计算外，其超过部分所需增加的脚手架加固措施费用，均按超高脚手架材料增加费子目执行。构筑物、烟囱、水塔、电梯井按其相应子目执行。

2）除高压线防护架外，本定额已按扣件式钢管脚手架编制，实际施工中不论使用何种脚手架材料，均按2014计价定额执行。

3）需采用型钢悬挑脚手架时（注：因建筑物高度超过脚手架允许搭设高度，建筑物外形要求或工期要求，根据施工组织设计需采用型钢悬挑脚手架时），除计算脚手架费用外，应计算外架子悬挑脚手架增加费（注：参照计价定额20-17）。

4）2014计价定额满堂脚手架（注释：参照计价定额20-20～20-22）不适用于满堂扣件式钢管支撑架（简称满堂支撑架），满堂支撑架应按搭设方案计价（注：参照计价定额20-27～20-28）。

5）单层轻钢厂房脚手架适用于单层轻钢厂房钢结构施工用脚手架，分钢柱梁安装脚手架（注释：参照计价定额20-29）、屋面瓦等水平结构安装脚手架（注：参照计价定额20-30）和墙板、门窗、雨篷、天沟等竖向结构安装脚手架（注：参照计价定额20-31～20-32），不包括厂房内土建、装饰工作脚手架，实际发生时另执行相关子目。

6）外墙镶（挂）贴脚手架定额（注：参照计价定额20-13～20-16）适用于单独外装饰工程脚手架搭设。

7）高度在3.6m以内的墙面、天棚、柱、梁抹灰（包括钉间壁、钉天棚）用的脚手架费用套用3.6m以内的抹灰脚手架（注：参照计价定额20-23）。如室内（包括地下室）净高超过3.6m时，天棚需抹灰（包括钉天棚）应按满堂脚手架计算（注：参照计价定额20-20～20-22），但其内墙抹灰不再计算脚手架。高度在3.6m以上的内墙面抹灰，如无满堂脚手架可以利用时，可按墙面垂直投影面积计算抹灰脚手架（注：参照计价定额 20-24～20-25）。

8）建筑物室内天棚面层净高在 3.6m 内，吊筋与楼层的连接点高度超过 3.6m，应按满堂脚手架相应定额综合单价乘以系数 0.6 计算。

9）墙、柱梁面刷浆、油漆的脚手架按抹灰脚手架（注：参照计价定额 20-23～20-25）相应定额乘以系数 0.1 计算。室内天棚净高超过 3.6m 的板下勾缝、刷浆、油漆可另行计算一次脚手架费用，按满堂脚手架（注：参照计价定额 20-20～20-22）相应项目乘以系数 0.1 计算。

10）天棚、柱、梁、墙面不抹灰但满批腻子时，脚手架执行同时抹灰脚手架（注：参照计价定额 20-23～20-25）。

11）瓦屋面坡度大于 45°时，屋面基层、盖瓦的脚手架费用应另按实计算。

12）当结构施工搭设的电梯井脚手架延续至电梯设备安装使用时，套用安装用电梯井脚手架（20-42～20-48）时应扣除定额中的人工及机械。

13）构件吊装脚手架按表 2-11-3 执行，单层轻钢厂房钢结构吊装脚手架执行单层轻钢厂房钢结构施工用脚手架，不再执行表 2-11-3。

构件吊装脚手架费用表 **表 2-11-3**

混凝土构件（m^3）				钢结构（t）			
柱	梁	屋架	其他	柱	梁	屋架	其他
1.58	1.65	3.2	2.3	0.7	1	1.5	1

14）满堂支撑架适用于架体顶部承受钢结构、钢筋混凝土等施工荷载，对支撑构件起支撑平台作用的扣件式脚手架。脚手架周转材料使用量大时，可区分租赁和自备材料两种情况计算，施工过程中对满堂支撑架的使用时间、材料的投入情况应及时核实并办理好相关手续，租赁费用应由甲乙双方协商进行核定后结算，乙方自备材料按定额中满堂支撑架使用费计算。

15）建筑物外墙设计采用幕墙装饰，不需要砌筑墙体，根据施工方案需搭设外围防护脚手架的，且幕墙施工不利用外防护架，应按砌筑脚手架相应子目（注释：参照计价定额 20-10～20-12）另计防护脚手架费。

（3）超高脚手架材料增加费

1）2014 计价定额中脚手架是按建筑物檐高 20m 以内编制的，檐高超过 20m 时应计算脚手架材料增加费。

2）檐高超过 20m 脚手材料增加费内容包括：脚手架使用周期延长摊销费、脚手架加固。脚手架材料增加费包干使用，无论实际发生多少，均按定额执行，不调整。

3）檐高超过 20m 脚手材料增加费按下列规定计算：

① 综合脚手架

A. 檐高超过 20m 部分的建筑物应按其超过部分的建筑面积计算。

B. 层高超过 3.6m，每增高 0.1m 按增高 1m 的比例换算（不足 0.1m 按 0.1m 计算），按相应项目执行。

C. 建筑物檐高高度超过 20m，但其最高一层或其中一层楼面未超过 20m 时，则该楼层在 20m 以上部分仅能计算每增高 1m 的增加费。

D. 同一建筑物中有 2 个或 2 个以上的不同檐口高度时，应分别按不同高度竖向剖面的建筑面积套用相应子目。

E. 单层建筑物（无楼隔层者）高度超过 20m，其超过部分除构件安装按第八章执行外，另再按本章相应项目计算脚手架材料增加费。

② 单项脚手架

A. 檐高超过 20m 的建筑物，应根据脚手架计算规则按全部外墙脚手架面积计算。

B. 同一建筑物中有 2 个或 2 个以上的不同檐口高度时，应分别按不同高度竖向切面的外脚手架面积套用相应子目。

2. 掌握工程量计算规则

（1）综合脚手架

综合脚手架按建筑面积计算。单位工程中不同层高的建筑面积应分别计算。

综合脚手架和
单项砌筑脚手架

（2）单项脚手架

1）脚手架工程计算一般规则

① 凡砌筑高度超过 1.5m 砌体均需计算脚手架。

② 砌墙脚手架均按墙面（单面）垂直投影面积以平方米计算。

③ 计算脚手架时，不扣除门、窗洞口、空圈、车辆通道、变形缝等所占面积。

④ 同一建筑物高度不同时，按建筑物的竖向不同高度分别计算。

2）砌筑脚手架工程量计算规则

① 外墙脚手架按外墙边线长度（如外墙有挑阳台，则每只阳台计算一个侧面宽度，计入外墙面长度内，两户阳台连在一起的也只算一个侧面）乘以外墙高度以平方米计算。外墙高度指室外设计地坪至檐口（或女儿墙上表面）高度，坡屋面至屋面板下（或椽顶面）墙中心高度。

【例 2-11-1】 某五层工业建筑，尺寸如图 2-11-1 所示，有两个挑阳台（1.5m×3m）采用双排钢管外脚手架，按 2014 计价定额计算外墙脚手架工程费（人工、材料、机械单价和管理费率、利润率按计价定额不做调整）。

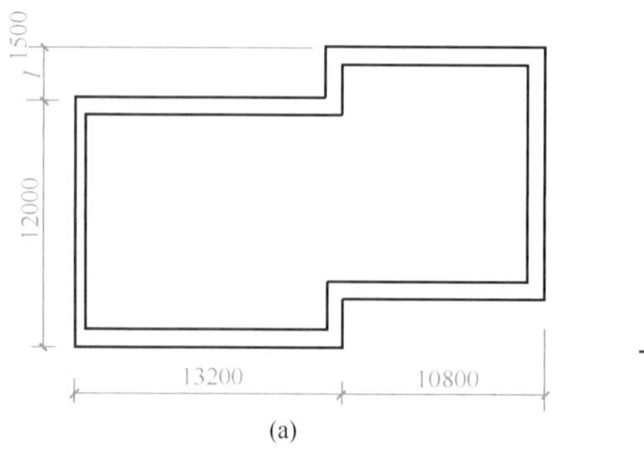

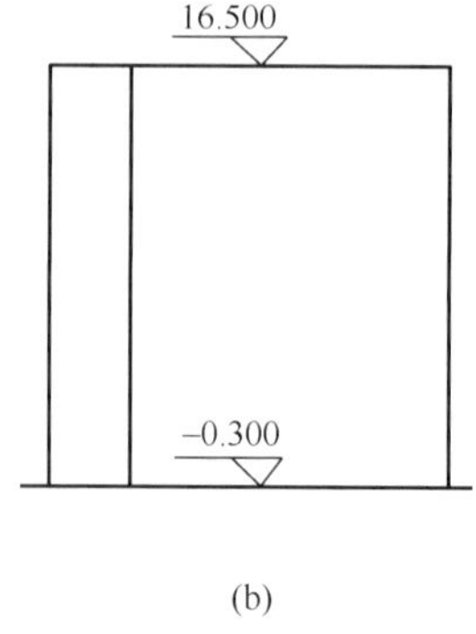

图 2-11-1　某建筑平、立面图

（a）平面图；（b）立面图

【解】计算工程量：[(13.20＋10.80＋12.00＋1.50)×2＋1.5×2]×(16.5＋0.3)＝1310.4m²

综合单价(单项脚手架、檐高 20m 内)：20-12　231.27 元/10m²

外墙脚手架工程费：231.27×131.04＝30305.62 元

② 内墙脚手架以内墙净长乘以内墙净高计算。有山尖者算至山尖 1/2 处的高度；有地下室者，自地下室室内地坪至墙顶面高度。

③ 砌体高度在 3.60m 以内者，套用里脚手架；高度超过 3.60m 者，套用外脚手架。

④ 山墙自设计室外地坪至山尖 1/2 处高度超过 3.60m 时，该整个外山墙按相应外脚手架计算，内山墙按单排外架子计算。

⑤ 独立砖（石）柱高度在 3.60m 以内者，脚手架以柱的结构外围周长乘以柱高计算，执行砌墙脚手架里架子；柱高超过 3.60m 者，以柱的结构外围周长加 3.60m 乘以柱高计算，执行砌墙脚手架外架子（单排）。

⑥ 砌石墙到顶的脚手架，工程量按砌墙相应脚手架乘系数 1.50。

⑦ 外墙脚手架包括一面抹灰脚手架在内，另一面墙可计算抹灰脚手架。

⑧ 砖基础自设计室外地坪至垫层（或混凝土基础）上表面的深度超过 1.50m 时，按相应砌墙脚手架执行。

⑨ 突出屋面部分的烟囱，高度超过 1.50m 时，其脚手架按外围周长加 3.60m 乘以实砌高度 12m 内单排外脚手架计算。

3）外墙镶（挂）贴脚手架工程量计算规则

① 外墙镶（挂）贴脚手架工程量计算规则同砌筑脚手架中的外墙脚手架。

② 吊篮脚手架按装饰墙面垂直投影面积以平方米计算（计算高度从室外地坪至设计高度）。安拆费按施工组织设计或实际数量确定。

4）现浇钢筋混凝土脚手架工程量计算规则

① 钢筋混凝土基础自设计室外地坪至垫层上表面的深度超过 1.50m，同时带形基础底宽超过 3.0m、独立基础或满堂基础及大型设备基础的底面积超过 16m² 的混凝土浇捣脚手架应按槽、坑土方规定放工作面后的底面积计算，按满堂脚手架相应定额乘以 0.3 系数计算脚手架费用（使用泵送混凝土者，混凝土浇捣脚手架不得计算）。

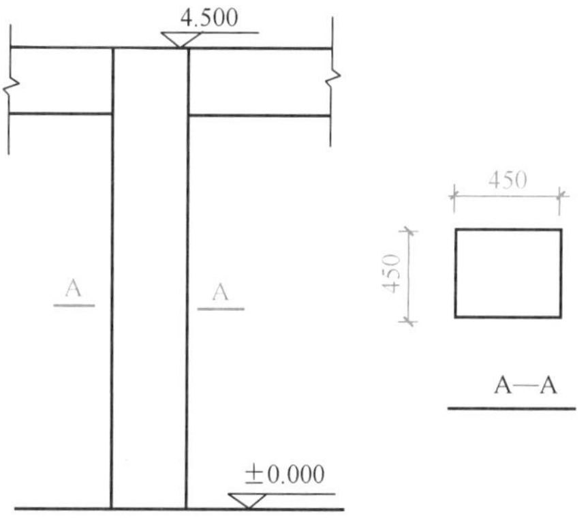

图 2-11-2　柱示意图

② 现浇钢筋混凝土独立柱、单梁、墙高度超过 3.60m 应计算浇捣脚手架。柱的浇捣脚手架以柱的结构周长加 3.60m 乘以柱高计算；梁的浇捣脚手架按梁的净长乘以地面（或楼面）至梁顶面的高度计算；墙的浇捣脚手架以墙的净长乘以墙高计算。套柱、梁、墙混凝土浇捣脚手架。

单项脚手架的其他工程量计算

【例 2-11-2】如图 2-11-2 所示，某厂房现浇混凝土独立柱共 80 根，按 2014 计价定额计算混凝土浇捣脚手架工程费（人工、材料、机械单价和管理费率、利润率按计价定额不做调整）。

【解】柱高 4.5m，超过 3.6m。

工程量计算：(0.45×4+3.6)×4.5×80=1944m^2

综合单价：20-26　　36.16 元/10m^2

混凝土浇捣脚手架工程费：36.16×194.40=7029.50 元

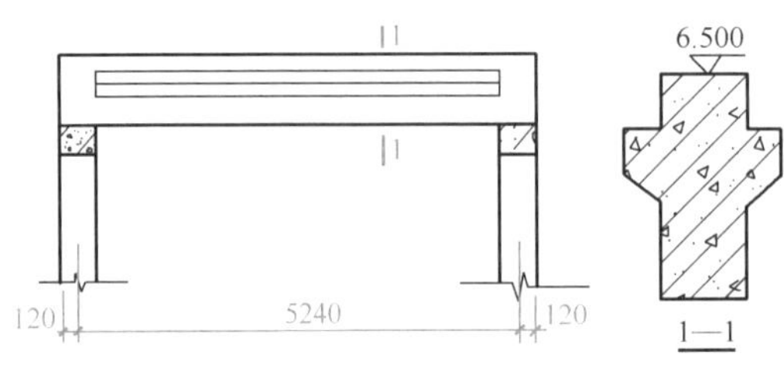

图 2-11-3　花篮梁示意图

【例 2-11-3】某一层厂房现浇花篮梁 10 根，尺寸如图 2-11-3 所示，设计地面标高 −0.600m，按 2014 计价定额计算混凝土浇捣脚手架工程费（人工、材料、机械单价和管理费率、利润率按计价定额不做调整）。

【解】梁高 = 6.5 + 0.6 = 7.1m，超过 3.6m。

工程量计算：(5.24−0.24)×(0.6+6.5)×10=355.00m^2

综合单价：20-26　　36.16 元/10m^2

混凝土浇捣脚手架工程费：36.16×35.50=1283.68 元

③ 层高超过 3.6m 的钢筋混凝土框架柱、墙（楼板、屋面板为现浇板）所增加的混凝土浇捣脚手架费用，以每 10m^2 框架轴线水平投影面积，按满堂脚手架相应子目乘 0.3 系数执行；层高超过 3.6m 的钢筋混凝土框架柱、墙（楼板、屋面板为预制空心板）所增加的混凝土浇捣脚手架费用，以每 10m^2 框架轴线水平投影面积，按满堂脚手架相应子目乘以 0.4 系数执行。

【例 2-11-4】某全现浇框架主体结构工程如图 2-11-4 所示，按 2014 计价定额计算混凝土浇捣脚手架工程费（人工、材料、机械单价和管理费率、利润率按计价定额不做调整）。

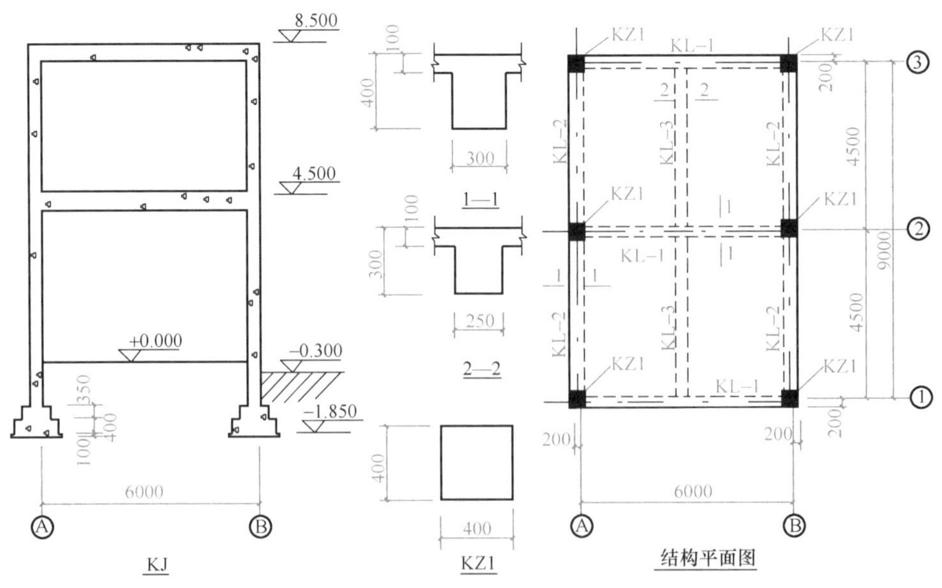

图 2-11-4　全现浇框架主体结构示意图

【解】一层层高 4.5m，二层层高 4m，均超过 3.6m。

计算工程量：6×9×2=108.00m^2

综合单价（高 5m 内）：20－20×0.3　　47.06 元/10m²

混凝土浇捣脚手架工程费：47.06×10.8＝508.25 元

5）抹灰脚手架、满堂脚手架工程量计算规则

① 抹灰脚手架

A. 钢筋混凝土单梁、柱、墙，按以下规定计算脚手架：

a. 单梁：以梁净长乘以地坪（或楼面）至梁顶面高度计算；

b. 柱：以柱结构外围周长加 3.60m 乘以柱高计算；

c. 墙：以墙净长乘以地坪（或楼面）至板底高度计算。

B. 墙面抹灰：以墙净长乘以净高计算。

C. 如有满堂脚手架可以利用时，不再计算墙、柱、梁面抹灰脚手架。

D. 天棚抹灰高度在 3.60m 以内，按天棚抹灰面（不扣除柱、梁所占的面积）以平方米计算。

② 满堂脚手架：天棚抹灰高度超过 3.60m，按室内净面积计算满堂脚手架，不扣除柱、梁、附墙烟囱所占面积。

A. 基本层：高度在 8m 以内计算基本层。

B. 增加层：高度超过 8m，每增加计算一层增加层，计算式如下：

增加层数＝[室内净高(m)－8m]/2m；

增加层数计算结果保留整数，小数在 0.6m 以内舍去，在 0.6m 以上进位。

C. 满堂脚手架高度以室内地坪面（或楼面）至天棚面或屋面板的底面为准（斜的天棚或屋面板按平均高度计算）。室内挑台栏板外侧共享空间的装饰如无满堂脚手架利用时，按地面（或楼面）至顶层栏板顶面高度乘以栏板长度以平方米计算，套相应抹灰脚手架定额。

【例 2-11-5】 某顶棚抹灰，尺寸如图 2-11-5 所示，按 2014 计价定额计算满堂脚手架工程费（人工、材料、机械单价和管理费率、利润率按计价定额不做调整）。

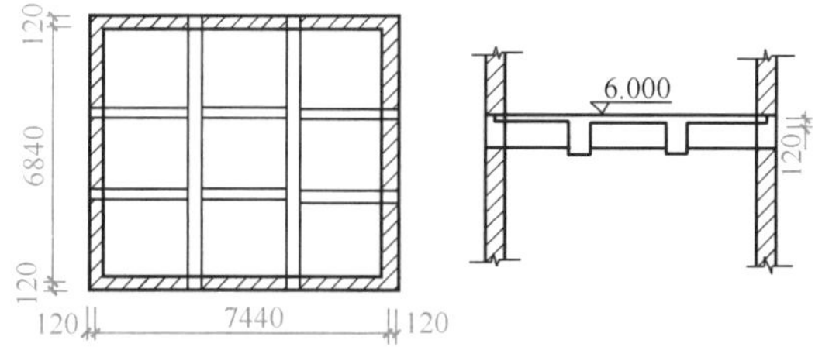

图 2-11-5　天棚示意图

【解】 净高 6－0.12＝5.88m，均超过 3.6m。

计算工程量：(7.44－0.24)×(6.84－0.24)＝47.52m²

综合单价（基本层<高 8m 内>）：20-21　　196.80 元/10m²

混凝土浇捣脚手架工程费：196.80×4.752＝935.19 元

6）其他脚手架工程量计算规则

① 外架子悬挑脚手架增加费按悬挑脚手架部分的垂直面积计算。

② 单层轻钢厂房脚手架柱梁、屋面瓦等水平结构安装按厂房水平面积计算，墙板、

门窗、雨篷等竖向结构安装按厂房垂直投影面积计算。

③ 高压线防护架按搭设长度以延长米计算。

④ 金属过道防护棚按水平投影面积以平方米计算。

⑤ 斜道、烟囱、水塔、电梯井脚手架区别不同高度以座计算。

（3）檐高超过 20m 脚手架材料增加费

1）综合脚手架

建筑物檐高超过 20m 可计算脚手架材料增加费，建筑物檐高超过 20m 脚手架材料增加费以建筑物超过 20m 部分建筑面积计算。

2）单项脚手架

建筑物檐高超过 20m 可计算脚手架材料增加费，建筑物檐高超过 20m 脚手架材料增加费同外墙脚手架计算规则，从设计室外地坪起算。

【例 2-11-6】某多层住宅共 10 层，除十层层高为 3.9m 外，其余每层层高为 3.0m；每层建筑面积为 1000m^2，室外标高为－0.300m，请按 2014 年计价定额规定计算该住宅超高脚手材料增加费（人工、材料、机械、管理费率和利润率按 2014 计价定额计取）。

【解】檐高 3×9＋3.9＋0.3＝31.2m

（1）檐高超 20m 部分脚手材料增加费（八、九、十层）：1000×3（层）＝3000m^2

（2）层高超过 3.6m，每增高 1m（顶层：3.9－3.6＝0.3m）：1000（顶层）＝1000m^2

（3）檐高超 20m，其中一层楼面未超过 20m，该楼层超过 20m 部分［七层：21（八层楼面标高）－19.7（檐高 20m 处标高）＝1.3m］：1000m^2

（4）超高脚手架材料增加费（表 2-11-4）

超高脚手架材料增加费计算表 **表 2-11-4**

序号	计价定额编号	项目名称	计量单位	工程量	综合单价（元）	合价（元）
1	20-50	檐高超 20m 部分脚手材料增加费（20～30m）	m^2	3000	10.05	30150.00
2	20-50×20%×0.3	层高超过 3.6m，每增高 1m（20～30m）	m^2	1000	0.603	603.00
3	20-50×20%×1.3	檐高超 20m，其中一层楼面未超过 20m，该楼层超过 20m 部分	m^2	1000	2.613	2613.00
合计						33366.00

3. 领会典型案例的计算思路

【例 2-11-7】某门诊楼工程为框架结构，地上 9 层，其中第四层为技术设备层层高为 2.1m，顶层层高 3.8m，其余楼层层高 3.4m；建筑平面为 45m（长）×12m（宽）矩形，室外地面标高－0.300m；地下一层地下室，层高 4m，建筑面积 1000m^2；每层框架轴线水平投影面积为 529m^2。请计算该工程脚手架项目的定额单价和合价（人工、材料、机械单价按定额所示不调整，管理费和利润率按相应的工程类别取定）。

【解】（1）分析

1）工程类别：类别划分说明第16条“有地下室的建筑物，工程类别不低于二类”，该工程为二类工程，管理费28%，利润12%。

2）该工程为民用建筑，脚手架项目为综合脚手架；檐高为2.1+3.8+3.4×7+0.3=30m

3）地上建筑面积：45×12×8+45×12/2(技术层)=4590m^2

地下建筑面积：1000m^2

（2）计算工程量

1）檐高12m以上，层高3.6m内：45×12×7+45×12/2(技术层)=4050m^2

2）檐高12m以上，层高5m内：45×12(顶层)=540m^2

3）地下室脚手架(按12m内综合脚手相应定额×0.5)：1000m^2

4）层高超3.6m柱、梁、板浇捣脚手架（按框架轴线水平投影面积）：顶层框架529m^2

5）檐高超20m部分脚手材料增加费（八、九层）：45×12×2=1080m^2

6）层高超过3.6m，每增高1m（顶层：3.8−3.6=0.2m）：45×12(顶层)=540m^2

7）檐高超20m，其中一层楼面未超过20m，该楼层超过20m部分[七层：22.5（八层楼面标高）−19.7（檐高20m处标高）=2.8m]：45×12=540m^2

（3）套用定额计价（表2-11-5）

套用计价定额计算表 表2-11-5

序号	定额编号	项目名称	计量单位	工程量	综合单价（元）	合计（元）
1	20-5$_{换}$	檐高12m以上，层高3.6m内	m^2	4050	21.67	88763.50
2	20-6$_{换}$	檐高12m以上，层高5m内	m^2	540	64.92	35056.80
3	20-2$_{换}$×0.5	地下室脚手架（层高5m内）	m^2	1000	29.57	29570
4	20-20$_{换}$×0.3	层高超3.6m柱、梁、板浇捣脚手架	10m^2	52.90	47.89	2533.38
5	20-49	檐高超20m部分脚手材料增加费（20～30m）	m^2	1080	9.05	9774.00
6	20-49×20%×0.2	层高超过3.6m，每增高1m（20～30m）	m^2	540	0.362	195.48
7	20-49×20%×2.8	檐高超20m，其中一层楼面未超过20m，该楼层超过20m部分	m^2	540	5.068	2736.72
合计						168629.88

注：20-5$_{换}$=(7.38+1.36)×(1+28%+12%)+9.43=21.67元/m^2。

20-6$_{换}$=(26.24+3.63)×(1+28%+12%)+23.10=64.92元/m^2。

20-2×0.5$_{换}$=[(24.6+3.63)×(1+28%+12%)+19.62]×0.5=29.57元/m^2。

20-20×0.3$_{换}$=[(82+10.88)×(1+28%+12%)+29.6]×0.3=47.89元/10m^2。

【例2-11-8】某门卫建筑平面如图2-11-6所示，室内外高差0.3m，屋面现浇板厚120mm，墙厚为240mm。墙面和天棚均作一般抹灰，试根据以下条件计算内外墙砌筑、抹灰脚手架费用。(1) 檐高 3.52m；(2) 檐高 4.02m。

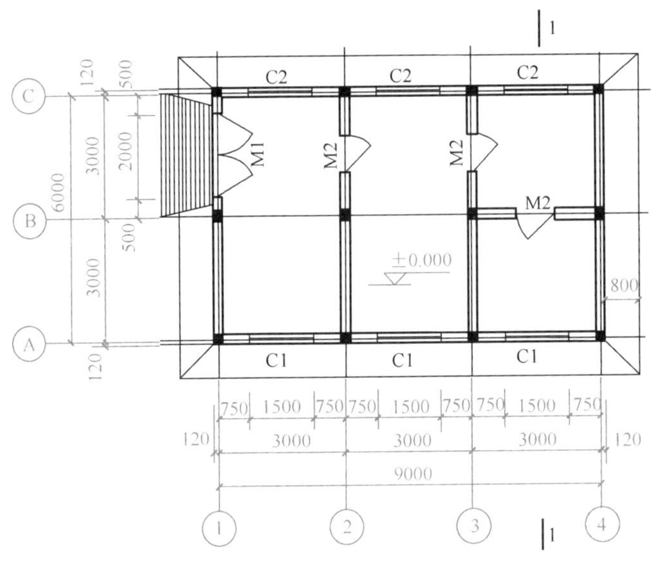

图 2-11-6 门卫建筑平面图

【解】(1) 檐高 3.52m

檐高 3.6m 内的单层建筑不执行综合脚手架定额。

1) 计算工程量

① 外墙砌筑脚手架：(9.24+6.24)×2×3.52=108.98m^2

② 内墙砌筑脚手架：[(6−0.24)×2+(3−0.24)]×(3.52−0.3−0.12)=44.27m^2

③ 抹灰脚手架：高度 3.6m 内的墙面、天棚套用 3.6m 以内的抹灰脚手架。

墙面抹灰(按砌筑脚手架可以利用)：

[(9−0.24×3)×2+(6−0.24)×4+(6−0.24×2)×2
+(3−0.24)×2]×(3.52−0.3−0.12)=148.43m^2

天棚抹灰：

(3−0.24)×(6−0.24)×2+(3−0.24)×(6−0.24×2)=47.03m^2

小计：148.43+47.03=195.46m^2

2) 脚手架项目费(表 2-11-6)

脚手架项目费计算表 **表 2-11-6**

序号	计价定额编号	项目名称	计量单位	工程量	综合单价(元)	合价(元)
1	20-11	砌外墙脚手架(高 12m 内)	10m^2	10.898	185.31	2019.51
2	20-9	砌内墙脚手架(高 3.6m 内)	10m^2	4.427	16.33	72.29
3	20-23	抹灰脚手架(高 3.6m 内)	10m^2	19.546	3.90	762.29
合计						2854.09

(2) 檐高 4.02m

门卫室为民用建筑(单层、层高超过 3.6m)，执行综合脚手架定额。

1) 计算工程量

檐高12m以下，层高5m内（层高：4.02－0.3＝3.72m）：(9＋0.24)×(6＋0.24)＝57.66m^2

2）脚手架项目费（表2-11-7）

脚手架项目费计算表　　**表2-11-7**

序号	计价定额编号	项目名称	计量单位	工程量	综合单价（元）	合价（元）
1	20-2	檐高在12m以内，层高在5m内	m^2	57.66	58.30	3361.58
合　计						3361.58

任务2.12　模板措施项目费计算

1. 理解《江苏省建筑与装饰工程计价定额》中模板工程定额说明；
2. 掌握模板工程工程量计算规则及定额应用。

1. 能熟练使用计价定额有关模板工程的相关内容（定额说明及定额附注、工程量计算规则），熟练编制模板的工程费；
2. 能够较好地完成二级造价工程师考试试题。

1. 养成自主学习、观察与探索的良好习惯；
2. 培养严谨的工作作风，相信和尊重科学；
3. 养成发现问题、提出问题和及时解决问题的良好学习、工作习惯。

1. 从模板支设时施工技术要点出发，落实安全意识教育，培养学生安全生产的职业精神，培育学生珍爱生命的人文情怀；
2. 从模板与混凝土的关系，引导学生做人要踏踏实实，不能有一丝疏漏，要做一个负责任的人。

2.12.1　模板工程任务分析

项目背景：某服饰车间，详见学习工作页附图1。计算模板工程费。

（1）准备工作：熟悉并认真研究施工图；领会相关规定和计算规则。

（2）模板工程：采用混凝土含模量折算模板面积，即：模板面积＝构件混凝土量×混凝土构件的模板含量。

（3）现浇构件混凝土量：为分部分项混凝土工程中混凝土构件工程量。

(4) 混凝土构件的模板含量：附录中列出的混凝土构件的模板含量。

(5) 定额子目选用，确定构件模板综合单价（注意定额说明和附注说明)。

(6) 计算模板工程费：各项（子目构件模板综合单价×子目构件模板综合单价）之和。

2.12.2 模板工程任务实施

任务的实施：某服饰车间（学习工作页附图 1)，计算任务中复合木模板工程费（人工单价、材料单价、机械台班单价按计价定额执行不调整)。

1. 根据分部分项混凝土工程，确定子目混凝土构件的混凝土工程量（见附录)。

2. 根据附录表查找子目构件模板含模量。

3. 子目模板面积（表 2-12-1）＝构件混凝土量×混凝土构件的模板含量。

子目模板面积表 **表 2-12-1**

序号	项目名称	混凝土工程量 (m^3)	含模量 (m^2/m^3)	模板面积 (m^2)
1	垫层【C15 商品混凝土垫层】	19.955	1.0	19.955
2	桩承台基础【C30 商品混凝土】	51.773	1.76	91.120
3	基础梁【C30 商品混凝土，有底模】	34.998	10.22	357.680
4	满堂基础【电梯底板：C30 商品混凝土】	4.412	0.52	2.294
5	矩形柱【柱支模高度 3.6m 内，周长 2.5m 内，C30 商品混凝土】	49.766	8.00	398.128
6	现浇矩形柱【构造柱支模高度 3.6m 内；C20 商品混凝土】	25.505	11.10	283.106
7	直形墙【电梯井壁：墙体厚度 240mm；C30 商品混凝土】	7.834	14.77	115.708
8	有梁板【板底支模高度 3.6m 内；板厚度 200mm 以内；泵送商品混凝土 C30】	472.580	8.07	3813.72
9	直形楼梯【泵送商品混凝土 C30】	63.32 (m^2)	6.332 ($10m^2$)	63.32
10	现浇圈梁【圈梁：C20 商品混凝土】	3.040	8.33	25.323
11	雨篷、阳台板【雨篷：C30 商品混凝土】	8.29 (m^2)	0.829 ($10m^2$)	8.29
12	其他构件【女儿墙压顶：C30 商品混凝土】	2.046	11.10	22.711

4. 计算模板工程费（表 2-12-2)

模板工程费计算表 **表 2-12-2**

序号	计价定额编号	项目名称	计量单位	工程量	综合单价 (元)	合价 (元)
1	21-2	混凝土垫层	$10m^2$	1.996	699.25	1395.70
2	21-12	桩承台	$10m^2$	9.112	605.78	5519.87
3	21-34	基础梁	$10m^2$	35.768	457.35	16358.49
4	21-8	无梁式钢筋混凝土满堂基础	$10m^2$	0.229	503.91	115.40
5	21-27	矩形柱	$10m^2$	39.813	616.33	24537.95
6	21-32	构造柱	$10m^2$	28.311	742.95	21033.66
7	21-52	电梯井壁	$10m^2$	11.571	473.72	5481.41

续表

序号	计价定额编号	项目名称	计量单位	工程量	综合单价（元）	合价（元）
8	21-59	现浇板厚度200mm以内	$10m^2$	381.372	567.37	216379.03
9	21-74	直形楼梯	$10m^2$	6.332	1613.02	10213.64
10	21-42	圈梁	$10m^2$	2.532	562.77	1424.93
11	21-78	复式雨篷	$10m^2$	0.829	1136.07	941.80
12	21-94	女儿墙压顶	$10m^2$	2.271	620.11	1408.27
合　计						308585.15

2.12.3　模板工程知识支撑

1. 领会模板工程基本规定

模板工程计价

本任务分为现浇构件模板、现场预制构件模板、加工厂预制构件模板和构筑物工程模板四个部分，使用时应分别套用。为便于施工企业快速报价，在附录中列出了混凝土构件的模板含量表，供使用单位参考。按设计图纸计算模板接触面积或使用混凝土含模量折算模板面积，两种方法仅能使用其中一种，相互不得混用。使用含模量者，竣工结算时模板面积不得调整。构筑物工程中的滑升模板按混凝土体积以立方米计算。倒锥形水塔水箱提升以“座”为单位。

（1）现浇构件模板子目，按不同构件分别编制了组合钢模板配钢支撑、复合木模板配钢支撑，使用时，任选一种套用。

（2）预制构件模板子目，按不同构件，分别以组合钢模板、复合木模板、木模板、定型钢模板、长线台钢拉模、加工厂预制构件配混凝土地模、现场预制构件配砖胎模编制，使用其他模板时，不予调整。

（3）模板工作内容包括清理、场内运输、安装、刷隔离剂、浇灌混凝土时模板维护、拆模、集中堆放、场外运输。木模板包括制作（预制构件包括刨光、现浇构件不包括刨光），组合钢模、复合木模板包括装箱。

（4）现浇钢筋混凝土柱、梁、墙、板的支模高度以净高（底层无地下室者高需另加室内外高差）在3.6m以内为准，净高超过3.6m的构件其钢支撑、零星卡具及模板人工分别乘以表2-12-3中系数。根据施工规范要求属于高大支模的，其费用另行计算。

钢支撑、零星卡具及模板人工系数表　　　　**表2-12-3**

增加内容	净高在	
	5m以内	8m以内
独立柱、梁、板钢支撑及零星卡具	1.10	1.30
框架柱（墙）、梁、板钢支撑及零星卡具	1.07	1.15
模板人工（不分框架和独立柱梁板）	1.30	1.60

注：轴线未形成封闭框架的柱、梁、板称独立柱、梁、板。

（5）支模高度净高

1）柱：无地下室底层是指设计室外地面至上层板底面、楼层板顶面至上层板底面；

2）梁：无地下室底层是指设计室外地面至上层板底面、楼层板顶面至上层板底面；

3）板：无地下室底层是指设计室外地面至上层板底面、楼层板顶面至上层板底面；

4）墙：整板基础顶面（或反梁顶面）至上层板底面、楼层板顶面至上层板底面。

【例 2-12-1】 框架混凝土有梁板（二层层高 4.4m，板厚 150mm），按 2014 计价定额计算模板（复合木模）综合单价（人工、材料、机械单价和管理费率、利润率按计价定额不做调整）。

【解】 净高：4.4－0.15＝4.25m，净高在 5m 内，模板人工乘以系数 1.30，钢支撑及零星卡具乘以系数 1.07。

21-59$_{换}$：567.37＋239.44×0.3×(1＋25%＋12%)＋(29.08＋8.83)×0.07＝668.43 元/10m^2

(6) 设计"⊥""L""十"形柱（图 2-12-1），其单面每边宽在 1000mm 内按"⊥""L""十"形柱相应子目执行，其余按直行墙相应定额执行。

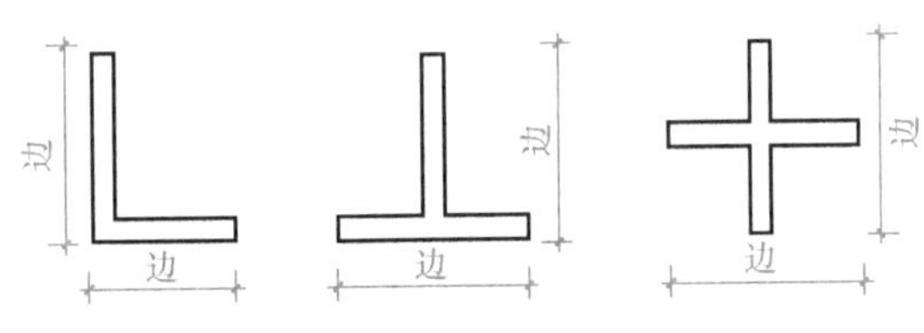

图 2-12-1 ⊥、L、十形柱示意图

(7) 模板项目中，仅列出周转木材而无钢支撑的项目，其支撑量已含在周转木材中，模板与支撑按 7∶3 拆分。

(8) 模板材料已包含砂浆垫块与钢筋绑扎的 22 号镀锌铁丝在内，现浇构件和现场预制构件不用砂浆垫块，而改用塑料卡，每 10m^{2}模板另加塑料卡费用 0.2 元，计 30 只。

【例 2-12-2】 按含模量计算二层框架柱（柱截面 500mm×500mm，层高 4.5m，6 根，复合木模，采用塑料垫块）模板综合单价（人工、材料、机械单价和管理费率、利润率按计价定额不做调整）。

【解】 柱净高 4.5－0.12＝4.38m，净高在 5m 内，模板人工乘以系数 1.30，钢支撑及零星卡具乘以系数 1.07。

(1) 21-27$_{换}$：616.33＋285.36×0.3×(1＋25%＋12%)＋(14.96＋8.64)×0.07＝735.26 元/10m^2

(2) 塑料垫块：0.2×30＝6 元/10m^2

小计：735.26＋6＝741.26 元/10m^2

(9) 有梁板中的弧形梁模板按弧形梁定额执行（含模量＝肋形板含模量）其弧形板部分的模板按板定额执行。砖墙基上带形混凝土防潮层模板按圈梁定额执行。

【例 2-12-3】 某圆形有梁板，板半径 3000m，板厚 120mm，弧形肋梁为 1.39m^3，肋梁为 0.43m^3，按 2014 计价定额计算板的模板（按含模量、复合木模）工程费（人工、材料、机械单价和管理费率、利润率按计价定额不做调整）。

【解】 (1) 弧形梁模板工程费用

1）弧形梁含模量＝肋形板含模量＝8.07m^2/m^3

2）弧形梁模板面积＝8.07×1.39＝11.22m^2

3）弧形梁模板按弧形梁定额执行 21-38　　778.98 元/10m^2

4）弧形梁模板工程费用＝778.98×1.122＝874.02 元

(2) 有梁板工程费用

1）肋形板含模量＝8.07m^2/m^3

2）有梁板体积

① 板体积＝3.14×3×3×0.12＝3.391m^3

② 肋梁体积＝0.43m^3

③ 小计：3.391＋0.43＝3.821m^3

3）有梁板模板面积＝8.07×3.821＝30.835m^2

4）21-59　　567.37 元/10m^2

5）有梁板模板工程费用＝567.37×3.084＝1749.77 元

（3）圆形有梁板模板工程费＝874.02＋1749.77＝2623.79 元

（10）混凝土满堂基础底板面积在 1000m^2 内，若使用含模量计算模板面积，基础有砖侧模时，砖侧模的费用应另外增加，同时扣除相应的模板面积（总量不得超过总含模量）；超过 1000m^2时，按同接触面积计算。

（11）地下室后浇带的模板应按已审定的施工组织设计另行计算，但混凝土墙体模板含量不扣。

（12）带形基础、设备基础、栏板、地沟如遇圆弧形，除按相应定额的复合木模板执行外，其人工、复合木模板乘以系数 1.30，其他不变（其他弧形构件按相应定额执行）。

（13）现浇有梁板、无梁板、平板、楼梯、雨篷及阳台，底面设计不抹灰者，增加模板缝贴胶带纸人工 0.27 工日/10m^2。

（14）飘窗上下挑板、空调板按板式雨篷模板执行。

（15）混凝土线条按小型构件定额执行。

2. 掌握工程量计算规则

（1）现浇混凝土及钢筋混凝土模板

模板工程——含模量计算

现浇混凝土及钢筋混凝土模板工程量除另有规定者外，均按混凝土与模板的接触面积以平方米计算（S＝混凝土与模板接触面积以平方米计算）。若使用含模量计算模板接触面积，其工程量＝构件体积×相应项目含模量。

按照接触面积计算模板用量时，一般可按如下规则：

1）钢筋混凝土墙、板上单孔面积在 0.3m^2以内的孔洞，不予扣除，洞侧壁模板不另增加，但凸出墙面的侧壁模板应相应增加。单孔面积在 0.3m^2以上的孔洞，应予扣除，洞侧壁模板面积墙、板模板工程量之内计算。

2）现浇钢筋混凝土框架分别按柱、梁、墙、板有关规定计算，墙上单面附墙柱、暗梁、暗柱并入墙内工程量计算，双面附墙柱按柱计算，但后浇墙、板带的工程量不扣除。

① 墙模板面积＝墙长度×墙高

模板工程——按模板接触面积计算

A. 墙长度算至柱边；无柱或暗柱时，外墙按中心线长度，内墙按净长，暗柱并入墙内工程量计算。

B. 墙高度算至梁底；无梁或暗梁时，算至板底，暗梁并入墙内工程量计算；无板无梁时，算至楼面。

C. 计算墙模板面积时不扣除后浇带。

D. 单面附墙柱突出墙面部分并入墙面模板工程量内计算，双面附墙柱按柱计算，计算柱周长要扣除墙厚所占的尺寸。

② 柱模板面积=柱周长×柱高(算至板底)-梁头所占面积

A. 梁头所占面积=梁宽×梁底至板底高度;

B. 柱高度,有板时算至板底,无板时算至楼面;

③ 有梁板模板面积=板底面积(含肋梁底面积)+板侧面积+梁侧面积-柱头所占面积

A. 板底面积应扣除单孔面积 0.3m² 以上的孔洞和楼梯水平投影面积,不扣除后浇板带面积;

B. 板侧面积=板周长×板厚+单孔面积 0.3m² 以内的孔洞侧壁面积;

C. 梁侧面积=梁长度(主梁算至柱边,次梁算至主梁边)×梁底面至板底高度-次梁梁头所占面积;

D. 次梁梁头所占面积=次梁宽×次梁底至板底高度。

3)构造柱按图示外露部分计算面积,锯齿形部分按锯齿形最宽面计算模板宽度(图 2-12-2)。构造柱由于先砌墙后浇混凝土,构造柱与墙接触面不计算模板面积。

构造柱模板面积=构造柱外露面数量×锯齿形最宽面宽度×构造柱高度。

构造柱高度计算同柱模板高度计算规则。

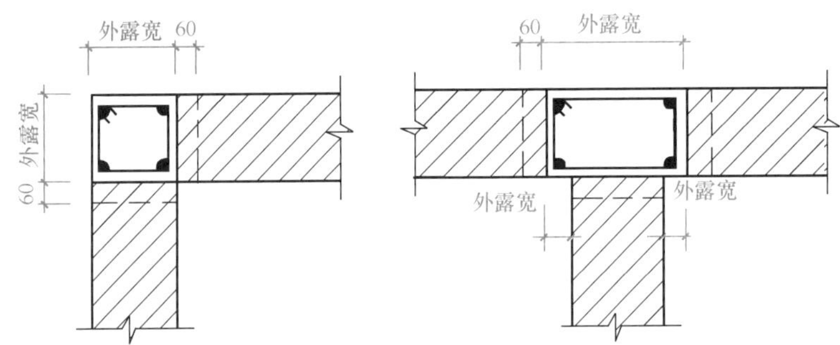

图 2-12-2 构造柱模板示意图

4)整体直形楼梯包括楼梯段、中间休息平台、平台梁、斜梁及楼梯与楼板连接的梁、按水平投影面积计算,不扣除宽度小于 500mm 的楼梯井,伸入墙内部分不另增加。梯井宽>500mm 时:

S=楼梯各层的水平投影面积之和-各层梯井所占面积

5)现浇混凝土雨篷、阳台、水平挑板,按图示挑出墙面以外板底尺寸的水平投影面积计算(附在阳台梁上的混凝土线条不计算水平投影面积)。挑出墙外的牛腿及板边模板已包括在内。复式雨篷挑口内侧净高超过 250mm 时,其超过部分按挑檐计算(超过部分的含模量按天沟含模量计算)。

6)栏杆按扶手长度计算,栏板、竖向挑板按模板接触面积计算。扶手、栏板的斜长按水平投影长度乘系数 1.18 计算。

7)砖侧模分不同厚度,按砌筑面积计算。

8)后浇板带模板、支撑增加费,工程量按后浇带设计长度以延长米计算。

9)整板基础后浇带铺设热镀锌钢丝网,按实铺面积计算。

(2) 现场预制钢筋混凝土构件模板工程量计算规则

1) 现场预制构件模板工程量，除另有规定者外，均按模板接触面以平方米计算。若使用含模量计算模板面积者，其工程量＝构件体积×相应项目的含模量。砖地模费用已包括在定额含量中，不再另行计算。

2) 镂空花格窗、花格芯按外围面积计算。

3) 预制桩不扣除桩尖虚体积。

(3) 加工厂预制构件的模板工程量计算规则

1) 除镂空花格窗、花格芯外，均按构件的体积以立方米计算。

2) 混凝土构件体积一律按施工图纸的几何尺寸以实体积计算，空腹构件应扣除空腹体积。

3) 镂空花格窗、花格芯按外围面积计算。

3. 领会典型案例的计算思路

【例 2-12-4】 有梁式满堂基础尺寸如图 2-12-3 所示。计算混凝土垫层及有梁式满堂基础复合木模板接触面积、每 $1m^3$ 混凝土的模板含量，以及对应的定额综合单价（人、材、机单价，管理费和利润率按定额不调整）。

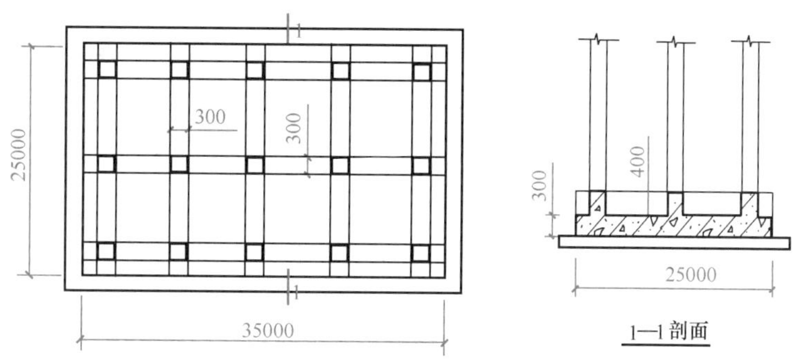

图 2-12-3　有梁式满堂基础

【解】 (1) 垫层混凝土工程量＝25.2×35.2×0.1＝$88.7m^3$

混凝土垫层模板接触面积＝垫层侧壁面积＝垫层底面周长×垫层厚度

模板接触面积：(25.2＋35.2)×2×0.1＝$12.08m^2$

每 $1m^3$ 混凝土的模板含量 12.08/88.7＝$0.136m^2$

定额综合单价 21-2　699.25 元/$10m^2$

(2) 有梁式满堂基础混凝土工程量＝25×35×0.3＋0.3×0.4×[35×3＋(25－0.3×3)×5]＝$289.56m^3$

有梁式满堂基础模板接触面积＝(35＋25)×2×0.3＋[(35－0.3×5)×6＋(25－0.3×3)×10]×0.4＋0.3×0.4×16＝$214.72m^2$

每 $1m^3$ 混凝土的模板含量 214.72/289.56＝$0.742m^2$

定额综合单价 21-10　620.97 元/m^2

【例 2-12-5】 某框架结构尺寸如图 2-12-4 所示。计算混凝土柱及有梁板复合木模板接触面积以及模板费用（人、材、机单价，管理费和利润率按定额不调整）。

【解】 一层柱、有梁板净高：4.5＋0.3－0.1＝4.7m，二层柱、有梁板净高：4－0.1

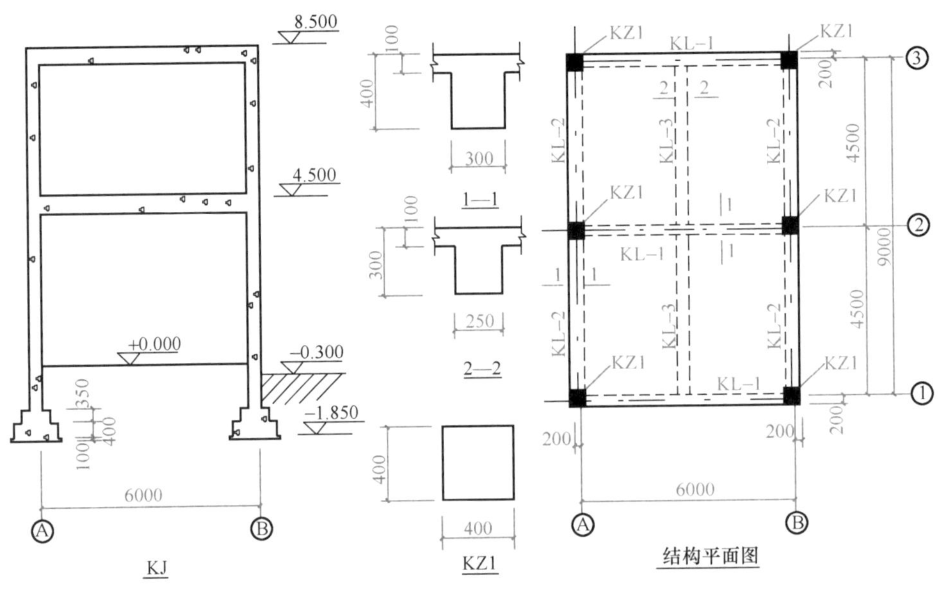

图 2-12-4 框架结构示意图

=3.9m，均超过 3.6m，其钢支撑、零星卡具乘以 1.07，模板人工乘以 1.30。

(1) 柱模板接触面积=柱周长×柱高(算至板底)−梁头所占面积

模板接触面积：0.4×4(周长)×6(根数)×(8.5+1.85−0.4−0.35−2×0.1 板厚)−0.3×0.3×14×2(梁头所占面积)=87.72m²

(2) 有梁板模板面积=板底面积(含肋梁底面积)+板侧面积+梁侧面积−柱头所占面积

模板接触面积：

板底面积：[6.4×9.4−0.4×0.4×6 柱头所占面积]×2 层=118.40m²

板侧：(6.4+9.4)×2×0.1×2 层=6.32m²

梁侧：

KL1：0.3×(6−2×0.2)×6×2−0.25×0.2×4×2 层=19.76m²

KL2：0.3×(4.5−2×0.2)×4×2×2 层=19.68m²

KL3：0.2×(4.5−0.1−0.15)×2×2×2 层=6.8m²

小计：118.4+6.32+19.76+19.68+6.8=170.96m²

(3) 计算模板工程费（表 2-12-4）

模板工程费计算表 **表 2-12-4**

序号	计价定额编号	项目名称	计量单位	工程量	综合单价(元)	合价(元)
1	21-27换1	矩形柱（支模高度 5m 内）	10m²	8.772	735.26	6449.70
2	21-57换2	有梁板（支模高度 5m 内）	10m²	17.096	588.79	10065.95
合计						16515.65

注：21-27换1=616.33+285.36×0.3×(1+25%+12%)+(8.64+14.96)×0.07=735.26 元/m²。

21-57换2=503.57+201.72×0.3×(1+25%+12%)+(8.83+24.26)×0.07=588.79 元/m²。

任务 2.13　其他单价措施项目费计算

1. 理解 2014《江苏省建筑与装饰工程计价定额》施工排水、降水费、垂直运输机械费和场内二次搬运费等措施项目说明；

2. 掌握施工排水、降水费、垂直运输机械费和场内二次搬运费等措施项目工程量计算规则及定额应用。

1. 能够根据施工排水、降水费、垂直运输机械费和场内二次搬运费等措施项目工程量计算规则和说明计算实际工程的措施项目费用；

2. 能够较好地完成二级造价工程师考试试题。

1. 养成自主学习、观察与探索的良好习惯；

2. 善于规划学习与生活，养成自律与有序的学习和工作习惯；

3. 培养严谨的工作作风，相信和尊重科学；

4. 养成发现问题、提出问题和及时解决问题的良好学习、工作习惯。

1. 施工技术发展永无止境，培养学生的创新精神，创新意识；

2. 培养学生发扬不怕困难，百折不挠的革命精神。

2.13.1　施工排水、降水费、垂直运输费和场内二次搬运费任务分析

项目背景：某服饰车间，详见学习工作页附图 1。计算施工排水、降水费、垂直运输机械费和场内二次搬运费等措施项目费。

（1）任务实施前的准备工作

识读图纸，确定本项目按正常施工方案，需要计算的措施费有垂直运输机械费及大型机械设备进出场费及安拆费。施工排水、降水根据工程勘察资料及施工方案实施，场内二次搬运费根据具体现场条件实施。领会计价定额中相关规定和工程量计算规则。

（2）子目设置：施工排水、降水；垂直运输费主要考虑现浇框架结构，檐口高度在 20m 以内设置及施工用塔式起重机和施工电梯；大型机械设备进出场及安拆费考虑按塔式起重机 60kN·m 以内的场外运输及组装拆卸费、施工电梯 75m 的场外运输及组装拆卸费。

（3）工程量计算：施工排水、降水按子目设置查找对应的子目工程量计算规则，计算每个子目的工程量。垂直运输费中工期暂按 300 天考虑，塔式起重机及施工电梯各按 1 台考虑。

（4）综合单价的计算：垂直运输费按施工排水、降水及垂直运输费子目设置查找对应的子目的定额编号，根据当期的人工工资单价、材料信息指导价、机械台班单价、工程类

别，对综合单价进行价目调整确定每个子目的综合单价。

（5）施工排水、降水费、垂直运输机械费和场内二次搬运费等措施项目费计算：垂直运输费为子目工程量乘以子目综合单价之和。大型机械设备进出场及安拆费直接计算每台次费用。施工排水、降水及二次搬运费暂不考虑。

2.13.2 施工排水、降水费、垂直运输费和场内二次搬运费任务实施

垂直运输费套用计价定额见表 2-13-1。

垂直运输费套用计价定额计算表 **表 2-13-1**

序号	计价定额编号	项目名称	计量单位	工程量	综合单价（元）	合价（元）
1	23-8	现浇框架结构檐口高度（层数）以内 20m（6）	天	300	578.56	173568.00
2	23-52	塔式起重机基础自升式塔式起重机起重能力在 630kN·m 以内	台	1	27101.21	27101.21
3	23-58	施工电梯基础双笼	台	1	8979.63	8979.63
合计						209648.84

2.13.3 施工排水、降水费、垂直运输费和场内二次搬运费知识支撑

1. 领会计价定额相关规定

（1）施工排水、降水

1）人工土方施工排水是在人工开挖湿土、淤泥、流砂等施工过程中的地下水排放发生的机械排水台班费用。

2）基坑排水：是指地下常水位以下、基坑底面积超过 20m^2（两个条件同时具备）土方开挖以后，在基础或地下室施工期间所发生的排水包干费用（不包括±0.000 以上有设计要求待框架、墙体完成以后再回填基坑土方期间的排水）。

3）井点降水项目适用于地下水位较高的粉砂土、砂质粉土或淤泥质夹薄层砂性土的地层。一般情况下，降水深度在 6m 以内。井点降水使用时间按施工组织设计确定。井点降水材料使用摊销量中已包括井点拆除时材料损耗量。井点间距根据地质和降水要求由施工组织设计确定，一般轻型井点管间距为 1.2m。

井点降水成孔工程中产生的泥水处理及挖沟排水工作应另行计算。

井点降水必须保证连续供电，在电源无保证的情况下，使用备用电源的费用另计。

4）强夯法加固地基坑内排水是指井点坑内的积水排抽台班费用。

5）机械土方工作面中的排水费已包含在土方中，但地下水位以下的施工排水费用不包括，如发生，依据施工组织设计规定，排水人工、机械费用另行计算。

6）基坑钢管支撑为周转摊销材料，其场内运输、回库保养均已包括在内。支撑处需挖运土方、围檩与基坑护壁的填充混凝土未包括在内，发生时应按实另行计算。场外运输按金属Ⅲ类构件计算。

7）基坑钢筋混凝土支撑按相应章节执行。

8）打、拔钢板桩单位工程打桩工程量小于 50t 时，人工、机械乘系数 1.25。场内运

输超过300m时，应按相应构件运输子目执行，并扣除打桩子目中的场内运输费。

（2）建筑物垂直运输

建筑工程垂直运输

1）“檐高”是指设计室外地坪至檐口的高度，凸出主体建筑物顶的女儿墙、电梯间、楼梯间、水箱等不计入檐口高度以内；“层数”指地面以上建筑物的高度。

2）2014计价定额项目划分是以建筑物“檐高”、“层数”两个指标界定的，只要其中一个指标达到计价定额规定，即可套用该计价定额子目。

3）一个工程，出现两个或两个以上檐口高度（层数），使用同一台垂直运输机械时，计价定额不作调整；使用不同垂直运输机械时，应依照国家工期计价定额规定结合施工合同的工期约定，分别计算。

4）当建筑物垂直运输机械数量与计价定额不同时，可按比例调整计价定额含量。2014计价定额按卷扬机施工配两台卷扬机，塔式起重机施工配一台塔式起重机一台卷扬机（施工电梯）考虑。

5）檐高3.60m内的单层建筑物和围墙，不计算垂直运输机械台班。

6）混凝土构件，使用泵送混凝土浇筑者，卷扬机施工计价定额台班乘系数0.96；塔式起重机施工计价定额中的塔式起重机台班含量乘系数0.92。

7）建筑物高度超过计价定额取定高度，每增加20m，人工、机械按最上两档之差递增。不足20m者，按20m计算。

8）采用履带式、轮胎式、汽车式起重机（除塔式起重机外）吊（安）装预制大型构件的工程，除按本章规定计算垂直运输费外，另按有关规定计算构件吊（安）装费。

（3）场内二次搬运

各种材料、成品和半成品的二次搬运是从以往相应计价表中分离出来单独设立的，按运输工具划分为机动翻斗车二次搬运和单（双）轮车二次搬运部分。

1）市区沿街建筑在现场堆放材料有困难，汽车不能将材料运入巷内的建筑，材料不能直接运到单位工程周边需再次中转，建设单位不能按正常合理的施工组织设计提供材料，构件堆放场地和临时设施用地的工程而发生的二次搬运费用，执行计价定额。

2）执行计价定额时，应以工程所发生的第一次搬运为准。

3）水平运距的计算，分别以取料中心点为起点，以材料堆放中心为终点。超运距增加运距不足整数者，进位取整计算。

4）运输道路15%以内的坡度已考虑，超过时另行处理。

5）松散材料运输不包括做方，但要求堆放整齐。如需做方者，应另行处理。

6）机动翻斗车最大运距为600m，单（双）轮车最大运距为120m，超过时，应另行处理。

2. 掌握工程量计算规则

（1）施工排水、降水

施工排水、降水

1）人工土方施工排水不分土壤类别、挖土深度，按挖湿土工程量以立方米计算。

2）人工挖淤泥、流砂施工排水按挖淤泥、流砂工程量以立方米计算。

3）基坑、地下室排水按土方基坑的底面积以平方米计算。

4）强夯法加固地基坑内排水，按强夯法加固地基工程量以平方米计算。

5）井点降水 50 根为一套，累计根数不足一套者按一套计算，井点使用计价表单位为套天，一天按 24 小时计算。井管的安装、拆除以“根”计算。

6）基坑钢管支撑以坑内的钢立柱、支撑、围檩、活络接头、法兰盘、预埋铁件的合并重量按吨计算。

7）打、拔钢板桩按设计钢板桩重量以吨计算。

（2）建筑物垂直运输

1）建筑物垂直运输机械台班用量，区分不同结构类型、檐口高度（层数）按国家工期定额以日历天计算。

2）烟囱、水塔、筒仓垂直运输机械台班，以“座”计算。超过计价定额规定高度时，按每增高 1m 计价定额项目计算。高度不足 1m，按 1m 计算。

3）施工塔式起重机、电梯基础，塔式起重机及电梯与建筑物连接件，按施工塔式起重机及电梯的不同型号以“台”计算。

（3）场内二次搬运

1）砂子、石子、毛石、块石、炉渣、矿渣、石灰膏按堆积原方计算。

2）混凝土构件及水泥制品按实体积计算。

3）玻璃按标准箱计算。

其他材料按表中计量单位计算。

场内二次搬运

注意点：1）注意场内二次搬运费的适用范围。

2）注意材料的计量单位，松散材料要按堆体积计算工程量；混凝土构件按实体积计算；玻璃以标准箱计算等。

3. 领会典型案例的计算思路

【例 2-13-1】 某三类建筑工程整板基础，基础平面尺寸为 14m×36m，C20 混凝土垫层厚度 100mm，垫层每边伸出基础 100mm，垫层需支模，垫层底面至设计室外地面深度为 2.2m。土方类别为三类，地下常水位标高位于设计室外地面以下 1.2m 处，采用人工挖土。未采用施工降水措施。请计算该工程施工排水费用。

【解】（1）列项：挖湿土排水（22-1）；基坑排水（22-2）。

（2）计算工程量

挖湿土排水费用工程量同挖湿土工程量：

下底长 36＋0.1×2＋0.3×2＝36.8m

宽 14＋0.1×2＋0.3×2＝14.8m

上底长 36.8＋0.33×（2.2－1.2）×2＝37.46m

宽 14.8＋0.33×（2.2－1.2）×2＝15.46m

挖湿土体积：[36.8×14.8＋(36.8＋37.46)×(14.8＋15.46)＋37.46×15.46]×1/6＝561.81m^3

基坑排水面积：36.8×14.8＝544.64m^2

（3）套用计价定额（表 2-13-2）

套用计价定额计算表　　表 2-13-2

序号	计价定额编号	项目名称	计量单位	工程量	综合单价（元）	合价（元）
1	22-1	施工排水（人工挖湿土）	m^3	561.81	12.97	7286.68
2	22-2	基坑排水	$10m^2$	54.46	298.07	16232.89
合　计						23519.57

【例 2-13-2】 A、B、C 三栋住宅 6 层带一层地下室建筑物，共用一台塔式起重机，各自配一台卷扬机，框架-剪力墙结构；查工期定额三栋均为 286 天；已知三栋同时开工、竣工，工程类别为二类。求 A 栋建筑物垂直运输机械费。

【解】（1）列项：现浇框架结构垂直运输费（23-8）

（2）计算工程量

A 栋垂直运输费工程量为 286 天，其中起重机台班含量根据分摊的原则。

调整为 0.523/3＝0.174 台班

（3）套用计价定额（表 2-13-3）

表 2-13-3

序号	计价定额编号	项目名称	计量单位	工程量	综合单价（元）	合价（元）
1	23-8换	塔式起重机（现浇框架 20m 内）	天	286	341.33	97620.38
合　计						97620.38

注：23-8换＝(154.81＋0.174×511.46)×(1＋28%＋12%)＝341.33 元/天。

【例 2-13-3】 某办公楼工程，要求按照国家工期定额提前 15%工期竣工，该工程为三类土，条形基础，现浇框架结构 5 层，每层建筑面积 900m^2，檐口高度 16.95m，使用泵送商品混凝土，配备 400kN・m 的自升式塔式起重机和卷扬机带塔一台。请计算该办公楼垂直运输机械费（人、材、机单价，管理费和利润费率均按定额不调整）。

【解】（1）列项：现浇框架结构垂直运输费（TY01-89-2016）（23-8）

（2）计算工程量：查《全国统一建筑安装工程工期定额》得：

基础定额工期 1-2　36 天

上部定额工期 1-273　240 天

该办公楼定额工期 36＋240＝276 天

（3）套用计价定额（表 2-13-4）

套用计价定额计算表　　表 2-13-4

序号	计价定额编号	项目名称	计量单位	工程量	综合单价（元）	合计（元）
1	23-8换	塔式起重机（现浇框架 20m 内）	天	276	549.24	151590.24
合计						151590.24

注：23-8换＝576.56－267.49×(1－0.92)×(1＋25%＋12%)＝549.24 元/天。

【例 2-13-4】某三类工程因施工现场狭窄，计有 300t 弯曲成型钢筋和 5000 块水泥空心砌块发生二次转运。成型钢筋采用人力双轮车运输，转运距离 100m；水泥空心砌块采用人力双轮车运输，转运距离 120m。计算该工程二次搬运费（人、材、机单价按定额不调整）。

【解】（1）列项：弯曲成型钢筋二次转运（24-107＋108）；水泥空心砌块二次转运（24-29＋24-30×2）；

（2）计算工程量：弯曲成型钢筋二次转运 300t，水泥空心砌块二次转运 50m^3。

（3）套用计价定额（表 2-13-5）

套用计价定额计算表　　表 2-13-5

序号	计价定额编号	项目名称	计量单位	工程量	综合单价（元）	合价（元）
1	24-107＋108	弯曲成型钢筋二次转运	t	300	25.32＋2.11	8229.00
2	24-29＋24-30×2	水泥空心砌块二次转运	m^3	50	168.78＋25.32×2	10971.00
合　计						19200.00

学习情境3　应用清单计价法编制建筑工程施工图预算

任务3.1　房屋建筑与装饰工程工程量清单编制

知识目标

1. 理解工程清单编制的方法与要求；
2. 熟悉房屋建筑与装饰工程项目设置及计算规则；
3. 掌握房屋建筑与装饰工程工程量清单编制。

能力目标

1. 能正确理解并编制工程量清单；
2. 能够正确应用规范和标准规定，正确计算房屋建筑工程的清单工程量与清单编制；
3. 能够较好地试做二级造价工程师考试试题。

素质目标

1. 养成自主学习、观察与探索的良好习惯；
2. 善于规划学习与生活，养成自律与有序的学习和工作习惯；
3. 培养严谨的工作作风，相信和尊重科学；
4. 养成发现问题、提出问题和及时解决问题的良好学习、工作习惯。

思政目标

1. 工程清单是我国实行改革开放、实现国际接轨的重要成果之一。通过四十余年来改革开放成果展现中国共产党与时俱进带领中国人民奋发向前的精神面貌，坚定学生爱国爱党情操。

2. 通过工程优质优价费传授国家倡导高质量发展的积极意义，激发学生践行工匠精神，追求卓越的职业理想。

3.1.1　工程量清单编制任务分析

项目背景：某服饰车间，详见学习工作页附图1。编制房屋建筑与装饰工程分部分项工程量清单。

1. 准备工作

（1）熟悉并认真研究建筑图、结构图；领会清单的相关规定和计算规则。

（2）熟悉工程量清单的格式。

2. 列项并进行项目特征描述

(1) 根据房屋建筑工程计量规范的附录进行列项。

(2) 特征描述时应按照以下原则:

工程量清单计价

1) 清单项目特征的描述，应根据计量规范附录中有关项目特征的要求，结合技术规范、标准图集、施工图纸，按工程结构、使用材质及规格或安装位置等，予以详细而准确的表述和说明，以能满足确定综合单价的要求为前提。

2) 对采用标准图集或施工图纸能够全部或部分满足项目特征描述要求的，可直接采用“详见××图集”或“××图号”的方式。但对不能满足项目特征描述要求的部分，仍用文字描述进行补充。

3. 计算建筑与装饰工程分部分项清单工程量，熟悉清单工程量计算的特点是实体数量，并注意以下几个规则:

1) 平整场地按设计图示建筑物首层建筑面积计算。

2) 挖基础土方设计图示尺寸以基础垫层底面积乘以挖土深度计算。

3) 预制钢筋混凝土桩计量单位为米时，工程量按图示桩长（包括桩尖）计算；计量单位为根时，工程量按设计图示数量计算；以立方米计量时，按设计图示截面积乘以桩长（包括桩尖）以实体积计算。

4) 内墙高度算至楼板隔层板底，与计价定额规则同步。

5) 有梁板的柱高，应自柱基上表面（或楼板上表面）至上一层楼板上表面之间的高度计算。

3.1.2 工程量清单编制任务实施

以一层为例计算建筑与装饰工程分部分项清单工程量并进行项目特征描述，将结果填入工程量清单计算表格中（表 3-1-1）。

工程量清单计算表 表 3-1-1

序号	项目编码及名称	项目特征	计量单位	计算数量(带计算式)
	0101	土(石)方工程		
1	010101001001 平整场地	三类土，厚度在300mm内，挖填找平	m^2	(42+0.12×2)×(19+0.12×2)=812.698
2	010101004001 挖基础土方	三类土，基坑，挖土深度 1m，弃土运距 150m	m^3	三桩承台(2.122+0.4/1.732＜tan60°＞×2+0.1×2+0.3×2)×(1.85+0.4+0.1×2+0.3×2)/2×(1.3−0.3)×10＜个＞=51.604 四桩承台(2.0+0.1×2+0.3×2)×(2+0.1×2+0.3×2)×(1.3−0.3)×2＜个＞=15.680 五桩承台(2.5+0.1×2+0.3×2)×(2.5+0.1×2+0.3×2)×(1.3−0.3)×3＜个＞=32.670 六桩承台(2.0+0.1×2+0.3×2)×(3.2+0.1×2+0.3×2)×(1.3−0.3)×2＜个＞=22.400

续表

序号	项目编码及名称	项目特征	计量单位	计算数量(带计算式)
3	010101003001 挖沟槽土方	三类土，基槽，挖土深度1m，弃土运距150m	m³	JLL1＜1轴＞　(0.25+0.3×2)×(1−0.3)×19=11.305 JKL1＜2轴＞　(0.25+0.3×2)×(1−0.3)×[19−1.625−1.525−(3.0+0.12+0.2+0.1+0.3)−(1.6+0.1+0.3)]=6.027 JLL2＜2～3轴＞　(0.25+0.3×2)×(0.75−0.3)×[9.5−(3+0.12+0.2+0.1+0.3)−0.425]=2.048 JKL2＜3轴＞　(0.25+0.3×2)×(1−0.3)×(19−1.625−1.525−2.8)=7.765 JKL3＜4～5轴＞　(0.25+0.3×2)×(1−0.3)×(19−1.625−1.275−3.3)×2=15.232 JKL4＜6轴＞　(0.25+0.3×2)×(1−0.3)×(19−0.425−3.3−2.8−1.275)=6.664 JLL3＜6～7轴＞　(0.25+0.3×2)×(0.75−0.3)×(3−0.425×2)×2=1.645 JKL5＜7轴＞　(0.25+0.3×2)×(1−0.3)×(19−2.65×2−1.275)=7.393 JKL6＜A轴＞　(0.25+0.3×2)×(1−0.3)×(42−1.461−2.921×3)=18.907 JKL7＜B轴＞　(0.25+0.3×2)×(1−0.3)×(7.8−1.65−1.536)=2.745 JKL8＜C轴＞　(0.25+0.3×2)×(1−0.3)×[39−(3.4+0.12+0.2+0.1+0.3)−4−3.3×2−2.8−1.536]=11.867 (0.3+0.3×2)×(1.2−0.3)×(3−2−0.425)=0.466 JLL4＜C～D轴＞　(0.25+0.3×2)×(1−0.3)×(7.8−0.425×2−0.85)=3.630 0.25×(1−0.3)×[7.8−(3.4+0.12+0.2+0.1+0.3)−0.425]=0.570 JKL9＜D轴＞　(0.25+0.3×2)×(1−0.3)×(42−2−2.8−2.922×3−1.536)=16.004
4	010101004002 挖基础土方	三类土，挖土深度3.0m内，弃土运距150m	m³	九桩承台(2.8−0.3)/6×[(3.2+0.1×2+0.3×2)×(3.2+0.1×2+0.3×2)+(3.2+0.1×2+0.3×2+0.25×2.4×2)×(3.2+0.1×2+0.3×2+0.25×2.4×2)+(4+5.2)×(4+5.2)]=53.200 电梯底板(1.5+0.3+0.10.3)/6×[(3.4+0.12×2+0.2×2+0.1×2+0.3×2)×(3+0.12×2+0.2×2+0.1×2+0.3×2)+(3.4+0.12×2+0.2×2+0.1×2+0.3×2+0.25×1.6×2)×(3+0.12×2+0.2×2+0.1×2+0.3×2+0.25×1.6×2)+(4.44+5.24)×(4.84+5.64)]−(1.6+0.1+0.3)×(1.6+0.1+0.3)×(1.5+0.3+0.1−0.3)＜九桩承台所占体积＞=34.264

续表

序号	项目编码及名称	项目特征	计量单位	计算数量(带计算式)
5	010103001001 回填方	基础回填土、室内回填：夯填，运输距离150m	m³	基槽坑回填 挖土方　122.354+112.26+87.464=322.078 垫层－19.955 桩承台－51.773 基础梁－34.998 电梯底板－4.412 电梯井　－(3+0.12×2)×(3.4+0.12×2)×(1.5－0.3)=－14.152 砖基础　－(14.327+0.884)×0.1/0.4=－3.803 室内回填 {(42－0.12×2)×(19－0.12×2)－0.24×[(7.8－0.12)+(3－0.12)+(3+3.4－0.12)+(9.5－0.12)+(9.5－0.12×2)]}×(0.3－0.1－0.06－0.02－0.01)=85.239
	0103	桩与地基基础工程		
1	010301002001 预制钢筋混凝土桩	PTC-400（70）A-C60-7管桩，桩长14m	m	三桩 14×10×3=420 四桩 14×2×4=112 五桩 14×3×5=210 六桩 14×2×6=168 九桩 14×9=126
	0104	砌筑工程		
1	010401001001 砖基础	±0.000以下：MU10混凝土实心砖，M10水泥砂浆砌筑	m³	JLL1　0.24×0.4×19=1.824 JKL1　0.24×0.4×(9.5－0.15－0.375)=0.862 JLL2　0.24×0.4×(9.5－3－0.12)=0.612 JKL4　0.24×0.4×(3－0.125－0.12)=0.264 JLL3　0.24×0.35×(3－0.125×2)×2=0.462 JKL5　0.24×0.4×(19－0.5×2－0.375)=1.692 JKL6　0.24×0.4×(42－0.4×4)=3.878 JKL7　0.24×0.4×(7.8－0.25－0.275)=0.698 JKL8　0.24×0.4×(3+3.4－0.12－0.6－0.3)=0.516 JLL4　0.24×0.4×(3.4－0.12×2)×2=0.607 JKL9　0.24×0.4×(42－0.5×2－0.4×3－0.275)=3.794 扣±0.000以下构造柱－0.702－0.182=－0.884
2	010402001001 砌块墙	±0.000以上：240mm厚MU10混凝土空心砖，M7.5混合砂浆砌筑	m³	<1>　0.24×(3.6－0.5)×19=14.136 <2>～<3>　0.24×(3.6－0.35)×(9.5－0.12)=7.316 <C>～<D>　0.24×(3.6－0.65)×(3.4－0.12×2)=2.237 <C>～<D>　0.24×(3.6－0.65)×(3.4－0.12×2)=2.237 <2>　0.24×(3.6－0.8)×(9.5－0.375－0.3)=5.93 <6>　0.24×(3.6－0.8)×(3－0.12－0.125)=1.851 <7>　0.24×(3.6－0.8)×(19－0.375×2－0.5)=11.928 <A>　0.24×(3.6－0.65)×(42－0.4×4)=28.603 <B>　0.24×(3.6－0.6)×(7.8－0.25－0.275)=5.238 <C>　0.24×(3.6－0.9)×(3+3.4－0.12－0.6)=3.681 <D>　0.24×(3.6－0.65)×(42－0.5×2－0.4×3－0.275)=27.984 扣门窗 M2428　－2.4×2.8×0.24=－1.613　M2028　－2×2.8×0.24=－1.344 M0922　－0.9×2.2×2×0.24=－0.951　F1822　－1.8×2.2×2×0.24=－1.9 C2418　－2.4×1.8×15×0.24=－15.552　C1816　－1.8×1.6×5×0.24=－3.356 C1812　－1.8×1.2×1×0.24=－0.518　C1509　－1.5×0.9×1×0.24=－0.324 扣构造柱－5.136－1.303 扣预制过梁－0.24×0.06×(0.9+0.25×2)×2－0.24×0.18×(1.8+0.25×2)×2－0.24×0.24×(2.4+0.25×2)－0.24×0.18×(2+0.25×2)

续表

序号	项目编码及名称	项目特征	计量单位	计算数量(带计算式)
	0105	混凝土及钢筋混凝土工程		
1	010501001001 垫层	素土夯实，C20商品混凝土垫层	m^3	三桩承台[(2.122+0.4/1.732×2+0.1×2)×(1.85+0.4+0.1×2)/2−0.5×0.4/1.732×0.4×3]×0.1×10=3.272 四桩承台2.2×2.2×0.1×2=0.968 五桩承台 2.7×2.7×0.1×3=2.187 六桩承台2.2×3.4×0.1×2=1.496 九桩承台 3.4×3.4×0.1×1=1.156 电梯底板(3.4+0.12×2+0.2×2+0.1×2)×(3+0.12×2+0.2×2+0.1×2)×0.1=1.628
2	010501005001 桩承台基础	C30商品混凝土	m^3	三桩承台[(2.122+0.4/1.732×2)×(1.85+0.4)/2−0.5×0.4/1.732×0.4×3]×0.6×10=2.768 四桩承台2.0×2.0×0.6×2=0.8 五桩承台 2.5×2.5×0.65×3=1.875 六桩承台2.0×3.2×0.7×2=1.28 九桩承台 3.2×3.2×0.9×1=9.216
3	010503001001 基础梁	C30商品混凝土	m^3	JLL1 0.25×0.6×19=2.85 JKL1 0.25×0.6×(19−0.375×2−0.3−3−0.125)−[(1.225−0.375)×0.4＜三桩＞+(1.125−0.375)×0.5＜六桩＞]×0.25=2.045 JLL2 0.25×0.35×(9.5−3−0.125×2)=0.547 JKL2 0.25×0.6×(19−0.375×2−0.6)−[(1.225−0.375)×0.4＜三桩＞+(2−0.6)×0.5＜六桩＞+(1.125−0.375)×0.4＜四桩＞]×0.25=2.313 JKL3 0.25×0.6×(19−0.375×2−0.5)×2−[(1.225−0.375)×0.4＜三桩＞+(2.5−0.5)×0.45＜五桩＞+(0.875−0.375)×0.4＜三桩＞]×0.25×2=4.605 JKL4 0.25×0.6×(19−0.125−0.5×2−0.375)−[(0.875−0.375)×0.4＜三桩＞+(2−0.5)×0.4＜四桩＞+(2.5−0.5)×0.4＜五桩＞]×0.25=2.225 JLL3 0.25×0.35×(3−0.125×2)×2=0.481 JKL5 0.25×0.6×(19−0.5×2−0.375)−[(1.225−0.375)×0.4＜三桩＞+(1.85−0.5)×0.4＜三桩＞+(0.875−0.375)×0.4＜三桩＞]×0.25=2.374 JKL6 0.25×0.6×(42−0.4×4)−(2.122−0.4)×0.4＜三桩＞×0.25×3＜个＞=5.543 JKL7 0.25×0.6×(7.8−0.25−0.275)−[(1.136−0.275)×0.4＜三桩＞+(1.25−0.25)×0.45＜五桩＞]×0.25=0.893 JKL8 0.25×0.6×(39−3.4−0.125−0.6−0.5×3−0.375)−[(1.136−0.375)×0.4＜三桩＞+(2−0.5)×0.4＜四桩＞+(2.5−0.5)×0.45×2＜五桩＞+(3.2−0.6)×0.5＜六桩＞]×0.25=3.949 0.3×0.8×(3−0.3−0.125)=0.618 JLL4 0.25×0.6×(7.8−0.125×2−0.25)=1.095 0.25×0.6×(7.8−3.4−0.125×2)=0.623 JKL9 0.25×0.6×(42−0.5×2−0.4×3−0.275)−[(1.136−0.275)×0.4＜三桩＞+(2.122−0.4)×0.4×3＜三桩＞+(2−0.5)×0.4＜四桩＞+(3.2−0.5)×0.5＜六桩＞]×0.25=4.839

续表

序号	项目编码及名称	项目特征	计量单位	计算数量(带计算式)
4	010501004001 满堂基础	电梯底板：C30 商品混凝土	m^3	(3.4+0.12×2+0.2×2)×(3+0.12×2+0.2×2)×0.3=4.412
5	010502001001 矩形柱	柱支模高度 3.6m 内，周长 2.5m 内，C30 商品混凝土	m^3	承台顶～−0.050m KZ1　0.4×0.5×(0.6−0.05)×9=0.99 KZ2　0.5×0.5×(0.55−0.05)=0.125 KZ3　0.5×0.5×(0.6−0.05)×2=0.275 0.5×0.5×(0.55−0.05)×2=0.25 KZ4　0.5×0.5×(0.6−0.05)=0.138 0.5×0.5×(0.5−0.05)=0.113 KZ5　0.6×0.6×(0.5−0.05)=0.162 0.6×0.6×(1.8−0.05)=0.63 −0.050～3.550m KZ1　0.4×0.5×(3.55+0.05)×9=6.48 KZ2　0.5×0.5×(3.55+0.05)=0.9 KZ3　0.5×0.5×(3.55+0.05)×4=3.6 KZ4　0.5×0.5×(3.55+0.05)×2=1.8 KZ5　0.6×0.6×(3.55+0.05)×2=2.592
6	010502002001 构造柱	支模高度 3.6m 内，C20 商品混凝土	m^3	−0.400～0.000m(外墙) GZ1　(0.24×0.24+0.06×0.24)×0.4×6<A>=0.173 (0.24×0.24+0.06×0.24)×0.4×5<D>=0.144 (0.24×0.24+0.06×0.24)×0.4×5<1/1>=0.144 (0.24×0.24+0.06×0.24)×0.4×3<7>=0.086 MZ1　(0.25×0.25+0.06×0.25)×0.4=0.031 TZ1　(0.25×0.25+0.06×0.25)×0.4×2=0.062 (0.25×0.25+0.06×0.25)×0.4×2=0.062 0.000～3.550m(外墙) GZ1　(0.24×0.24+0.06×0.24)×(3.55−0.65)×6<A>=1.253 (0.24×0.24+0.06×0.24)×(3.55−0.65)×5<D>=1.044 (0.24×0.24+0.06×0.24)×(3.55−0.5)×5<1/1>=1.098 (0.24×0.24+0.06×0.24)×(3.55−0.8)×3<7>=0.594 MZ1　(0.25×0.25+0.06×0.25)×(3.55−0.65)=0.225 TZ1　(0.25×0.25+0.06×0.25)×(3.55−0.65)×2=0.45 (0.25×0.25+0.06×0.25)×(3.55−0.5)×2=0.473 −0.400～0.000m(内墙) GZ1　(0.24×0.24+0.03×0.24×3)×0.4<2>=0.032 (0.24×0.24+0.03×0.24×3)×0.4=0.032 (0.24×0.24+0.06×0.24)×0.4×2=0.058 TZ1　(0.25×0.25+0.06×0.25)×0.4=0.031 (0.25×0.25+0.06×0.25)×0.4=0.031 0.000～3.550m(内墙) GZ1　(0.24×0.24+0.03×0.24×3)×(3.55−0.8)<2>=0.218 (0.24×0.24+0.03×0.24×3)×(3.55−0.65)=0.230 (0.24×0.24+0.06×0.24)×(3.55−0.65)×2=0.418 TZ1　(0.25×0.25+0.06×0.25)×(3.55−0.65)=0.225 (0.25×0.25+0.06×0.25)×(3.55−0.8)=0.213

续表

序号	项目编码及名称	项目特征	计量单位	计算数量(带计算式)
7	010504001001 直形墙	电梯井壁：墙体厚度240mm，C30商品混凝土	m^3	−1.500～−0.050m (3+3.4)×2×0.24×(1.5−0.05)=4.454 10.750～11.850m (3+3.4)×2×0.24×(11.85−10.75)=3.379
8	010505001001 有梁板	板底支模高度3.6m内，板厚度200mm以内，泵送C30商品混凝土	m^3	3.550标高 110mm厚板[(42+0.125×2)×(19+0.125×2)−(3−0.125×2)×(3.4−0.125×2)<电梯井>−(3−0.125×2)×(1.8+2.8−0.125+0.25)<1号楼梯>−(3−0.125×2)×(1.5+2.8−0.125+0.25)<2号楼梯>]×0.11=85.744 LL1 0.25×(0.5−0.11)×19=1.853 LL2 0.25×(0.35−0.11)×(9.5−0.125×2)=0.555 LL3 0.25×(0.35−0.11)×(3−0.125×2)×2=0.33 LL4 0.25×(0.65−0.11)×(42−0.125×2−0.3×5)=5.434 LL5 0.25×(0.65−0.11)×(42−0.125×2−0.3×5−0.25)=5.4 LL6 0.25×(0.65−0.11)×(39−0.125−0.15−0.25−0.3×4)=5.032 KL1 0.3×(0.8−0.11)×(19−0.375×2−0.6)<2>=3.654 KL2 0.3×(0.8−0.11)×(19−0.375−0.6)<3>=3.731 0.3×(0.8−0.11)×(19−0.375×2−0.5)×2<4、5>=7.349 KL3 0.3×(0.8−0.11)×(19−0.375×2−0.5)<6>=3.674 KL4 0.25×(0.8−0.11)×(19−0.375×2−0.5)<7>=3.062 KL5 0.25×(0.65−0.11)×(42−0.4×4)<A>=5.454 KL6 0.25×(0.6−0.11)×(42−0.125−0.3×4−0.5−0.275)<B>=4.888 KL7 0.3×(0.65−0.11)×(42−3−7.8−0.3−0.5×3−0.375)<C>=4.702 0.3×(0.9−0.11)×(3+7.8−0.125−0.6−0.3)=2.317 KL8 0.25×(0.65−0.11)×(42−0.5×2−0.4×3−0.275)<D>=5.336
9	010506001001 直形楼梯	泵送C30商品混凝土	m^2	1号楼梯 (3−0.125×2)×(1.8+2.8−0.125+0.25)=12.994 2号楼梯 (3−0.125×2)×(1.5+2.8−0.125+0.25)=12.169
10	010503004001 现浇圈梁	圈梁：C20商品混凝土	m^3	2.300m标高圈梁 (3+3.4)×2×0.24×0.24=0.737

续表

序号	项目编码及名称	项目特征	计量单位	计算数量(带计算式)
11	010505008001 雨篷、悬挑板、阳台板	雨篷：C30 商品混凝土	m^3	底板 [3.325+(0.75×2+2.4−0.2−0.12)]×1.2×(0.12+0.08)/2=0.829 侧板 0.4×0.06×[3.325+(0.75×2+2.4−0.2−0.12)+1.2×4]=0.281
12	010507005001 扶手、压顶	女儿墙压顶：C30 商品混凝土	m^3	10.750m 标高 0.06×0.24×[42+19+(42−3−7.8−0.12)+(9.5−0.12)]=1.461
13	010510003001 过梁	C20 商品混凝土	m^3	M0922 0.24×0.06×(0.9+0.25×2)×2=0.04 FM1822 0.24×0.18×(1.8+0.25×2)×2=0.199 M2428 0.24×0.24×(2.4+0.25×2)=0.167 M2028 0.24×0.18×(2+0.25×2)=0.108
14	010507001001 散水、坡道	详苏 J9508-39-3	m^2	0.6×[(42+0.12×2)×2+(39+0.12×2)−2.4−(2.4+0.75×2)−(3.9+7.8+0.12×2)]+0.6×0.6=63.648
15	010507001002 散水、坡道	详苏 J9508-41-A	m^2	[2.4+(2.4+0.75×2)]×1.5=9.45
	0108	门窗工程		
1	010807001001 金属(塑钢、断桥)窗	塑钢推拉窗	m^2	C2418 2.4×1.8×15=64.8 C1816 1.8×1.6×5=14.4 C1812 1.8×1.2×1=2.16 C1509 1.5×0.9×1=1.35
2	010802001001 金属(塑钢)门	铝合金玻璃门	m^2	M2428 2.2×2.8=6.72 M2028 2.0×2.8=5.6
3	010801001001 木质门	双面夹板门	m^2	M0922 0.9×2.2×2=3.96 FM1822 1.8×2.2×2=7.92
	0111	楼地面工程		
1	011102003001 块料地面	卫生间：8～10mm 厚地面砖(300mm×300mm)，干水泥擦缝，撒素水泥浆面(洒适量清水)，20mm 厚干硬性水泥砂浆粘结层，60mm 厚 C20 混凝土，100mm 厚碎石或碎砖夯实，素土夯实	m^2	(3.4−0.12×2)×(3.25−0.12×2)×2<间>=19.023

续表

序号	项目编码及名称	项目特征	计量单位	计算数量(带计算式)
2	011102003002 块料地面	除卫生间外房间：8～10mm厚地面砖(600mm×600mm)，干水泥擦缝，撒素水泥浆面(洒适量清水)，20mm厚干硬性水泥砂浆粘结层，60mm厚C20混凝土，100mm厚碎石或碎砖夯实，素土夯实	m^2	(42－0.12×2)×(19－0.12×2)－3×7.8＋(3－0.12×2)×(7.8－0.12×2)－6.4×9.5＋(3－0.12×2)×(9.5－0.12×2)＝745.641
3	011105001001 水泥砂浆踢脚线	踢脚线高150mm，12mm厚1：3水泥砂浆粉面找坡，8mm厚1：2.5水泥砂浆压实抹光	m^2	楼梯间　[(9.26＋2.76)×2＋(2.76＋7.56)×2]×0.15＝6.702 车间　(41.76＋18.76)×2×0.15＝18.156
4	011106004001 水泥砂浆楼梯面	1：2水泥砂浆楼梯面层	m^2	1号楼梯　(3－0.125×2)×(1.8＋2.8－0.125＋0.25)＝12.993 2号楼梯　(3－0.125×2)×(1.5＋2.8－0.125＋0.25)＝12.169
	0112	墙、柱面工程		
1	011204003001 块料墙面	卫生间:5mm厚釉面砖(200mm×300mm)，6厚1：0.1：2.5水泥石灰砂浆结合层，12mm厚水泥砂浆打底	m^2	男厕　(3.01＋3.16)×2×(3.6－0.11)－(1.8×1.2＋0.9×2.2＋1.5×0.9)＝37.577 女厕　(3.01＋3.16)×2×(3.6－0.11)－(0.9×2.2＋1.5×0.9)＝39.737
2	011201001001 墙面一般抹灰	内墙粉刷：界面剂一道，15mm厚1:1:6水泥石灰砂浆打底，10mm厚1：0.3：3水泥石灰砂浆粉面压实抹光	m^2	楼梯间　(9.26＋2.6)×2×(3.6－0.11)－1.8×2.2<FM1822>＝78.823 (7.56＋2.76)×2×(3.6－0.11)－1.8×2.2<FM1822>＝68.074 车间　[(41.76＋18.76)×2＋0.26×19＋0.16]×(3.6－0.11) －(2.4×1.8×15<C2418>＋1.8×1.2<C1812>＋1.8×1.6×5<C1816>＋2×2.8<M2028>＋2.4×2.8<M2428>＋1.9×2.2<电梯门洞>＋1.8×2.2×2<FM1822>＋0.9×2.2×2<M0922>)＝330.489
3	011202001001 柱面一般抹灰	柱面粉刷：12mm厚1：3水泥砂浆打底，8mm厚1：2.5水泥砂浆粉面	m^2	0.5×4×(3.6－0.11)×3<KZ3>＋0.6×4×(3.6－0.11)<KZ5>＝29.316

续表

序号	项目编码及名称	项目特征	计量单位	计算数量(带计算式)
4	011201001002 墙面一般抹灰	外墙粉刷：12mm厚1∶3水泥砂浆打底，6mm厚1∶2.5水泥砂浆粉面压实抹光	m^2	[(42－7.8－3.9＋0.12－0.12)＜南立面＞＋(19＋0.12×2)＜东立面＞＋(42＋0.12×2)＜北立面＞]×[(3.6＋0.3)＋3.6×2＜层＞＋(0.8×2＋0.24)＜女儿墙＞]＝1187.633 机房外墙面[(7.8＋0.12×2)×2＋(9.5＋0.12×2)]×[3.6＋(0.5×2＋0.24)＜女儿墙＞]＝154.009 扣门窗－(2.4×2.8＜M2428＞＋2×2.8＜M2028＞＋2.4×1.8×49＜C2418＞＋1.8×1.6×15＜C1816＞)－(1.8×1.4×4＜C1814＞＋1.8×1.2×3＜C1812＞＋1.5×1.8×3＜C1518＞)＝－291.66 加窗侧0.1×(8＜M2428＞＋7.6＜M2028＞＋8.4×49＜C2418＞＋6.8×15＜C1816＞＋6.4×4＜C1814＞＋6×3＜C1812＞＋6.6×3＜C1518＞)＝59.26
	0113	天棚工程		
1	020301001001 天棚抹灰	刷素水泥浆一道，6mm厚1∶3水泥砂浆打底，6mm厚1∶2.5水泥砂浆粉面	m^2	厕所天棚 3.01×3.16×2＝19.023 楼梯间(9.26－2.8)×2.76＋2.76×(7.56－2.8)＋2.8×2.76×1.189×2＝49.344 车间天棚9.26×6.4＋18.76×27.56＋15.76×7.8＝699.218 LL3　2×(0.35－0.11)×(3－0.125×2)×2＝2.64 LL4　2×(0.65－0.11)×(42－0.125×2－0.3×5)＝43.47 LL5　2×(0.65－0.11)×[42－0.125×2－0.3×5－0.25－(3＋3.4＋0.125＋0.15)]＝35.991 LL6　2×(0.65－0.11)×[39－0.125－0.15－0.25－0.3×4－(3.4＋0.15＋0.125)]＝36.288 KL1　2×(0.8－0.11)×(19－0.375×2－0.6－9.5)＜2＞＝11.247 KL2　2×(0.8－0.11)×(19－0.375－0.6)＜3＞＝24.875 2×(0.8－0.11)×(19－0.375×2－0.5)×2＜4、5＞＝48.99 KL3　2×(0.8－0.11)×(19－0.375×2－0.5－3)＜6＞＝20.355 KL6　2×(0.6－0.11)×(42－0.125－0.3×4－0.5－0.275－7.8)＜B＞＝31.458 KL7　10.3×(0.65－0.11)×(42－3－7.8－0.3－0.5×3－0.375－3－3.4)＜C＞＝3.655 2×(0.9－0.11)×(3＋7.8－0.125－0.6－0.3－3－3.4)＝5.333
	0114	油漆、涂料、裱糊工程		

续表

序号	项目编码及名称	项目特征	计量单位	计算数量(带计算式)
1	011401001001 木门油漆	聚氨酯油漆	m^2	30.36
2	011406001001 抹灰面油漆	内墙乳胶漆	m^2	1606.566+86.552=1693.118
3	011406001002 抹灰面油漆	外墙涂料	m^2	外墙面[(42－7.8－3.9＋0.12－0.12)＜南立面＞＋(19＋0.12×2)＜东立面＞＋(42＋0.12×2)＜北立面＞]×[(3.6＋0.3)＋3.6×2＜层＞＋(0.8×2＋0.24)＜女儿墙＞]＝1187.633 机房外墙面 [(10.8＋0.12×2)×2＋(9.5＋0.12×2)]×[3.6＋(0.5×2＋0.24)＜女儿墙＞]＝154.009 扣门窗－(2.4×2.8＜M2428＞＋2×2.8＜M2028＞＋2.4×1.8×49＜C2418＞＋1.8×1.6×15＜C1816＞＋1.8×1.4×4＜C1814＞＋1.8×1.2×3＜C1812＞＋1.5×1.8×3＜C1518＞)＝－291.86 加窗侧 0.1×(8＜M2428＞＋7.6＜M2028＞＋8.4×49＜C2418＞＋6.8×15＜C1816＞＋6.4×4＜C1814＞＋6×3＜C1812＞＋6.6×3＜C1518＞)＝59.26
4	011406001003 抹灰面油漆	天棚乳胶漆	m^2	3293.926(同天棚抹灰灰工程量)

3.1.3 工程量清单编制知识支撑

1. 掌握建筑与装饰工程分部分项工程量清单计算规则及特征描述要求

土石方工程的工程量清单编制

《房屋建筑与装饰工程计量规范》GB 50854—2013 包括土石方工程、地基处理与边坡支护工程、桩基工程、砌筑工程、混凝土及钢筋混凝土工程、金属结构工程、木结构工程、门窗工程、屋面及防水工程、防腐隔热、保温工程、楼地面装饰工程、墙、柱面装饰与隔断、幕墙工程、天棚工程、油漆、涂料、裱糊工程、其他装饰工程、拆除工程、措施项目。适用于房屋建筑与装饰工程施工发承包计价活动中的工程量清单编制和工程量计算。

下面分别介绍房屋建筑与装饰工程计量规范主要项目的计算规则。

(1) 土（石）方工程

土（石）方工程适用于建筑物和构筑物的土（石）方开挖和回填工程。主要包括：土方工程，石方工程及回填等项目。

1）土方工程（编码：010101）

土方工程项目包括：平整场地（010101001）、挖一般土方（010101002）、挖沟槽土方（010101003）、挖基坑土方（010101004）、冻土开挖（010101005），挖淤泥、流砂（010101006）、管沟土方（010101007）七个清单项目。

① 项目特征

平整场地的项目特征包括：土壤类别；弃土运距；取土运距。

挖一般土方、挖沟槽土方、挖基坑土方的项目特征包括：土壤类别；挖土深度。

冻土开挖的项目特征包括：冻土厚度。

② 计算规则

平整场地：按设计图示尺寸以建筑物首层建筑面积计算。

挖一般土方：按设计图示尺寸以体积计算。

挖沟槽土方、挖基坑土方：房屋建筑按设计图示尺寸以基础垫层底面积乘以挖土深度计算。构筑物按最大水平投影面积乘以挖土深度（原地面平均标高至坑底高度）以体积计算。

2）石方工程（编码：010102）

石方工程项目包括：挖一般石方（010102001）、挖沟槽石方（010102002）、挖基坑石方（010102003）、基底摊座（010102004）、管沟石方（010102005）五个清单项目。

① 项目特征

挖一般石方、挖沟槽石方、挖基坑石方、基底摊座的项目特征包括：岩石类别；开凿深度；弃渣运距。

管沟石方的项目特征包括：岩石类别；管外径；挖沟深度。

② 计算规则

挖一般石方：按设计图示以体积计算。

挖沟槽石方：按设计图示尺寸以沟槽底面积乘以挖石深度以体积计算。

挖基坑石方：按设计图示尺寸以基坑底面积乘以挖石深度以体积计算。

基底摊座：按设计图示尺寸以展开面积计算。

管沟石方：以米计量，按设计图示以管道中心线长度计算；以立方米计量，按设计图示截面积乘以长度计算。

3）回填（编码：010103）

回填项目包括：回填方（010103001）、余方弃置（010103002）、缺土内运（010103003）三个清单项目。

① 项目特征

回填方的项目特征包括：密实度要求；填方材料品种；填方粒径要求；填方来源、运输距离。余方弃置的项目特征包括：废弃量品种；运距。

缺土内运的项目特征包括：填方材料品种；运距。

② 计算规则

回填方按设计图示尺寸以体积计算。

注：①场地回填：回填面积乘以平均回填厚度。

②室内回填：主墙间净面积乘以回填厚度，不扣除间隔墙。

③基础回填：挖方体积减去设计室外地坪以下埋设的基础体积（包括基础垫层及其他构筑物）。

余方弃置按挖方清单项目工程量减利用回填方体积（正数）计算。

缺土内运按挖方清单项目工程量减利用回填方体积（负数）计算。

（2）地基处理与边坡支护工程

1）地基处理（编码：010201）

地基处理包括：换填垫层(010201001)、铺设土工合成材料(010201002)、预压地基(010201003)、强夯地基(010201004)、振冲密实(不填料)(010201005)、振冲桩(填料)(010201006)、砂石桩(010201007)、水泥粉煤灰砂石桩(010201008)、深层搅拌桩(010201009)、粉喷桩(010201010)、夯实水泥土桩(010201011)、高压喷射注浆桩(010201012)、石灰桩(010201013)、灰土挤密桩(010201014)、柱锤冲扩桩(010201015)、注浆地基(010201016)、褥垫层(010201017)十七个清单项目。

① 项目特征

换填垫层的项目特征包括：材料种类及配比；压实系数；掺加剂品种。

铺设土工合成材料的项目特征包括：部位；品种；规格。

预压地基的项目特征包括：排水竖井种类、断面尺寸、排列方式、间距、深度；预压方法；预压荷载、时间；砂垫层厚度。

强夯地基的项目特征包括：夯击能量；夯击遍数；地耐力要求；夯填材料种类。

振冲密实（不填料）的项目特征包括：地层情况；振密深度；孔距。

振冲桩（填料）的项目特征包括：地层情况；空桩长度、桩长；桩径；填充材料种类。

砂石桩的项目特征包括：地层情况；空桩长度、桩长；桩径；成孔方法；材料种类、级配。

水泥粉煤灰砂石桩的项目特征包括：地层情况；空桩长度、桩长；桩径；成孔方法；混合料强度等级。

深层搅拌桩的项目特征包括：地层情况；空桩长度、桩长；桩截面尺寸；水泥强度等级、掺量。

粉喷桩的项目特征包括：地层情况；空桩长度、桩长；桩径；粉体种类、掺量；水泥强度等级、石灰粉要求。

夯实水泥土桩的项目特征包括：地层情况；空桩长度、桩长；桩径；成孔方法；水泥强度等级；混合料配比。

高压喷射注浆桩的项目特征包括：地层情况；空桩长度、桩长；桩截面；注浆类型方法；水泥强度等级。

石灰桩的项目特征包括：地层情况；空桩长度、桩长；桩径；成孔方法；掺合料种类、配合比。

灰土挤密桩的项目特征包括：地层情况；空桩长度、桩长；桩径；成孔方法；灰土级配。

柱锤冲扩桩的项目特征包括：地层情况；空桩长度、桩长；桩径；成孔方法；桩体材料种类、配合比。

注浆地基的项目特征包括：地层情况；空钻深度、注浆深度；注浆间距；浆液种类及配比；注浆方法；水泥强度等级。

褥垫层的项目特征包括：厚度；材料品种及比例。

② 计算规则

换填垫层：按设计图示尺寸以体积计算。

铺设土工合成材料：按设计图示尺寸以面积计算。

预压地基、强夯地基、振冲密实（不填料）：按设计图示尺寸以加固面积计算。

冲桩（填料）：A. 以米计量，按设计图示尺寸以桩长计算；B. 以立方米计量，按设计桩截面乘以桩长以体积计算。

砂石桩：A. 以米计量，按设计图示尺寸以桩长（包括桩尖）计算；B. 以立方米计量，按设计桩截面乘以桩长（包括桩尖）以体积计算。

水泥粉煤灰砂石桩：按设计图示尺寸以桩长（包括桩尖）计算。

深层搅拌桩：按设计图示尺寸以桩长计算。

粉喷桩：按设计图示尺寸以桩长计算。

夯实水泥土桩：按设计图示尺寸以桩长（包括桩尖）计算。

高压喷射注浆桩：按设计图示尺寸以桩长计算。

石灰桩、灰土挤密桩：按设计图示尺寸以桩长（包括桩尖）计算。

柱锤冲扩桩：按设计图示尺寸以桩长计算。

注浆地基：A. 以米计量，按设计图示尺寸以钻孔深度计算；B. 以立方米计量，按设计图示尺寸以加固体积计算。

褥垫层：A. 以平方米计量，按设计图示尺寸以铺设面积计算；B. 以立方米计量，按设计图示尺寸以体积计算。

2）基坑与边坡支护（编码：010202）

地基与边坡支护项目包括：地下连续墙（010202001）、咬合灌注桩（010202002）、圆木桩（010202003）、预制钢筋混凝土板桩（010202004）、型钢桩（010202005）、钢板桩（010202006）、预应力锚杆、锚索（010202007）、其他锚杆、土钉（010202008），喷射混凝土、水泥砂浆（010202009），混凝土支撑（010202010）、钢支撑（010202011）十一个清单项目。

① 项目特征

地下连续墙的项目特征包括：地层情况；导墙类型、截面；墙体厚度；成槽深度；混凝土类别、强度等级；接头形式。

咬合灌注桩的项目特征包括：地层情况；桩长；桩径；混凝土类别、强度等级；部位。

圆木桩的项目特征包括：地层情况；桩长；材质；尾径；桩倾斜度。

预制钢筋混凝土板桩的项目特征包括：地层情况；送桩深度、桩长；桩截面；混凝土强度等级。

型钢桩的项目特征包括：地层情况或部位；送桩深度、桩长；规格、型号；桩倾斜度；防护材料种类；是否拔出。

钢板桩的项目特征包括：地层情况；桩长；桩板厚度。

预应力锚杆、锚索的项目特征包括：地层情况；锚杆（索）的类型、部位；钻孔深度；钻孔直径；杆体材料品种、规格、数量；浆液种类、强度等级。

其他锚杆、土钉的项目特征包括：地层情况；钻孔深度；钻孔直径；置入方法；杆体材料品种、规格、数量；浆液种类、强度等级。

喷射混凝土、水泥砂浆的项目特征包括：部位；厚度；材料种类；混凝土（砂浆）类别、强度等级。

混凝土支撑的项目特征包括：部位；混凝土强度等级。

钢支撑的项目特征包括：部位；钢材品种、规格；探伤要求。

② 计算规则

地下连续墙：按设计图示墙中心线长乘以厚度乘以槽深以体积计算。

咬合灌注桩：A. 以米计量，设计图示尺寸以桩长计算；B. 以根计量，按设计图示数量计算。

圆木桩、预制钢筋混凝土板桩：A. 以米计量，按设计图示尺寸以桩长（包括桩尖）计算；B. 以根计量，按设计图示数量计算。

型钢桩：A. 以吨计量，按设计图示尺寸以质量计算；B. 以根计量，按设计图示数量计算。

钢板桩：A. 以吨计量，按设计图示尺寸以质量计算；B. 以平方米计量，按设计图示墙中心线长以桩长乘以面积计算。

预应力锚杆、锚索、其他锚杆、土钉：A. 以米计量，按设计图示尺寸以钻孔深度计算；B. 以根计量，按设计图示数量计算。

喷射混凝土、水泥砂浆：按设计图示尺寸以面积计算。

混凝土支撑：按设计图示尺寸以体积计算。

钢支撑：按设计图示尺寸以质量计算。不扣除孔眼质量，焊条、铆钉、螺栓等不另增加质量。

（3）桩基工程

1）打桩（编码：010301）

打桩工程的工程量清单编制及计价

打桩项目包括：预制钢筋混凝土方桩（010301001）、预制钢筋混凝土管桩（010301002）、钢管桩（010301003）、截（桩）头（010301004）四个清单项目。

① 项目特征

预制钢筋混凝土方桩的项目特征包括：地层情况；送桩深度、桩长；桩截面；桩倾斜度；混凝土强度等级。

预制钢筋混凝土管桩的项目特征包括：地层情况；送桩深度、桩长；桩外径、厚度；桩倾斜度；混凝土强度等级；填充材料种类；防护材料种类。

钢筋桩的项目特征包括：地层情况；送桩深度、桩长；材质；管径、壁厚；桩倾斜度；填充材料种类；防护材料种类。

截（桩）头的项目特征包括：桩头截面、高度；混凝土强度等级；有无钢筋。

② 计算规则

预制钢筋混凝土方桩、预制钢筋混凝土管桩：A. 以米计量，按设计图示尺寸以桩长（包括桩尖）计算；B. 以根计量，按设计图示数量计算。

钢筋桩：A. 以吨计量，按设计图示尺寸以质量计算；B. 以根计量，按设计图示数量计算。

截（桩）头：A. 以立方米计量，按设计桩截面乘以桩头长度以体积计算；B. 以根计量，按设计图示数量计算。

2）灌注桩（编码：010302）

灌注桩项目包括：泥浆护壁成孔灌注桩（010302001）、沉管灌注桩（010302002）、干作业成孔灌注桩（010302003）、挖孔桩土（石）方（010302004）、人工挖孔灌注桩（010302005）、钻孔压浆桩（010302006）、桩底灌浆（010302007）七个清单项目。

① 项目特征

泥浆护壁成孔灌注桩的项目特征包括：地层情况；空桩长度、桩长；桩径；成孔方法；护筒类型、长度；混凝土类别、强度等级。

沉管灌注桩的项目特征包括：地层情况；空桩长度、桩长；复打长度；桩径；沉管方法；桩类类型；混凝土类别、强度等级。

干作业成孔灌注桩的项目特征包括：地层情况；空桩长度、桩长；桩径；护孔直径、高度；成孔方法；混凝土类别、强度等级。

挖孔桩土（石）方的项目特征包括：土（石）类别；挖孔深度；弃土（石）运距。

人工挖孔灌注桩的项目特征包括：桩芯长度；桩芯直径、扩底直径、扩底高度；护壁厚度、高度；护壁混凝土类别、强度等级；桩芯混凝土类别、强度等级 。

钻孔压浆桩的项目特征包括：地层情况；空桩长度、钻孔直径；水泥强度等级。

桩底灌浆的项目特征包括：注浆导管材料、规格；注浆导管长度；单孔注浆量；水泥强度等级。

② 计算规则

泥浆护壁成孔灌注桩、沉管灌注桩、干作业成孔灌注桩：A. 以米计量，按设计图示尺寸以桩长（包括桩尖）计算；B. 以立方米计量，按不同在桩上范围内以体积计算；C. 以根计量，按设计图示数量计算。

挖孔桩土（石）方：按设计图示尺寸截面积乘以挖孔深度以立方米计算。

人工挖孔灌注桩：A. 以立方米计量，按桩芯混凝土体积计算；B. 以根计量，按设计图示数量计算。

钻孔压浆桩：A. 以米计量，按设计图示尺寸以桩长计算；B. 以根计量，按设计图示数量计算。

桩底灌浆：按设计图示以注浆孔数计算。

（4）砌筑工程

砌筑工程适用于建筑物和构筑物的砌筑工程。主要包括：砖砌体，砌块砌体，石砌体，垫层等项目。

砌筑工程的工程量清单编制及计价

1）砖砌体（编码：010401）

砖砌体项目包括：砖基础（010401001）、砖砌挖孔桩护壁（010401002）、实心砖墙（010401003）、多孔砖墙（010401004）、空心砖墙（010401005）、空斗墙（010401006）、空花墙（010401007）、填充墙（010401008）、实心砖柱（010401009）、多孔砖柱（010401010）、砖检查井（010401011）、零星砌砖（010401012）十二个清单项目。

① 项目特征

砖基础的项目特征包括：砖品种、规格、强度等级；基础类型；砂浆强度等级；防潮层材料种类。

砖砌挖孔桩护壁的项目特征包括：砖品种、规格、强度等级；砂浆强度等级。

实心砖墙、多孔砖墙、空心砖墙的项目特征包括：砖品种、规格、强度等级；墙体类型；砂浆强度等级、配合比。

空斗墙、空花墙、填充墙的项目特征包括：砖品种、规格、强度等级；墙体类型；砂浆强度等级、配合比。

实心砖柱、多孔砖柱的项目特征包括：砖品种、规格、强度等级；柱类型；砂浆强度等级、配合比。

砖检查井的项目特征包括：井截面；垫层材料种类、厚度；底板厚度；井盖安装；混凝土强度等级；砂浆强度等级；防潮层材料种类。

零星砌砖的项目特征包括：零星砌砖的名称、部位；砂浆强度等级、配合比。

② 计算规则

砖基础：按设计图示尺寸以体积算。包括附墙垛基础宽出部分体积，扣除地梁（圈梁）、构造柱所占体积，不扣除基础放脚T形接头处的重叠部分及嵌入基础内的钢筋、铁件、管道、基础砂浆防潮层和单个面积0.3m^{2}以内的孔洞所占体积，靠墙暖气沟的挑檐不增加。

基础长度：外墙按中心线，内墙按净长线计算。

砖砌挖孔桩护壁：按设计图示尺寸以立方米计算。

实心砖墙、多孔砖墙、空心砖墙：按设计图示尺寸以体积计算。扣除门窗洞口、过人洞、空圈、嵌入墙内的钢筋混凝土柱、梁、圈梁、挑梁、过梁及凹进墙内的壁龛、管槽、暖气槽、消火栓箱所占体积。不扣除梁头、板头、檩头、垫木、木楞头、沿椽木、木砖、门窗走头、砖墙内加固钢筋、木筋、铁件、钢管及单个面积0.3m^{2}以内的孔洞所占体积。凸出墙面的腰线、挑檐、压顶、窗台线、虎头砖、门窗套的体积亦不增加。凸出墙面的砖垛并入墙体体积内计算。

A. 墙长度：外墙按中心线，内墙按净长计算。

B. 墙高度：

a. 外墙：斜（坡）屋面无檐口天棚者算至屋面板底；有屋架且室内外均有天棚者算至屋架下弦底另加200mm；无天棚者算至屋架下弦底另加300mm，出檐宽度超过600mm时按实砌高度计算；平屋面算至钢筋混凝土板底。

b. 内墙：位于屋架下弦者，算至屋架下弦底；无屋架者算至天棚底另加100mm；有钢筋混凝土楼板隔层者算至楼板顶；有框架梁时算至梁底。

c. 女儿墙：从屋面板上表面算至女儿墙顶面（如有混凝土压顶时算至压顶下表面）。

d. 内、外山墙：按其平均高度计算。

C. 框架间墙：不分内外墙按墙体净尺寸以体积计算。

D. 围墙：高度算至压顶上表面（如有混凝土压顶时算至压顶下表面），围墙柱并入围墙体积内。

空斗墙：按设计图示尺寸以空斗墙外形体积计算。墙角、内外墙交接处、门窗洞口立边、窗台砖、屋檐处的实砌部分体积并入空斗墙体积内。

空花墙：按设计图示尺寸以空花部分外形体积计算，不扣除空洞部分体积。

填充墙：按设计图示尺寸以填充墙外形体积计算。

实心砖柱、多孔砖柱：按设计图示尺寸以体积计算。扣除混凝土及钢筋混凝土梁垫、梁头所占体积。

砖检查井：按设计图示数量计算。

零星砌砖：a. 以立方米计量，按设计图示尺寸截面积乘以长度以体积计算；b. 以平方米计量，按设计图示尺寸水平投影面积计算；c. 以米计量，按设计图示尺寸长度计算；d. 以个计量，按设计图示数量计算。

2）砌块砌体（编码：010402）

砌块砌体项目包括：砌块墙（010402001）、砌块柱（010402002）两个清单项目。

① 项目特征

砌块墙的项目特征包括：砌块品种、规格、强度等级；墙体类型；砂浆强度等级。

砌块柱的项目特征包括：砌块品种、规格、强度等级；墙体类型；砂浆强度等级。

② 计算规则

砌块墙：按设计图示尺寸以体积计算。扣除门窗洞口、过人洞、空圈、嵌入墙内的钢筋混凝土柱、梁、圈梁、挑梁、过梁及凹进墙内的壁龛、管槽、暖气槽、消火栓箱所占体积。不扣除梁头、板头、檩头、垫木、木楞头、沿缘木、木砖、门窗走头、砖墙内加固钢筋、木筋、铁件、钢管及单个面积 0.3m^2 以内的孔洞所占体积。凸出墙面的腰线、挑檐、压顶、窗台线、虎头砖、门窗套的体积亦不增加。凸出墙面的砖垛并入墙体体积内计算。

A. 墙长度：外墙按中心线，内墙按净长计算。

B. 墙高度：

a. 外墙：斜（坡）屋面无檐口天棚者算至屋面板底；有屋架且室内外均有天棚者算至屋架下弦底另加 200mm；无天棚者算至屋架下弦底另加 300mm，出檐宽度超过 600mm 时按实砌高度计算；平屋面算至钢筋混凝土板底。

b. 内墙：位于屋架下弦者，算至屋架下弦底；无屋架者算至天棚底另加 100mm；有钢筋混凝土楼板隔层者算至楼板顶；有框架梁时算至梁底。

c. 女儿墙：从屋面板上表面算至女儿墙顶面（如有混凝土压顶时算至压顶下表面）。

d. 内、外山墙：按其平均高度计算。

C. 框架间墙：不分内外墙按墙体净尺寸以体积计算。

D. 围墙：高度算至压顶上表面（如有混凝土压顶时算至压顶下表面），围墙柱并入围墙体积内。

砌块柱：按设计图示尺寸以体积计算。扣除混凝土及钢筋混凝土梁垫、梁头、板头所占体积。

（5）混凝土及钢筋混凝土工程

混凝土及钢筋混凝土工程适用于建筑物和构筑物的混凝土工程。主要包括：现浇混凝土基础、现浇混凝土柱、现浇混凝土梁、现浇混凝土墙、现浇混凝土板、现浇混凝土楼梯、现浇混凝土其他构件、后浇带、预制混凝土柱、预制混凝土梁、预制混凝土屋架、预制混凝土板、预制混凝土楼梯、混凝土构筑物、钢筋工程、螺栓铁件等十六个分项工程清单项目。

混凝土及钢筋混凝土工程

1）现浇混凝土基础（编码：010401）

现浇混凝土基础项目包括：垫层（010501001）、带形基础（010501002）、独立基础

(010501003)、满堂基础(010501004)、桩承台基础(010501005)、设备基础(010501006)六个清单项目。

① 项目特征

垫层、带形基础、独立基础、满堂基础、桩承台基础、现浇混凝土基础的项目特征包括：混凝土类别；混凝土强度等级。

设备基础的项目特征包括：混凝土类别；混凝土强度等级；灌浆材料；灌浆材料强度等级。

② 计算规则

按设计图示尺寸以体积计算。不扣除构件内钢筋、预埋铁件和伸入承台基础的桩头所占体积。

2）现浇混凝土柱（编码：010502）

现浇混凝土柱项目包括：矩形柱（010502001)、构造柱（010502002)、异形柱(010502003）三个清单项目。

① 项目特征

矩形柱、构造柱的项目特征包括：混凝土类别；混凝土强度等级。

异形柱的项目特征包括：柱形状；混凝土类别；混凝土强度等级。

② 计算规则

按设计图示尺寸以体积计算。不扣除构件内钢筋、预埋铁件所占体积。型钢混凝土柱扣除构件内型钢所占体积。

柱高：

A. 有梁板的柱高，应自柱基上表面（或楼板上表面）至上一层楼板上表面之间的高度计算。

B. 无梁板的柱高，应自柱基上表面（或楼板上表面）至柱帽下表面之间的高度计算。

C. 框架柱的柱高，应自柱基上表面至柱顶高度计算。

D. 构造柱按全高计算，嵌接墙体部分（马牙槎）并入柱身体积。

E. 依附柱上的牛腿和升板的柱帽并入柱身体积计算。

3）现浇混凝土梁（编码：010503）

现浇混凝土梁项目包括：基础梁(010503001)、矩形梁(010503002)、异形梁(010503003)、圈梁(010503004)、过梁(010503005)，弧形、拱形梁(010503006)六个清单项目。

① 项目特征

现浇混凝土梁的项目特征包括混凝土类别；混凝土强度等级。

② 计算规则

基础梁、矩形梁、异形梁、圈梁、过梁按设计图示尺寸以体积计算。不扣除构件内钢筋、预埋铁件所占体积，伸入墙内的梁头、梁垫并入梁体积内。型钢混凝土梁扣除构件内型钢所占体积。

梁长：梁与柱连接时，梁长算至柱侧面；主梁与次梁连接时，次梁长算至主梁侧面。

弧形、拱形梁按设计图示尺寸以体积计算。不扣除构件内钢筋、预埋铁件所占体积，伸入墙内的梁头、梁垫并入梁体积内。

梁长：梁与柱连接时，梁长算至柱侧面；主梁与次梁连接时，次梁长算至主梁侧面。

4）现浇混凝土墙（编码：010504）

现浇混凝土墙项目包括：直形墙（010504001）、弧形墙（010504002）、短肢剪力墙（010504003）、挡土墙（010504004）四个清单项目。

① 项目特征

现浇混凝土墙的项目特征包括：混凝土类别；混凝土强度等级。

② 计算规则

按设计图示尺寸以体积计算。不扣除构件内钢筋、预埋铁件所占体积，扣除门窗洞口及单个面积 $0.3m^2$ 以外的孔洞所占体积，墙垛及突出墙面部分并入墙体体积计算内。

5）现浇混凝土板（编码：010505）

现浇混凝土板项目包括：有梁板（01050501）、无梁板（01050502）、平板（01050503）、拱板（01050504）、薄壳板（01050505）、栏板（01050506），天沟（檐沟）、挑檐板（01050507），雨篷、悬挑板、阳台板（01050508）、其他板（01050509）九个清单项目。

①项目特征

项目特征包括：混凝土类别；混凝土强度等级。

②计算规则

有梁板、无梁板、平板、拱板、薄壳板、栏板：按设计图示尺寸以体积计算。不扣除构件内钢筋、预埋铁件及单个面积 $0.3m^2$ 以内的孔洞所占体积。压型钢板混凝土楼板扣除构件内压型钢板所占体积。有梁板（包括主、次梁与板）按梁、板体积之和计算，无梁板按板和柱帽体积之和计算，各类板伸入墙内的板头并入板体积内计算，薄壳板的肋、基梁并入薄壳体积内计算。

天沟（檐沟）、挑檐板：按设计图示尺寸以体积计算。

雨篷、悬挑板、阳台板：按设计图示尺寸以墙外部分体积计算。包括伸出墙外的牛腿和雨篷反挑檐的体积。

其他板：按设计图示尺寸以体积计算。

6）现浇混凝土楼梯（编码：010506）

现浇混凝土楼梯项目包括：直形楼梯（01050601）、弧形楼梯（01050602）两个清单项目。

① 项目特征

现浇混凝土楼梯的项目特征包括：混凝土类别；混凝土强度等级。

② 计算规则

A. 以平方米计量，按设计图示尺寸以水平投影面积计算。不扣除宽度小于 500mm 的楼梯井，伸入墙内部分不计算。

B. 以立方米计量，按设计图示尺寸以体积计算。

7）现浇混凝土其他构件（编码：010507）

现浇混凝土其他构件项目包括：散水、坡道(01050701)，电缆沟、地沟(01050702)，台阶(01050703)，扶手、压顶(01050704)，化粪池底(01050705)、化粪池壁(01050706)、化粪池顶(01050707)、检查井底(01050708)、检查井壁(01050709)、检查井顶(01050710)、其他构件(01050711)十一个清单项目。

①项目特征

散水、坡道的项目特征包括：垫层材料种类、厚度；面层厚度；混凝土类别；混凝土强度等级；变形缝填塞材料种类。

电缆沟、地沟的项目特征包括：土壤类别；沟截面净空尺寸；垫层材料种类、厚度；混凝土类别；混凝土强度等级；防护材料种类。

台阶的项目特征包括：踏步高宽比；混凝土类别；混凝土强度等级。

扶手、压顶的项目特征包括：断面尺寸；混凝土类别；混凝土强度等级。

其他构件的项目特征包括：构件的类型；构件规格；部位；混凝土类别；混凝土强度等级。

②计算规则

散水、坡道：以平方米计量，按设计图示尺寸以面积计算。不扣除单个 0.3m^2 以内的孔洞所占面积。

电缆沟、地沟：按设计图示以中心线长度计算。

台阶：

A. 以平方米计量，按设计图示尺寸以水平投影面积计算。

B. 以立方米计量，按设计图示尺寸以体积计算。

扶手、压顶：

A. 以米计量，按设计图示尺寸的延长米计算。

B. 以立方米计量，按设计图示尺寸以体积计算。

化粪池底、化粪池壁、化粪池顶、检查井底、检查井壁、检查井顶、其他构件：按设计图示尺寸以体积计算。不扣除构件内钢筋、预埋铁件所占体积。

8）后浇带（编码：010508）

后浇带项目包括后浇带（01050801）1 个清单项目。

① 项目特征

后浇带的项目特征包括：混凝土类别；混凝土强度等级。

② 计算规则

按设计图示尺寸以体积计算。

9）预制混凝土柱（编码：010509）

预制混凝土柱项目包括：矩形柱（010509001）、异形柱（010509002）两个清单项目。

① 项目特征

预制混凝土柱的项目特征包括：图代号；单件体积；安装高度；混凝土强度等级；砂浆强度等级、配合比。

② 计算规则

A. 以立方米计量，按设计图示尺寸以体积计算。不扣除构件内钢筋、预埋铁件所占体积。

B. 以根计量，按设计图示尺寸以“数量”计算。

10）预制混凝土梁（编码：010510）

预制混凝土梁项目包括：矩形梁（010510001）、异形梁（010510002）、过梁（010510003）、拱形梁（010510004）、鱼腹式吊车梁（010510005）、风道梁（010510006）六个清单项目。

① 项目特征

预制混凝土梁的项目特征包括：图代号；单件体积；安装高度；混凝土强度等级；砂浆强度等级、配合比。

② 计算规则

A. 以立方米计量，按设计图示尺寸以体积计算。不扣除构件内钢筋、预埋铁件所占体积。

B. 以根计量，按设计图示尺寸以“数量”计算。

11）预制混凝土屋架（编码：010511）

预制混凝土屋架项目包括：折线型屋架（010511001）、组合屋架（010511002）、薄腹屋架（010511003）、门式刚架屋架（010511004）、天窗架屋架（010511005）五个清单项目。

① 项目特征

预制混凝土屋架的项目特征包括：图代号；单件体积；安装高度；混凝土强度等级；砂浆强度等级、配合比。

② 计算规则

A. 以立方米计量，按设计图示尺寸以体积计算。不扣除构件内钢筋、预埋铁件所占体积。

B. 以榀计量，按设计图示尺寸以“数量”计算。

12）预制混凝土板（编码：010512）

预制混凝土板项目包括：平板（010512001）、空心板（010512002）、槽形板（010512003）、网架板（010512004）、折线板（010512005）、带肋板（010512006）、大型板（010512007），沟盖板、井盖板、井圈（010512008）八个清单项目。

①项目特征

平板、空心板、槽形板、网架板、折线板、带肋板、大型板预制混凝土板的项目特征包括：图代号；单件体积；安装高度；混凝土强度等级；砂浆强度等级、配合比。

沟盖板、井盖板、井圈的项目特征包括：单件体积；安装高度；混凝土强度等级；砂浆强度等级、配合比。

②计算规则

平板、空心板、槽形板、网架板、折线板、带肋板、大型板：A. 以立方米计量，按设计图示尺寸以体积计算。不扣除构件内钢筋、预埋铁件及单个尺寸300mm×300mm以内的孔洞所占体积，扣除空心板空洞体积。B. 以块计量，按设计图示尺寸以“数量”计算。

沟盖板、井盖板、井圈：A. 以立方米计量，按设计图示尺寸以体积计算。不扣除构件内钢筋、预埋铁件所占体积。B. 以块计量，按设计图示尺寸以“数量”计算。

13）预制混凝土楼梯（编码：010513）

预制混凝土楼梯项目包括楼梯（010513001）一个清单项目。

① 项目特征

预制混凝土楼梯的项目特征包括：楼梯类型；单件体积；混凝土强度等级；砂浆强度等级。

② 计算规则：A. 以立方米计量，按设计图示尺寸以体积计算。不扣除构件内钢筋、预埋铁件所占体积，扣除空心踏步板空洞体积。B. 以块计量，按设计图示尺寸以“数量”计算。

14）其他预制构件（编码：010514）

其他预制构件项目包括：垃圾道、通风道、烟道（010514001），其他构件（010514002）、水磨石构件（010514003）三个清单项目。

① 项目特征

垃圾道、通风道、烟道的项目特征包括：单件体积；混凝土强度等级；砂浆强度等级。

其他构件的项目特征包括：单件体积；构件的类型；混凝土强度等级；砂浆强度等级。

水磨石构件的项目特征包括：构件的类型；单件体积；水磨石面层厚度；混凝土强度等级；水泥石子浆配合比；石子品种、规格、颜色；酸洗、打蜡要求。

② 计算规则：A. 以立方米计量，按设计图示尺寸以体积计算。不扣除构件内钢筋、预埋铁件及单个尺寸 300mm×300mm 以内的孔洞所占体积，扣除烟道、垃圾道、通风道的孔洞所占体积。B. 以平方米计量，按设计图示尺寸以面积计算。不扣除构件内钢筋、预埋铁件及单个尺寸 300mm×300mm 以内的孔洞所占面积。C. 以根计量，按设计图示尺寸以“数量”计算。

15）钢筋工程（编码：010515）

钢筋工程项目包括：现浇混凝土钢筋（010515001）、钢筋网片（010515002）、钢筋笼（010515003）、先张法预应力钢筋（010515004）、后张法预应力钢筋（010515005）、预应力钢丝（010515006）、预应力钢绞线（010515007）、支撑钢筋（铁马）（010515008）、声测管（010515009）九个清单项目。

① 项目特征

现浇混凝土钢筋、钢筋网片、钢筋笼的项目特征包括：钢筋种类、规格。

先张法预应力钢筋的项目特征包括：钢筋种类、规格；锚具种类。

后张法预应力钢筋、预应力钢丝、预应力钢绞线的项目特征包括：钢筋种类、规格；钢丝束种类、规格；钢绞线种类、规格；锚具种类；砂浆强度等级。

支撑钢筋（铁马）的项目特征包括：钢筋种类；规格。

声测管的项目特征包括：材质；规格型号。

② 计算规则

现浇混凝土钢筋、钢筋网片、钢筋笼：按设计图示钢筋（网）长度（面积）乘以单位理论质量计算。

先张法预应力钢筋：按设计图示钢筋长度乘以单位理论质量计算。

后张法预应力钢筋、预应力钢丝、预应力钢绞线：按设计图示钢筋（丝束、绞线）长度乘以单位理论质量计算。

A. 低合金钢筋两端均采用螺杆锚具时，钢筋长度按孔道长度减 0.35m 计算，螺杆另行计算。

B. 低合金钢筋一端采用镦头插片、另一端采用螺杆锚具时，钢筋长度按孔道长度计算，螺杆另行计算。

C. 低合金钢筋一端采用镦头插片、另一端采用帮条锚具时，钢筋增加 0.15m 计算；两端均采用帮条锚具时，钢筋长度按孔道长度增加 0.3m 计算。

D. 低合金钢筋采用后张混凝土自锚时，钢筋长度按孔道长度增加 0.35m 计算。

E. 低合金钢筋（钢绞线）采用 JM、XM、QM 型锚具，孔道长度在 20m 以内时，钢筋长度增加 1m 计算；孔道长度 20m 以外时，钢筋（钢绞线）长度按孔道长度增加 1.8m 计算。

F. 碳素钢丝采用锥形锚具，孔道长度在 20m 以内时，钢丝束长度按孔道长度增加 1m 计算；孔道长在 20m 以上时，钢丝束长度按孔道长度增加 1.8m 计算。

G. 碳素钢丝束采用镦头锚具时，钢丝束长度按孔道长度增加 0.35m 计算。

支撑钢筋（铁马）：按钢筋长度乘以单位理论质量计算。

声测管：按设计图示尺寸质量计算。

16）螺栓、铁件（编码：010516）

螺栓、铁件项目包括：螺栓（010516001）、预埋铁件（010516002）、机械连接（010516003）三个清单项目。

① 项目特征

螺栓的项目特征包括：螺栓种类；规格。

预埋铁件的项目特征包括：钢材种类；规格；铁件尺寸。

机械连接的项目特征包括：连接方式；螺纹套管种类；规格。

② 计算规则

螺栓、预埋铁件按设计图示尺寸以质量计算。机械连接按数量计算。

（6）金属结构工程

金属结构工程适用于建筑物、构筑物的钢结构工程。包括钢网架、钢屋架、钢托架、钢桁架、钢柱、钢梁、压型钢板楼板、墙板、钢构件、金属制品七个分项工程清单项目。

1）钢网架（编码：010601）

钢网架项目包括钢网架（010601001）一个清单项目。

①项目特征

钢网架的项目特征包括：钢材品种、规格；网架节点形式、连接方式；网架跨度、安装高度；探伤要求；防火要求。

② 计算规则

按设计图示尺寸以质量计算。不扣除孔眼的质量，焊条、铆钉、螺栓等不另增加质量。

2）钢屋架、钢托架、钢桁架、钢桥架（编码：010602）

① 项目特征

钢屋架的项目特征包括：钢材品种、规格；单榀质量；屋架跨度、安装高度；螺栓种类；探伤要求；防火要求。

钢托架、钢桁架的项目特征包括：钢材品种、规格；单榀质量；安装高度；螺栓种类；探伤要求；防火要求。

钢桥架的项目特征包括：桥架类型；钢材品种、规格；单榀质量；安装高度；螺栓种类；探伤要求。

② 计算规则

钢屋架：A. 以榀计算，按设计图示数量计算。B. 以吨计量，按设计图示尺寸以质量计算。不扣除孔眼的质量，焊条、铆钉、螺栓等不另增加质量。

钢托架、钢桁架、钢桥架按设计图示尺寸以质量计算。不扣除孔眼的质量，焊条、铆钉、螺栓等不另增加质量。

3）钢柱（编码：010603）

钢柱项目包括：实腹钢柱（010603001）、空腹钢柱（010603002）、钢管柱（010603003）三个清单项目。

① 项目特征

实腹钢柱、空腹钢柱的项目特征包括：柱类型；钢材品种、规格；单根柱质量；螺栓种类；探伤要求；防火要求。

钢管柱的项目特征包括：钢材品种、规格；单根柱重量；螺栓种类；探伤要求；防火要求。

② 计算规则

实腹钢柱、空腹钢柱：按设计图示尺寸以质量计算。不扣除孔眼的质量，焊条、铆钉、螺栓等不另增加质量，依附在钢柱上的牛腿及悬臂梁等并入钢柱工程量内。

钢管柱：按设计图示尺寸以质量计算。不扣除孔眼的质量，焊条、铆钉、螺栓等不另增加质量，钢管柱上的节点板、加强环、内衬管、牛腿等并入钢管柱工程量内。

4）钢梁（编码：010604）

钢梁项目包括：钢梁（010604001）、钢吊车梁（010604002）两个清单项目。

① 项目特征

钢梁的项目特征包括：梁类型；钢材品种、规格；单根质量；螺栓种类；安装高度；探伤要求；防火要求。

钢吊车梁的项目特征包括：钢材品种、规格；单根质量；螺栓种类；安装高度；探伤要求；防火要求。

② 计算规则

按设计图示尺寸以质量计算。不扣除孔眼的质量，焊条、铆钉、螺栓等不另增加质量，制动梁、制动板、制动桁架、车挡并入钢吊车梁工程量内。

5）钢板楼板、墙板（编码：010605）

钢板楼板、墙板项目包括：钢板楼板（010605001）、钢板墙板（010605002）两个清单项目。

① 项目特征

钢板楼板的项目特征包括：钢材品种、规格；钢板厚度；螺栓种类；防火要求。

钢板墙板的项目特征包括：钢材品种、规格；钢板厚度、复合板厚度；螺栓种类；复合板夹芯材料种类、层数、型号、规格；防火要求。

② 计算规则

钢板楼板：按设计图示尺寸以铺设水平投影面积计算。不扣除柱、垛及单个 0.3m^2 以内的孔洞所占面积。

钢板墙板：按设计图示尺寸以铺挂展开面积计算。不扣除单个 0.3m^2 以内的孔洞所占面积，包角、包边、窗台泛水等不另增加面积。

6）钢构件（编码：010606）

钢构件项目包括：钢支撑、钢拉条（010606001），钢檩条（010606002）、钢天窗架（010606003）、钢挡风架（010606004）、钢墙架（010606005）、钢平台（010606006）、钢走道（010606007）、钢梯（010606008）、钢护栏（010606009）、钢漏斗（010606010）、钢板天沟（010606011）、钢支架（010606012）、零星钢构件（010606013）十三个清单项目。

① 项目特征

钢支撑、钢拉条的项目特征包括：钢材品种、规格；构件类型；安装高度；螺栓种类；探伤要求；防火要求。

钢檩条的项目特征包括：钢材品种、规格；构件类型；单根质量；安装高度；螺栓种类；探伤要求；防火要求。

钢天窗架的项目特征包括：钢材品种、规格；单榀质量；安装高度；螺栓种类；探伤要求；防火要求。

钢挡风架、钢墙架的项目特征包括：钢材品种、规格；单榀质量；螺栓种类；探伤要求；防火要求。

钢平台、钢走道的项目特征包括：钢材品种、规格；螺栓种类；防火要求。

钢梯的项目特征包括：钢材品种、规格；钢梯形式；螺栓种类；防火要求。

钢护栏的项目特征包括：钢材品种、规格；防火要求。

钢漏斗、钢板天沟的项目特征包括：钢材品种、规格；漏斗、天沟形式；安装高度；探伤要求。

钢支架的项目特征包括：钢材品种、规格；单副重量；防火要求。

零星钢构件的项目特征包括：构件名称；钢材品种、规格。

② 计算规则

钢支撑、钢拉条、钢檩条、钢天窗架、钢挡风架、钢墙架、钢平台、钢走道、钢梯、钢护栏：按设计图示尺寸以质量计算。不扣除孔眼的质量，焊条、铆钉、螺栓等不另增加质量。

钢漏斗、钢板天沟：按设计图示尺寸以质量计算。不扣除孔眼的质量，焊条、铆钉、螺栓等不另增加质量，依附漏斗或天沟的型钢筋并入漏斗或天沟工程量内。

钢支架、零星钢构件：按设计图示尺寸以质量计算。不扣除孔眼的质量，焊条、铆钉、螺栓等不另增加质量。

7）金属制品（编码：010607）

金属制品项目包括：成品空调金属百叶护栏（010607001）、成品栅栏（010607002）、成品雨篷（010607003）、金属网栏（010607004）、砌块墙钢丝网加固（010607005）、后浇带金属网（010607006）六个清单项目。

① 项目特征

成品空调金属百叶护栏的项目特征包括：材料品种、规格；边框材质。

成品栅栏的项目特征包括：材料品种、规格；边框及立柱型钢品种、规格。

成品雨篷的项目特征包括：材料品种、规格；雨篷宽度；晾衣杆品种、规格。

金属网栏的项目特征包括：材料品种、规格；边框及立柱型钢品种、规格。

砌块墙钢丝网加固、后浇带金属网的项目特征包括：材料品种、规格；加固方式。

② 计算规则

成品空调金属百叶护栏、成品栅栏按设计图示尺寸以框外围展开面积计算。

成品雨篷：A. 以米计量，按设计图示接触边以米计算。B. 以平方米计量，按设计图示尺寸以展开面积计算。

金属网栏按设计图示尺寸以框外围展开面积计算。

砌块墙钢丝网加固、后浇带金属网设计图示尺寸以面积计算。

（7）木结构工程

主要包括：木屋架，木构件、木基层等三个分项工程清单项目。

1）木屋架（编码：010701）

木屋架项目包括：木屋架（010701001）、钢木屋架（010701002）两个清单项目。

① 项目特征

木屋架的项目特征包括：跨度；材料品种、规格；刨光要求；拉杆及夹板种类；防护材料种类。

钢木屋架的项目特征包括：跨度；木材品种、规格；刨光要求；钢材品种、规格；防护材料种类。

② 计算规则

木屋架：A. 以榀计量，按设计图示数量计算。B. 以立方米计量，按设计图示的规格尺寸以体积计算。

钢木屋架：以榀计量，按设计图示数量计算。

2）木构件（编码：010702）

木构件项目包括：木柱（010702001）、木梁（010702002）、木檩（010702003）、木楼梯（010702004）、其他木构件（010702005）五个清单项目。

① 项目特征

木柱、木梁、木檩的项目特征包括：构件规格尺寸；木材种类；刨光要求；防护材料种类。

木楼梯的项目特征包括：楼梯形式；木材种类；刨光要求；防护材料种类。

其他木构件的项目特征包括：构件名称；构件规格尺寸；木材种类；刨光要求；防护材料种类。

② 计算规则：按设计图示数量计算。

木柱、木梁：按设计图示尺寸以体积计算。

木檩：A. 以立方米计量，按设计图示尺寸以体积计算。B. 以米计量，按设计图示尺寸以长度计算。

木楼梯：按设计图示尺寸以水平投影面积计算。不扣除宽度小于 300mm 的楼梯井，伸入墙内部分不计算。

其他木构件：A. 以立方米计量，按设计图示尺寸以体积计算。B. 以米计量，按设计图示尺寸以长度计算。

3）木基层（编码：010703）

木基层项目包括屋面木基层（010703001）一个清单项目。

① 项目特征

屋面木基层的项目特征包括：椽子断面尺寸及椽距；望板材料种类、厚度；防护材料种类。

② 计算规则

按设计图示尺寸以斜面积计算。不扣除房上烟囱、风帽底座、风道、小气窗、斜沟等所占面积，小气窗的出檐部分不增加面积。

（8）门窗工程

1）木门（编码：010801）

木门项目包括：木质门（010801001）、木质门带套（010801002）、木质连窗门（010801003）、木质防火门（010801004）、木门框（010801005）、门锁安装（010801006）六个清单项目。

① 项目特征

木质门、木质门带套、木质连窗门的项目特征：门代号及洞口尺寸；镶嵌玻璃品种、厚度。

木质防火门的项目特征包括：门代号及洞口尺寸；镶嵌玻璃品种、厚度。

木门框的项目特征包括：门代号及洞口尺寸；框截面尺寸；防护材料种类。

门锁安装的项目特征包括：锁品种；锁规格。

② 计算规则

木质门、木质门带套、木质连窗门、木质防火门：A. 以樘计量，按设计图示数量计算。B. 以平方米计量，按设计图示洞口尺寸以面积计算。

门锁安装：按设计图示数量计算。

2）金属门（编码：010802）

金属门项目包括：金属（塑钢）门（010802001）、彩板门（010802002）、钢质防火门（010802003）、防盗门（010802004）四个清单项目。

① 项目特征

金属（塑钢）门的项目特征包括：门代号及洞口尺寸；门框及扇外围尺寸；门框、扇材质；玻璃品种、厚度。

彩板门的项目特征包括：门代号及洞口尺寸；门框及扇外围尺寸。

钢质防火门的项目特征包括：门代号及洞口尺寸；门框及扇外围尺寸；门框、扇材质。

防盗门的项目特征包括：门代号及洞口尺寸；门框及扇外围尺寸；门框、扇材质。

② 计算规则

A. 以樘计量，按设计图示数量计算。

B. 以平方米计量，按设计图示洞口尺寸以面积计算。

3）金属卷（闸）帘门（编码：010803）

金属卷帘门项目包括：金属卷帘（闸）门（010803001）、防火卷帘（闸）门（010803002）两个清单项目。

① 项目特征

门代号及洞口尺寸；门材质；启动装置品种、规格。

② 计算规则

A. 以樘计量，按设计图示数量计算。

B. 以平方米计量，按设计图示洞口尺寸以面积计算。

按设计图示数量或设计图示洞口尺寸以面积计算，计量单位为樘/m^2。

4）厂库房大门、特种门（编码：010804）

厂库房大门、特种门项目包括：木板大门（010804001）、钢木大门（010804002）、全钢板大门（010804003）、防护铁丝门（010804004）、金属格栅门（010804005）、钢质花饰大门（010804006）、特种门（010804007）七个清单项目。

① 项目特征

木板大门、钢木大门、全钢板大门、防护铁丝门的项目特征包括：门代号及洞口尺寸；门框及扇外围尺寸；门框、扇材质；五金种类、规格；防护材料种类。

金属格栅门的项目特征包括：门代号及洞口尺寸；门框及扇外围尺寸；门框、扇材质；启动装置品种、规格。

钢质花饰大门、特种门的项目特征包括：门代号及洞口尺寸；门框及扇外围尺寸；门框、扇材质。

② 计算规则

木板大门、钢木大门、全钢板大门：A. 以樘计量，按设计图示数量计算。B. 以平方米计量，按设计图示洞口尺寸以面积计算。

防护铁丝门：A. 以樘计量，按设计图示数量计算。B. 以平方米计量，按设计图示门框或扇以面积计算。

钢质花饰大门：A. 以樘计量，按设计图示数量计算。B. 以平方米计量，按设计图示门框或扇以面积计算。

特种门：A. 以樘计量，按设计图示数量计算。B. 以平方米计量，按设计图示洞口尺寸以面积计算。

5）其他门（编码：010805）

其他门项目包括：平开电子感应门（010805001）、旋转门（010805002）、电子对讲门（010805003）、电动伸缩门（010805004）、全玻自由门（010805005）、镜面不锈钢饰面门（010805006）六个清单项目。

① 项目特征

电子感应门、旋转门的项目特征包括：门代号及洞口尺寸；门框或扇外围尺寸；门框、扇材质；玻璃品种、厚度；启动装置品种、规格；电子配件品种、规格。

电子对讲门、电动伸缩门的项目特征包括：门代号及洞口尺寸；门框或扇外围尺寸；门材质；玻璃品种、厚度；启动装置品种、规格；电子配件品种、规格。

全玻自由门的项目特征包括：门代号及洞口尺寸；门框或扇外围尺寸；框材质；玻璃品种、厚度。

镜面不锈钢饰面门的项目特征：门代号及洞口尺寸；门框或扇外围尺寸；框、扇材质；玻璃品种、厚度。

② 计算规则

A. 以樘计量，按设计图示数量计算。B. 以平方米计量，按设计图示洞口尺寸以面积计算。

6）木窗（编码：010806）

木窗项目包括：木质窗（010806001）、木橱窗（010806002）、木飘（凸）窗（010806003）、木质成品窗（010806004）四个清单项目。

① 项目特征

木质窗的项目特征包括：窗代号及洞口尺寸；玻璃品种、厚度；防护材料种类。

木橱窗、木飘（凸）窗的项目特征包括：窗代号；框截面及外围展开面积；玻璃品种、厚度；防护材料种类。

木质成品窗的项目特征包括：窗代号及洞口尺寸；玻璃品种、厚度。

② 计算规则

木质窗：A. 以樘计量，按设计图示数量计算。B. 以平方米计量，按设计图示洞口尺寸以面积计算。

木橱窗、木飘（凸）窗：A. 以樘计量，按设计图示数量计算。B. 以平方米计量，按设计图示洞口尺寸以框外围展开面积计算。

木质成品窗：A. 以樘计量，按设计图示数量计算。B. 以平方米计量，按设计图示洞口尺寸以面积计算。

7）金属窗（编码：010807）

金属窗项目包括：金属（塑钢、断桥）窗（010807001）、金属防火窗（010807002）、金属百叶窗（010807003）、金属纱窗（010807004）、金属格栅窗（010807005）、金属（塑钢、断桥）橱窗（010807006）、金属（塑钢、断桥）飘（凸）窗（010807007）、彩板窗（010807008）八个清单项目。

① 项目特征

金属（塑钢、断桥）窗、金属防火窗、金属百叶窗的项目特征包括：窗代号及洞口尺寸；框、扇材质；玻璃品种、厚度。

金属纱窗的项目特征包括：窗代号及洞口尺寸；框材质；窗纱材料品种、规格 。

金属格栅窗的项目特征包括：窗代号及洞口尺寸；框外围尺寸；框、扇材质。

金属（塑钢、断桥）橱窗的项目特征包括：窗代号；框外围展开面积；框、扇材质；玻璃品种、厚度；防护材料种类。

金属（塑钢、断桥）飘（凸）窗的项目特征包括：窗代号；框外围展开面积；框、扇材质；玻璃品种、厚度。

彩板窗的项目特征包括：窗代号及洞口尺寸；框外围尺寸；框、扇材质；玻璃品种、厚度。

② 计算规则

金属（塑钢、断桥）窗、金属防火窗、金属百叶窗、金属纱窗、金属格栅窗：A. 以樘计量，按设计图示数量计算。B. 以平方米计量，按设计图示洞口尺寸以面积计算。

金属（塑钢、断桥）橱窗、金属（塑钢、断桥）飘（凸）窗：A. 以樘计量，按设计图示数量计算。B. 以平方米计量，按设计图示洞口尺寸以框外围展开面积计算。

彩板窗：A. 以樘计量，按设计图示数量计算。B. 以平方米计量，按设计图示洞口尺寸或框外围以面积计算。

8）门窗套（编码：010808）

门窗套项目包括：木门窗套（010808001）、木筒子板（010808002）、饰面夹板筒子板（010808003）、金属门窗套（010808004）、石材门窗套（010808005）、门窗木贴脸（010808006）、成品木门窗套（010808007）七个清单项目。

① 项目特征

木门窗套的项目特征包括：窗代号及洞口尺寸；门窗套展开宽度；基层材料种类；面层材料品种、规格；线条品种、规格；防护材料种类。

木筒子板、饰面夹板筒子板的项目特征包括：筒子板宽度；基层材料种类；面层材料品种、规格；线条品种、规格；防护材料种类。

金属门窗套的项目特征包括：窗代号及洞口尺寸；门窗套展开宽度；基层材料种类；面层材料品种、规格；防护材料种类。

石材门窗套的项目特征包括：窗代号及洞口尺寸；门窗套展开宽度；底层厚度、砂浆配合比；面层材料品种、规格；线条品种、规格。

门窗木贴脸的项目特征包括：门窗代号及洞口尺寸；贴脸板宽度；防护材料种类。

成品木门窗套的项目特征包括：窗代号及洞口尺寸；门窗套展开宽度；门窗套材料品种、规格。

② 计算规则

木门窗套、木筒子板、饰面夹板筒子板、金属门窗套、石材门窗套：A. 以樘计量，按设计图示数量计算。B. 以平方米计量，按设计图示洞口尺寸以展开面积计算。C. 以米计量，按设计图示中心以延长米计算。

门窗木贴脸：A. 以樘计量，按设计图示数量计算。B. 以米计量，按设计图示中心以延长米计算。

成品木门窗套：A. 以樘计量，按设计图示数量计算。B. 以平方米计量，按设计图示洞口尺寸以展开面积计算。C. 以米计量，按设计图示中心以延长米计算。

9）窗台板（编码：010809）

窗台板项目包括：木窗台板（010809001）、铝塑窗台板（010809002）、金属窗台板（010809003）、石材窗台板（010809004）四个清单项目。

① 项目特征

木窗台板、铝塑窗台板、金属窗台板的项目特征：基层材料种类；窗台面板材质、规格、颜色；防护材料种类。

石材窗台板的项目特征：粘结层厚度、砂浆配合比；窗台板材质、规格、颜色。

② 计算规则：按设计图示尺寸以展开面积计算。

10）窗帘盒、窗帘轨（编码：010810）

窗帘盒、窗帘轨项目包括：窗帘（杆）（010810001）、木窗帘盒（010810002），饰面夹板、塑料窗帘盒（010810003）、铝合金窗帘盒（010810004）、窗帘轨（010810005）五个清单项目。

① 项目特征

窗帘（杆）的项目特征包括：窗帘材质；窗帘高度、宽度；窗帘层数；带幔要求。

木窗帘盒、饰面夹板、塑料窗帘盒、铝合金窗帘盒的项目特征包括：窗帘盒材质、规格；防护材料种类。

窗帘轨的项目特征包括：窗帘轨材质、规格；防护材料种类。

② 计算规则

窗帘：A. 以米计量，按设计图示尺寸以长度计算。B. 以平方米计量，按图示尺寸以展开面积计算。

木窗帘盒、饰面夹板、塑料窗帘盒、铝合金窗帘盒、窗帘轨：按设计图示尺寸以长度计算，计量单位为 m。

（9）屋面及防水工程

屋面及防水工程适用于建筑物屋面和墙、地面防水工程。主要包括：瓦、型材屋面，屋面防水，墙、地面防水、防潮等项目。

屋面及防水工程和保温隔热防腐工程

1）瓦、型材及其他屋面（编码：010901）

瓦、型材屋面项目包括：瓦屋面（010901001）、型材屋面（010901002）、阳光板屋面（010901003）、玻璃钢屋面（010901004）、膜结构屋面（010901005）五个清单项目。

① 项目特征

瓦屋面的项目特征包括：瓦品种、规格；粘结层砂浆的配合比。

型材屋面的项目特征包括：型材品种、规格；金属檩条材料品种、规格；接缝、嵌缝材料种类。

阳光板屋面的项目特征包括：阳光板品种、规格；骨架材料品种、规格；接缝、嵌缝材料种类；油漆品种、刷漆遍数。

玻璃钢屋面的项目特征包括：玻璃钢品种、规格；骨架材料品种、规格；玻璃钢固定方式；接缝、嵌缝材料种类；油漆品种、刷漆遍数。

膜结构屋面的项目特征包括：膜布品种、规格、颜色；支柱（网架）钢材品种、规格；钢丝绳品种、规格；锚固基座做法；油漆品种、刷漆遍数。

② 计算规则

瓦屋面、型材屋面：按设计图示尺寸以斜面积计算。不扣除房上烟囱、风帽底座、风道、小气窗、斜沟等所占面积，小气窗的出檐部分不增加面积。

阳光板屋面、玻璃钢屋面：按设计图示尺寸以斜面积计算。不扣除小于 $0.3m^2$ 的孔洞所占面积。

膜结构屋面：按设计图示尺寸以需要覆盖的水平面积计算。

2）屋面防水及其他（编码：010902）

屋面防水及其他项目包括：屋面卷材防水（010902001）、屋面涂膜防水（010902002）、屋面刚性层（010902003）、屋面排水管（010902004）、屋面排（透）气管

(010902005)、屋面(廊、阳台)吐水管(010902006)、屋面天沟沿沟(010902007)、屋面变形缝(010902008)八个清单项目。

① 项目特征

屋面卷材防水的项目特征包括:卷材品种、规格、厚度;防水层数;防水做法。

屋面涂膜防水的项目特征包括:防水膜品种;涂膜厚度、遍数;增强材料种类。

屋面刚性层的项目特征包括:刚性层厚度;混凝土强度等级;嵌缝材料种类;钢筋规格、型号。

屋面排水管的项目特征包括:排水管品种、规格;雨水斗、山墙出水口品种、规格;接缝、嵌缝材料种类;油漆品种、刷漆遍数。

屋面排(透)气管的项目特征包括:排(透)气管品种、规格;接缝、嵌缝材料种类;油漆品种、刷漆遍数。

屋面(廊、阳台)吐水管的项目特征包括:吐水管品种、规格;接缝、嵌缝材料种类;吐水管长度;油漆品种、刷漆遍数。

屋面天沟沿沟的项目特征包括:材料品种、规格;接缝、嵌缝材料种类。

屋面变形缝的项目特征包括:嵌缝材料种类;止水带材料种类;盖缝材料;防护材料种类。

② 计算规则

屋面卷材防水、屋面涂膜防水:按设计图示尺寸以面积计算。

A. 斜屋顶(不包括平屋顶找坡)按斜面积计算,平屋顶按水平投影面积计算。

B. 不扣除房上烟囱、风帽底座、风道、屋面小气窗和斜沟所占面积。

C. 屋面的女儿墙、伸缩缝和天窗等处的弯起部分并入屋面工程量内。

屋面刚性层:按设计图示尺寸以面积计算。不扣除房上烟囱、风帽底座、风道等所占面积。

屋面排水管:按设计图示尺寸以长度计算。如设计未标注尺寸,以檐口至设计室外散水上表面垂直距离计算。

屋面排(透)气管:按设计图示尺寸以长度计算。

屋面(廊、阳台)吐水管:按设计图示数量计算。

屋面天沟沿沟:按设计图示尺寸以展开面积计算。

屋面变形缝:按设计图示以长度计算。

3)墙面防水、防潮(编码:010903)

墙地面防水、防潮项目包括:墙面卷材防水(010903001)、墙面涂膜防水(010903002)、墙面砂浆防水(防潮)(010903003)、墙面变形缝(010903004)四个清单项目。

① 项目特征

墙面卷材防水的项目特征包括:卷材品种、规格、厚度;防水层数;防水层做法。

墙面涂膜防水的项目特征包括:防水膜品种;涂膜厚度、遍数;增强材料种类。

墙面砂浆防水(防潮)的项目特征包括:防水层做法;砂浆厚度、配合比;钢丝网规格。

墙面变形缝的项目特征包括:嵌缝材料种类;止水带材料种类;盖缝材料;防护材料

种类。

② 计算规则

墙面卷材防水、墙面涂膜防水、墙面砂浆防水（防潮）：按设计图示尺寸以面积计算。

墙面变形缝：按设计图示以长度计算。

4）楼（地）面防水、防潮（编码：010904）

楼（地）面防水、防潮项目包括：楼（地）面卷材防水（010904001）、楼（地）面涂膜防水（010904002）、楼（地）面砂浆防水（防潮）（010904003）、楼（地）面变形缝（010904004）四个清单项目。

① 项目特征

楼（地）面卷材防水的项目特征包括：卷材品种、规格、厚度；防水层数；防水层做法。

楼（地）面涂膜防水的项目特征包括：防水膜品种；涂膜厚度、遍数；增强材料种类。

楼（地）面砂浆防水（防潮）的项目特征包括：防水层做法；砂浆厚度、配合比。

楼（地）面变形缝的项目特征包括：嵌缝材料种类；止水带材料种类；盖缝材料；防护材料种类。

② 计算规则

楼（地）面卷材防水、楼（地）面涂膜防水、楼（地）面砂浆防水（防潮）：按设计图示尺寸以面积计算。

楼（地）面变形缝：按设计图示以长度计算。

（10）防腐隔热保温工程

防腐隔热保温工程适用于工业与民用建筑的基础、地面、墙面防腐、楼地面、墙体、屋盖的保温隔热工程，主要包括：保温隔热，防腐面层，其他防腐等项目。

1）隔热、保温（编码：011001）

隔热、保温项目包括：保温隔热屋面（011001001）、保温隔热天棚（011001002）、保温隔热墙面（011001003）、保温柱、梁（011001004）、保温隔热楼地面（011001005）、其他保温隔热（011001006）六个清单项目。

① 项目特征

保温隔热屋面项目的项目特征包括：保温隔热材料品种、规格、厚度；隔气层材料品种、厚度；粘结材料种类、做法；防护材料种类、做法。

保温隔热天棚项目的项目特征包括：保温隔热面层材料品种、规格、性能；保温隔热材料品种、规格、厚度；粘结材料种类、做法；防护材料种类、做法。

保温隔热墙面、保温柱、梁的项目特征包括：保温隔热部位；保温隔热方式；踢脚线、勒脚线保温做法；龙骨材料品种、规格；保温隔热面层材料品种、规格、性能；保温隔热材料品种、规格、厚度；增强网及抗裂防水砂浆种类；粘结材料种类、做法；防护材料种类、做法。

保温隔热楼地面项目特征包括：保温隔热部位；保温隔热材料品种、规格、厚度；隔气层材料品种、厚度；粘结材料种类、做法；防护材料种类、做法。

其他保温隔热项目的项目特征包括：保温隔热部位；保温隔热方式；隔气层材料品种、厚度；保温隔热面层材料品种、规格、性能；保温隔热材料品种、规格、厚度；粘结材料种类、做法；增强网及抗裂防水砂浆种类；防护材料种类、做法。

② 计算规则

保温隔热屋面：按设计图示尺寸以面积计算。扣除面积大于 0.3m^2 的孔洞及占位面积。

保温隔热天棚：按设计图示尺寸以面积计算。扣除面积大于 0.3m^2 的柱、垛、孔洞所占面积。

保温隔热墙面：按设计图示尺寸以面积计算。扣除门窗洞口以及面积大于 0.3m^2 的梁、孔洞所占面积；门窗洞口侧壁需做保温时，并入保温墙体工程量内。

保温柱、梁：按设计图示尺寸以面积计算。

保温隔热楼地面：按设计图示尺寸以面积计算。扣除面积大于 0.3m^2 的柱、垛、孔洞所占面积。

其他保温隔热：按设计图示尺寸以展开面积计算。扣除面积大于 0.3m^2 的孔洞及占位面积。

2）防腐面层（编码：011002）

防腐面层项目包括：防腐混凝土面层（011002001）、防腐砂浆面层（011002002）、防腐胶泥面层（011002003）、玻璃钢防腐面层（011002004）、聚氯乙烯板面层（011002005）、块料防腐面层（011002006）、池槽块料防腐面层（011002007）七个清单项目。

① 项目特征

防腐混凝土面层的项目特征包括：防腐部位；面层厚度；混凝土种类；胶泥种类、配合比。

防腐砂浆面层的项目特征包括：防腐部位；面层厚度；砂浆、胶泥种类、配合比。

防腐胶泥面层的项目特征包括：防腐部位；面层厚度；胶泥种类、配合比。

玻璃钢防腐面层的项目特征包括：防腐部位；玻璃钢种类；贴布材料的种类、层数；面层材料品种。

聚氯乙烯板面层的项目特征包括：防腐部位；面层材料品种、厚度；粘结材料种类。

块料防腐面层的项目特征包括：防腐部位；块料品种、规格；粘结材料种类；勾缝材料种类。

池槽块料防腐面层的项目特征包括：防腐池、槽名称、代号；块料品种、规格；粘结材料种类；勾缝材料种类。

② 计算规则

防腐混凝土面层、防腐砂浆面层、防腐胶泥面层、玻璃钢防腐面层、聚氯乙烯板面层、块料防腐面层：按设计图示尺寸以面积计算。

A. 平面防腐：扣除凸出地面的构筑物、设备基础等以及面积大于 0.3m^2 的孔洞、柱、垛所占面积。

B. 立面防腐：扣除门、窗、洞口及面积大于 0.3m^2 的孔洞、柱、梁所占面积。门、窗、洞口侧壁、垛突出部分按展开面积并入墙面积内。

池槽块料防腐面层：按设计图示尺寸以展开面积计算。

3）其他防腐（编码：011003）

其他防腐项目包括：隔离层（011003001）、砌筑沥青浸渍砖（011003002）、防腐涂料（011003003）三个清单项目。

① 项目特征

隔离层的项目特征包括：隔离层部位；隔离层材料品种；隔离层做法；粘贴材料种类。

砌筑沥青浸渍砖的项目特征包括：砌筑部位；浸渍砖规格；胶泥种类；浸渍砖砌法。

防腐涂料的项目特征包括：涂刷部位；基层材料类型；刮腻子的种类、遍数；涂料品种、刷涂遍数。

② 计算规则

隔离层：按设计图示尺寸以面积计算。

A. 平面防腐：扣除凸出地面的构筑物、设备基础等以及面积大于 $0.3m^2$ 的孔洞、柱、垛所占面积。

B. 立面防腐：扣除门、窗、洞口及面积大于 $0.3m^2$ 的孔洞、柱、梁所占面积。门、窗、洞口侧壁、垛突出部分按展开面积并入墙面积内。

砌筑沥青浸渍砖：按设计图示尺寸以体积计算。

防腐涂料：按设计图示尺寸以面积计算。

A. 平面防腐：扣除凸出地面的构筑物、设备基础等以及面积大于 $0.3m^2$ 的孔洞、柱、垛所占面积。

B. 立面防腐：扣除门、窗、洞口及面积大于 $0.3m^2$ 的孔洞、柱、梁所占面积。

门、窗、洞口侧壁、垛突出部分按展开面积并入墙面积内。

(11) 楼地面工程

楼地面工程适用于楼地面、楼梯、台阶等装饰工程。主要包括：整体面层、块料面层、橡塑面层、其他材料面层、踢脚线、楼梯装饰、扶手、栏杆、栏板装饰、台阶装饰、零星装饰等项目。

1) 整体面层及找平层（编码：011101）

整体面层及找平层项目包括：水泥砂浆楼地面（011101001）、现浇水磨石楼地面（011101002）、细石混凝土楼地面（011101003）、菱苦土楼地面（011101004）、自流平楼地面（011101005）、平面砂浆找平层（011101006）六个清单项目。

① 项目特征

水泥砂浆楼地面（011101001）的项目特征包括：找平层厚度、砂浆配合比；素水泥浆遍数；面层厚度、砂浆、配合比；面层做法要求。

现浇水磨石楼地面（011101002）项目特征包括：找平层厚度、砂浆配合比；面层厚度、水泥石子浆配合比；嵌条材料种类、规格；石子种类、规格、颜色；颜料种类、颜色；图案要求；磨光、酸洗、打蜡要求。

细石混凝土楼地面（011101003）项目特征包括：找平层厚度、砂浆配合比；面层厚度、混凝土强度等级。

菱苦土楼地面（011101004）项目特征包括：找平层厚度、砂浆配合比；面层厚度；打蜡要求。

自流平楼地面（011101005）项目特征包括：找平层砂浆配合比、厚度；界面剂材料种类；中层漆材料种类、厚度；面漆材料种类、厚度；面层材料种类。

平面砂浆找平层（011101006）项目特征包括：找平层厚度、砂浆配合比。

② 计算规则

按设计图示尺寸以面积计算。扣除凸出地面构筑物、设备基础、室内铁道、地沟等所占面积，不扣除间壁墙和0.3 m^2以内的柱、垛、附墙烟囱及孔洞所占面积。门洞、空圈、暖气包槽、壁龛的开口部分不增加面积。

$S=S$（即按设计图示尺寸面积计算）（m^2）。

③ 有关说明

编制工程量清单时，可以根据不同的工程内容分项，如：楼面与地面应分别列项；水磨石分本色、彩色、有图案要求等不同分别列项。项目编码的最后三位顺序不作规定，由清单编制人自行编制。如：水泥砂浆地面（011101001001）；水泥砂浆楼面（011101001002）。

2）块料面层（011102）

块料面层项目包括：石材楼地面（011102001）、碎石材楼地面（011102002）、块料楼地面（011102003）三个清单项目。

① 项目特征

石材、碎石材、块料楼地面的项目特征包括：找平层厚度、砂浆配合比；结合层厚度、砂浆配合比；面层材料品种、规格、颜色；嵌缝材料种类；防护材料种类；酸洗、打蜡要求。

② 计算规则

按设计图示尺寸以面积计算。门洞、空圈、暖气包槽、壁龛的开口部分并入相应工程量内。

③ 有关说明

区分项目特征分别列项：找平层的厚度及砂浆的配合比、结合层的厚度及砂浆配合比、面层材料的品种规格品牌颜色、嵌缝材料种类、防护层材料种类、酸洗打蜡要求等。

防护材料是指耐酸、耐碱、耐臭氧、耐老化、防火、防油渗等材料。

3）橡塑面层（编码：011103）

橡塑面层项目包括：橡胶板楼地面（011103001）、橡胶板卷材楼地面（011103002）、塑料板楼地面（011103003）、塑料卷材楼地面（011103004）四个清单项目。

① 项目特征

橡塑面层的项目特征包括：粘结层厚度、材料种类；面层材料品种、规格、颜色；压线条种类。

② 计算规则

橡塑面层工程量按设计图示尺寸面积以 m^2 计算。门洞、空圈、暖气包槽、壁龛的开口部分面积并入相应的工程量内。

$S=S$（即按设计图示尺寸面积计算）（m^2）

③ 有关说明

压线条指地毯、橡胶板、橡胶卷材铺设的压线条，如铝合金、不锈钢、铜压线条等。

4）其他材料面层（编码：011104）

其他材料面层项目包括：地毯楼地面（011104001）、竹木（复合）地板

（011104002）、金属复合地板（011104003）、防静电活动地板（011104004）四个清单项目。

① 项目特征

地毯楼地面的项目特征包括：面层材料品种、规格、颜色；防护材料种类；粘结材料种类；压线条种类。

竹木（复合）地板、金属复合地板的项目特征包括：龙骨材料种类、规格、铺设间距；基层材料种类、规格；面层材料品种、规格、颜色；防护材料种类。

防静电活动地板的项目特征包括：支架高度、材料种类；面层材料品种、规格、颜色；防护材料种类。

② 计算规则

工程量按设计图示尺寸以面积计算。门洞、空圈、暖气包槽、壁龛的开口部分面积并入相应的工程量内。

$$S=S\text{（即按设计图示尺寸面积计算）}(\mathrm{m}^2)$$

5）踢脚线（编码：011105）

踢脚线项目包括：水泥砂浆踢脚线（011105001）、石材踢脚线（011105002）、块料踢脚线（011105003）、塑料板踢脚线（011105004）、木质踢脚线（011105005）、金属踢脚线（011105006）、防静电踢脚线（011105007）七个清单项目。

① 项目特征

水泥砂浆踢脚线的项目特征包括：踢脚线高度；底层厚度、砂浆配合比；面层厚度、砂浆配合比。

石材、块料踢脚线的项目特征包括：踢脚线高度；粘贴层厚度、材料种类；面层材料品种、规格、颜色；防护材料种类。

塑料板踢脚线的项目特征包括：踢脚线高度；粘贴层厚度、材料种类；面层材料品种、规格、颜色。

木质踢脚线、金属踢脚线、防静电踢脚线的项目特征包括：踢脚线高度；基层材料种类、规格；面层材料品种、规格、颜色。

② 计算规则

A. 以平方米计算，踢脚线工程量按设计图示长度乘以高度以面积计算。

$$S=L\times H\text{(即设计图示长度}\times\text{高度以面积计算)}(\mathrm{m}^2)$$

B. 以米计量，按延长米计算。

6）楼梯面层（编码：011106）

楼梯装饰项目包括：石材楼梯面层（011106001）、块料楼梯面层（011106002）、拼碎材料面层（011106003）、水泥砂浆楼梯面层（011106004）、现浇水磨石楼梯面层（011106005）、地毯楼梯面层（011106006）、木板楼梯面层（011106007）、橡胶板楼梯面层（011106008）、塑料板楼梯面层（011106009）九个清单项目。

① 项目特征

石材楼梯面层、块料楼梯面层、拼碎材料面层的项目特征包括：找平层厚度、砂浆配合比；粘结层厚度、材料种类；面层材料品种、规格、颜色；防滑条材料种类、规格勾缝材料种类；防护层材料种类；酸洗、打蜡要求。

水泥砂浆楼梯面层的项目特征包括：找平层厚度、砂浆配合比；面层厚度、砂浆配合比；防滑条材料种类、规格。

现浇水磨石楼梯面层的项目特征包括：找平层厚度、砂浆配合比；面层厚度、水泥石子浆配合比；防滑条材料种类、规格；石子种类、规格、颜色；颜料种类、颜色；磨光、酸洗、打蜡要求。

地毯楼梯面层的项目特征包括：基层种类；面层材料品种、规格、颜色；防滑条材料种类、规格；粘结材料种类；固定配件材料种类、规格。

木板楼梯面层的项目特征包括：基层材料种类、规格；面层材料品种、规格、颜色；粘结材料种类；防护材料种类。

② 计算规则

按设计图示尺寸以楼梯（包括踏步、休息平台及500mm以内的楼梯井）水平投影面积计算。

$S=S$ 水平投影（即按设计图示尺寸以楼梯水平投影面积计算）(m^2)

③ 楼梯与楼地面相连时：算至梯口梁内侧边沿；无梯口梁算至最上一层踏步边沿加300mm。

7）台阶装饰（编码：011107）

台阶装饰项目包括：石材台阶面（011107001）、块料台阶面（011107002）、拼碎材料台阶面（011107003）、水泥砂浆台阶面（011107004）、现浇水磨石台阶面（011107005）、剁假石台阶面（011107006）六个清单项目。

① 项目特征

A. 石材台阶面、块料台阶面、拼碎材料台阶面项目特征包括：找平层厚度、砂浆配合比；粘结层材料种类；面层材料品种、规格、颜色；勾缝材料种类；防滑条材料种类、规格；防护材料种类。

B. 水泥砂浆台阶面项目特征包括：找平层厚度、砂浆配合比；面层厚度、砂浆配合比；防滑条材料种类。

C. 现浇水磨石台阶面项目特征包括：找平层厚度、砂浆配合比；面层厚度、水泥石子浆配合比；防滑条材料种类、规格；石子种类、规格、颜色；颜料种类、颜色；磨光、酸洗、打蜡要求。

D. 剁假石台阶面项目特征包括：找平层厚度、砂浆配合比；面层厚度、砂浆配合比；剁假石要求。

② 计算规则

均按设计图示尺寸以台阶（包括最上层踏步边沿加300mm）水平投影面积计算，计量单位为m^2。

8）零星装饰项目（编码：011108）

零星装饰项目包括：石材零星项目（011108001）、拼碎石材零星项目（011108002）、块料零星项目（011108003）、水泥砂浆零星项目（011108004）四个清单项目。

① 项目特征

石材零星项目、拼碎石材零星项目、块料零星项目项目特征包括：工程部位找平层厚度、砂浆配合比；贴结合层厚度、材料种类；面层材料品种、规格、颜色；勾缝材料种类；防护材料种类；酸洗、打蜡要求。

水泥砂浆零星项目项目特征包括：工程部位；找平层厚度、砂浆配合比；面层厚度、砂浆配合比。

② 计算规则

均按设计图示尺寸以面积计算，计量单位为“m^2”。

（12）墙、柱面装饰与隔断、幕墙工程

1）墙面抹灰（编码：011201）

墙面抹灰项目包括：墙面一般抹灰（011201001）、墙面装饰抹灰（011201002）、墙面勾缝（011201003）、立面砂浆找平层（011201004）四个清单项目。

① 项目特征

墙面一般抹灰、墙面装饰抹灰项目特征包括：墙体类型；底层厚度、砂浆配合比；面层厚度、砂浆配合比；装饰面材料种类；分格缝宽度、材料种类。

墙面勾缝项目特征包括：勾缝类型；勾缝材料种类。

立面砂浆找平层项目特征包括：基层类型；找平层砂浆厚度、配合比。

② 计算规则

按设计图示尺寸以面积计算。扣除墙裙、门窗洞口及单个0.3 m^2以外的孔洞面积，不扣除踢脚线、挂镜线和墙与构件交接处的面积，门窗洞口和孔洞的侧壁及顶面不增加面积。附墙柱、梁、垛、烟囱侧壁并入相应的墙面面积内。计量单位为“m^2”。

A. 外墙抹灰面积按外墙垂直投影面积计算。

B. 外墙裙抹灰面积按其长度乘以高度计算。

C. 内墙抹灰面积按主墙间的净长乘以高度计算：

a. 无墙裙的，高度按室内楼地面至天棚底面计算；b. 有墙裙的，高度按墙裙顶至天棚底面计算；c. 有吊顶天棚抹灰，高度算至天棚底。

D. 内墙裙抹灰面按内墙净长乘以高度计算。

2）柱梁面抹灰（编码：011202）

柱面抹灰项目包括：柱、梁面一般抹灰（011202001）、柱、梁面装饰抹灰（011202002）、柱、梁面砂浆找平（011202003）、柱面勾缝（011202004）四个清单项目。

① 项目特征

柱、梁面一般抹灰、柱、梁面装饰抹灰项目特征包括：柱（梁）体类型；底层厚度、砂浆配合比；面层厚度、砂浆配合比；装饰面材料种类；分格缝宽度、材料种类。

柱、梁面砂浆找平项目特征包括：柱（梁）体类型；找平的砂浆厚度、配合比。

柱面勾缝项目特征包括：勾缝类型；勾缝材料种类。

② 计算规则

柱面抹灰按设计图示柱断面周长乘以高度以面积计算。

梁面抹灰按设计图示梁断面周长乘以长度以面积计算。

柱面勾缝按设计图示柱断面周长乘以高度以面积计算。

3）零星抹灰（编码：011203）

零星抹灰项目包括：零星项目一般抹灰（011203001）、零星项目装饰抹灰（011203002）、零星项目砂浆找平（0110203003）三个清单项目。

① 项目特征

零星项目一般抹灰、零星项目装饰抹灰的项目特征包括：基层类型、部位；底层厚度、砂浆配合比；面层厚度、砂浆配合比；装饰面材料种类；分格缝宽度、材料种类。

零星项目砂浆找平的项目特征包括：基层类型、部位；找平的砂浆厚度、配合比。

② 计算规则

按设计图示尺寸以面积计算，计量单位为“m^2”。

4）墙面块料面层（编码：011204）

墙面块料面层项目包括石材墙面（011204001）、拼碎石材墙面（011204002）、块料墙面（011204003）、干挂石材钢骨架（011204004）四个清单项目。

① 项目特征

石材墙面、碎拼石材墙面、块料墙面项目特征包括：墙体类型；安装方式；面层材料品种、规格、颜色；缝宽、嵌缝材料种类；防护材料种类；磨光、酸洗、打蜡要求。

干挂石材钢骨架项目特征包括：骨架种类、规格；防锈漆品种遍数。

② 计算规则

A. 石材墙面、碎拼石材墙面、块料墙面均按设计图示尺寸以镶贴表面积计算，计量单位为“m^2”。

B. 干挂石材钢骨架按设计图示尺寸以质量计算，计量单位为“t”。

③ 有关说明

A. 墙体类型是指砖墙、石墙、混凝土墙、砌块墙及内墙、外墙等。

B. 块料饰面板是指石材饰面板、陶瓷面砖、玻璃面砖、金属饰面板、塑料饰面板、木质饰面板。

C. 挂贴是指对大规格的石材（大理石、花岗石、青石）使用铁件先挂在墙面后灌浆的方法固定。

D. 干挂有两种：一种是直接干挂法，通过不锈钢膨胀螺栓、不锈钢挂件、不锈钢连接件、不锈钢钢针等各种挂件固定外墙饰面板；另一种是后切式干挂法。

E. 嵌缝材料是指砂浆、油膏、密封胶等材料。

F. 防护材料是指石材正面的防酸涂剂和石材背面的防碱涂剂等。

5）柱梁面镶贴块料（编码：011205）

柱面镶贴块料项目包括：石材柱面（011205001）、块料柱面（011205002）、拼碎块柱面（011205003）、石材梁面（011205004）、块料梁面（011205005）五个清单项目。

① 项目特征

石材柱面、碎拼石材柱面、块料柱面项目特征包括：柱截面类型、尺寸；安装方式；面层材料品种、规格、颜色；缝宽、嵌缝材料种类；防护材料种类；磨光、酸洗、打蜡要求。

石材梁面、块料梁面项目特征包括：安装方式；面层材料品种、规格、颜色；缝宽、嵌缝材料种类；防护材料种类；磨光、酸洗、打蜡要求。

② 计算规则

均按设计图示尺寸以镶贴表面积计算，计量单位为“m^2”。

6）镶贴零星块料（编码：011206）

零星镶贴块料项目包括：石材零星项目（011206001）、块料零星项目（011206002）、拼碎块零星项目（011206003）三个清单项目。

① 项目特征

零星镶贴块料项目特征包括：基层类型、部位；安装方式；面层材料品种、规格、颜色；缝宽、嵌缝材料种类；防护材料种类；磨光、酸洗、打蜡要求。

② 计算规则

均按设计图示尺寸以镶贴表面积计算，计量单位为“m^2”。

7）墙饰面（编码：011207）

墙饰面项目包括：墙面装饰板（011207001）、墙面装饰浮雕（011207002）两个清单项目。

① 项目特征

墙面装饰板的项目特征包括：龙骨材料种类、规格、中距；隔离层材料种类、规格；基层材料种类、规格；面层材料品种、规格、颜色；压条材料种类、规格；墙面。装饰浮雕的项目特征包括：基层类型；浮雕材料种类；浮雕样式。

② 计算规则

墙面装饰板：按设计图示墙净长乘以净高以面积计算。扣除门窗洞口及单个 $0.3m^2$ 以上的孔洞所占面积。计量单位为“m^2”。

墙面装饰浮雕：按设计图示尺寸以面积计算。

8）柱（梁）饰面（编码：011208）

柱（梁）饰面项目包括：柱（梁）面装饰（011208001）、成品装饰柱（011208002）两个清单项目。

① 项目特征

柱（梁）面装饰的项目特征包括：龙骨材料种类、规格、中距；隔离层材料种类；基层材料种类、规格；面层材料品种、规格、颜色；压条材料种类、规格。

成品装饰柱项目特征包括：柱截面、高度尺寸；柱材质。

② 计算规则

柱（梁）面装饰：按设计图示饰面外围尺寸以面积计算。柱帽、柱墩并入相应柱饰面工程量内，计量单位为“m^2”。

成品装饰柱：

A. 以根计量，按设计数量计算。

B. 以米计量，按设计长度计算。

9）幕墙（编码：011209）

幕墙项目包括：带骨架幕墙（0112090001）、全玻（无框玻璃）幕墙（0112090002）两个清单项目。

① 项目特征

带骨架幕墙项目特征包括：骨架材料种类、规格、中距；面层材料品种、规格、颜色；面层固定方式；隔离带、框边封闭材料品种、规格；嵌缝、塞口材料种类。

全玻幕墙项目特征包括：玻璃品种、规格、颜色；粘结塞口材料种类；固定方式。

② 计算规则

带骨架幕墙按设计图示框外围尺寸以面积计算。与幕墙同种材质的窗所占面积不扣除。全玻幕墙按设计图示尺寸以面积计算。带肋全玻幕墙按展开面积计算，计量单位为“m^2”。

10）隔断（编码：011210）

隔断项目包括：木隔断（011210001）、金属隔断（011210002）、玻璃隔断（01121003）、塑料隔断（01121004）、成品隔断（01121005）、其他隔断（01121006）六个清单项目。

① 项目特征

木隔断的项目特征包括：骨架、边框材料种类、规格；隔板材料品种、规格、颜色；嵌缝、塞口材料品种；压条材料种类。

金属隔断的项目特征包括：骨架、边框材料种类、规格；隔板材料品种、规格、颜色；嵌缝、塞口材料品种。

玻璃隔断的项目特征包括：边框材料种类、规格；玻璃品种、规格、颜色；嵌缝、塞口材料品种。

塑料隔断的项目特征包括：边框材料种类、规格；隔板材料品种、规格、颜色；嵌缝、塞口材料品种。

成品隔断隔板的项目特征包括：隔断材料品种、规格、颜色；配件品种、规格。

其他隔断的项目特征包括：骨架、边框材料种类、规格；隔板材料品种、规格、颜色；嵌缝、塞口材料品种。

② 计算规则

木隔断、金属隔断：按设计图示框外围尺寸以面积计算。不扣除单个0.3 m^2以内的孔洞所占面积；浴厕的材质与隔断相同时，门的面积并入隔断面积内，计量单位为“m^2”。

玻璃隔断、塑料隔断：按设计图示框外围尺寸以面积计算。不扣除单个0.3 m^2以内的孔洞所占面积。

成品隔断：以平方米计量，按设计图示框外围尺寸以面积计算。以间计量，按设计间的数量计算。

其他隔断：按设计图示框外围尺寸以面积计算。不扣除单个0.3 m^2以内的孔洞所占面积。

（13）天棚工程

1）天棚抹灰（编码：011301）

天棚抹灰项目包括天棚抹灰（011301001）一个清单项目。

① 项目特征

天棚抹灰项目特征包括：基层类型；抹灰厚度、材料种类；砂浆配合比。

② 计算规则

按设计图示尺寸以水平投影面积计算。不扣除间壁墙、垛、柱、附墙烟囱、检查口和管道所占面积，带梁天棚、梁两侧抹灰面积并入天棚面积内，板式楼梯底面抹灰按斜面积计算，锯齿形楼梯板底抹灰按展开面积计算。计量单位为“m^2”。

2）天棚吊顶（编码：011302）

天棚吊顶项目包括：天棚吊顶（011302001）、格栅吊顶（011302002）、吊筒吊顶（011302003）、藤条造型悬挂吊顶（011302004）、织物软雕吊顶（011302005）、（装饰）网架吊顶（011302006）六个清单项目。

① 项目特征

天棚吊顶的项目特征包括：吊顶形式、吊杆规格、高度；龙骨材料种类、规格、中距；基层材料种类、规格；面层材料品种、规格、颜色；压条材料种类、规格；嵌缝材料种类；防护材料种类。

格栅吊顶的项目特征包括：龙骨材料种类、规格、中距；基层材料种类、规格；面层材料品种、规格、颜色；防护材料种类。

吊筒吊顶的项目特征包括：吊筒形状、规格、吊筒材料种类；防护材料种类。

藤条造型悬挂吊顶、织物软雕吊顶的项目特征包括：骨架材料种类、规格；面层材料品种、规格。

（装饰）网架吊顶的项目特征包括：网架材料品种、规格。

② 计算规则

A. 天棚吊顶按设计图示尺寸以水平投影面积计算。天棚面中的灯槽及跌级、锯齿形、吊挂式、藻井式天棚面积不展开计算。不扣除间壁墙、检查口、附墙烟囱、柱垛和管道所占面积，扣除单个 0.3m^2 以外的孔洞、独立柱及与天棚相连的窗帘盒所占的面积，计量单位为“m^2”。

B. 其他天棚按设计图示尺寸以水平投影面积计算，计量单位为“m^2”。

3）采光天棚（编码：011303）

① 项目特征

采光天棚项目特征包括：骨架类型；固定类型，固定材料品种、规格；面层材料品种、规格；嵌缝、塞口材料种类。

② 计算规则

按框外展开面积计算。

4）天棚其他装饰（编码：011304）

天棚其他装饰项目包括：灯带（槽）(011304001)、送风口、回风口（011304002）两个清单项目。

① 项目特征

灯带（槽）项目特征包括：灯带型式、尺寸；格栅片材料品种、规格；安装固定方式。

送风口、回风口项目特征包括：风口材料品种、规格；安装固定方式；防护材料种类。

② 计算规则：灯带按设计图示尺寸以框外围面积计算，计量单位为“m^2”。送风口、回风口按设计图示数量计算，计量单位为“个”。

（14）油漆、涂料、裱糊工程。

1）门油漆（编码：011401）。

门油漆项目包括：木门油漆（011401001）、金属门油漆（011401002）两个清单项目。

① 项目特征

门油漆项目特征包括：门类型；门代号及洞口尺寸；腻子种类；刮腻子遍数；防护材料种类；油漆品种、刷漆遍数。

② 计算规则：按设计图示数量或设计图示单面洞口面积计算，计量单位为“樘/m^2”。

2）窗油漆（编码：011402）

窗油漆项目包括：木窗油漆（011402001）金属窗油漆（011402002）两个清单项目。

① 项目特征

窗油漆项目特征包括：窗类型；窗代号及洞口尺寸；腻子种类；刮腻子遍数；防护材料种类；油漆品种、刷漆遍数。

② 计算规则：按设计图示数量或设计图示单面洞口面积计算，计量单位为“樘/m^2”。

3）木扶手及其他板条线条油漆（编码：011403）

木扶手及其他板条线条油漆项目包括：木扶手油漆（011403001）、窗帘盒油漆（011403002）、封檐板、顺水板油漆（011403003）、挂衣板、黑板框油漆（011403004）、挂镜线、窗帘棍、单独木线油漆（011403005）五个清单项目。

① 项目特征

木扶手及其他板条线条油漆项目特征包括：断面尺寸；腻子种类；刮腻子遍数；防护材料种类；油漆品种、刷漆遍数。

② 计算规则：按设计图示尺寸以长度计算，计量单位为“m”。

4）木材面油漆（编码：011404）

木材面油漆项目包括：木护墙、木墙裙油漆（011404001）、窗台板、筒子板、盖板、门窗套、踢脚线油漆（011404002），清水板条天棚、檐口油漆（011404003）、木方格吊顶天棚油漆（011404004）、吸音板墙面、天棚面油漆（011404005）、暖气罩油漆（011404006）、其他木材面（011404007）、木间壁、木隔断油漆（011404008）、玻璃间壁露明墙筋油漆（011404009），木栅栏、木栏杆（带扶手）油漆（011404010），衣柜、壁柜油漆（011404011）、梁柱饰面油漆（011404012）、零星木装修油漆（011404013）、木地板油漆（011404014）、木地板烫硬蜡面（011404015）十五个清单项目。

① 项目特征

木护墙、木墙裙油漆，窗台板、筒子板、盖板、门窗套、踢脚线油漆，清水板条天棚、檐口油漆，木方格吊顶天棚油漆，吸音板墙面、天棚面油漆，暖气罩油漆，其他木材面，木间壁、木隔断油漆，玻璃间壁露明墙筋油漆，木栅栏、木栏杆（带扶手）油漆，衣柜、壁柜油漆，梁柱饰面油漆，零星木装修油漆，木地板油漆的项目特征包括：腻子种类；刮腻子遍数；防护材料种类；油漆品种、刷漆遍数。

木地板烫硬蜡面的项目特征包括：硬蜡品种；面层处理要求。

② 计算规则

木护墙、木墙裙油漆、窗台板、筒子板、盖板、门窗套、踢脚线油漆、清水板条天棚、檐口油漆、木方格吊顶天棚油漆、吸声板墙面、天棚面油漆、暖气罩油漆、其他木材面：按设计图示尺寸以面积计算。

木间壁、木隔断油漆，玻璃间壁露明墙筋油漆，木栅栏、木栏杆（带扶手）油漆均按设计图示尺寸以单面外围面积计算。

衣柜、壁柜油漆，梁柱面油漆，零星木装修油漆均按设计图示尺寸以油漆部分展开面积计算。

木地板油漆，木地板烫硬蜡面按设计图示尺寸以面积计算，空圈、暖气包槽、壁龛的开口部分并入相应的工程量内，计量单位均为“m^2”。

5）金属面油漆（编码：011405）

金属面油漆项目包括金属面油漆（011405001）一个清单项目。

① 项目特征

金属油漆项目特征包括：构件名称；腻子种类；刮腻子要求；防护材料种类；油漆品种、刷漆遍数。

② 计算规则：按设计图示尺寸以质量计算或按设计展开面积计算，计量单位为“t/m^2”。

6）抹灰面油漆（编码：0114006）

抹灰面油漆项目包括：抹灰面油漆（0114006001）、抹灰线条油漆（0114006002）、满刮腻子（0114006003）三个清单项目。

① 项目特征

抹灰面油漆的项目特征包括：基层类型；腻子种类；刮腻子遍数；防护材料种类；油漆品种、刷漆遍数；部位。

抹灰线条油漆的项目特征包括：线条宽度、道数；腻子种类；刮腻子遍数；防护材料种类；油漆品种、刷漆遍数。

满刮腻子的项目特征包括：基层类型；腻子种类；刮腻子遍数。

② 计算规则

抹灰面油漆按设计图示尺寸以面积计算，计量单位为“m^2”；抹灰线条油漆按设计图示尺寸以长度计算，计量单位为“m”；满刮腻子按设计图示尺寸以面积计算，计量单位为“m^2”。

7）喷刷、涂料（编码：011407）

喷刷、涂料项目包括：墙面刷喷涂料（011407001）、天棚喷刷涂料（011407002）、空花格、栏杆刷涂料（011407003）、线条刷涂料（011407004）、金属构件刷防火涂料（011407005）、木材构件喷刷防火涂料（011407006）六个清单项目。

① 项目特征

墙面刷喷涂料、天棚喷刷涂料的项目特征包括：基层类型；喷刷涂料的部位；腻子种类；刮腻子要求；涂料品种、刷喷遍数。

空花格、栏杆刷涂料的项目特征包括：腻子种类；刮腻子遍数；涂料品种、刷喷遍数。

线条刷涂料的项目特征包括：基层清理；线条宽度；刮腻子遍数；刷防护材料、油漆。

金属构件刷防火涂料、木材构件喷刷防火涂料的项目特征包括：喷刷防火涂料构件名称；防火等级要求；涂料品种、刷喷遍数。

② 计算规则

墙面刷喷涂料、天棚喷刷涂料：按设计图示尺寸以面积计算，计量单位为“m^2”。

空花格、栏杆刷涂料：按设计图示尺寸以单面外围面积计算，计量单位为“m^2”。

线条刷涂料：按设计图示尺寸以长度计算，计量单位为“m”。

金属构件刷防火涂料：按设计图示尺寸以质量计算或按设计展开面积计算，计量单位为“m^2/t”。

木材构件喷刷防火涂料：按设计图示尺寸以面积计算，计量单位为“m^2”。

8）裱糊（编码：011408）

裱糊项目包括：墙纸裱糊（011408001）、织锦缎裱糊（011408002）两个清单项目。

① 项目特征

裱糊项目特征包括：基层类型；裱糊部位；腻子种类；刮腻子遍数；粘结材料种类；防护材料种类；面层材料品种、规格、颜色。

② 计算规则

按设计图示尺寸以面积计算，计量单位为“m^2”。

③ 有关说明

A. 门油漆应区分单层木门、双层（一玻一纱）木门、双层（单裁口）木门、全玻自由门、半玻自由门、装饰门及有框门或无框门等，分别编码列项。

B. 窗油漆应区分单层玻璃窗、双层（一玻一纱）木窗、双层框扇（单裁口）木窗、双层框三层（二层一纱）木窗、单层组合窗、双层组合窗、木百叶窗、木推拉窗等，分别编码列项。

C. 木扶手应区分带托板与不带托板，分别编码列项。

（15）其他装饰工程

1）柜类、货架（编码：011501）

柜类、货架项目包括：柜台（011501001）、酒柜（011501002）、衣柜（011501003）、存包柜（011501004）、鞋柜（011501005）、书柜（011501006）、厨房壁柜（011501007）、木壁柜（011501008）、厨房低柜（011501009）、厨房吊柜（011501010）、矮柜（011501011）、吧台背柜（011501012）、酒吧吊柜（011501013）、酒吧台（011501014）、展台（011501015）、收银台（011501016）、试衣间（011501017）、货架（011501018）、书架（011501019）、服务台（011501020）二十个清单项目。

① 项目特征

柜类、货架项目特征包括：台柜规格；材料种类、规格；五金种类、规格；防护材料种类；油漆品种、刷漆遍数。

② 计算规则

按设计图示数量计算或按设计图示尺寸以延长米计算或按设计图示尺寸以立方米计算，计量单位为“个、延长米或体积”。

2）压条、装饰线（编码：011502）

压条、装饰线项目包括：金属装饰线（011502001）、木质装饰线（011502002）、石材装饰线（011502003）、石膏装饰线（011502004）、镜面玻璃线（011502005）、铝塑装饰线（011502006）、塑料装饰线（011502007）、GRC 装饰线条（011502008）八个清单项目。

① 项目特征

金属装饰线、木质装饰线、石材装饰线、石膏装饰线、镜面玻璃线、铝塑装饰线、塑料装饰线的项目特征包括：基层类型；线条材料品种、规格、颜色；防护材料种类。

GRC 装饰线条的项目特征包括：基层类型；线条规格；线条安装部位；填充材料种类。

② 计算规则

按设计图示尺寸以长度计算，计量单位为“m”。

3）扶手、栏杆、栏板装饰（011503）

扶手、栏杆、栏板装饰项目包括：金属扶手、栏杆、栏板（011503001），硬木扶手、栏杆、栏板（011503002）、塑料扶手、栏杆、栏板（011503003），GRC 栏杆、扶手（011503004）、金属靠墙扶手（011503005）、硬木靠墙扶手（011503006）、塑料靠墙扶手（011503007）、玻璃栏板（011503008）八个清单项目。

① 项目特征

金属扶手、栏杆、栏板，硬木扶手、栏杆、栏板，塑料扶手、栏杆、栏板的项目特征包括：扶手材料种类、规格；栏杆材料种类、规格；栏板材料种类、规格；固定配件种类；防护材料种类。

GRC 栏杆、扶手的项目特征包括：栏杆的规格；安装间距；扶手类型规格；填充材料种类。

金属靠墙扶手、硬木靠墙扶手、塑料靠墙扶手的项目特征包括：扶手材料种类、规格；固定配件种类；防护材料种类。

玻璃栏板的项目特征包括：栏板玻璃的种类、规格、颜色；固定方式；固定配件种类。

② 计算规则

按设计图示尺寸以扶手中心线长度（包括弯头长度）计算。

4）暖气罩（编码：011504）

暖气罩项目包括：饰面板暖气罩（011504001）、塑料板暖气罩（011504002）、金属暖气罩（011504003）三个清单项目。

① 项目特征

暖气罩项目特征包括：暖气罩材质；防护材料种类。

② 计算规则

按设计图示尺寸以垂直投影面积（不展开）计算，计量单位为“m^2”。

5）浴厕配件（编码：011505）

浴厕配件项目包括：洗漱台（011505001）、晒衣架（011505002）、帘子杆（011505003）、浴缸拉手（011505004）、卫生间扶手（020603005）、毛巾杆（架）（011505006）、毛巾环（011505007）、卫生纸盒（011505008）、肥皂盒（011505009）、镜面玻璃（0115050010）、镜箱（011505011）十一个清单项目。

① 项目特征

洗漱台、晒衣架、帘子杆、浴缸拉手、毛巾杆（架）、毛巾环、卫生纸盒、肥皂盒、卫生间扶手的项目特征包括：材料品种、规格、颜色；支架、配件品种、规格。

镜面玻璃的项目特征包括：镜面玻璃品种、规格；框材质、断面尺寸；基层材料种类；防护材料种类。

镜箱的项目特征包括：箱体材质、规格；玻璃品种、规格；基层材料种类；防护材料种类；油漆品种、刷漆遍数。

② 计算规则

洗漱台按设计图示尺寸以台面外接矩形面积计算，不扣除孔洞、挖弯、削角所占面积，挡板、吊沿板面积并入台面面积内或按设计图示数量计算。

镜面玻璃按设计图示尺寸以边框外围面积计算，计量单位为“m^2”。

其他均按设计图示数量计算，计量单位为“个（根、套或副)”。

6）雨篷、旗杆（编码：011506）

雨篷、旗杆项目包括：雨篷吊挂饰面（011506001)、金属旗杆（011506002)、玻璃雨篷（011506003）三个清单项目。

① 项目特征

雨篷吊挂饰面的项目特征包括：基层类型；龙骨材料种类、规格、中距；面层材料品种、规格；吊顶（天棚）材料、品种、规格；嵌缝材料种类；防护材料种类。

金属旗杆的项目特征包括：旗杆材类、种类、规格；旗杆高度；基础材料种类；基座材料种类；基座面层材料、种类、规格。

玻璃雨篷的项目特征包括：玻璃雨篷固定方式；龙骨材料种类、规格、中距；玻璃材料品种、规格；塞缝材料种类；防护材料种类。

②计算规则

雨篷吊挂饰面、玻璃雨棚按设计图示尺寸以水平投影面积计算，计量单位为“m^2”；金属旗杆按设计图示数量计算，计量单位为“根”。

7）招牌、灯箱（编码：011507）

招牌、灯箱项目包括：平面、箱式招牌（011507001)、竖式标箱（011507002)、灯箱（020606003)、信报箱（011507004）四个清单项目。

① 项目特征

平面、箱式招牌，竖式标箱、灯箱的项目特征包括：箱体规格；基层材料种类；面层材料种类；防护材料种类。

信报箱的项目特征包括：箱体规格；基层材料种类；面层材料种类；防护材料种类；户数。

② 计算规则

平面、箱式招牌按设计图示尺寸以正立面边框外围面积计算，复杂形的凸凹造型部分不增加面积，计量单位为“m^2”；竖式标箱、灯箱、信报箱按设计图示数量计算，计量单位为“个”。

8）美术字（编码：011508）

美术字项目包括：泡沫塑料字（011508001)、有机玻璃字（011508002)、木质字（011508003)、金属字（011508004)、吸塑字（011508005）五个清单项目。

① 项目特征

美术字项目特征包括：基层类型；镌字材料品种、颜色；字体规格；固定方式；油漆品种、刷漆遍数。

②计算规则

按设计图示数量计算，计量单位为“个”。

2. 领会建筑与装饰工程清单编制典型案例的计算思路

【例 3-1-1】某工程用排桩进行基坑支护，排桩采用旋挖钻孔灌注桩进行施工。场地地面标高为 495.50～496.10m，桩桩径为 1000mm，桩长为 20m，采用水下商品混凝土 C30，桩顶标高为 493.50m，桩数为 206 根，超灌高度不少于 1m。根据地质情况，采用 5mm 厚钢护筒，护筒长度不少于 3m。根据地质资料和设计情况，一、二类土约占 25%，三类土约占20%，四类土约占55%。试列出该排桩分部分项工程量清单。

【解】(1) 确定项目编码和计量单位

1) 泥浆护壁成孔灌注桩（旋挖桩）：项目编码010302001001；计量单位：根。

2) 截（凿）桩头：项目编码010301004001；计量单位：m^3。

(2) 按计量规范计算工程量

1) 泥浆护壁成孔灌注桩（旋挖桩），n=206根。

2) 截（凿）桩头，$\pi\times0.5^2\times1\times206=161.79m^3$。

(3) 工程量清单（表3-1-2）

工程量清单表　　表3-1-2

序号	项目编码	项目名称	项目特征	计量单位	工程数量
1	10302001001	泥浆护壁成孔灌注桩（旋挖桩）	1. 地层情况：一、二类土约占25%，三类土约占20%，四类土约占55% 2. 空桩长度：2～2.6m；桩长：20m 3. 桩径：1000mm 4. 成孔方法：旋挖钻孔 5. 护筒类型、长度：5mm厚钢护筒、不少于3m 6. 混凝土种类、强度等级：水下商品混凝土C30	根	206
2	010301004001	截（凿）桩头	1. 桩类型：旋挖桩 2. 桩头截面、高度：1000mm、不少于1m 3. 混凝土强度等级：C30 4. 有无钢筋：有	m^3	161.79

【例3-1-2】某单层框架结构办公用房如图3-1-1所示，柱、梁、板均为现浇混凝土。外墙190mm厚，采用页岩模数多孔砖（190mm×240mm×90mm）；内墙200mm厚，采用蒸压灰加气混凝土砌块，属于无水房间、底无混凝土坎台。砌筑所用页岩模数多孔砖、蒸压灰加气混凝土砌块的强度等级均满足国家相关质量规范要求。内外墙均采用M5混合砂浆砌筑。外墙体中C20混凝土构造柱体积为0.56m^3（含马牙槎），C20混凝土圈梁体积1.2m^3。内墙体中C20混凝土构造柱体积为0.4m^3（含马牙槎），C20混凝土圈梁体积0.42m^3。圈梁兼做门窗过梁。基础与墙身使用不同材料，分界线位置为设计室内地面，标高为±0.000m。已知门窗尺寸为M1：1200mm×2200mm，M2：1000mm×2200mm，C1：1200mm×1500mm。试按《房屋建筑与装饰工程工程量计算规范》GB 50854—2013编制外墙砌筑、内墙砌筑的工程量清单。

【解】(1) 确定项目编码和计量单位

1) 多孔砖墙项目编码：010401004001；计量单位：m^3。

2) 砌块墙　项目编码：010402001001；计量单位：m^3。

(2) 按计量规范计算工程量

1) 多孔砖墙 外墙面积=[(10.5−0.43)+(6−0.4)]×2×(3.3−0.6)−1.2×1.5×5(扣C1窗)−1.2×2.2(扣M1)=80.46−9−2.64=68.82m^2

外墙体积=68.82×0.19−0.56(扣外墙构造柱)−1.2(扣外墙上的圈梁)=13.08−0.56−1.2=11.32m^3

2) 砌块墙内墙面积=[(6−0.4)×(3.3−0.6)]+[(4.5−0.2÷2 −0.19÷2)×(3.3

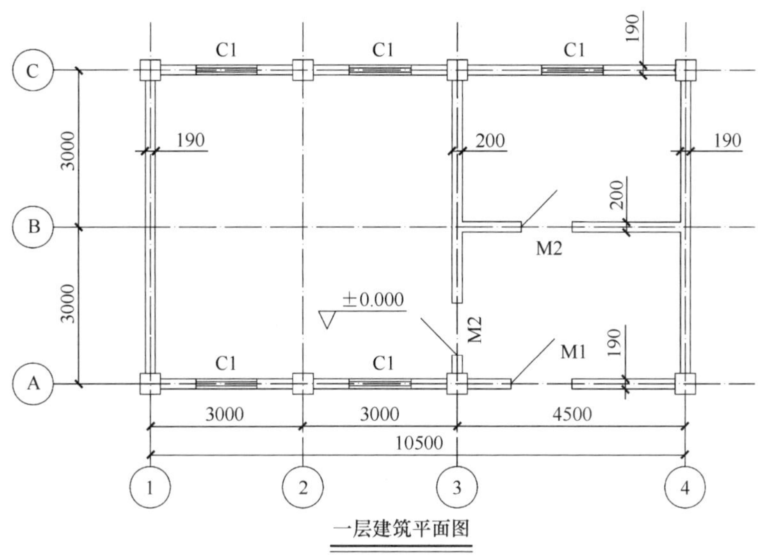

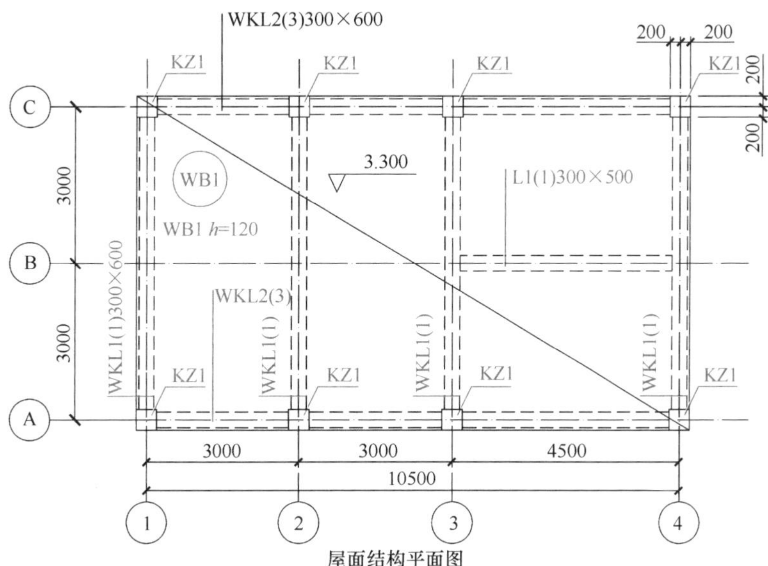

屋面结构平面图
说明：1. 本层屋面板标高未注明者均为H=3.3m。
2. 本层梁顶标高未注明者均为H=3.3m。
3. 梁、柱定位未注明者均关于轴线居中设置。

图 3-1-1 某单层框架结构办公用房图

−0.5)]−2×1×2.2(扣 M2)=27.17−4.4=22.77m²

内墙体积=22.77×0.2−0.4(扣内墙中的构造柱)−0.42(扣内墙中的圈梁)=3.73m³

(3) 工程量清单（表 3-1-3）

工程量清单表　　表 3-1-3

序号	项目编码	项目名称	项目特征描述	计量单位	工程量
1	010401004001	多孔砖墙	1. 砖品种、规格、强度等级：页岩模数砖 190×240×90 2. 墙体类型：外墙 3. 砂浆强度等级、配合比：M5 混合砂浆	m³	11.32

续表

序号	项目编码	项目名称	项目特征描述	计量单位	工程量
2	010402001001	砌块墙	1. 砌块品种、规格、强度等级：蒸压加气混凝土砌块200厚 2. 墙体类型：内墙 3. 砂浆强度等级：M5 混合砂浆	m^3	3.73

【例 3-1-3】 某工程 SBS 改性沥青卷材防水屋面平面、剖面图如图 3-1-2 所示，其自结构层由下向上的做法为：钢筋混凝土板上用 1∶12 水泥珍珠岩找坡，坡度 2%，最薄处 60mm；保温隔热层上 1∶3 水泥砂浆找平层反边高 300mm，在找平层上刷冷底子油，加热烤铺，贴 3mm 厚 SBS 改性沥青防水卷材一道（反边高 300mm），在防水卷材上抹 1∶2.5 水泥砂浆找平层（反边高 300mm）。不考虑嵌缝，砂浆以使用中砂为拌合料，女儿墙不计算，未列项目不补充。试列出该屋面找平层、保温及卷材防水清单。

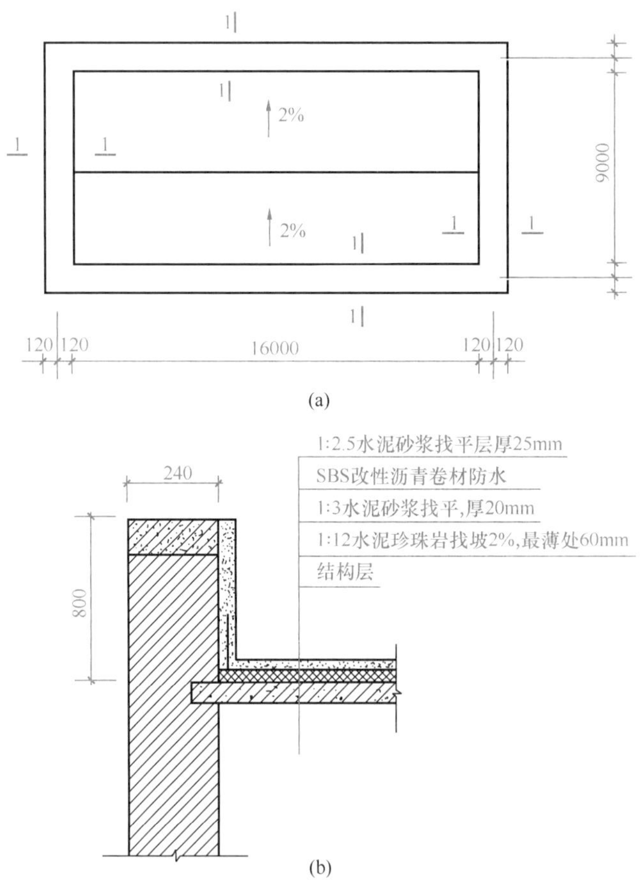

图 3-1-2　屋面平面、剖面图

（a）屋面平面图；（b）1—1 剖面图

【解】（1）确定项目编码和计量单位

1）屋面保温：项目编码 011001001001；计量单位：m^2。

2）屋面卷材防水：项目编码 010902001001；计量单位：m^2。

3）屋面找平层：项目编码 011101006001；计量单位：m^2。

（2）按计量规范计算工程量

1）屋面保温 $S=16\times9=144m^2$

2）屋面卷材防水 $S=16\times9+(16+9)\times2\times0.3=159m^2$

3）屋面找平层 $S=16\times9+(16+9)\times2\times0.3=159m^2$

（3）工程量清单（表 3-1-4）

工程量清单表　　　　**表 3-1-4**

序号	项目编码	项目名称	项目特征	计量单位	工程数量
1	011001001001	屋面保温	1. 材料品种：1∶12 水泥珍珠岩 2. 保温厚度：最薄处 60mm	m^2	144.00
2	010902001001	屋面卷材防水	1. 卷材品种、规格、厚度：3mm 厚 SBS 改性沥青防水卷材 2. 防水层数：一道 3. 防水层做法：卷材底刷冷底子油、加热烤铺	m^2	159.00
3	011101006001	屋面找平层	找平层厚度、砂浆配合比：20mm 厚 1∶3 水泥砂浆找平层（防水底层）、25mm 厚 1∶2.5 水泥砂浆找平层（防水面层）	m^2	159.00

【例 3-1-4】某工程框架结构建筑物的某层现浇混凝土及钢筋混凝土柱梁板结构图如图 3-1-3 所示，层高 3.0m，板厚 120mm，梁、板顶标高为＋6.0m，柱的区域部分为（＋3.0m～＋6.0m）。该工程在招标文件中要求，模板单列，不计入混凝土实体项目综合单价，不采用清水模板。试列出该层现浇混凝土及钢筋混凝土柱、梁、板、模板工程的分部分项工程量清单。

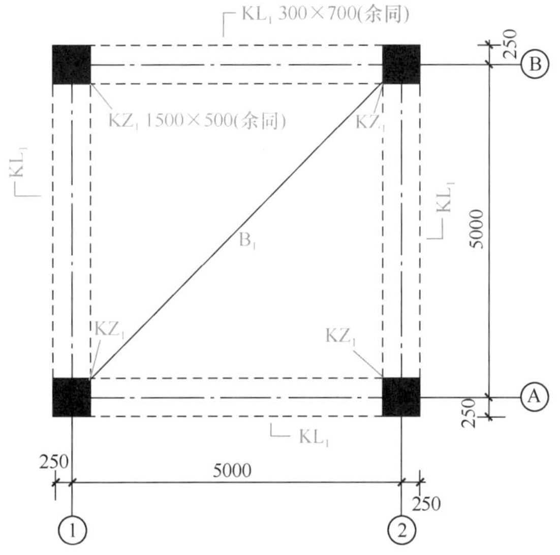

图 3-1-3　某工程现浇混凝土及钢筋混凝土柱梁板结构示意图

【解】（1）确定项目编码和计量单位

1）矩形柱：项目编码 010502001001；计量单位：m^3。

2）有梁板：项目编码 010505001001；计量单位：m^3。

（2）按计量规范计算清单工程量

1）矩形柱 $S=0.5\times0.5\times3\times4=3m^3$

2）有梁板肋梁 $S=0.3\times(0.7-0.12)\times(5-0.5)\times4=3.13m^3$

板 $S=5.5\times5.5\times0.12=3.63\ m^3$

有梁板合计 $3.13+3.63=6.76\ m^3$

（3）工程量清单（表 3-1-5）

工程量清单表 **表 3-1-5**

序号	项目编码	项目名称	项目特征	计量单位	工程数量
1	010502001001	矩形柱	泵送商品混凝土 C30	m^3	3.00
2	0105050001001	有梁板	泵送商品混凝土 C30	m^3	6.76

任务 3.2 房屋建筑与装饰工程工程量清单计价

知识目标

1. 理解清单计价法的原理方法；
2. 掌握房屋建筑与装饰工程量清单计价。

能力目标

1. 能正确理解并应用清单计价法进行计价；
2. 能够正确应用规范和标准规定，正确进行房屋建筑与装饰工程的清单计价；
3. 能够较好地试做二级造价工程师考试试题。

素质目标

1. 养成自主学习、观察与探索的良好习惯；
2. 善于规划学习与生活，养成自律与有序的学习和工作习惯；
3. 培养严谨的工作作风，相信和尊重科学；
4. 养成发现问题、提出问题和及时解决问题的良好学习、工作习惯。

思政目标

1. 培养学生的思辨能力和严谨的科学精神，实事求是，不多算、不漏算；
2. 培养学生认真细致的工匠精神和成本控制的职业素养。

3.2.1 工程量清单计价任务分析

项目背景：某服饰车间，详见学习工作页附图 1。进行建筑与装饰工程分部分项工程量清单计价。

1. 准备工作

（1）熟悉清单计价的原理。

1. 准备工作

(1) 熟悉清单计价的原理。

(2) 核对清单工程量。

2. 二级子目工程量计算和定额套用

(1) 计算每个清单工程量各二级子目的计价定额工程量。

(2) 套用定额，进行相应换算。

3. 清单计价

(1) 注意定额工作量与清单工程量的区别。

(2) 用计价定额工程量除以清单工程量来计算单位量（含量）：

1) 单位量=1，清单综合单价是计价定额综合单价的简单求和；

2) 单位量≠1，清单综合单价=∑(计价定额综合单价×单位量)。

3.2.2　工程量清单计价任务实施

进行清单计价的过程一般由软件完成比较准确方便，此处不再展开。当在软件中输入清单工程量、二级子目的计价定额工程量和所套计价定额子目，软件会自动计算清单综合单价和合价，整个工程的软件计算结果详见附录4。

3.2.3　领会典型案例的计算思路

【例3-2-1】某桩基工程如图3-2-1所示，地勘资料显示从室外地面至持力层范围均为三类黏土。根据打桩记录，实际完成钻孔灌注桩数量为201根，采用C35预拌泵送混凝土，桩顶设计标高为−5.000m，桩底标高−23.000m，桩径700mm，场地自然地坪标高为−0.450m。打桩过程中以自身黏土及灌入自来水进行护壁，砖砌泥浆池按桩体积2元/m^3计算，泥浆外运距离为15km，现场打桩采用回旋钻机，每根桩设置两根$\phi32\times2.5$mm无缝钢管进行桩底后注浆。已知该打桩工程实际灌入混凝土总量为1772.55m^3（该混凝土量中未计入操作损耗），每根桩的后注浆用量为42.5级水泥1.8t。施工合同约定桩混凝土

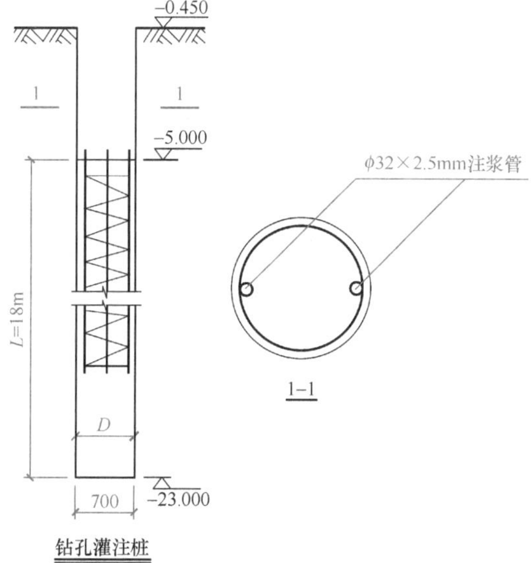

图3-2-1　某桩基工程示意图

充盈系数按实际灌入量调整。凿桩头和钢筋笼不考虑。

1. 按《房屋建筑与装饰工程工程量计算规范》GB 50854—2013 计算该桩基工程的定额工程量和清单工程量列出工程量清单和 2014 计价定额计算规则分别计算该桩基工程的定额工程量和清单工程量。要求桩清单工程量以 m^3 为计量单位。

2. 按《房屋建筑与装饰工程工程量计算规范》GB 50854—2013。

3. 按 2014 计价定额组价，计算该桩基工程的清单综合单价和合价。C35 预拌泵送混凝土单价按 375 元/m^3 取定。泥浆外运仅考虑运输费用。管理费费率按 14%，利润费率按 8%计取（计算结果保留小数点后两位）。

【解】 1. 编制工程量清单

（1）确定项目编码和计量单位

1）泥浆护壁成孔灌注桩：项目编码 010302001001；计量单位：m^3。

2）灌注桩后压浆：项目编码 010302007001；计量单位：孔。

（2）按计价规范计算清单工程量

1）泥浆护壁成孔灌注桩 3.14×0.35×0.35×18×201＝1391.66 m^3

2）灌注桩后压浆 201×2＝402 孔

（3）工程量清单（表 3-2-1）

工程量清单表 **表 3-2-1**

序号	项目编码	项目名称	项目特征描述	计量单位	工程量
1	010302001001	泥浆护壁成孔灌注桩	1. 地层情况：三类黏土 2. 空桩长度、桩长：4.55m、18m 3. 桩径：∅700mm 4. 成孔方法：回旋钻机成孔 5. 混凝土种类、强度等级：泵送商品混凝土，C35 6. 泥浆外运距离：15km	m^3	1391.66
2	010302007001	灌注桩后压浆	1. 注浆导管材质、规格：无缝钢管∅32×2.5mm 2. 注浆导管长度：22.75m 3. 单孔注浆量：0.9t 4. 水泥强度等级：42.5 级	孔	402

2. 清单计价

（1）按计价定额规定计算定额工程量

钻土孔直径 700mm 以内　3.14×0.35×0.35×(18+5−0.45)×201＝1743.45m^3

泥浆池费用　3.14×0.35×0.35×(18+0.7)×201＝1445.78m^3

土孔泵送预拌混凝土　3.14×0.35×0.35×(18+0.7)×201＝1445.78 m^3

泥浆运输　3.14×0.35×0.35×(18+5−0.45)×201＝1743.45 m^3

注浆管埋设　(18+5−0.45+0.2)×201×2 ＝91.46 (100m)

桩底后注浆　1.8×201＝361.8t

（2）套用计价定额计算各二级定额子目综合单价

1）泥浆护壁成孔灌注桩

3-28　钻土孔直径 700mm 以内　300.96 元/ m^3

泥浆池费用 2 元/ m^3

3-43换 土孔泵送预拌混凝土 514.70 元/ m^3

3-41 泥浆运输距离 5km 以内 112.21 元/ m^3

3-42换 泥浆运输距离每增加 1km 34.7 元/ m^3

2）灌注桩后压浆

3-82 注浆管埋设 1690.08 元/孔

3-84换 桩底后注浆 1089.36 元/孔

（3）工程量清单计价（表 3-2-2）

工程量清单表 表 3-2-2

序号	项目编码	项目名称	计量单位	工程数量	金额（元）	
					综合单价	合价
1	010302001001	泥浆护壁成孔灌注桩	m^3	1391.66	1097.88	1527873.48
	3-28	钻土孔直径 700mm 以内	m^3	1743.45	300.96	524708.71
	桩 87 注 2	泥浆池费用	m^3	1445.78	2	2891.56
	3-43换	土孔泵送预拌混凝土	m^3	1445.78	514.70	744142.97
	3-41	泥浆运输距离 5km 以内	m^3	1743.45	112.21	195632.52
	3-42换	泥浆运输距离每增加 1km	m^3	1743.45	34.7	60497.72
2	010302007001	灌注桩后压浆	孔	402	1364.94	548705.17
	3-82	注浆管埋设	孔	91.46	1690.08	154574.72
	3-84换	桩底后注浆	孔	361.8	1089.36	394130.45

注：3-43换＝1772.55×1.015÷1445.78×375－443.09＋492.79＝514.70 元/m^3。

3-42换＝3.47×10＝34.7 元/m^3。

3-84换＝(0.35×1000－310) ＋1049.36＝1089.36 元/孔。

【例 3-2-2】图 3-2-2 为某基础平面图和剖面图，轴线均为墙中心，室外地面标高为－0.200m，土方类别为三类、C20 素混凝土垫层，C20 独立混凝土基础，±0.000以下砌体为 M5 水泥砂浆砌标准黏土砖，混凝土为自拌现浇混凝土。编制混凝土垫层、混凝土基础、砖基础工程量清单并进行清单计价（三类工程）。

【解】1. 编制工程量清单

（1）确定项目编码和计量单位

1）混凝土垫层：项目编码 010501001001；计量单位：m^3；

2）混凝土带形基础：项目编码 010501002001；计量单位：m^3；

3）混凝土独立基础：项目编码 010501003001；计量单位：m^3；

4）砖基础：项目编码 010401001001；计量单位：m^3。

（2）按计价规范计算清单工程量

1）混凝土垫层 1.80×1.80×0.10×4 ＋2.30×2.30×0.10×2 ＝ 2.354m^3

2）混凝土带形基础 0.70×0.20×[(4.00－0.80－1.05)×4＋(6.00－0.88×2)×2＋(6.00－1.13×2)]＝2.915 m^3

3）混凝土独立基础{1.60×1.60×0.32＋0.28/6×[1.60×1.60＋(1.60＋0.40)×(1.60＋0.50)＋0.40×0.50]}×4＋{2.10×2.10×0.32＋0.28/6×[2.10×2.10＋(2.10＋

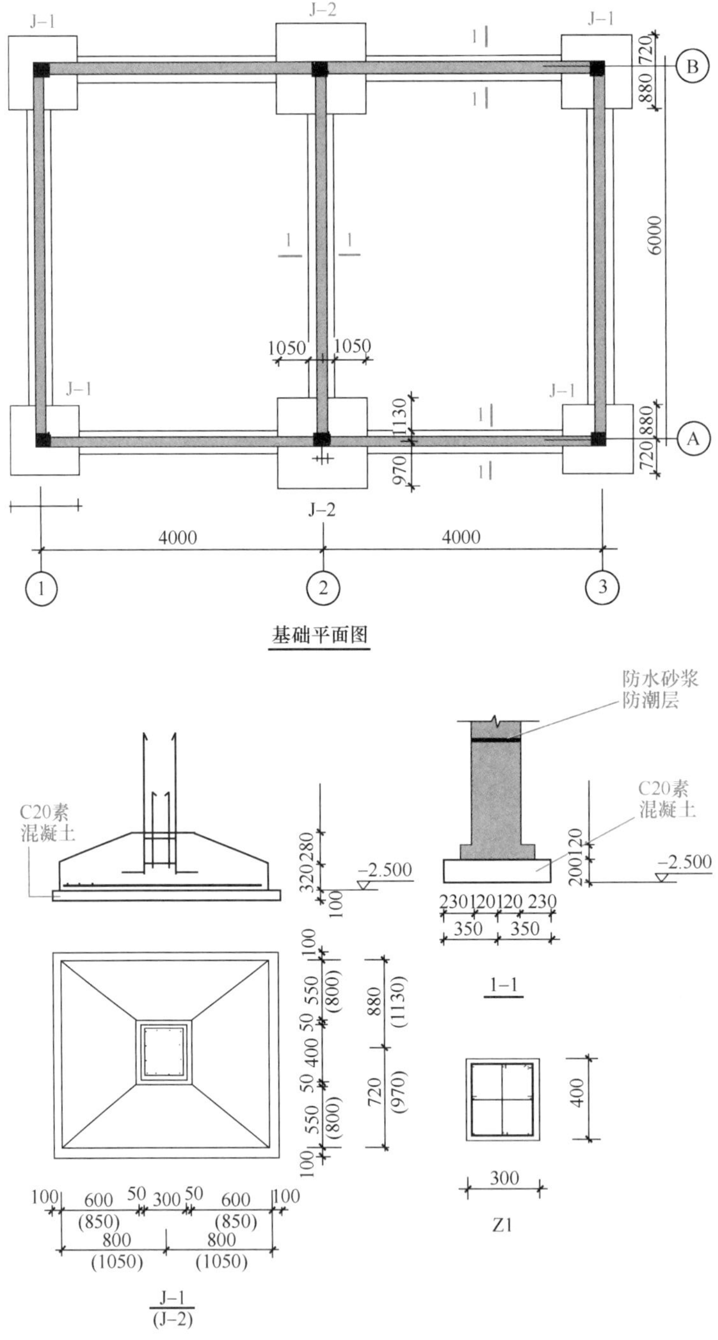

图 3-2-2　某基础平面图和剖面图

0.40)×(2.10+0.50)+0.40×0.50]}×2 = 8.44m^3

4) 砖基础 0.24×(2.30+0.066)×[(4.00−0.80−1.05)×4+(6.00−0.88×2)×2+(6.00−1.13×2)] +0.24×1.90×0.05×14+0.24×(1.90+2.18)/2×(0.6×4+0.55×4+0.85×4+0.80×2)=16.84m^3

(3) 工程量清单(表 3-2-3)

工程量清单表　　　　**表 3-2-3**

序号	项目编码	项目名称	项目特征	计量单位	工程数量
1	010501001001	混凝土垫层	C20 素混凝土垫层	m^3	2.354
2	010501002001	混凝土带形基础	200 厚混凝土带形基础	m^3	2.915
3	010501003001	混凝土独立基础	C20 混凝土独立基础	m^3	8.44
4	010401001001	砖基础	M5 水泥砂浆砌混凝土砖	m^3	16.84

2. 清单计价

(1) 按计价定额规定计算定额工程量

1) C20 素混凝土垫层：1.80×1.80×0.10×4+2.30×2.30×0.10×2=2.354m^3

2) C20 混凝土带形基础：0.70×0.20×[(4.00−0.80−1.05)×4+(6.00−0.88×2)×2+(6.00−1.13×2)]=2.915m^3

3) C20 钢筋混凝土独立基础：

{1.60×1.60×0.32+0.28/6×[1.60×1.60+(1.60+0.40)×(1.60+0.50)+0.40×0.50]}×4+{2.10×2.10×0.32+0.28/6×[2.10×2.10+(2.10+0.40)×(2.10+0.50)+0.40×0.50]}×2=8.44m^3

4) M5 砖基础：

砖基础　0.24×(2.30+0.066)×[(4.00−0.80−1.05)×4+(6.00−0.88×2)×2+(6.00−1.13×2)]+0.24×1.90×0.05×14+0.24×(1.90+2.18)/2×(0.57×4+0.55×4+0.85×4+0.80×2)=16.84m^3

超深部分砖基础 1-1　0.24×(0.80+0.066)×[(4.00−0.80−1.05)×4+(6.00−0.88×2)×2+(6.00−1.13×2)]=4.33m^3

0.24×0.40×0.05×14+0.24×(0.40+0.68)/2×(0.6×4+0.55×4+0.85×4+0.80×2)=1.311m^3

超深部分总量=5.641m^3

防潮层：0.24×[(4.00−0.80−1.05)×4+(6.00−0.88×2)×2+(6.00−1.13×2)]+0.24×[(0.8−0.15)×4+(1.05−0.15)×4+(0.88−0.28)×4+(1.13−0.28)×2]=7.46 (10m^2)

(2) 套用计价定额计算各二级定额子目综合单价

1) 6-1 混凝土垫层　385.69 元/m^3

2) 6-3 混凝土带形基础　373.32 元/m^3

3) 6-8 混凝土独立基础　371.51 元/m^3

4) 砖基础

4-1　M5 标准砖带形基础　406.25 元/m^3

4-1　注 M5 标准砖带形基础超深 1.5m　0.041×82×1.37=4. 61 元/m^3

4-52　防水砂浆防潮层　173.94 元/m^3

(3) 工程量清单计价(表 3-2-4)

工程量清单表 表 3-2-4

序号	项目编码	项目名称	计量单位	工程数量	金额（元）	
					综合单价	合价
1	010401006001	混凝土垫层	m^3	2.354	385.69	907.91
	6-1	混凝土垫层	m^3	2.354	385.69	907.91
2	010401006001	混凝土带形基础	m^3	2.915	373.32	1088.23
	6-3	混凝土带形基础	m^3	2.915	373.32	1088.23
3	010401006001	混凝土独立基础	m^3	8.44	371.51	3135.54
	6-8	混凝土独立基础	m^3	8.44	371.51	3135.54
4	010301001001	砖基础	m^3	16.84	484.85	8164.84
	4-1	M5 标准砖带形基础	m^3	16.84	406.25	6841.25
	4-1注	M5 标准砖带形基础超深 1.5m	m^3	5.64	4.61	26.00
	4-52	防水砂浆防潮层	$10m^2$	7.46	173.94	1297.59

【例 3-2-3】某单层工业厂房屋面钢屋架 12 榀，屋架跨度 9m，钢材品种规格为 L50×50×4 现场制作，根据计价表计算该屋架每榀 2.76t，刷调和漆二遍，红丹防锈漆一遍，防火涂料薄型（耐火 1.5h），构件安装场内运输 650m，履带式起重机安装高度 5.4m，跨外安装，请进行清单编制及清单计价。

【解】1. 编制工程量清单

(1) 确定项目编码和计量单位

钢屋架：项目编码 010602001001；计量单位：榀。

(2) 按计价规范计算清单工程量

钢屋架　12 榀。

(3) 工程量清单(表 3-2-5)

工程量清单表 表 3-2-5

序号	项目编码	项目名称	项目特征	计量单位	工程数量
1	010602001001	钢屋架	1. 钢材品种规格为 L50×50×4 2. 单榀重 2.76t 3. 屋架跨度 9m，安装高度 5.4m 4. 防锈漆一遍、调和漆二遍、防火漆二遍	榀	12

2. 清单计价

(1) 按定额规定计算定额工程量

钢屋架制作 2.76×12=33.12t

调和漆二遍 2.76×12×38（折算面积）=1258.56m^2

红丹防锈漆一遍 2.76×12×38（折算面积）=1258.56m^2

防火涂料 2.76×12×38（折算面积）=1258.56m^2

钢屋架运输 2.76×12=33.12t

钢屋架安装（跨外)2.76×12=33.12t

(2) 套用计价定额计算各二级定额子目综合单价

7-11 钢屋架制作 6695.58 元/t

17-132＋17-133 调和漆二遍（45.21＋41.19）＝86.4/元/10m²

17-135 红丹防锈漆一遍 57.23 元/10m²

17-146 防火涂料 612.23 元/10m²

8-25 钢屋架运输 52.71 元/t

8-124换 钢屋架安装（跨外）879.11 元/t

（3）工程量清单计价(表 3-2-6)

工程量清单计价表 **表 3-2-6**

序号	项目编码	项目名称	计量单位	工程数量	金额(元)	
					综合单价	合价
1	010601001001	钢屋架	榀	12	28979.06	347748.68
	7-11	钢屋架制作	t	33.12	6695.58	221757.61
	17-132＋17-133	调和漆二遍	10m²	125.856	86.4	10873.958
	17-135	红丹防锈漆一遍	10m²	125.856	57.23	7202.739
	17-146	防火涂料	10m²	125.856	612.23	77052.819
	8-25	钢屋架运输	t	33.12	52.71	1745.76
	8-124 换	钢屋架安装(跨外)	t	33.12	879.1	29115.79

【例 3-2-4】某工程的坡屋面如图 3-2-3 所示，编制屋面及防水工程的工程量清单项目并进行清单计价（挂瓦条间距 315mm）。

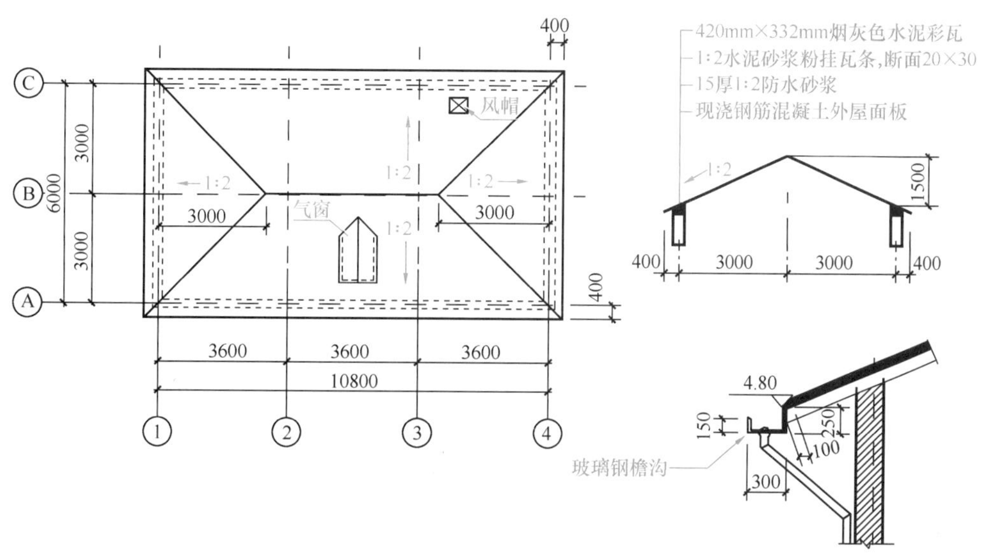

图 3-2-3 某工程坡屋面示意图

（1）确定项目编码和计量单位

1）瓦屋面清单工程量：项目编码 010901001001；计量单位：m²。

2）玻璃钢檐沟工程量：项目编码 010902007001；计量单位：m^2。

（2）按计价规范计算工程量

1）瓦屋面清单工程量：S=（10.80+0.40×2）×(6.00+0.40×2)×1.118=88.19m^2

2）玻璃钢檐沟工程量：S=（0.15+0.30+0.25+0.1）×[(10.80+0.40×2)+(6.00+0.40×2)]×2=29.44m^2

（3）工程量清单（表 3-2-7）

工程量清单表 **表 3-2-7**

序号	项目编码	项目名称	项目特征	计量单位	工程数量
1	010901001001	瓦屋面	1. 瓦品种、规格、颜色：420mm×332mm 烟灰色水泥彩瓦，430mm×228mm 脊瓦 2. 铺瓦做法：在 20mm×30mm 水泥砂浆挂瓦条上铺瓦 3. 基层做法：现浇混凝土斜板上做 1∶2 防水砂浆 20mm 厚，分格，高强 APF 膏嵌缝	m^2	88.19
2	010902007001	屋面天沟、檐沟	1. 材料品种：玻璃钢 2. 规格：宽度 300mm，厚 3mm，展开长 800mm 3. 安装方式：每隔 1m 用镀锌铁件固定	m^2	29.44

2. 清单计价

（1）按计价定额规定计算含量（单位量）

1）瓦屋面

水泥砂浆找平层（10.80+0.40×2）×(6.00+0.40×2)×1.118/88.19=0.110m^2/m^2

挂瓦条（10.80+0.40×2）×(6.00+0.40×2)×1.118/88.19=0.110m^2/m^2

瓦屋面（10.80+0.40×2）×(6.00+0.40×2)×1.118/88.19=0.110m^2/m^2

脊瓦（10.80−3.0×2）+(3.0+0.40)×1.5×4=25.2/88.19=0.028610m/m^2

2）屋面天沟、檐沟

玻璃钢檐沟（10.80+0.40×2）×2+(6.00+0.40×2)×2/29.44=0.12510m/m^2

（2）套用计价定额计算各工程内容(含量)单位及清单综合单价

1）瓦屋面

$13\text{-}15_{换}$防水砂浆找平层　0.1×90.57=9.06 元/m^2

$10\text{-}4_{换}$挂瓦条　0.1×76.44=7.64 元/m^2

10-7 铺水泥彩瓦屋面　0.1×368.7= 36.87 元/m^2

10-8 铺水泥脊瓦　0.0286×298.36=8.53 元/m^2

瓦屋面的清单综合单价　9.06+7.64+36.87+8.53=62.10 元/m^2

2）屋面天沟、檐沟

10-224 玻璃钢檐沟　0.125×206. 45=25.81 元/m^2

檐沟的清单综合单价 25.81 元/m^2

（3）工程量清单计价（表 3-2-8）

工程量清单计价表　　表 3-2-8

序号	项目编码	项目名称	计量单位	工程数量	金额（元）	
					综合单价	合价
1	010901001001	瓦屋面	m^2	88.19	62.10	5476.293
2	010902007001	屋面天沟、檐沟	m^2	29.44	25.81	759.85

注：$13\text{-}15_{换}=130.68+414.89\times0.202-48.41=90.57$ 元/m^3。

$10\text{-}4_{换}=76.21+6.06-5.83=76.44$ 元/m^2。

【例 3-2-5】某建筑物有钢筋混凝土柱 10 根，如图 3-2-4 所示，现柱面挂贴花岗石面层，有关单价及管理费率同 2014 计价定额，编制工程量清单并进行清单计价。

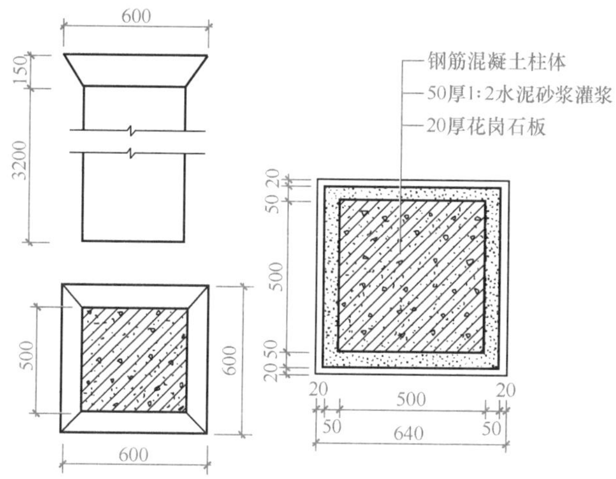

图 3-2-4　某建筑物钢筋混凝土柱示意图

【解】1. 编制工程量清单

（1）确定项目编码和计量单位

花岗石石材柱面：项目编码 011205001001；计量单位：m^2。

（2）按 2014 计价规范计算清单工程量

$$3.2\times10\times0.64\times4+10\times4\times(0.64+0.74)\times0.158/2=86.28m^2$$

（3）工程量清单（表 3-2-9）

工程量清单表　　表 3-2-9

序号	项目编码	项目名称	项目特征	计量单位	工程数量
1	011205001001	花岗石石材柱面	1. 钢筋混凝土柱面结构尺寸 500mm×500mm，柱面饰面尺寸 640mm×640mm 2. 柱身柱帽挂贴 20 厚花岗石板，灌缝 1：2 水泥砂浆 50 厚 3. 酸洗打蜡	m^2	86.28

2. 清单计价

（1）按计价定额规定计算定额工程量

1）混凝土柱面湿挂花岗石：$3.2\times10\times0.64\times4=81.92m^2$

2）挂贴花岗石柱帽：$10\times4\times(0.64+0.74)\times0.158\times0.5=4.36m^2$

（2）套用计价定额计算各定额二级子目综合单价

14-125　混凝土柱面湿挂花岗石 3932.87 元/$10m^2$

14-135　挂贴花岗石柱帽 31703.07 元/$10m^2$

（3）工程量清单计价（表 3-2-10）

工程量清单计价表　　表 3-2-10

序号	项目编码	项目名称	计量单位	工程数量	金额（元）	
					综合单价	合价
1	011205001001	花岗石石材柱面	m^2	86.28	533.62	46040.60
	14-125	混凝土柱面湿挂花岗石	$10m^2$	8.192	3932.87	32218.07
	14-135	挂贴花岗石柱帽	$10m^2$	0.436	31703.07	13822.53

附　　录

附录1　某服饰车间工程量清单

×××服饰车间土建部分工程

招标工程量清单

招　　标　　人：________________________________

（单位盖章）

造价咨询人员：________________________________

（单位盖章）

封1

×××服饰车间工程土建部分　　工程

招标工程量清单

招　标　人：________________
（单位盖章）

工程造价
咨　询　人：________________
（单位盖章）

法定代表人
或其授权人：________________
（签字或盖章）

法定代表人
或其授权人：________________
（签字或盖章）

编　制　人：________________
（造价人员签字盖专用章）

复　核　人：________________
（造价工程师签字盖专用章）

编制时间：________________

复核时间：________________

总 说 明

工程名称：×××服饰有限公司车间

一、工程概况：建筑面积 2545.622m^2。

二、工程类别：三类。施工地点：厂区内。

三、定额工期：300 天。工程质量等级：合格。

四、招标范围：建筑工程。

五、工程量清单编制依据：

1. 招标文件。

2.《房屋建筑与装饰工程工程量计算规范》GB 50854—2013。

3. 施工图纸：建筑图 9 张，结构图 7 张。

六、考虑到施工中可能发生的设计变更，暂列金额 100000 元。

七、工程量清单计价格式应符合规范及江苏省有关文件规定。

分部分项工程和单价措施项目清单与计价表

工程名称：×××服饰车间土建招标控制价　　　　标段：　　　　　　第　页　共　页

序号	项目编码	项目名称	项目特征	计量单位	工程数量	金额		
						综合单价	合价	其中：暂估价
	0101	土(石)方工程						
1	010101001001	平整场地	三类土 厚在 300mm 内，挖填找平	m^2	812.698			
2	010101004001	挖基坑土方	三类土 挖土深度：1.5m 内，弃土运距 150m	m^3	122.354			
3	010101004002	挖基坑土方	三类土，挖土深度：3.0m 内，弃土运距 150m	m^3	87.464			
4	010101003001	挖沟槽土方	三类土，挖土深度：1.5m 内，弃土运距 150m	m^3	112.267			
5	010103001001	回填方	基础回填土、室内回填：夯填 运输距离 150m	m^3	278.224			
	0103	桩基工程						
6	010301002001	预制钢筋混凝土管桩	管桩灌芯：C30 商品混凝土	m	1036.000			
	0104	砌筑工程						
7	010401001001	砖基础	±0.000 以下：MU10 混凝土实心砖 M10 水泥砂浆砌筑	m^3	14.327			
8	010402001001	砌块墙	±0.000 以上：240 厚 MU10 混凝土空心砖 M7.5 混合砂浆砌筑	m^3	261.500			
9	010402001002	砌块墙	女儿墙：240 厚 MU10 混凝土空心砖 M7.5 混合砂浆砌筑	m^3	19.073			
	0105	混凝土及钢筋混凝土工程						
10	010501001001	垫层	素土夯实 C20 商品混凝土垫层	m^3	10.707			
11	010501005001	桩承台基础	C30 商品混凝土	m^3	51.773			
12	010503001001	基础梁	C30 商品混凝土	m^3	34.998			

续表

序号	项目编码	项目名称	项目特征	计量单位	工程数量	金额		
						综合单价	合价	其中：暂估价
13	010501004001	满堂基础	电梯底板：C30 商品混凝土	m^3	4.412			
14	010502001001	矩形柱	柱支模高度 3.6m 内，周长 2.5m 内，C30 商品混凝土	m^3	49.766			
15	010502002001	构造柱	支模高度 3.6m 内 C20 商品混凝土	m^3	25.505			
16	010504001001	直形墙	电梯井壁：墙体厚度 240 C30 商品混凝土	m^3	7.834			
17	010505001001	有梁板	板底支模高度 3.6m 内 板厚度 200 以内 泵送商品混凝土 C30	m^3	472.580			
18	010506001001	直形楼梯	泵送商品混凝土 C30	m^2	63.319			
19	010503004001	圈梁	C20 商品混凝土	m^3	3.040			
20	010505008001	雨篷、悬挑板、阳台板	雨篷 C30 商品混凝土	m^3	1.110			
21	010507005001	扶手、压顶	女儿墙压顶：C30 商品混凝土	m^3	2.046			
22	010510003001	过梁	C20 商品混凝土	m^3	0.910			
23	010507001001	散水、坡道	散水：详苏 J9508-39-3	m^2	63.648			
24	010507001002	散水、坡道	坡道：详苏 J9508-41-A	m^2	9.450			
25	010515001001	现浇构件钢筋	Ⅰ级钢：直径ϕ 12mm 以内	t	54.327			
26	010515001002	现浇构件钢筋	新Ⅲ级钢：直径⏀25mm 以内	t	17.450			
27	010515002001	预制构件钢筋	⏀25mm 以内	t	0.570			
28	010515001003	现浇构件钢筋	砌体加固筋	t	1.527			
29	010516002001	预埋铁件	管桩灌芯：3mm 厚钢托板	t	0.092			
	0108	门窗工程						
30	010801001001	木质门	双面夹板门	m^2	30.360			

续表

序号	项目编码	项目名称	项目特征	计量单位	工程数量	金额		
						综合单价	合价	其中：暂估价
31	010807001001	金属（塑钢、断桥）窗	塑钢推拉窗，暂按260元/m^2	m^2	290.340			
32	010802001001	金属（塑钢）门	铝合金玻璃门，暂按300元/m^2	m^2	12.300			
	0109	屋面及防水工程						
33	011101006001	平面砂浆找平层	20厚水泥砂浆找平	m^2	778.603			
34	010902001001	屋面卷材防水	4厚APP防水卷材	m^2	834.503			
35	011101006002	平面砂浆找平层	20厚1∶2水泥砂浆找平层	m^2	834.503			
36	011101003001	细石混凝土找坡	40厚C20细石混凝土找坡	m^2	8.286			
37	010902004001	屋面排水管	女儿墙铸铁弯头落水口 PVC落水斗 PVC落水管	m	103.600			
38	010902008001	屋面变形缝	外墙变形缝 详见苏J09-2004-9-3	m	47.600			
39	010904002001	楼面涂膜防水	卫生间：1.5mm聚氨酯防水层，四周翻起1500×高	m^2	104.166			
	0110	保温、隔热、防腐工程						
40	011001001001	保温隔热屋面	沥青玛㾝脂隔气层 MLC轻质混凝土保温层（2%找坡最薄处60厚）	m^2	778.603			
	0111	楼地面装饰工程						
41	011102003001	块料地面	卫生间：8～10厚地面砖（300×300） 干水泥擦缝 撒素水泥浆面（洒适量清水） 20厚干硬性水泥砂浆粘结层 60厚C20混凝土 100厚碎石或碎砖夯实 素土夯实	m^2	19.023			

续表

序号	项目编码	项目名称	项目特征	计量单位	工程数量	金额		
						综合单价	合价	其中：暂估价
42	011102003002	块料地面	除卫生间外房间：8～10厚地面砖（600×600） 干水泥擦缝 撒素水泥浆面（洒适量清水） 20厚干硬性水泥砂浆粘结层 60厚C20混凝土 100厚碎石或碎砖夯实 素土夯实	m^2	745.641			
43	011102003003	块料楼面	卫生间：10厚地砖（300×300）铺面干水泥浆擦缝 5厚1：1水泥细砂浆结合层 15厚1：3水泥砂浆找平层 30厚C20细石混凝土层 20厚1：3水泥砂浆找平层	m^2	38.046			
44	011101001001	水泥砂浆楼面	10厚1：2水泥砂浆面层 20厚1：3水泥砂浆找平	m^2	1547.680			
45	011105001001	水泥砂浆踢脚线	踢脚线高150，12厚1：3水泥砂浆粉面找坡，8厚1：2.5水泥砂浆压实抹光	m^2	81.864			
46	011106004001	水泥砂浆楼梯面层	1：2水泥砂浆楼梯面层	m^2	63.319			
	0112	墙、柱面装饰与隔断、幕墙工程						
47	011204003001	块料墙面	卫生间：5厚釉面砖（200×300） 6厚1：0.1：2.5水泥石灰砂浆结合层 12厚水泥砂浆打底	m^2	231.939			

续表

序号	项目编码	项目名称	项目特征	计量单位	工程数量	金额		
						综合单价	合价	其中：暂估价
48	011201001001	墙面一般抹灰	内墙粉刷：界面剂一道 15厚1∶1∶6水泥石灰砂浆打底，10厚1∶0.3∶3水泥石灰砂浆粉面压实抹光	m^2	1606.566			
49	011202001001	柱、梁面一般抹灰	柱面粉刷：12厚1∶3水泥砂浆打底，8厚1∶2.5水泥砂浆粉面	m^2	86.552			
50	011201001002	墙面一般抹灰	外墙粉刷：12厚1∶3水泥砂浆打底，8厚1∶2.5水泥砂浆粉面	m^2	1109.042			
	0113	天棚抹灰						
51	011301001001	天棚抹灰	刷素水泥浆一道，6厚1∶3水泥砂浆打底 6厚1∶2.5水泥砂浆粉面	m^2	3293.926			
	0114	油漆、涂料、裱糊工程						
52	011401001001	木门油漆	聚氨酯油漆	m^2	30.360			
53	011406001001	抹灰面油漆	内墙乳胶漆	m^2	1693.118			
54	011406001002	抹灰面油漆	外墙涂料	m^2	1109.042			
55	011406001003	抹灰面油漆	天棚乳胶漆	m^2	3293.926			
合计								
	011701	脚手架工程						
1	011701002001	外脚手架	砌外墙脚手，檐高12m内	m^2	1222.802			
2	011701003001	里脚手架	砌内墙脚手，墙体高3.6m内	m^2	670.106			
3	011701003002	里脚手架	内墙抹灰脚手，高3.6m内	m^2	2487.925			
4	011701003003	里脚手架	天棚抹灰，高3.6m内	m^2	2389.555			
	011703	垂直运输						
5	011703001001	垂直运输		天	300.000			
	011704	超高施工增加						
6	011704001001	超高施工增加		m^2	1.000			

续表

序号	项目编码	项目名称	项目特征	计量单位	工程数量	金额		
						综合单价	合价	其中：暂估价
	011705	大型机械设备进出场及安拆						
7	011705001001	大型机械设备进出场及安拆		项	1.000			
	011706	施工排水、降水						
8	011706002001	排水、降水		昼夜	1.000			
	011702	混凝土模板及支架（撑）						
9	011702001001	基础		m^2	83.400			
10	011702002001	矩形柱		m^2	663.380			
11	011702003001	构造柱		m^2	283.110			
12	011702005001	基础梁		m^2	357.680			
13	011702008001	圈梁		m^2	25.320			
14	011702011001	直形墙		m^2	200.630			
15	011702014001	有梁板		m^2	5056.610			
16	011702024001	楼梯		m^2	63.320			
17	011702023001	雨篷、悬挑板、阳台板		m^2	1.110			
18	011702025001	其他现浇构件		m^2	22.710			
合计								

总价措施项目清单与计价表

工程名称：×××服饰车间土建招标控制价　　　标段：×××服饰车间工程 第　页　共　页

序号	项目编码	项目名称	计算基础	费率（%）	金额（元）	调整费率（%）	调整后金额（元）	备注
1	011707001001	安全文明施工		100				
	1	基本费	分部分项工程费＋单价措施项目费－工程设备费	3.1				
	2	省级标化增加费	分部分项工程费＋单价措施项目费－工程设备费	0.7				
	3	扬尘污染防治增加费	分部分项工程费＋单价措施项目费－工程设备费	0.31				

续表

序号	项目编码	项目名称	计算基础	费率(%)	金额(元)	调整费率(%)	调整后金额(元)	备注
2	011707002001	夜间施工	分部分项工程费＋单价措施项目费－工程设备费					
3	011707003001	非夜间施工照明	分部分项工程费＋单价措施项目费－工程设备费					
4	011707005001	冬雨期施工	分部分项工程费＋单价措施项目费－工程设备费					
5	011707007001	已完工程及设备保护	分部分项工程费＋单价措施项目费－工程设备费					
6	011707006001	地上、地下设施、建筑物的临时保护设施	分部分项工程费＋单价措施项目费－工程设备费					
7	011707008001	临时设施	分部分项工程费＋单价措施项目费－工程设备费					
8	011707009001	赶工措施	分部分项工程费＋单价措施项目费－工程设备费					
9	011707010001	工程按质论价						
10	011707011001	住宅分户验收	分部分项工程费＋单价措施项目费－工程设备费					
合计								

其他项目清单与计价汇总表

工程名称：×××服饰车间土建招标控制价　　　　标段：　　　　　　第　页　共　页

序号	项目名称	金额(元)	结算金额(元)	备注
1	暂列金额	100000.00		
2	暂估价			
2.1	材料暂估价			
2.2	专业工程暂估价			
3	计日工			
4	总承包服务费			
合　计				

暂列金额明细表

工程名称：×××服饰车间土建招标控制价　　标段：　　第　页　共　页

序号	项目名称	计量单位	暂定金额(元)	备注
1	预留金	元	100000.00	
合　计			100000.00	

材料(工程设备)暂估单价及调整表

工程名称：×××服饰车间土建招标控制价　　标段：　　第　页　共　页

序号	材料编码	材料(工程设备)名称、规格、型号	计量单位	数量		暂估(元)		确认(元)		差额±(元)		备注
					暂估	确认	单价	合价	单价	合价	单价	
1	独立费@1	塑钢推拉窗	m^2			260.0000						
2	独立费@2	铝合金玻璃门	m^2			300.0000						
合　计												

规费、税金项目计价表

工程名称：×××服饰车间土建招标控制价　　标段：　　第　页　共　页

序号	项目名称	计算基础	计算基数	计算费率(%)	金额(元)
1	规费	[1.1]+[1.2]+[1.3]		100	
1.1	社会保险费	分部分项工程费+措施项目费+其他项目费－工程设备费		3	
1.2	住房公积金	分部分项工程费+措施项目费+其他项目费－工程设备费		0.5	
1.3	工程排污费	分部分项工程费+措施项目费+其他项目费－工程设备费		0.1	
2	税金	分部分项工程费+措施项目费+其他项目费+规费－甲供设备费		3.477	
合　计					

附录2　某服饰车间工程招标控制价

×××服饰车间土建工程

招 标 控 制 价

招　　标　　人：________________________________

（单位盖章）

造价咨询人员：________________________________

（单位盖章）

×××服饰车间土建部分　工程

招 标 控 制 价

招标控制价(小写)：3386778.34

(大写)：叁佰叁拾捌万陆仟柒佰柒拾捌元叁角肆分

招　标　人：________________　　工程造价咨询人：________________

(单位盖章)　　(单位盖章)

法定代表人或其授权人：________________　　法定代表人或其授权人：________________

(签字或盖章)　　(签字或盖章)

编　制　人：________________　　复　核　人：________________

(造价人员签字盖专用章)　　(造价工程师签字盖专用章)

编制时间：________________　　复核时间：________________

总 说 明

工程名称：×××服饰有限公司车间

一、工程概况：建筑面积 2545.622m^2。

二、工程类别：三类。施工地点：厂区内。

三、定额工期：300 天；工程质量等级：合格。

四、招标范围：建筑工程。

五、工程量清单编制依据：

1. 招标文件。

2.《房屋建筑与装饰工程工程量计算规范》GB 50854—2013。

3. 施工图纸，建筑图 9 张，结构图 7 张。

六、考虑到施工中可能发生的设计变更，暂列金额 100000 元。

七、工程所有材料暂按省 2014 计价定额中价格计算。

八、工程费用计算规则按《江苏省建设工程费用定额》（2014）执行。

九、人工工资暂按 2014 计价定额中预算工资计算。

十、机械台班费按 2014 计价定额中机械台班费用计算。

十一、管理费费率和利润按 2014 计价定额中费率执行。

十二、现场安全文明施工措施费按创建“省级标化工地一星级”标准计取。

十三、措施项目费中夜间施工增加费、已完工程及设备保护费、赶工费、按质论价费、住宅分户验收费不计取；冬雨期施工增加费按 0.2%、临时设施费按 1.6%计算。

十四、规费中环境保护税暂按 0.1%，社会保障费及住房公积金按定额规定计算。

十五、税金按 9%计算。

十六、工程量清单计价格式应符合规范及江苏省有关文件规定。

单位工程招标控制价汇总表

工程名称：×××服饰车间土建招标控制价　　标段：　　第　页　共　页

序号	项目内容	金额（元）	其中：暂估价
1	分部分项工程量清单	2079137.24	79178.40
1.1	人工费	569479.17	
1.2	材料费	1246805.09	79178.40
1.3	施工机具使用费	38146.28	
1.4	未计价材料费		
1.5	企业管理费	151807.60	
1.6	利润	72899.09	
2	措施项目	813385.24	
2.1	单价措施项目费	651976.42	
2.2	总价措施项目费	161408.82	
2.2.1	安全文明施工费	112248.77	
3	其他项目	100000.00	
3.1	其中：暂列金额	100000.00	
3.2	其中：专业工程暂估价		
3.3	其中：计日工		
3.4	其中：总承包服务费		
4	规费	114613.61	
5	税金	219642.25	
6	工程总价＝1＋2＋3＋4－(甲供材料费＋甲供设备费)/1.01＋5	3386778.34	79178.40

分部分项工程和单价措施项目清单与计价表

工程名称：×××服饰车间土建招标控制价　　　　标段：　　　　　　　　第　页　共　页

序号	项目编码	项目名称	项目特征	计量单位	工程数量	金额		
						综合单价	合价	其中：暂估价
	0101	土（石）方工程					51861.88	
1	010101001001	平整场地	三类土 厚在300mm内，挖填找平	m^2	812.698	7.43	6038.35	
2	010101004001	挖基坑土方	三类土 挖土深度：1.5m内，弃土运距150m	m^3	122.354	82.28	10067.29	
3	010101004002	挖基坑土方	三类土，挖土深度：3.0m内，弃土运距150m	m^3	87.464	90.72	7934.73	
4	010101003001	挖沟槽土方	三类土，挖土深度：1.5m内，弃土运距150m	m^3	112.267	75.95	8526.68	
5	010103001001	回填方	基础回填土、室内回填：夯填 运输距离150m	m^3	278.224	69.35	19294.83	
	0103	桩基工程					3076.92	
6	010301002001	预制钢筋混凝土管桩	管桩灌芯：C30商品混凝土	m	1036.000	2.97	3076.92	
	0104	砌筑工程					124983.34	
7	010401001001	砖基础	±0.000以下：MU10混凝土实心砖 M10水泥砂浆砌筑	m^3	14.327	406.70	5826.79	
8	010402001001	砌块墙	±0.000以上：240厚MU10混凝土空心砖 M7.5混合砂浆砌筑	m^3	261.500	424.69	111056.44	
9	010402001002	砌块墙	女儿墙：240厚MU10混凝土空心砖 M7.5混合砂浆砌筑	m^3	19.073	424.69	8100.11	
	0105	混凝土及钢筋混凝土工程					1084460.16	
10	010501001001	垫层	素土夯实 C20商品混凝土垫层	m^3	10.707	497.97	5331.76	
11	010501005001	桩承台基础	C30商品混凝土	m^3	51.773	558.41	28910.56	
12	010503001001	基础梁	C30商品混凝土	m^3	34.998	922.65	32290.90	
13	010501004001	满堂基础	电梯井底板：C30商品混凝土	m^3	4.412	472.21	2083.39	

续表

序号	项目编码	项目名称	项目特征	计量单位	工程数量	金额		
						综合单价	合价	其中：暂估价
14	010502001001	矩形柱	柱支模高度 3.6m 内，周长 2.5m 内，C30 商品混凝土	m^3	49.766	1319.79	65680.67	
15	010502002001	构造柱	支模高度 3.6m 内 C20 商品混凝土	m^3	25.505	1395.09	35581.77	
16	010504001001	直形墙	电梯井壁：墙体厚度 240 C30 商品混凝土	m^3	7.834	1773.15	13890.86	
17	010505001001	有梁板	板底支模高度 3.6m 内 板厚度 200 以内 泵送商品混凝土 C30	m^3	472.580	1000.28	472712.32	
18	010506001001	直形楼梯	泵送商品混凝土 C30	m^2	63.319	264.63	16756.11	
19	010503004001	圈梁	C20 商品混凝土	m^3	3.040	951.67	2893.08	
20	010505008001	雨篷、悬挑板、阳台板	雨篷 C30 商品混凝土	m^3	1.110	232.82	258.43	
21	010507005001	扶手、压顶	女儿墙压顶：C30 商品混凝土	m^3	2.046	1209.36	2474.35	
22	010510003001	过梁	C20 商品混凝土	m^3	0.910	888.34	808.39	
23	010507001001	散水、坡道	散水：详苏 J9508-39-3	m^2	63.648	82.97	5280.87	
24	010507001002	散水、坡道	坡道：详苏 J9508-41-A	m^2	9.450	76.12	719.33	
25	010515001001	现浇构件钢筋	Ⅰ级钢：直径 Φ12mm 以内	t	54.327	5470.72	297207.81	
26	010515001002	现浇构件钢筋	新Ⅲ级钢：直径Φ 25mm 以内	t	17.450	4998.87	87230.28	
27	010515002001	预制构件钢筋	Φ 25mm 以内	t	0.570	4851.29	2765.24	
28	010515001003	现浇构件钢筋	砌体加固筋	t	1.527	6823.64	10419.70	
29	010516002001	预埋铁件	管桩灌芯：3mm 厚钢托板	t	0.092	12655.83	1164.34	
	0108	门窗工程					86372.51	79178.40
30	010801001001	木质门	双面夹板门	m^2	30.360	236.96	7194.11	
31	010807001001	金属（塑钢、断桥）窗	塑钢推拉窗，暂按 260 元/m^2	m^2	290.340	260.00	75488.40	75488.40

续表

序号	项目编码	项目名称	项目特征	计量单位	工程数量	金额		
						综合单价	合价	其中：暂估价
32	010802001001	金属（塑钢）门	铝合金玻璃门，暂按300元/m^2	m^2	12.300	300.00	3690.00	3690.00
	0109	屋面及防水工程					74364.20	
33	011101006001	平面砂浆找平层	20厚水泥砂浆找平	m^2	778.603	13.07	10176.34	
34	010902001001	屋面卷材防水	4厚APP防水卷材	m^2	834.503	43.16	36017.15	
35	011101006002	平面砂浆找平层	20厚1∶2水泥砂浆找平层	m^2	834.503	16.39	13677.50	
36	011101003001	细石混凝土找坡	40厚C20细石混凝土找坡	m^2	8.286	20.71	171.60	
37	010902004001	屋面排水管	女儿墙铸铁弯头落水口 PVC落水斗 PVC落水管	m	103.600	47.61	4932.40	
38	010902008001	屋面变形缝	外墙变形缝 详见苏J09-2004-9-3	m	47.600	46.54	2215.30	
39	010904002001	楼面涂膜防水	卫生间：1.5mm聚氨酯防水层，四周翻起1500高	m^2	104.166	68.87	7173.91	
	0110	保温、隔热、防腐工程					91501.42	
40	011001001001	保温隔热屋面	沥青玛瑙脂隔气层 MLC轻质混凝土保温层（2%找坡，最薄处60厚）	m^2	778.603	117.52	91501.42	
	0111	楼地面装饰工程					163466.85	
41	011102003001	块料地面	卫生间：8～10厚地面砖（300×300） 干水泥擦缝 撒素水泥浆面（洒适量清水） 20厚干硬性水泥砂浆粘结层 60厚C20混凝土 100厚碎石或碎砖夯实 素土夯实	m^2	19.023	141.56	2692.90	

续表

序号	项目编码	项目名称	项目特征	计量单位	工程数量	金额		
						综合单价	合价	其中：暂估价
42	011102003002	块料地面	除卫生间外房间：8～10厚地面砖（600×600） 干水泥擦缝 撒素水泥浆面（洒适量清水） 20厚干硬性水泥砂浆粘结层 60厚C20混凝土 100厚碎石或碎砖夯实 素土夯实	m^2	745.641	141.62	105597.68	
43	011102003003	块料楼面	卫生间：10厚地砖（300×300）铺面干水泥浆擦缝 5厚1∶1水泥细砂浆结合层 15厚1∶3水泥砂浆找平层 30厚C20细石混凝土层 20厚1∶3水泥砂浆找平层	m^2	38.046	131.17	4990.49	
44	011101001001	水泥砂浆楼面	10厚1∶2水泥砂浆面层 20厚1∶3水泥砂浆找平	m^2	1547.680	26.82	41508.78	
45	011105001001	水泥砂浆踢脚线	踢脚线高150，12厚1∶3水泥砂浆粉面找坡，8厚1∶2.5水泥砂浆压实抹光	m^2	81.864	41.95	3434.19	
46	011106004001	水泥砂浆楼梯面层	1∶2水泥砂浆楼梯面层	m^2	63.319	82.80	5242.81	
	0112	柱面装饰与隔断、幕墙工程					144039.59	
47	011204003001	块料墙面	卫生间：5厚釉面砖（200×300） 6厚1∶0.1∶2.5水泥石灰砂浆结合层 12厚水泥砂浆打底	m^2	231.939	262.20	60814.41	

续表

序号	项目编码	项目名称	项目特征	计量单位	工程数量	金额		
						综合单价	合价	其中：暂估价
48	011201001001	墙面一般抹灰	内墙粉刷：界面剂一道 15厚1∶1∶6水泥石灰砂浆打底，10厚1∶0.3∶3水泥石灰砂浆粉面压实抹光	m^2	1606.566	28.44	45690.74	
49	011202001001	柱、梁面一般抹灰	柱面粉刷：12厚1∶3水泥砂浆打底，8厚1∶2.5水泥砂浆粉面	m^2	86.552	34.52	2987.78	
50	011201001002	墙面一般抹灰	外墙粉刷：12厚1∶3水泥砂浆打底，6厚1∶2.5水泥砂浆粉面压实抹光	m^2	1109.042	31.15	34546.66	
	0113	天棚抹灰					67657.24	
51	011301001001	天棚抹灰	刷素水泥浆一道，6厚1∶3水泥砂浆打底 6厚1∶2.5水泥砂浆粉面	m^2	3293.926	20.54	67657.24	
	0114	油漆、涂料、裱糊工程					187353.13	
52	011401001001	木门油漆	聚氨酯油漆	m^2	30.360	83.11	2523.22	
53	011406001001	抹灰面油漆	内墙乳胶漆	m^2	1693.118	25.53	43225.30	
54	011406001002	抹灰面油漆	外墙涂料	m^2	1109.042	43.54	48287.69	
55	011406001003	抹灰面油漆	天棚乳胶漆	m^2	3293.926	28.33	93316.92	
合　计							2079137.24	79178.40
	011701	脚手架工程					25610.93	
1	011701002001	外脚手架	砌外墙脚手，檐高12m内	m^2	1222.802	18.53	22658.52	
2	011701003001	里脚手架	砌内墙脚手，墙体高3.6m内	m^2	670.106	1.64	1098.97	
3	011701003002	里脚手架	内墙抹灰脚手，高3.6m内	m^2	2487.925	0.38	945.41	

续表

序号	项目编码	项目名称	项目特征	计量单位	工程数量	金额		
						综合单价	合价	其中：暂估价
4	011701003003	里脚手架	天棚抹灰，高3.6m内	m^2	2389.555	0.38	908.03	
5	011703001001	垂直运输		天	300.000	691.90	207570.00	
	011704	超高施工增加						
6	011704001001	超高施工增加		m^2	1.000			
	011705	大型机械设备进出场及安拆					58384.11	
7	011705001001	大型机械设备进出场及安拆		项	1.000	58384.11	58384.11	
	011706	施工排水、降水						
8	011706002001	排水、降水		昼夜	1.000			
	011702	混凝土模板及支架（撑）					360411.38	
9	011702001001	基础		m^2	83.400	58.91	4913.09	
10	011702002001	矩形柱		m^2	663.380	61.64	40890.74	
11	011702003001	构造柱		m^2	283.110	74.29	21032.24	
12	011702005001	基础梁		m^2	357.680	45.73	16356.71	
13	011702008001	圈梁		m^2	25.320	56.28	1425.01	
14	011702011001	直形墙		m^2	200.630	46.98	9425.60	
15	011702014001	有梁板		m^2	5056.610	50.36	254650.88	
16	011702024001	楼梯		m^2	63.320	161.30	10213.52	
17	011702023001	雨篷、悬挑板、阳台板		m^2	1.110	85.89	95.34	
18	011702025001	其他现浇构件		m^2	22.710	62.01	1408.25	
合 计							651976.42	

总价措施项目清单与计价表

工程名称：×××服饰车间土建招标控制价　　标段：×××服饰车间工程　　第　页　共　页

序号	项目编码	项目名称	计算基础	费率(%)	金额(元)	调整费率(%)	调整后金额(元)	备注
1	011707001001	安全文明施工		100	112248.77			
	1	基本费	分部分项工程费+单价措施项目费—工程设备费	3.1	84664.52			
	2	省级标化增加费	分部分项工程费+单价措施项目费—工程设备费	0.7	19117.8			
	3	扬尘污染防治增加费	分部分项工程费+单价措施项目费—工程设备费	0.31	8466.45			
2	011707002001	夜间施工	分部分项工程费+单价措施项目费—工程设备费	0				
3	011707003001	非夜间施工照明	分部分项工程费+单价措施项目费—工程设备费	0				
4	011707005001	冬雨季施工	分部分项工程费+单价措施项目费—工程设备费	0.2	5462.23			
5	011707007001	已完工程及设备保护	分部分项工程费+单价措施项目费—工程设备费	0				
6	011707006001	地上、地下设施、建筑物的临时保护设施	分部分项工程费+单价措施项目费—工程设备费	0				
7	011707008001	临时设施	分部分项工程费+单价措施项目费—工程设备费	1.6	43697.82			
8	011707009001	赶工措施	分部分项工程费+单价措施项目费—工程设备费	0				
9	011707010001	工程按质论价						
10	011707011001	住宅分户验收	分部分项工程费+单价措施项目费—工程设备费	0				
合　计					161408.82			

其他项目清单与计价汇总表

工程名称：×××服饰车间土建招标控制价　　标段：　　第　页　共　页

序号	项目名称	金额(元)	结算金额(元)	备注
1	暂列金额	100000.00		
2	暂估价			
2.1	材料暂估价			
2.2	专业工程暂估价			
3	计日工			
4	总承包服务费			
	合　计	100000.00		

暂列金额明细表

工程名称：×××服饰车间土建招标　　　　标段：　　　　第　页　共　页

序号	项目名称	计量单位	暂定金额(元)	备注
1	预留金	元	100000.00	
合　计			100000.00	

材料(工程设备)暂估单价及调整表

工程名称：×××服饰车间土建招标控制价　　　　标段：　　　　第　页　共　页

序号	材料编码	材料(工程设备)名称、规格、型号	计量单位	数量		暂估(元)		确认(元)		差额±(元)		备注
					暂估	确认	单价	合价	单价	合价	单价	
1	独立费@1	塑钢推拉窗	m^2	290.3400		260.0000	75488.40					
2	独立费@2	铝合金玻璃门	m^2	12.3000		300.0000	3690.00					
合　计							79178.40					

规费、税金项目计价表

工程名称：×××服饰车间土建招标控制价　　　　标段：×××服饰车间工程　　　　第　页　共　页

序号	项目名称	计算基础	计算基数	计算费率(%)	金额(元)
1	规费	[1.1]+[1.2]+[1.3]	114613.61	100	114613.61
1.1	社会保险费	分部分项工程费+措施项目费+其他项目费一工程设备费	2992522.48	3.2	95760.72
1.2	住房公积金	分部分项工程费+措施项目费+其他项目费一工程设备费	2992522.48	0.53	15860.37
1.3	环境保护税	分部分项工程费+措施项目费+其他项目费一工程设备费	2992522.48	0.1	2992.52
2	税金	分部分项工程费+措施项目费+其他项目费+规费一甲供设备费	3107136.09	9	279642.25
合　计					394255.86

分部分项工程量清单综合单价分析表

工程名称：×××服饰车间土建招标控制价　　标段：　　第　页　共　页

序号	项目编码	项目名称	计量单位	工程数量	综合单价							项目合价
					人工费	材料费	机械费	主材费	管理费	利润	小计	
1	0101	土(石)方工程										51861.88
2	010101001001	平整场地【三类土，厚在300mm内，挖填找平】	m^2	812.698	5.42				1.36	0.65	7.43	6038.35
3	A1-98	平整场地	$10m^2$	0.124	43.89				10.97	5.27	60.13	7.43
4	010101004001	挖基坑土方【三类土，挖土深度：1.5m内，弃土运距150m】	m^3	122.354	60.06				15.02	7.2	82.28	10067.29
5	A1-59	人工挖底面积≤$20m^2$的基坑三类干土深度在(1.5m以内)	m^3	1	39.27				9.82	4.71	53.8	53.8
6	A1-92+95×2	单(双)轮车运输土运距在50m以内	m^3	1	20.79				5.2	2.49	28.48	28.48
7	010101004002	挖基坑土方【三类土，挖土深度：3.0m内，弃土运距150m】	m^3	87.464	66.22				16.56	7.94	90.72	7934.73
8	A1-60	人工挖底面积≤$20m^2$的基坑三类干土深度在(3m以内)	m^3	1	45.43				11.36	5.45	62.24	62.24
9	A1-92+95×2	单(双)轮车运输土运距在50m以内	m^3	1	20.79				5.2	2.49	28.48	28.48
10	010101003001	挖沟槽土方【三类土，挖土深度：1.5m内，弃土运距150m】	m^3	112.267	55.44				13.86	6.65	75.95	8526.68
11	A1-27	人工挖底宽≤3m且底长>3倍底宽的沟槽三类干土深度在1.5m以内	m^3	1	34.65				8.66	4.16	47.47	47.47
12	A1-92+95×2	单(双)轮车运输土运距在150m以内	m^3	1	20.79				5.2	2.49	28.48	28.48
13	010103001001	回填方【基础回填土、室内回填：夯填；运输距离150m】	m^3	278.224	49.57		1.05		12.67	6.06	69.35	19294.83

续表

序号	项目编码	项目名称	计量单位	工程数量	综合单价							项目合价
					人工费	材料费	机械费	主材费	管理费	利润	小计	
14	A1-104	基(槽)坑夯填回填土	m^3	0.694	21.56		1.19		5.69	2.73	31.17	21.62
15	A1-102	地面夯填回填土	m^3	0.306	20.02		0.71		5.18	2.49	28.4	8.7
16	A1-1	人工挖一类土	m^3	1	7.7				1.93	0.92	10.55	10.55
17	A1-92+95×2	单(双)轮车运输土运距在150m以内	m^3	1	20.79				5.2	2.49	28.48	28.48
18	0103	桩基工程										3076.92
19	010301002001	预制钢筋混凝土管桩【管桩灌芯：C30商品混凝土】	m	1036	0.56	2.07	0.21		0.08	0.05	2.97	3076.92
20	A3-91	C30井壁内灌注预拌混凝土 非泵送	m^3	0.006	98.4	363.28	36.76		14.87	9.46	522.77	2.97
21	0104	砌筑工程										124983.34
22	010401001001	砖基础【±0.000以下：MU10混凝土实心砖；M10水泥砂浆砌筑】	m^3	14.327	98.4	263.83	5.89		26.07	12.51	406.7	5826.79
23	A4-1.1	M7.5水泥砂浆直形砖基础	m^3	1	98.4	263.83	5.89		26.07	12.51	406.7	406.7
24	010402001001	砌块墙【±0.000以上：240厚MU10混凝土空心砖；M7.5混合砂浆砌筑】	m^3	261.5	92.66	294.89	2.08		23.69	11.37	424.69	111056.44
25	A4-20.1	M7.5混合砂浆240厚轻骨料混凝土小型空心砌块	m^3	1	92.66	294.89	2.08		23.69	11.37	424.69	424.69
26	010402001002	砌块墙【女儿墙：240厚MU10混凝土空心砖；M7.5混合砂浆砌筑】	m^3	19.073	92.66	294.89	2.08		23.69	11.37	424.69	8100.11
27	A4-20.1	M7.5混合砂浆240厚轻骨料混凝土小型空心砌块	m^3	1	92.66	294.89	2.08		23.69	11.37	424.69	424.69
28	0105	混凝土及钢筋混凝土工程										1084460.16
29	010501001001	垫层【素土夯实；C20商品混凝土垫层】	m^3	10.707	102.16	353.54	3.26		26.36	12.65	497.97	5331.76

续表

序号	项目编码	项目名称	计量单位	工程数量	综合单价							项目合价
					人工费	材料费	机械费	主材费	管理费	利润	小计	
30	A1-99	地面原土打底夯	10m²	1	7.7		1.09		2.2	1.05	12.04	12.04
31	A6-301.1	C20混凝土非泵送垫层	m³	1	94.46	353.54	2.17		24.16	11.6	485.93	485.93
32	010501005001	桩承台基础【C30商品混凝土】	m³	51.773	84.19	404.16	28.4		28.15	13.51	558.41	28910.56
33	A6-308.1	C30混凝土非泵送桩承台独立柱基	m³	1	84.19	404.16	28.4		28.15	13.51	558.41	558.41
34	010503001001	基础梁【C30商品混凝土】	m³	34.998	230.47	554.57	38.2		67.17	32.24	922.65	32290.9
35	A6-317	C30混凝土非泵送基础梁地坑支撑梁	m³	1	230.47	554.57	38.2		67.17	32.24	922.65	922.65
36	010501004001	满堂基础【电梯井底板：C30商品混凝土】	m³	4.412	42.09	378.27	26.48		17.14	8.23	472.21	2083.39
37	A6-306.1	C30混凝土非泵送无梁式满堂(板式)基础	m³	1	42.09	378.27	26.48		17.14	8.23	472.21	472.21
38	010502001001	矩形柱【柱支模高度3.6m内，周长2.5m内，C30商品混凝土】	m³	49.766	476.32	634.4	23.97		125.07	60.03	1319.79	65680.67
39	A6-313	C30混凝土非泵送矩形柱	m³	1	476.32	634.4	23.97		125.07	60.03	1319.79	1319.79
40	010502002001	构造柱【支模高度3.6m内；C20商品混凝土】	m³	25.505	563.67	603.39	14.21		144.47	69.35	1395.09	35581.77
41	A6-316	C20混凝土非泵送构造柱	m³	1	563.67	603.39	14.21		144.47	69.35	1395.09	1395.09
42	010504001001	直形墙【电梯井壁：墙体厚度240；C30商品混凝土】	m³	7.834	622.66	874.31	33.43		164.02	78.73	1773.15	13890.86
43	A6-328	C30混凝土非泵送电梯井壁	m³	1	622.66	874.31	33.43		164.02	78.73	1773.15	1773.15
44	010505001001	有梁板【板底支模高度3.6m内；板厚度200以内；泵送商品混凝土C30】	m³	472.58	251.92	601.07	39.47		72.85	34.97	1000.28	472712.32
45	A6-207	C30混凝土泵送有梁板	m³	1	251.92	601.07	39.47		72.85	34.97	1000.28	1000.28
46	010506001001	直形楼梯【泵送商品混凝土C30】	m²	63.319	90.57	121.81	13.68		26.06	12.51	264.63	16756.11

续表

序号	项目编码	项目名称	计量单位	工程数量	综合单价							项目合价
					人工费	材料费	机械费	主材费	管理费	利润	小计	
47	A6-213.1	C30 混凝土泵送楼梯 直形	$10m^2$ 水平投影面积	0.1	906.1	1220.41	137.03		260.78	125.18	2649.5	264.96
48	A6-218.1	C30 混凝土泵送每增减楼梯、雨篷、阳台、台阶	m^3	−0.001	63.96	364.06	33.96		24.48	11.75	498.21	−0.31
49	010503004001	圈梁【C20 商品混凝土】	m^3	3.04	300.17	523.9	12.07		78.06	37.47	951.67	2893.08
50	A6-320	C20 混凝土非泵送圈梁	m^3	1	300.17	523.9	12.07		78.06	37.47	951.67	951.67
51	010505008001	雨篷、悬挑板、阳台板【雨篷；C30 商品混凝土】	m^3	1.11	68.16	127.16	8.96		19.28	9.26	232.82	258.43
52	A6-340.1	C30 混凝土非泵送复式雨篷水平挑檐	$10m^2$ 水平投影面积	0.1	565.8	612.38	28.08		148.47	71.27	1426	142.6
53	A6-218.1	C30 混凝土泵送每增减楼梯、雨篷、阳台、台阶	m^3	0.181	63.96	364.06	33.96		24.48	11.75	498.21	90.22
54	010507005001	扶手、压顶【女儿墙压顶：C30 商品混凝土】	m^3	2.046	408.42	624.25	18.67		106.77	51.25	1209.36	2474.35
55	A6-349.1	C30 混凝土非泵送压顶	m^3	1	408.42	624.25	18.67		106.77	51.25	1209.36	1209.36
56	010510003001	过梁【C20 商品混凝土】	m^3	0.91	301.24	447.88	20.26		80.38	38.58	888.34	808.39
57	A6-359	C20 混凝土非泵送过梁	m^3	1	210.22	424.77	19.75		57.49	27.6	739.83	739.83
58	A8-72	过梁安装　塔式起重机	m^3	1	70.52	11.17	0.51		17.76	8.52	108.48	108.48
59	A8-109	M10 水泥砂浆过梁接头灌缝	m^3	1	20.5	11.94			5.13	2.46	40.03	40.03
60	010507001001	散水、坡道【散水：详苏 J9508-39-3】	m^2	63.648	27.57	43.58	1.17		7.19	3.46	82.97	5280.87
61	A1-99	地面原土打底夯	$10m^2$	0.1	7.7		1.09		2.2	1.05	12.04	1.2

续表

序号	项目编码	项目名称	计量单位	工程数量	综合单价							项目合价
					人工费	材料费	机械费	主材费	管理费	利润	小计	
62	A13-163	C20 现浇混凝土散水	10m² 水平投影面积	0.1	193.33	347.81	10.61		50.99	24.47	627.21	62.72
63	A10-170	建筑油膏伸缩缝	10m	0.166	45.1	53.1			11.28	5.41	114.89	19.04
64	010507001002	散水、坡道【坡道：详苏 J9508-41-A】	m²	9.45	22.81	43.06	1.32		6.03	2.9	76.12	719.33
65	A1-99	地面原土打底夯	10m²	0.1	7.7		1.09		2.2	1.05	12.04	1.2
66	A13-164	C20 现浇大门混凝土斜坡	10m² 水平投影面积	0.1	220.39	430.57	12.07		58.12	27.9	749.05	74.91
67	010515001001	现浇构件钢筋【Ⅰ级钢：直径 Φ12mm 以内】	t	54.327	885.6	4149.06	79.11		241.18	115.77	5470.72	297207.81
68	A5-1	现浇混凝土构件钢筋 Φ12 以内	t	1	885.6	4149.06	79.11		241.18	115.77	5470.72	5470.72
69	010515001002	现浇构件钢筋【新Ⅲ级钢：直径 Φ25mm 以内】	t	17.45	523.98	4167.49	82.87		151.71	72.82	4998.87	87230.28
70	A5-2换	现浇混凝土构件钢筋 Φ25 以内	t	1	523.98	4167.49	82.87		151.71	72.82	4998.87	4998.87
71	010515002001	预制构件钢筋【Φ25mm 以内】	t	0.57	426.4	4163.05	75.97		125.59	60.28	4851.29	2765.24
72	A5-10	现场预制混凝土构件钢筋 Φ20 以外	t	1	426.4	4163.05	75.97		125.59	60.28	4851.29	4851.29
73	010515001003	现浇构件钢筋【砌体加固筋】	t	1.527	1914.31	4122.34	57.44		492.94	236.61	6823.64	10419.7
74	A5-26	砌体、板缝内加固钢筋 绑扎	t	0.5	2088.54	4138.9	57.4		536.49	257.51	7078.84	3541.73
75	A5-25	砌体、板缝内加固钢筋 不绑扎	t	0.5	1737.58	4100.4	57.4		448.75	215.4	6559.53	3281.91
76	010516002001	预埋铁件【管桩灌芯：3mm 厚钢托板】	t	0.092	4227.92	5226.73	1194.78		1355.78	650.72	12655.83	1164.34
77	A5-28	铁件安装	t	1	1931.92	258.48	407.24		584.79	280.7	3463.13	3463.13

续表

序号	项目编码	项目名称	计量单位	工程数量	综合单价							项目合价
					人工费	材料费	机械费	主材费	管理费	利润	小计	
78	A5-27	铁件制作	t	1	2296	4968.25	787.54		770.89	370.02	9192.7	9192.7
79	0108	门窗工程										86372.51
80	010801001001	木质门【双面夹板门】	m^2	30.36	58.87	151.22	3.71		15.65	7.51	236.96	7194.11
81	A16-199	胶合板门(无腰单扇)门框安装	$10m^2$	0.1	39.95	13.28			9.99	4.79	68.01	6.8
82	A16-197	胶合板门(无腰单扇)门框制作	$10m^2$	0.1	62.05	335.5	5.92		16.99	8.16	428.62	42.86
83	A16-198	胶合板门(无腰单扇)门扇制作	$10m^2$	0.1	227.8	626.4	31.24		64.76	31.08	981.28	98.13
84	A16-200	胶合板门(无腰单扇)门扇安装	$10m^2$	0.1	124.1	31.36			31.03	14.89	201.38	20.14
85	A16-314	铰链	个	0.856	8.5	20.76			2.13	1.02	32.41	27.76
86	A16-312	执手锁	把	0.428	14.45	76.55			3.61	1.73	96.34	41.25
87	010807001001	金属(塑钢、断桥)窗【塑钢推拉窗，暂按260元/m^2】	m^2	290.34		260					260	75488.4
88	独立费	塑钢推拉窗	m^2	1		260					260	260
89	010802001001	金属(塑钢)门【铝合金玻璃门，暂按300元/m^2】	m^2	12.3		300					300	3690
90	独立费	铝合金玻璃门	m^2	1		300					300	300
91	0109	屋面及防水工程										74364.2
92	011101006001	平面砂浆找平层【20厚水泥砂浆找平】	m^2	778.603	5.49	4.87	0.49		1.5	0.72	13.07	10176.34
93	A13-15	1∶3水泥砂浆找平层(厚20mm)混凝土或硬基层土	$10m^2$	0.1	54.94	48.69	4.91		14.96	7.18	130.68	13.07
94	010902001001	屋面卷材防水【4厚APP防水卷材】	m^2	834.503	4.92	36.42			1.23	0.59	43.16	36017.15
95	A10-40	单层APP改性沥青防水卷材　热熔满铺法	$10m^2$	0.1	49.2	364.19			12.3	5.9	431.59	43.16

续表

序号	项目编码	项目名称	计量单位	工程数量	综合单价							项目合价
					人工费	材料费	机械费	主材费	管理费	利润	小计	
96	011101006002	平面砂浆找平层【20 厚 1∶2 水泥砂浆找平层】	m^2	834.503	6.89	6.09	0.63		1.88	0.9	16.39	13677.5
97	A13-16	1∶3 水泥砂浆找平层(厚 20mm) 在填充材料上	$10m^2$	0.1	68.88	60.91	6.25		18.78	9.02	163.84	16.39
98	011101003001	细石混凝土找坡【40 厚 C15 细石混凝土找坡】	m^2	8.286	6.89	10.63	0.47		1.84	0.88	20.71	171.6
99	A13-18	C20 现浇混凝土细石混凝土找平层 厚 40mm	$10m^2$	0.1	68.88	106.2	4.67		18.39	8.83	206.97	20.71
100	010902004001	屋面排水管【女儿墙铸铁弯头落水口；PVC 落水斗；PVC 落水管】	m	103.6	5.34	40.29			1.34	0.64	47.61	4932.4
101	A10-206	PVC 水斗 Ø110	10 只	0.009	31.16	379.35			7.79	3.74	422.04	3.67
102	A10-219	女儿墙铸铁弯头落水口	10 只	0.009	150.06	656.5			37.52	18.01	862.09	7.49
103	A10-202	PVC 水落管 Ø110	10m	0.1	37.72	312.9			9.43	4.53	364.58	36.46
104	010902008001	屋面变形缝【外墙变形缝；详见苏 J09-2004-9-3】	m	47.6	15.25	25.63	0.01		3.82	1.83	46.54	2215.3
105	A10-165	立面油浸麻丝 伸缩缝	10m	0.1	91.84	163.13			22.96	11.02	288.95	28.9
106	A10-181	立面铁皮盖缝	10m	0.1	60.68	93.15	0.08		15.19	7.29	176.39	17.64
107	010904002001	楼面 涂膜防水【卫生间：1.5mm 聚氨酯防水层，四周翻起 1500 高】	m^2	104.166	10.09	55.05			2.52	1.21	68.87	7173.91
108	A10-97-98	聚氨酯防水层 1.5mm 厚	$10m^2$	0.1	100.86	550.5			25.22	12.1	688.68	68.87
109	0110	保温、隔热、防腐工程										91501.42

续表

序号	项目编码	项目名称	计量单位	工程数量	综合单价							项目合价
					人工费	材料费	机械费	主材费	管理费	利润	小计	
110	011001001001	保温隔热屋面【沥青玛琋脂隔气层；MLC轻质混凝土保温层（2%找坡；最薄处60厚）】	m^2	778.603	10.41	103	0.18		2.65	1.28	117.52	91501.42
111	A10-110	平面刷石油沥青玛琋脂一遍	$10m^2$	0.1	13.94	159.75			3.49	1.67	178.85	17.89
112	A13-13换	MLC轻质混凝土	m^3	0.155	58.22	561.4	1.16		14.85	7.13	642.76	99.63
113	0111	楼地面装饰工程										163466.85
114	011102003001	块料地面【卫生间：8～10厚地面砖（300×300）；干水泥擦缝；撒素水泥浆面（洒适量清水）；20厚干硬性水泥砂浆粘结层；60厚C20混凝土；100厚碎石或碎砖夯实；素土夯实】	m^2	19.023	36.74	89.6	1.2		9.48	4.54	141.56	2692.9
115	A1-99	地面原土打底夯	$10m^2$	0.1	7.7		1.09		2.2	1.05	12.04	1.2
116	A13-9	碎石干铺垫层	m^3	0.1	43.46	110.46	1.06		11.13	5.34	171.45	17.14
117	A13-13	C20非泵送预拌混凝土垫层不分格	m^3	0.06	58.22	331	1.16		14.85	7.13	412.36	24.73
118	A13-81换	楼地面地砖单块0.4m^2以内干硬性水泥砂浆	$10m^2$	0.1	281.35	587.21	9.08		72.61	34.85	985.1	98.49
119	011102003002	块料地面【除卫生间外房间：8～10厚地面砖（600×600）；干水泥擦缝；撒素水泥浆面（洒适量清水）；20厚干硬性水泥砂浆粘结层；60厚C20混凝土；100厚碎石或碎砖夯实；素土夯实】	m^2	745.641	36.75	89.63	1.2		9.48	4.56	141.62	105597.68
120	A1-99	地面原土打底夯	$10m^2$	0.1	7.7		1.09		2.2	1.05	12.04	1.2
121	A13-9	碎石干铺垫层	m^3	0.1	43.46	110.46	1.06		11.13	5.34	171.45	17.15

续表

序号	项目编码	项目名称	计量单位	工程数量	综合单价							项目合价
					人工费	材料费	机械费	主材费	管理费	利润	小计	
122	A13-13	C20 非泵送预拌混凝土垫层不分格	m^3	0.06	58.22	331	1.16		14.85	7.13	412.36	24.74
123	A13-81换	楼地面地砖单块 0.4m^2 以内干硬性水泥砂浆	10m^2	0.1	281.35	587.21	9.08		72.61	34.85	985.1	98.51
124	011102003003	块料楼面【卫生间：10 厚地砖(300×300)铺面干水泥浆擦缝；5 厚 1∶1 水泥细砂浆结合层；15 厚 1∶3 水泥砂浆找平层；30 厚 C20 细石混凝土层；20 厚 1∶3 水泥砂浆找平层】	m^2	38.046	40.52	73.09	1.87		10.6	5.09	131.17	4990.49
125	A13-15	1∶3 水泥砂浆找平层(厚 20mm) 混凝土或硬基层上	10m^2	0.1	54.94	48.69	4.91		14.96	7.18	130.68	13.07
126	A13-18	C20 现浇混凝土细石混凝土找平层 厚 40mm	10m^2	0.1	68.88	106.2	4.67		18.39	8.83	206.97	20.7
127	A13-81换	楼地面地砖单块 0.4m^2 以内干硬性水泥砂浆	10m^2	0.1	281.35	575.91	9.08		72.61	34.85	973.8	97.39
128	011101001001	水泥砂浆楼面【10 厚 1∶2 水泥砂浆面层；20 厚 1∶3 水泥砂浆找平】	m^2	1547.68	12.87	7.83	0.98		3.47	1.67	26.82	41508.78
129	A13-15	1∶3 水泥砂浆找平层(厚 20mm) 混凝土或硬基层上	10m^2	0.1	54.94	48.69	4.91		14.96	7.18	130.68	13.07
130	A13-22换	1∶2 水泥砂浆楼地面面层 厚 10mm	10m^2	0.1	73.8	29.63	4.91		19.68	9.45	137.47	13.75
131	011105001001	水泥砂浆踢脚线【踢脚线高 150，12 厚 1∶3 水泥砂浆粉面找坡，8 厚 1∶2.5 水泥砂浆压实抹光】	m^2	81.864	25.15	6.61	0.65		6.45	3.09	41.95	3434.19
132	A13-27	踢脚线水泥砂浆	10m	0.667	37.72	9.92	0.98		9.68	4.64	62.94	41.96
133	011106004001	水泥砂浆楼梯面层【1∶2 水泥砂浆楼梯面层】	m^2	63.319	51.91	10.42	0.92		13.21	6.34	82.8	5242.81

续表

序号	项目编码	项目名称	计量单位	工程数量	综合单价							项目合价
					人工费	材料费	机械费	主材费	管理费	利润	小计	
134	A13-24	1∶2 水泥砂浆楼梯面层	$10m^2$ 水平投影面积	0.1	519.06	104.22	9.2		132.07	63.39	827.94	82.8
135	0112	墙、柱面装饰与隔断、幕墙工程										144039.59
136	011204003001	块料墙面【卫生间：5 厚釉面砖(200×300)；6 厚 1∶0.1∶2.5 水泥石灰砂浆结合层；12 厚水泥砂浆打底】	m^2	231.939	37.32	210.17	0.66		9.49	4.56	262.2	60814.41
137	A14-80	墙面单块面积 $0.06m^2$ 以内墙砖 砂浆粘贴	$10m^2$	0.1	373.15	2101.66	6.61		94.94	45.57	2621.93	262.19
138	011201001001	墙面一般抹灰【内墙粉刷：界面剂一道；15 厚 1∶1∶6 水泥石灰砂浆打底，10 厚 1∶0.3∶3 水泥石灰砂浆粉面压实抹光】	m^2	1606.566	14.18	8.28	0.53		3.68	1.77	28.44	45690.74
139	A14-31	混凝土面刷界面剂	$10m^2$	0.1	21.32	19.54			5.33	2.56	48.75	4.88
140	A14-40换	混凝土墙内墙抹混合砂浆	$10m^2$	0.1	120.54	63.28	5.27		31.45	15.1	235.64	23.56
141	011202001001	柱、梁面一般抹灰【柱面粉刷：12 厚 1∶3水泥砂浆打底，8 厚 1∶2.5 水泥砂浆粉面】	m^2	86.552	19.02	7.7	0.56		4.89	2.35	34.52	2987.78
142	A14-31	混凝土面刷界面剂	$10m^2$	0.1	21.32	19.54			5.33	2.56	48.75	4.87
143	A14-21	矩形砖柱面抹水泥砂浆	$10m^2$	0.1	168.92	57.47	5.64		43.64	20.95	296.62	29.66
144	011201001002	墙面一般抹灰【外墙粉刷：12 厚 1∶3 水泥砂浆打底，6 厚 1∶2.5 水泥砂浆粉面压实抹光】	m^2	1109.042	16.73	7.47	0.55		4.32	2.08	31.15	34546.66

续表

序号	项目编码	项目名称	计量单位	工程数量	综合单价							项目合价
					人工费	材料费	机械费	主材费	管理费	利润	小计	
145	A14-31	混凝土面刷界面剂	$10m^2$	0.1	21.32	19.54			5.33	2.56	48.75	4.88
146	A14-10换	混凝土墙外墙抹水泥砂浆	$10m^2$	0.1	145.96	55.15	5.52		37.87	18.18	262.68	26.27
147	0113	天棚抹灰										67657.24
148	011301001001	天棚抹灰【刷素水泥浆一道，6厚1：3水泥砂浆打底；6厚1：2.5水泥砂浆粉面】	m^2	3293.926	12.22	3.37	0.32		3.13	1.5	20.54	67657.24
149	A15-85	现浇混凝土天棚　水泥砂浆面	$10m^2$	0.1	122.18	33.7	3.19		31.34	15.04	205.45	20.55
150	0114	油漆、涂料、裱糊工程										187353.13
151	011401001001	木门油漆【聚氨酯油漆】	m^2	30.36	41.91	25.69			10.48	5.03	83.11	2523.22
152	A17-31	润油粉、刮腻子、聚氨酯清漆 双组分混合型 三遍 单层木门	$10m^2$	0.1	419.05	256.9			104.76	50.29	831	83.1
153	011406001001	抹灰面油漆【内墙乳胶漆】	m^2	1693.118	13.43	7.13			3.36	1.61	25.53	43225.3
154	A17-177	内墙面 在抹灰面上 901 胶白水泥腻子批、刷乳胶漆各三遍	$10m^2$	0.1	134.3	71.26			33.58	16.12	255.26	25.53
155	011406001002	抹灰面油漆【外墙外墙涂料】	m^2	1109.042	8.5	31.9			2.12	1.02	43.54	48287.69
156	A17-197	外墙弹性涂料 二遍	$10m^2$	0.1	76.5	259.01			19.13	9.18	363.82	36.38
157	A17-198	外墙弹性涂料 每增、减一遍	$10m^2$	0.1	8.5	60			2.13	1.02	71.65	7.17
158	011406001003	抹灰面油漆【天棚乳胶漆】	m^2	3293.926	15.47	7.13			3.87	1.86	28.33	93316.92
159	A17-178	柱、梁及天棚面 在抹灰面上 901 胶白水泥腻子批、刷乳胶漆各三遍	$10m^2$	0.1	154.7	71.26			38.68	18.56	283.2	28.32
合　计												2079137.24

单价措施项目清单综合单价分析表

工程名称：×××服饰车间土建招标控制价　　　　标段：　　　　第　页　共　页

序号	项目编码	项目名称	计量单位	工程数量	综合单价							项目合价
					人工费	材料费	机械费	主材费	管理费	利润	小计	
1	011701	脚手架工程										25610.93
2	011701002001	外脚手架【砌外墙脚手，檐高 12m 内】	m²	1222.802	6.72	7.46	1.36		2.02	0.97	18.53	22658.52
3	A20-11	砌墙脚手架 外架子 双排 高 12m 以内	10m²	0.1	67.24	74.55	13.61		20.21	9.7	185.31	18.53
4	011701003001	里脚手架【砌内墙脚手，墙体高 3.6m 内】	m²	670.106	0.82	0.39	0.09		0.23	0.11	1.64	1098.97
5	A20-9	砌墙脚手架 里架子 高 3.60m 以内	10m²	0.1	8.2	3.85	0.91		2.28	1.09	16.33	1.63
6	011701003002	里脚手架【内墙抹灰脚手，高 3.6m 内】	m²	2487.925	0.08	0.15	0.09		0.04	0.02	0.38	945.41
7	A20-23	抹灰脚手架 高在 3.60m 内	10m²	0.1	0.82	1.53	0.91		0.43	0.21	3.9	0.39
8	011701003003	里脚手架【天棚抹灰，高 3.6m 内】	m²	2389.555	0.08	0.15	0.09		0.04	0.02	0.38	908.03
9	A20-23	抹灰脚手架 高在 3.60m 内	10m²	0.1	0.82	1.53	0.91		0.43	0.21	3.9	0.39
10	011703	垂直运输										207570
11	011703001001	垂直运输	天	300	34.44	56.68	429.22		115.92	55.64	691.9	207570
12	A23-8	现浇框架结构 檐口高度（层数）以内 20m（6层）	天	1			422.3		105.58	50.68	578.56	578.56
13	A23-52	塔吊基础自升式塔式起重机起重能力在 630kN·m 以内	台	0.003	7617.77	12806.84	1668.49		2321.57	1114.35	25529.02	85.09
14	A23-58	施工电梯基础 双笼	台	0.003	2716.09	4198.22	407.01		780.78	374.77	8476.87	28.25
15	011704	超高施工增加										
16	011704001001	超高施工增加	m²	1								
17	011705	大型机械设备进出场及安拆										58384.11
18	011705001001	大型机械设备进出场及安拆	项	1			42616.14		10654.03	5113.94	58384.11	58384.11

续表

序号	项目编码	项目名称	计量单位	工程数量	综合单价							项目合价
					人工费	材料费	机械费	主材费	管理费	利润	小计	
19	14038	场外运输费用(塔式起重机 60kN·m以内)	台次	1			11835.05		2958.76	1420.21	16214.02	16214.02
20	14039	组装拆卸费(塔式起重机 60kN·m以内)	台次	1			11373.73		2843.43	1364.85	15582.01	15582.01
21	14048	场外运输费用(施工电梯 75m)	台次	1			9773.68		2443.42	1172.84	13389.94	13389.94
22	14049	组装拆卸费(施工电梯 75m)	台次	1			9633.68		2408.42	1156.04	13198.14	13198.14
23	011706	施工排水、降水										
24	011706002001	排水、降水	昼夜	1								
25	011702	混凝土模板及支架(撑)										360411.38
26	011702001001	基础	m^2	83.4	26.26	21.11	1.33		6.89	3.32	58.91	4913.09
27	A21-12	现浇各种柱基、桩承台 复合木模板	$10m^2$	0.074	264.04	223.12	15.27		69.83	33.52	605.78	44.95
28	A21-2	混凝土垫层 复合木模板	$10m^2$	0.013	329.64	233.41	10.39		85.01	40.8	699.25	9.4
29	A21-8	现浇无梁式钢筋混凝土满堂基础 复合木模板	$10m^2$	0.003	194.34	217.26	14.89		52.31	25.11	503.91	1.38
30	A21-138	现场预制小型构件 木模板	$10m^2$	0.01	178.32	84.4	1.63		44.99	21.59	330.93	3.18
31	011702002001	矩形柱	m^2	663.38	28.54	20.29	1.64		7.55	3.62	61.64	40890.74
32	A21-27	矩形柱复合木模板	$10m^2$	0.1	285.36	202.88	16.43		75.45	36.21	616.33	61.63
33	011702003001	构造柱	m^2	283.11	36.08	23.37	1.09		9.29	4.46	74.29	21032.24
34	A21-32	构造柱 复合木模板	$10m^2$	0.1	360.8	233.66	10.94		92.94	44.61	742.95	74.3
35	011702005001	基础梁	m^2	357.68	18.86	18.29	1.17		5.01	2.4	45.73	16356.71
36	A21-34	基础梁 复合木模板	$10m^2$	0.1	188.6	182.93	11.7		50.08	24.04	457.35	45.74
37	011702008001	圈梁	m^2	25.32	24.52	20.92	1.29		6.45	3.1	56.28	1425.01
38	A21-42	圈梁、地坑支撑梁 复合木模板	$10m^2$	0.1	245.18	209.24	12.87		64.51	30.97	562.77	56.28

续表

序号	项目编码	项目名称	计量单位	工程数量	综合单价							项目合价
					人工费	材料费	机械费	主材费	管理费	利润	小计	
39	011702011001	直形墙	m^2	200.63	18.61	19.85	1.19		4.95	2.38	46.98	9425.6
40	A21-50	直形墙 复合木模板	$10m^2$	0.1	186.14	198.46	11.93		49.52	23.77	469.82	46.98
41	011702014001	有梁板	m^2	5056.61	20.17	20.38	1.71		5.47	2.63	50.36	254650.88
42	A21-57	现浇板厚度 10cm 内 复合木模板	$10m^2$	0.1	201.72	203.76	17.12		54.71	26.26	503.57	50.36
43	011702024001	楼梯	m^2	63.32	77.98	45.26	6.72		21.18	10.16	161.3	10213.52
44	A21-74	现浇楼梯　复合木模板	$10m^2$ 水平投影面积	0.1	779.82	452.58	67.22		211.76	101.64	1613.02	161.3
45	011702023001	雨篷、悬挑板、阳台板	m^2	1.11	45.26	20.36	2.57		11.96	5.74	85.89	95.34
46	A21-76	现浇水平挑檐、板式雨篷 复合木模板	$10m^2$ 水平投影面积	0.1	452.64	203.55	25.71		119.59	57.4	858.89	85.89
47	011702025001	其他现浇构件	m^2	22.71	27.63	21.85	1.68		7.33	3.52	62.01	1408.25
48	A21-94	现浇压顶 复合木模板	$10m^2$	0.1	276.34	218.48	16.82		73.29	35.18	620.11	62.01
合　计												651976.42

单位工程建筑面积计算表

工程名称：×××服饰车间土建招标控制价　　标段：　　第　页　共　页

序号	部位	计算式	计算结果	小计
1		一层		812.698
2		(42+0.12×2)×(19+0.12×2)	812.698	
3		二层		812.698
4		(42+0.12×2)×(19+0.12×2)	812.698	
5		三层		812.698
6		(42+0.12×2)×(19+0.12×2)	812.698	
7		机房		107.530
8		(10.8+0.12×2)×(9.5+0.12×2)	107.530	

分部分项清单工程量计算表

工程名称：×××服饰车间土建招标控制价　　　　标段　　　　　　　　第　页　共　页

序号	部位	计算式	计算结果	小计
	0101	土(石)方工程		
1	010101001001	平整场地【三类土，厚在300mm内，挖填找平】	m^2	812.698
		(42+0.12×2)×(19+0.12×2)	812.698	
		【计算工程量】812.698(m^2)		
2	010101004001	挖基坑土方【三类土，挖土深度：1.5m内，弃土运距150m】	m^3	122.354
	三桩承台	(2.122+0.4/1.732〈tan60°〉×2+0.1×2+0.3×2)×(1.85+0.4+0.1×2+0.3×2)/2×(1.3−0.3)×10〈个〉	51.604	51.604
	四桩承台	(2.0+0.1×2+0.3×2)×(2+0.1×2+0.3×2)×(1.3−0.3)×2〈个〉	15.680	15.680
	五桩承台	(2.5+0.1×2+0.3×2)×(2.5+0.1×2+0.3×2)×(1.3−0.3)×3〈个〉	32.670	32.670
	六桩承台	(2.0+0.1×2+0.3×2)×(3.2+0.1×2+0.3×2)×(1.3−0.3)×2〈个〉	22.400	22.400
		【计算工程量】122.354(m^3)		
3	010101004002	挖基坑土方【三类土，挖土深度：3.0m内，弃土运距150m】	m^3	87.464
	九桩承台	(2.8−0.3)/6×[(3.2+0.1×2+0.3×2)×(3.2+0.1×2+0.3×2)+(3.2+0.1×2+0.3×2+0.25×2.4×2)×(3.2+0.1×2+0.3×2+0.25×2.4×2)+(4+5.2)×(4+5.2)]	53.200	53.200
	电梯底板	(1.5+0.3+0.1−0.3)/6×[(3.4+0.12×2+0.2×2+0.1×2+0.3×2)×(3+0.12×2+0.2×2+0.1×2+0.3×2)+(3.4+0.12×2+0.2×2+0.1×2+0.3×2+0.25×1.6×2)×(3+0.12×2+0.2×2+0.1×2+0.3×2+0.25×1.6×2)+(4.44+5.24)×(4.84+5.64)]−(1.6+0.1+0.3)×(1.6+0.1+0.3)×(1.5+0.3+0.1−0.3)〈九桩承台所占体积〉	34.264	34.264
		【计算工程量】87.464(m^3)		
4	010101003001	挖沟槽土方【三类土，挖土深度：1.5m内，弃土运距150m】	m^3	112.267
	JLL1〈1轴〉	(0.25+0.3×2)×(1−0.3)×19	11.305	11.305
	JKL1〈2轴〉	(0.25+0.3×2)×(1−0.3)×[19−1.625−1.525−(3.0+0.12+0.2+0.1+0.3)−(1.6+0.1+0.3)]	6.027	6.027

续表

序号	部位	计算式	计算结果	小计
	JLL2〈2～3轴〉	(0.25+0.3×2)×(0.75−0.3)×[9.5−(3+0.12+0.2+0.1+0.3)−0.425]	2.048	2.048
	JKL2〈3轴〉	(0.25+0.3×2)×(1−0.3)×(19−1.625−1.525−2.8)	7.765	7.765
	JKL3〈4、5轴〉	(0.25+0.3×2)×(1−0.3)×(19−1.625−1.275−3.3)×2	15.232	15.232
	JKL4〈6轴〉	(0.25+0.3×2)×(1−0.3)×(19−0.425−3.3−2.8−1.275)	6.664	6.664
	JLL3〈6～7轴〉	(0.25+0.3×2)×(0.75−0.3)×(3−0.425×2)×2	1.645	1.645
	JKL5〈7轴〉	(0.25+0.3×2)×(1−0.3)×(19−2.65×2−1.275)	7.393	7.393
	JKL6〈A轴〉	(0.25+0.3×2)×(1−0.3)×(42−1.461−2.921×3)	18.907	18.907
	JKL7〈B轴〉	(0.25+0.3×2)×(1−0.3)×(7.8−1.65−1.536)	2.745	2.745
	JKL8〈C轴〉	(0.25+0.3×2)×(1−0.3)×[39−(3.4+0.12+0.2+0.1+0.3)−4−3.3×2−2.8−1.536]	11.867	12.332
		(0.3+0.3×2)×(1.2−0.3)×(3−2−0.425)	0.466	
	JLL4〈C～D轴〉	(0.25+0.3×2)×(1−0.3)×[7.8−0.425×2−0.85]	3.630	4.199
		0.25×(1−0.3)×[7.8−(3.4+0.12+0.2+0.1+0.3)−0.425]	0.570	
	JKL9〈D轴〉	(0.25+0.3×2)×(1−0.3)×(42−2−2.8−2.922×3−1.536)	16.004	16.004
		【计算工程量】112.267(m^3)		
5	010103001001	回填方【基础回填土、室内回填；夯填；运输距离150m】	m^3	278.224
		基槽坑回填		192.985
	挖土方	122.354+112.26+87.464	322.078	322.078
	垫层	−19.955	−19.955	−19.955
	桩承台	−51.773	−51.773	−51.773
	基础梁	−34.998	−34.998	−34.998
	电梯井底板	−4.412	−4.412	−4.412
	电梯井	−(3+0.12×2)×(3.4+0.12×2)×(1.5−0.3)	−14.152	−14.152
	砖基础	−(14.327+0.884)×0.1/0.4	−3.803	−3.803
		室内回填		85.239
		{(42−0.12×2)×(19−0.12×2)−0.24×[(7.8−0.12)+(3−0.12)+(3+3.4−0.12)+(9.5−0.12)+(9.5−0.12×2)]}×(0.3−0.1−0.06−0.02−0.01)	85.239	
		【计算工程量】278.224(m^3)		
	0103	桩基工程		

续表

序号	部位	计算式	计算结果	小计
6	010301002001	预制钢筋混凝土管桩【管桩灌芯：C30 商品混凝土】	m	1036.000
	三桩	14×10×3	420.000	420.000
	四桩	14×2×4	112.000	112.000
	五桩	14×3×5	210.000	210.000
	六桩	14×2×6	168.000	168.000
	九桩	14×9	126.000	126.000
		【计算工程量】1036.000(m)		
	0104	砌筑工程		
7	010401001001	砖基础【±0.000 以下：MU10 混凝土实心砖；M10 水泥砂浆砌筑】	m^3	14.327
	* JLL1	0.24×0.4×19	1.824	1.824
	* JKL1	0.24×0.4×(9.5−0.15−0.375)	0.862	0.862
	* JLL2	0.24×0.4×(9.5−3−0.12)	0.612	0.612
	* JKL4	0.24×0.4×(3−0.125−0.12)	0.264	0.264
	JLL3	0.24×0.35×(3−0.125×2)×2	0.462	0.462
	* JKL5	0.24×0.4×(19−0.5×2−0.375)	1.692	1.692
	* JKL6	0.24×0.4×(42−0.4×4)	3.878	3.878
	* JKL7	0.24×0.4×(7.8−0.25−0.275)	0.698	0.698
	* JKL8	0.24×0.4×(3+3.4−0.12−0.6−0.3)	0.516	0.516
	* JLL4	0.24×0.4×(3.4−0.12×2)×2	0.607	0.607
	* JKL9	0.24×0.4×(42−0.5×2−0.4×3−0.275)	3.794	3.794
扣±0.000 以下构造柱		−0.702−0.182	−0.884	−0.884
		【计算工程量】14.327(m^3)		
8	010402001001	砌块墙【±0.000 以上：240 厚 MU10 混凝土空心砖；M7.5 混合砂浆砌筑】	m^3	261.500
		一层		111.142
	〈1〉	0.24×(3.6−0.5)×19	14.136	14.136
	〈2〉～〈3〉	0.24×(3.6−0.35)×(9.5−0.12)	7.316	7.316
	〈C〉～〈D〉	0.24×(3.6−0.65)×(3.4−0.12×2)	2.237	2.237
	〈C〉～〈D〉	0.24×(3.6−0.65)×(3.4−0.12×2)	2.237	2.237
	〈2〉	0.24×(3.6−0.8)×(9.5−0.375−0.3)	5.930	5.930
	〈6〉	0.24×(3.6−0.8)×(3−0.12−0.125)	1.851	1.851
	〈7〉	0.24×(3.6−0.8)×(19−0.375×2−0.5)	11.928	11.928
	〈A〉	0.24×(3.6−0.65)×(42−0.4×4)	28.603	28.603
	〈B〉	0.24×(3.6−0.6)×(7.8−0.25−0.275)	5.238	5.238
	〈C〉	0.24×(3.6−0.9)×(3+3.4−0.12−0.6)	3.681	3.681

续表

序号	部位	计算式	计算结果	小计
	〈D〉	0.24×(3.6−0.65)×(42−0.5×2−0.4×3−0.275)	27.984	27.984
		二层		111.320
	〈1〉	0.24×(3.6−0.5)×19	14.136	14.136
	〈2〉～〈3〉	0.24×(3.6−0.35)×(9.5−0.12)	7.316	7.316
	〈C〉～〈D〉	0.24×(3.6−0.65)×(3.4−0.12×2)	2.237	2.237
	〈C〉～〈D〉	0.24×(3.6−0.65)×(3.4−0.12×2)	2.237	2.237
	〈2〉	0.24×(3.6−0.8)×(9.5−0.3−0.375)	5.930	5.930
	〈6〉	0.24×(3.6−0.8)×(3−0.12−0.125)〈6〉	1.851	1.851
	〈7〉	0.24×(3.6−0.8)×(19−0.375×2−0.5)	11.928	11.928
	〈A〉	0.24×(3.6−0.65)×(42−0.4×4)	28.603	28.603
	〈B〉	0.24×(3.6−0.6)×(7.8−0.2−0.275)	5.274	5.274
	〈C〉	0.24×(3.6−0.9)×(3+3.4−0.12−0.6)	3.681	3.681
	〈D〉	0.24×(3.6−0.65)×(42−0.4×5−0.275)	28.125	28.125
		三层		111.831
	〈1〉	0.24×(3.6−0.5)×19	14.136	14.136
	〈2〉～〈3〉	0.24×(3.6−0.35)×(3−0.12)	2.246	7.590
		0.24×(3.6−0.11)×(9.5−3−0.12)	5.344	
	〈C〉～〈D〉	0.24×(3.6−0.65)×(3.4−0.12×2)×2	4.475	4.475
	〈2〉	0.24×(3.6−0.8)×(9.5−0.25−0.375)	5.964	5.964
	〈6〉	0.24×(3.6−0.8)×(3−0.125−0.12)	1.851	1.851
	〈7〉	0.24×(3.6−0.8)×(19−0.375×2−0.5)	11.928	11.928
	〈A〉	0.24×(3.6−0.65)×(42−0.4×4)	28.603	28.603
	〈B〉	0.24×(3.6−0.6)×(7.8−0.2−0.275)	5.274	5.274
	〈C〉	0.24×(3.6−0.8)×(3+3.4−0.12−0.5)	3.884	3.884
	〈D〉	0.24×(3.6−0.65)×(42−0.4×5−0.275)	28.125	28.125
		机房		33.439
	〈1〉	0.24×(3.6−0.5)×9.5	7.068	7.068
	〈2〉	0.24×(3.6−0.8)×(9.5−0.25−0.375)	5.964	5.964
	〈3〉	0.24×(3.6−0.8)×(9.5−0.25−0.375)	5.964	5.964
	〈C〉	0.24×(3.6−0.65)×(3+7.8−0.2−0.4)	7.222	7.222
	〈D〉	0.24×(3.6−0.65)×(3+7.8−0.4−0.2)	7.222	7.222
		扣门窗		−80.897
	M2428	−2.4×2.8×0.24	−1.613	−1.613
	M2028	−2×2.8×0.24	−1.344	−1.344
	M0922	−0.9×2.2×6×0.24	−2.851	−2.851
	F1222	−1.2×2.2×7×0.24	−4.435	−4.435

续表

序号	部位	计算式	计算结果	小计
	C2418	−2.4×1.8×49×0.24	−50.803	−50.803
	C2018	−2×1.8×3×0.24	−2.592	−2.592
	C1816	−1.8×1.6×15×0.24	−10.368	−10.368
	C1814	−1.8×1.4×4×0.24	−2.419	−2.419
	C1812	−1.8×1.2×3×0.24	−1.555	−1.555
	C1509	−1.5×0.9×3×0.24	−0.972	−0.972
	C1518	−1.5×1.8×3×0.24	−1.944	−1.944
		扣构造柱		−21.385
		−5.136−1.303−5.207−1.569−4.94−1.34−1.487−0.403	−21.385	
		扣圈梁		−3.040
		−3.04	−3.040	
		扣预制过梁		−0.910
		【计算工程量】261.500(m^3)		
9	010402001002	砌块墙【女儿墙：240 厚 MU10 混凝土空心砖；M7.5 混合砂浆砌筑】	m^3	19.073
		10.75 标高		18.019
		(0.8−0.06)×[42+19+(42−3−7.8−0.12)+(9.5−0.12)]×0.24	18.019	
		14.35 标高		4.287
		(0.5−0.06)×(10.8+9.5)×2×0.24	4.287	
		扣构造柱		−3.234
		−2.664−0.57	−3.234	
		【计算工程量】19.073(m^3)		
	0105	混凝土及钢筋混凝土工程		
10	010501001001	垫层【素土夯实；C20 商品混凝土垫层】	m^3	10.707
	三桩承台	[(2.122+0.4/1.732×2+0.1×2)×(1.85+0.4+0.1×2)/2−0.5×0.4/1.732×0.4×3]×0.1×10	3.272	3.272
	四桩承台	2.2×2.2×0.1×2	0.968	0.968
	五桩承台	2.7×2.7×0.1×3	2.187	2.187
	六桩承台	2.2×3.4×0.1×2	1.496	1.496
	九桩承台	3.4×3.4×0.1	1.156	1.156
	电梯井底板	(3.4+0.12×2+0.2×2+0.1×2)×(3+0.12×2+0.2×2+0.1×2)×0.1	1.628	1.628
		【计算工程量】10.707(m^3)		

续表

序号	部位	计算式	计算结果	小计
11	010501005001	桩承台基础【C30 商品混凝土】	m^3	51.773
	三桩承台	[(2.122+0.4/1.732×2)×(1.85+0.4)/2−0.5×0.4/1.732×0.4×3]×0.6×10	16.610	16.610
	四桩承台	2.0×2.0×0.6×2	4.800	4.800
	五桩承台	2.5×2.5×0.65×3	12.188	12.188
	六桩承台	2.0×3.2×0.7×2	8.960	8.960
	九桩承台	3.2×3.2×0.9	9.216	9.216
		【计算工程量】51.773(m^3)		
12	010503001001	基础梁【C30 商品混凝土】	m^3	34.998
	JLL1	0.25×0.6×19	2.850	2.850
	JKL1	0.25×0.6×(19−0.375×2−0.3−3−0.125)−[(1.225−0.375)×0.4〈三桩〉+(1.125−0.375)×0.5〈六桩〉]×0.25	2.045	2.045
	JLL2	0.25×0.35×(9.5−3−0.125×2)	0.547	0.547
	JKL2	0.25×0.6×(19−0.375×2−0.6)−[(1.225−0.375)×0.4〈三桩〉+(2−0.6)×0.5〈六桩〉+(1.125−0.375)×0.4〈四桩〉]×0.25	2.313	2.313
	JKL3	0.25×0.6×(19−0.375×2−0.5)×2−[(1.225−0.375)×0.4〈三桩〉+(2.5−0.5)×0.45〈五桩〉+(0.875−0.375)×0.4〈三桩〉]×0.25×2	4.605	4.605
	JKL4	0.25×0.6×(19−0.125−0.5×2−0.375)−[(0.875−0.375)×0.4〈三桩〉+(2−0.5)×0.4〈四桩〉+(2.5−0.5)×0.4〈五桩〉]×0.25	2.225	2.225
	JLL3	0.25×0.35×(3−0.125×2)×2	0.481	0.481
	JKL5	0.25×0.6×(19−0.5×2−0.375)−[(1.225−0.375)×0.4〈三桩〉+(1.85−0.5)×0.4〈三桩〉+(0.875−0.375)×0.4〈三桩〉]×0.25	2.374	2.374
	JKL6	0.25×0.6×(42−0.4×4)−(2.122−0.4)×0.4〈三桩〉×0.25×3〈个〉	5.543	5.543
	JKL7	0.25×0.6×(7.8−0.25−0.275)−[(1.136−0.275)×0.4〈三桩〉+(1.25−0.25)×0.45〈五桩〉]×0.25	0.893	0.893
	JKL8	0.25×0.6×(39−3.4−0.125−0.6−0.5×3−0.375)−[(1.136−0.375)×0.4〈三桩〉+(2−0.5)×0.4〈四桩〉+(2.5−0.5)×0.45×2〈五桩〉+(3.2−0.6)×0.5〈六桩〉]×0.25	3.949	4.567
		0.3×0.8×(3−0.3−0.125)	0.618	
	JLL4	0.25×0.6×(7.8−0.125×2−0.25)	1.095	1.718
		0.25×0.6×(7.8−3.4−0.125×2)	0.623	

续表

序号	部位	计算式	计算结果	小计
	JKL9	0.25×0.6×(42−0.5×2−0.4×3−0.275)−[(1.136−0.275)×0.4〈三桩〉+(2.122−0.4)×0.4×3〈三桩〉+(2−0.5)×0.4〈四桩〉+(3.2−0.5)×0.5〈六桩〉]×0.25	4.839	4.839
		【计算工程量】34.998(m^3)		
13	010501004001	满堂基础【电梯底板：C30 商品混凝土】	m^3	4.412
	电梯底板	(3.4+0.12×2+0.2×2)×(3+0.12×2+0.2×2)×0.3	4.412	4.412
		【计算工程量】4.412(m^3)		
14	010502001001	矩形柱【柱支模高度 3.6m 内，周长 2.5m 内，C30 商品混凝土】	m^3	49.766
		承台顶～−0.05		2.682
	KZ1	0.4×0.5×(0.6−0.05)×9	0.990	0.990
	KZ2	0.5×0.5×(0.55−0.05)	0.125	0.125
	KZ3	0.5×0.5×(0.6−0.05)×2	0.275	0.525
		0.5×0.5×(0.55−0.05)×2	0.250	
	KZ4	0.5×0.5×(0.6−0.05)	0.138	0.250
		0.5×0.5×(0.5−0.05)	0.113	
	KZ5	0.6×0.6×(0.5−0.05)	0.162	0.792
		0.6×0.6×(1.8−0.05)	0.630	
		−0.05～3.55		15.372
	KZ1	0.4×0.5×(3.55+0.05)×9	6.480	6.480
	KZ2	0.5×0.5×(3.55+0.05)	0.900	0.900
	KZ3	0.5×0.5×(3.55+0.05)×4	3.600	3.600
	KZ4	0.5×0.5×(3.55+0.05)×2	1.800	1.800
	KZ5	0.6×0.6×(3.55+0.05)×2	2.592	2.592
		3.55～7.15		14.832
	KZ1	0.4×0.5×(7.15−3.55)×9	6.480	6.480
	KZ2	0.4×0.5×(7.15−3.55)	0.720	0.720
	KZ3	0.5×0.5×(7.15−3.55)×4	3.600	3.600
	KZ4	0.4×0.5×(7.15−3.55)×2	1.440	1.440
	KZ5	0.6×0.6×(7.15−3.55)×2	2.592	2.592
		7.15～10.75		14.040
	KZ1	0.4×0.5×(10.75−7.15)×9	6.480	6.480
	KZ2	0.4×0.5×(10.75−7.15)	0.720	0.720
	KZ3	0.5×0.5×(10.75−7.15)×4	3.600	3.600
	KZ4	0.4×0.5×(10.75−7.15)×2	1.440	1.440
	KZ5	0.5×0.5×(10.75−7.15)×2	1.800	1.800
		10.75～14.35		2.840

续表

序号	部位	计算式	计算结果	小计
	KZ4	0.4×0.5×(14.3−10.75)×2	1.420	1.420
	KZ5	0.4×0.5×(14.3−10.75)×2	1.420	1.420
		【计算工程量】49.766(m^3)		
15	010502002001	构造柱【支模高度 3.6m 内；C20 商品混凝土】	m^3	25.505
		−0.4～0.00(外墙)		0.702
	GZ1	(0.24×0.24+0.06×0.24)×0.4×6〈A〉	0.173	0.547
		(0.24×0.24+0.06×0.24)×0.4×5〈D〉	0.144	
		(0.24×0.24+0.06×0.24)×0.4×5〈1/1〉	0.144	
		(0.24×0.24+0.06×0.24)×0.4×3〈7〉	0.086	
	MZ1	(0.25×0.25+0.06×0.25)×0.4	0.031	0.031
	TZ1	(0.25×0.25+0.06×0.25)×0.4×2	0.062	0.124
		(0.25×0.25+0.06×0.25)×0.4×2	0.062	
		0.00～3.55(外墙)		5.136
	GZ1	(0.24×0.24+0.06×0.24)×(3.55−0.65)×6〈A〉	1.253	3.989
		(0.24×0.24+0.06×0.24)×(3.55−0.65)×5〈D〉	1.044	1.188
		(0.24×0.24+0.06×0.24)×(3.55−0.5)×5〈1/1〉	1.098	1.206
		(0.24×0.24+0.06×0.24)×(3.55−0.8)×3〈7〉	0.594	0.680
	MZ1	(0.25×0.25+0.06×0.25)×(3.55−0.65)	0.225	0.225
	TZ1	(0.25×0.25+0.06×0.25)×(3.55−0.65)×2	0.450	0.922
		(0.25×0.25+0.06×0.25)×(3.55−0.5)×2	0.473	
		−0.4～0.00(内墙)		0.183
	GZ1	(0.24×0.24+0.03×0.24×3)×0.4〈2〉	0.032	0.121
		(0.24×0.24+0.03×0.24×3)×0.4	0.032	
		(0.24×0.24+0.06×0.24)×0.4×2	0.058	
	TZ1	(0.25×0.25+0.06×0.25)×0.4	0.031	0.062
		(0.25×0.25+0.06×0.25)×0.4	0.031	
		0.00～3.55(内墙)		1.303
	GZ1	(0.24×0.24+0.03×0.24×3)×(3.55−0.8)〈2〉	0.218	0.865
		(0.24×0.24+0.03×0.24×3)×(3.55−0.65)	0.230	
		(0.24×0.24+0.06×0.24)×(3.55−0.65)×2	0.418	
	TZ1	(0.25×0.25+0.06×0.25)×(3.55−0.65)	0.225	0.438
		(0.25×0.25+0.06×0.25)×(3.55−0.8)	0.213	
		3.55～7.15(外墙)		5.207

续表

序号	部位	计算式	计算结果	小计
	GZ1	(0.24×0.24+0.06×0.24)×(7.15−3.55−0.65)×7〈A〉	1.487	4.270
		(0.24×0.24+0.06×0.24)×(7.15−3.55−0.65)×5〈D〉	1.062	
		(0.24×0.24+0.06×0.24)×(7.15−3.55−0.5)×5〈1/1〉	1.116	
		(0.24×0.24+0.06×0.24)×(7.15−3.55−0.8)×3〈7〉	0.605	
	TZ1	(0.25×0.25+0.06×0.25)×(7.15−3.55−0.65)×2	0.457	0.938
		(0.25×0.25+0.06×0.25)×(7.15−3.55−0.5)×2	0.481	
		3.55～7.15(内墙)		1.569
	GZ1	(0.24×0.24+0.03×0.24×3)×(7.15−3.55−0.8)×2〈2〉	0.444	1.123
		(0.24×0.24+0.03×0.24×3)×(7.15−3.55−0.65)×2	0.467	
		(0.24×0.24+0.06×0.24)×(7.15−3.55−0.65)	0.212	
	TZ1	(0.25×0.25+0.06×0.25)×(7.15−3.55−0.65)	0.229	0.446
		(0.25×0.25+0.06×0.25)×(7.15−3.55−0.8)	0.217	
		7.15～10.75(外墙)		4.940
	GZ1	(0.24×0.24+0.06×0.24)×(10.75−7.15−0.65)×7〈A〉	1.487	4.471
		(0.24×0.24+0.06×0.24)×(10.75−7.15−0.65)×5〈D〉	1.062	
		(0.24×0.24+0.06×0.24)×(10.75−7.15−0.5)×5〈1/1〉	1.116	
		(0.24×0.24+0.06×0.24)×(10.75−7.15−0.8)×4〈7〉	0.806	
	TZ1	(0.25×0.25+0.06×0.25)×(10.75−7.15−0.65)	0.229	0.469
		(0.25×0.25+0.06×0.25)×(10.75−7.15−0.5)	0.240	
		7.15～10.75(内墙)		1.340
	GZ1	(0.24×0.24+0.03×0.24×3)×(10.75−7.15−0.8)×2〈2〉	0.444	1.123
		(0.24×0.24+0.03×0.24×3)×(10.75−7.15−0.65)×2	0.467	
		(0.24×0.24+0.06×0.24)×(10.75−7.15−0.65)	0.212	
	TZ1	(0.25×0.25+0.06×0.25)×(10.75−7.15−0.8)	0.217	0.217
		10.75～14.35(外墙)		1.487
		(0.24×0.24+0.06×0.24)×(14.35−10.75−0.65)×3	0.637	
		(0.24×0.24+0.06×0.24)×(14.35−10.75−0.8)×2	0.403	
		(0.24×0.24+0.06×0.24)×(14.35−10.75−0.5)×2	0.446	
		10.75～14.35(内墙)		0.403
		(0.24×0.24+0.06×0.24)×(14.35−10.75−0.8)×2	0.403	

续表

序号	部位	计算式	计算结果	小计
		10.75 女儿墙		2.664
		(0.24×0.24+0.06×0.24)×(0.8−0.06)×50	2.664	
		14.35 女儿墙		0.570
		(0.24×0.24+0.06×0.24)×(0.5−0.06)×18	0.570	
		【计算工程量】25.505(m^3)		
16	010504001001	直形墙【电梯井壁：墙体厚度 240；C30 商品混凝土】	m^3	7.834
		−1.5～−0.05		4.454
		(3+3.4)×2×0.24×(1.5−0.05)	4.454	
		10.75～11.85		3.379
		(3+3.4)×2×0.24×(11.85−10.75)	3.379	
		【计算工程量】7.834(m^3)		
17	010505001001	有梁板【板底支模高度 3.6m 内；板厚度 200 以内；泵送商品混凝土 C30】	m^3	472.580
		3.55 标高		148.513
	110 厚板	[(42+0.125×2)×(19+0.125×2)−(3−0.125×2)×(3.4−0.125×2)〈电梯井〉−(3−0.125×2)×(1.8+2.8−0.125+0.25)〈1 号楼梯〉−(3−0.125×2)×(1.5+2.8−0.125+0.25)〈2 号楼梯〉]×0.11	85.744	85.744
	LL1	0.25×(0.5−0.11)×19	1.853	1.853
	LL2	0.25×(0.35−0.11)×(9.5−0.125×2)	0.555	0.555
	LL3	0.25×(0.35−0.11)×(3−0.125×2)×2	0.330	0.330
	LL4	0.25×(0.65−0.11)×(42−0.125×2−0.3×5)	5.434	5.434
	LL5	0.25×(0.65−0.11)×(42−0.125×2−0.3×5−0.25)	5.400	5.400
	LL6	0.25×(0.65−0.11)×(39−0.125−0.15−0.25−0.3×4)	5.032	5.032
	KL1	0.3×(0.8−0.11)×(19−0.375×2−0.6)〈2〉	3.654	3.654
	KL2	0.3×(0.8−0.11)×(19−0.375−0.6)〈3〉	3.731	11.080
		0.3×(0.8−0.11)×(19−0.375×2−0.5)×2〈4、5〉	7.349	
	KL3	0.3×(0.8−0.11)×(19−0.375×2−0.5)〈6〉	3.674	3.674
	KL4	0.25×(0.8−0.11)×(19−0.375×2−0.5)〈7〉	3.062	3.062
	KL5	0.25×(0.65−0.11)×(42−0.4×4)〈A〉	5.454	5.454
	KL6	0.25×(0.6−0.11)×(42−0.125−0.3×4−0.5−0.275)〈B〉	4.888	4.888
	KL7	0.3×(0.65−0.11)×(42−3−7.8−0.3−0.5×3−0.375)〈C〉	4.702	7.019
		0.3×(0.9−0.11)×(3+7.8−0.125−0.6−0.3)	2.317	

续表

序号	部位	计算式	计算结果	小计
	KL8	0.25×(0.65－0.11)×(42－0.5×2－0.4×3－0.275)〈D〉	5.336	5.336
		7.15 标高		148.552
	110 厚板	85.744〈同 3.55 标高〉	85.744	85.744
	LL1	0.25×(0.5－0.11)×19	1.853	1.853
	LL2	0.25×(0.35－0.11)×(9.5－0.125×2)	0.555	0.555
	LL3	0.25×(0.35－0.11)×(3－0.125×2)	0.165	0.165
	LL4	0.25×(0.65－0.11)×(42－0.125×2－0.3×5)	5.434	5.434
	LL5	0.25×(0.65－0.11)×(42－0.125×2－0.3×5－0.25)	5.400	5.400
	LL6	0.25×(0.35－0.11)×(3－0.125×2)	0.165	0.165
	LL7	0.25×(0.65－0.11)×(39－0.125－0.15－0.25－0.3×4)	5.032	5.032
	KL1	0.3×(0.8－0.11)×(19－0.375×2－0.6)〈2〉	3.654	3.654
	KL2	0.3×(0.8－0.11)×(19－0.375－0.6)〈3〉	3.731	11.080
		0.3×(0.8－0.11)×(19－0.375×2－0.5)×2〈4、5〉	7.349	
	KL3	0.3×(0.8－0.11)×(19－0.375×2－0.5)〈6〉	3.674	3.674
	KL4	0.25×(0.8－0.11)×(19－0.375×2－0.5)〈7〉	3.062	3.062
	KL5	0.25×(0.65－0.11)×(42－0.4×4)〈A〉	5.454	5.454
	KL6	0.25×(0.6－0.11)×(42－0.125－0.3×4－0.4－0.275)〈B〉	4.900	4.900
	KL7	0.3×(0.65－0.11)×(42－3－7.8－0.3－0.5×3－0.375)〈C〉	4.702	7.019
		0.3×(0.9－0.11)×(3+7.8－0.125－0.6－0.3)	2.317	
	KL8	0.25×(0.65－0.11)×(42－0.4×5－0.275)〈D〉	5.363	5.363
		10.15 标高		152.671
	110 厚板	[(42+0.125×2)×(19+0.125×2)－(3－0.125×2)×(3.4－0.125×2)〈电梯井〉－(3－0.125×2)×(1.8+2.8－0.125+0.25)〈1 号楼梯〉]×0.11	87.082	87.082
	WLL1	0.25×(0.5－0.11)×19	1.853	1.853
	WLL2	0.25×(0.35－0.11)×(3－0.125×2)	0.165	0.165
	WLL3	0.25×(0.65－0.11)×(42－0.125×2－0.3×5)	5.434	5.434
	WLL4	0.25×(0.65－0.11)×(42－0.125×2－0.3×5－0.25)	5.400	5.400
	LL5	0.25×(0.35－0.11)×(3－0.125×2)	0.165	0.165
	WLL6	0.25×(0.65－0.11)×(39－0.125－0.15－0.25－0.3×4)	5.032	5.032
	WKL1	0.3×(0.8－0.11)×(19－0.375×2－0.5)〈2〉	3.674	3.674
	WKL2	0.3×(0.8－0.11)×(19－0.375×2－0.5)〈3〉	3.674	3.674
	WKL3	0.3×(0.8－0.11)×(19－0.375×2－0.5)×3〈4、5〉	11.023	11.023
	WKL4	0.3×(0.8－0.11)×(19－0.375×2－0.5)〈6〉	3.674	3.674

续表

序号	部位	计算式	计算结果	小计
	WKL5	0.25×(0.8−0.11)×(19−0.375×2−0.5)〈7〉	3.062	3.062
	WKL6	0.25×(0.65−0.11)×(42−0.4×4)〈A〉	5.454	5.454
	WKL7	0.25×(0.6−0.11)×(42−0.125−0.3×4−0.4−0.275)〈B〉	4.900	4.900
	WKL8	0.3×(0.65−0.11)×(42−3−7.8−0.25−0.6×3−0.375)〈C〉	4.662	6.716
		0.3×(0.8−0.11)×(3+7.8−0.125−0.5−0.25)	2.054	
	WKL9	0.25×(0.65−0.11)×(42−0.4×5−0.275)〈D〉	5.363	5.363
		11.85 标高		1.305
	110 厚板	(3+0.125×2)×(3.4+0.125×2)×0.11	1.305	1.305
		14.35 标高		21.539
	110 厚板	(3+7.8+0.125×2)×(9.5+0.125×2)×0.11	11.851	11.851
	WLL1	0.25×(0.5−0.11)×9.5	0.926	0.926
	WLL2	0.25×(0.35−0.11)×(3−0.125×2)	0.165	0.165
	WLL3	0.25×(0.65−0.11)×(3+7.8−0.125×2−0.25)	1.391	1.391
	WLL4	0.25×(0.65−0.11)×(3+7.8−0.125×2−0.25)	1.391	1.391
	WKL1	0.25×(0.8−0.11)×(9.5−0.25−0.375)	1.531	1.531
	WKL2	0.25×(0.8−0.11)×(9.5−0.25−0.375)	1.531	1.531
	WKL3	0.25×(0.65−0.11)×(3+7.8−0.2−0.4)	1.377	1.377
	WKL4	0.25×(0.65−0.11)×(3+7.8−0.4−0.2)	1.377	1.377
		【计算工程量】472.580(m^3)		
18	010506001001	直形楼梯【泵送商品混凝土 C30】	m^2	63.319
	1 号楼梯	(3−0.125×2)×(1.8+2.8−0.125+0.25)×3〈层〉	38.981	38.981
	2 号楼梯	(3−0.125×2)×(1.5+2.8−0.125+0.25)×2〈层〉	24.338	24.338
		【计算工程量】63.319(m^2)		
19	010503004001	圈梁【C20 商品混凝土】	m^3	3.040
		2.3 标高圈梁		0.737
		(3+3.4)×2×0.24×0.24	0.737	
		5.9 标高圈梁		0.737
		(3+3.4)×2×0.24×0.24	0.737	
		9.5 标高圈梁		0.737
		(3+3.4)×2×0.24×0.24	0.737	
		IPGL-A(外墙)		0.829
		0.24×0.5×[3.325+(0.75×2+2.4−0.2−0.12)]	0.829	

续表

序号	部位	计算式	计算结果	小计
		窗台板梁		
		【计算工程量】3.040(m^3)		
20	010505008001	雨篷、悬挑板、阳台板【雨篷：C30 商品混凝土】	m^3	1.110
		IPGL-A		1.110
	底板	[3.325+(0.75×2+2.4−0.2−0.12)]×1.2×(0.12+0.08)/2	0.829	0.829
	侧板	0.4×0.06×[3.325+(0.75×2+2.4−0.2−0.12)+1.2×4]	0.281	0.281
		【计算工程量】1.110(m^3)		
21	010507005001	扶手、压顶【女儿墙压顶：C30 商品混凝土】	m^3	2.046
		10.75 标高		1.461
		0.06×0.24×[42+19+(42−3−7.8−0.12)+(9.5−0.12)]	1.461	
		14.35 标高		0.585
		0.06×0.24×(10.8+9.5)×2	0.585	
		【计算工程量】2.046(m^3)		
22	010510003001	过梁【C20 商品混凝土】	m^3	0.910
	M0922	0.24×0.06×(0.9+0.25×2)×6	0.121	0.121
	FM1222	0.24×0.18×(1.2+0.25×2)×7	0.514	0.514
	M2428	0.24×0.24×(2.4+0.25×2)	0.167	0.167
	M2028	0.24×0.18×(2+0.25×2)	0.108	0.108
		【计算工程量】0.910(m^3)		
23	010507001001	散水、坡道【散水：详苏 J9508-39-3】	m^2	63.648
		0.6×[(42+0.12×2)×2+(39+0.12×2)−2.4−(2.4+0.75×2)−(3.9+7.8+0.12×2)]+0.6×0.6	63.648	
		【计算工程量】63.648(m^2)		
24	010507001002	散水、坡道【坡道：详苏 J9508-41-A】	m^2	9.450
		【计算工程量】9.450(m^2)		
25	010515001001	现浇构件钢筋【Ⅰ级钢：直径 Φ12mm 以内】	t	54.327
		54.327	54.327	
		【计算工程量】54.327(t)		
26	010515001002	现浇构件钢筋【新Ⅲ级钢：直径 Φ25mm 以内】	t	17.450
		17.45	17.450	
		【计算工程量】17.450(t)		
27	010515002001	预制构件钢筋【Φ25mm 以内】	t	0.570
		0.57	0.570	

续表

序号	部位	计算式	计算结果	小计
		【计算工程量】0.570(t)		
28	010515001003	现浇构件钢筋【砌体加固筋】	t	1.527
		2545.597×0.6/1000	1.527	
		【计算工程量】1.527(t)		
29	010516002001	预埋铁件【管桩灌芯：3mm 厚钢托板】	t	0.092
	三桩	3.14×0.13×0.13×0.003×7850/1000×10×3	0.037	0.037
	四桩	3.14×0.13×0.13×0.003×7850/1000×2×4	0.010	0.010
	五桩	3.14×0.13×0.13×0.003×7850/1000×3×5	0.019	0.019
	六桩	3.14×0.13×0.13×0.003×7850/1000×2×6	0.015	0.015
	九桩	3.14×0.13×0.13×0.003×7850/1000×9	0.011	0.011
		【计算工程量】0.092(t)		
	0108	门窗工程		
30	010801001001	木质门【双面夹板门】	m^2	30.360
	M0922	0.9×2.2×6	11.880	11.880
	FM1222	1.2×2.2×7	18.480	18.480
		【计算工程量】30.360(m^2)		
31	010807001001	金属(塑钢、断桥)窗【塑钢推拉窗，暂按 260 元/m^2】	m^2	290.340
		290.34	290.340	
		【计算工程量】290.340(m^2)		
32	010802001001	金属(塑钢)门【铝合金玻璃门，暂按 300 元/m^2】	m^2	12.300
		12.3	12.300	
		【计算工程量】12.300(m^2)		
	0109	屋面及防水工程		
33	011101006001	平面砂浆找平层【20 厚水泥砂浆找平】	m^2	778.603
		10.75 标高		680.818
		(42−0.12×2)×(19−0.12×2)−9.5×10.8	680.818	
		14.35 标高		97.786
		(10.8−0.12×2)×(9.5−0.12×2)	97.786	
		【计算工程量】778.603(m^2)		
34	010902001001	屋面卷材防水【4 厚 APP 防水卷材】	m^2	834.503
		10.75 标高		711.078
		(42−0.12×2)×(19−0.12×2)−9.5×10.8	680.818	
		0.25×[(42−0.12×2)+(19−0.12×2)]×2	30.260	
		14.35 标高		107.696
		(10.8−0.12×2)×(9.5−0.12×2)	97.786	
		0.25×[(10.8−0.12×2)+(9.5−0.12×2)]×2	9.910	

续表

序号	部位	计算式	计算结果	小计
		IPGL-A		15.730
	底板	[3.325+(0.75×2+2.4−0.2−0.12)]×1.2	8.286	8.286
	侧板	0.4×[3.325×2+(0.75×2+2.4−0.2−0.12)×2+1.2×4]	7.444	7.444
		【计算工程量】834.503(m^2)		
35	011101006002	平面砂浆找平层【20厚1:2水泥砂浆找平层】	m^2	834.503
		10.75标高		711.078
		(42−0.12×2)×(19−0.12×2)−9.5×10.8	680.818	
		0.25×[(42−0.12×2)+(19−0.12×2)]×2	30.260	
		14.35标高		107.696
		(10.8−0.12×2)×(9.5−0.12×2)	97.786	
		0.25×[(10.8−0.12×2)+(9.5−0.12×2)]×2	9.910	
		IPGL-A		15.730
	底板	[3.325+(0.75×2+2.4−0.2−0.12)]×1.2	8.286	8.286
	侧板	0.4×[3.325×2+(0.75×2+2.4−0.2−0.12)×2+1.2×4]	7.444	7.444
		【计算工程量】834.503(m^2)		
36	011101003001	细石混凝土找坡【40厚C20细石混凝土找坡】	m^2	8.286
		IPGL-A		8.286
	底板	[3.325+(0.75×2+2.4−0.2−0.12)]×1.2	8.286	8.286
		【计算工程量】8.286(m^2)		
37	010902004001	屋面排水管【女儿墙铸铁弯头落水口;PVC落水斗;PVC落水管】	m	103.600
		(10.8+0.3)×8+(14.5+0.3)	103.600	
		【计算工程量】103.600(m)		
38	010902008001	屋面变形缝【外墙变形缝:详见苏J09−2004−9−3】	m	47.600
		(10.8+0.8+0.3)×4	47.600	
		【计算工程量】47.600(m)		
39	010904002001	楼面 涂膜防水【卫生间:1.5mm聚氨酯防水层,四周翻起1500高】	m^2	104.166
		二层		52.083
		(3.4−0.12×2)×(3.25−0.12×2)×2〈间〉	19.023	
		{[(3.4−0.12×2)+(3.25−0.12×2)]×2×1.5−0.9×2.2}×2〈间〉	33.060	
		三层		52.083
		(3.4−0.12×2)×(3.25−0.12×2)×2〈间〉	19.023	

续表

序号	部位	计算式	计算结果	小计
		{[(3.4−0.12×2)+(3.25−0.12×2)]×2×1.5−0.9×2.2}×2〈间〉	33.060	
		【计算工程量】104.166(m²)		
	0110	保温、隔热、防腐工程		
40	011001001001	保温隔热屋面【沥青玛瑞脂隔气层；MLC 轻质混凝土保温层(2%找坡；最薄处 60 厚)】	m²	778.603
		10.75 标高		680.818
		[(42−0.12×2)×(19−0.12×2)−9.5×10.8]	680.818	
		14.35 标高		97.786
		(10.8−0.12×2)×(9.5−0.12×2)	97.786	
		【计算工程量】778.603(m²)		
	0111	楼地面装饰工程		
41	011102003001	块料地面【卫生间：8～10 厚地面砖(300×300)；干水泥擦缝；撒素水泥浆面(洒适量清水)；20 厚干硬性水泥砂浆粘结层；60 厚 C20 混凝土；100 厚碎石或碎砖夯实；素土夯实】	m²	19.023
		(3.4−0.12×2)×(3.25−0.12×2)×2〈间〉	19.023	
		【计算工程量】19.023(m²)		
42	011102003002	块料地面【除卫生间外房间：8～10 厚地面砖(600×600)；干水泥擦缝；撒素水泥浆面(洒适量清水)；20 厚干硬性水泥砂浆粘结层；60 厚 C20 混凝土；100 厚碎石或碎砖夯实；素土夯实】	m²	745.641
		(42−0.12×2)×(19−0.12×2)−3×7.8+(3−0.12×2)×(7.8−0.12×2)−6.4×9.5+(3−0.12×2)×(9.5−0.12×2)	745.641	
		【计算工程量】745.641(m²)		
43	011102003003	块料楼面【卫生间：10 厚地砖(300×300)铺面干水泥浆擦缝；5 厚 1：1 水泥细砂浆结合层；15 厚 1：3 水泥砂浆找平层；30 厚 C20 细石混凝土层；20 厚 1：3 水泥砂浆找平层】	m²	38.046
		二层		19.023
		(3.4−0.12×2)×(3.25−0.12×2)×2〈间〉	19.023	
		三层		19.023
		(3.4−0.12×2)×(3.25−0.12×2)×2〈间〉	19.023	
		【计算工程量】38.046(m²)		
44	011101001001	水泥砂浆楼面【10 厚 1：2 水泥砂浆面层；20 厚 1：3 水泥砂浆找平层】	m²	1547.680
		二层		732.586
		(42−0.12×2)×(19−0.12×2)−3×7.8+(3−0.12×2)×(7.8−0.12×2)−6.4×9.5+(3−0.12×2)×(9.5−0.12×2)−(3−0.12×2)×(1.8+2.8−0.12+0.25)〈楼梯〉	732.586	

续表

序号	部位	计算式	计算结果	小计
		三层		732.586
		(42−0.12×2)×(19−0.12×2)−3×7.8+(3−0.12×2)×(7.8−0.12×2)−6.4×9.5+(3−0.12×2)×(9.5−0.12×2)−(3−0.12×2)×(1.8+2.8−0.12+0.25)〈楼梯〉	732.586	
		机房		82.508
		(3+7.8−0.12×2−0.24)×(9.5−0.12×2)−(3−0.12×2)×(1.8+2.8−0.12+0.25)〈楼梯〉	82.508	
		【计算工程量】1547.680(m^2)		
45	011105001001	水泥砂浆踢脚线【踢脚线高 150，12 厚 1∶3 水泥砂浆粉面找坡，8 厚 1∶2.5 水泥砂浆压实抹光】	m^2	81.864
		一层		24.858
	楼梯间	[(9.26+2.76)×2+(2.76+7.56)×2]×0.15	6.702	6.702
	车间	(41.76+18.76)×2×0.15	18.156	18.156
		二层		24.177
	楼梯间	[(9.26−2.8)×2+2.76×2+2.8×1.189]×0.15	3.265	6.021
		[(7.56−2.8)×2+2.76×2+2.8×1.189]×0.15	2.755	
	车间	(41.76+18.76)×2×0.15	18.156	18.156
		三层		24.177
	楼梯间	[(9.26−2.8)×2+2.76×2+2.8×1.189]×0.15	3.265	6.021
		[(7.56−2.8)×2+2.76×2+2.8×1.189]×0.15	2.755	
	车间	(41.76+18.76)×2×0.15	18.156	18.156
		机房		8.652
		[(9.26+2.76)×2+(9.26+7.56)×2]×0.15	8.652	
		【计算工程量】81.864(m^2)		
46	011106004001	水泥砂浆楼梯面层【1∶2 水泥砂浆楼梯面层】	m^2	63.319
	1 号楼梯	(3−0.125×2)×(1.8+2.8−0.125+0.25)×3〈层〉	38.981	38.981
	2 号楼梯	(3−0.125×2)×(1.5+2.8−0.125+0.25)×2〈层〉	24.338	24.338
		【计算工程量】63.319(m^2)		
	0112	墙、柱面装饰与隔断、幕墙工程		
47	011204003001	块料墙面【卫生间：5 厚釉面砖(200×300)；6 厚 1∶0.1∶2.5 水泥石灰砂浆结合层；12 厚水泥砂浆打底】	m^2	231.939
		一层		77.313
	男厕	(3.01+3.16)×2×(3.6−0.11)−(1.8×1.2+0.9×2.2+1.5×0.9)〈门窗〉	37.577	37.577
	女厕	(3.01+3.16)×2×(3.6−0.11)−(0.9×2.2+1.5×0.9)〈门窗〉	39.737	39.737
		二层		77.313

续表

序号	部位	计算式	计算结果	小计
	同一层	77.313	77.313	77.313
		三层		77.313
	同一层	77.313	77.313	77.313
		【计算工程量】231.939(m^2)		
48	011201001001	墙面一般抹灰【内墙粉刷：界面剂一道；15厚1∶1∶6水泥石灰砂浆打底，10厚1∶0.3∶3水泥石灰砂浆粉面压实抹光】	m^2	1606.566
		一层		477.385
	楼梯间	(9.26+2.6)×2×(3.6−0.11)−1.8×2.2〈FM1822〉	78.823	146.896
		(7.56+2.76)×2×(3.6−0.11)−1.8×2.2〈FM1822〉	68.074	
	车间	[(41.76+18.76)×2+0.26×19+0.16]×(3.6−0.11)−[2.4×1.8×15〈C2418〉+1.8×1.2〈C1812〉+1.8×1.6×5〈C1816〉+2×2.8〈M2028〉+2.4×2.8〈M2428〉+1.9×2.2〈电梯门洞〉+1.8×2.2×2〈FM1822〉+0.9×2.2×2〈M0922〉]	330.489	330.489
		二层		473.865
	楼梯间	(9.26+2.6)×2×(3.6−0.11)−(1.8×2.2〈FM1822〉+1.8×1.4〈C1814〉)	76.303	141.856
		(7.56+2.76)×2×(3.6−0.11)−(1.8×2.2〈FM1822〉+1.8×1.4〈C1814〉)	65.554	
	车间	[(41.76+18.76)×2+0.26×19+0.16]×(3.6−0.11)−[2×1.8〈C2018〉+2.4×1.8×16〈C2418〉+1.8×1.4×2〈C1814〉+1.8×1.6×5〈C1816〉+1.9×2.2〈电梯门洞〉+1.8×2.2×2〈FM1822〉+0.9×2.2×2〈M0922〉]	332.009	332.009
		三层		473.865
	同二层	473.865	473.865	473.865
		机房		181.451
		(9.26+2.76)×2×(3.7−0.11)−(1.5×1.8〈C1518〉+2×1.8〈C2018〉+1.2×2.2〈FM1222〉)	77.364	
		(9.26+7.56)×2×(3.7−0.11)−(2.4×1.8×2〈C2418〉+1.5×1.8×2〈C1518〉+1.2×2.2〈FM1222〉)	104.088	
		【计算工程量】1606.566(m^2)		
49	011202001001	柱、梁面一般抹灰【柱面粉刷：12厚1∶3水泥砂浆打底，8厚1∶2.5水泥砂浆粉面】	m^2	86.552
		一层		29.316
		0.5×4×(3.6−0.11)×3〈KZ3〉+0.6×4×(3.6−0.11)〈KZ5〉	29.316	
		二层		29.316

续表

序号	部位	计算式	计算结果	小计
		0.5×4×(3.6−0.11)×3〈KZ3〉+0.6×4×(3.6−0.11)〈KZ5〉	29.316	
		三层		27.920
		0.5×4×(3.6−0.11)×3〈KZ3〉+0.5×4×(3.6−0.11)〈KZ5〉	27.920	
		【计算工程量】86.552(m^2)		
50	011201001002	墙面一般抹灰【外墙粉刷：12厚1：3水泥砂浆打底，6厚1：2.5水泥砂浆粉面压实抹光】	m^2	1109.042
	外墙面	[(42−7.8−3.9+0.12−0.12)〈南立面〉+(19+0.12×2)〈东立面〉+(42+0.12×2)〈北立面〉]×[(3.6+0.3)+3.6×2〈层〉+(0.8×2+0.24)〈女儿墙〉]	1187.633	1187.633
	机房外墙面	[(10.8+0.12×2)×2+(9.5+0.12×2)]×[3.6+(0.5×2+0.24)〈女儿墙〉]	154.009	154.009
	扣门窗	−(2.4×2.8〈M2428〉+2×2.8〈M2028〉+2.4×1.8×49〈C2418〉+1.8×1.6×15〈C1816〉+1.8×1.4×4〈C1814〉+1.8×1.2×3〈C1812〉+1.5×1.8×3〈C1518〉)	−291.860	−291.860
	窗侧	0.1×(8〈M2428〉+7.6〈M2028〉+8.4×49〈C2418〉+6.8×15〈C1816〉+6.4×4〈C1814〉+6×3〈C1812〉+6.6×3〈C1518〉)	59.260	59.260
		【计算工程量】1109.042(m^2)		
	0113	天棚抹灰		
51	011301001001	天棚抹灰【刷素水泥浆一道，6厚1：3水泥砂浆打底；6厚1：2.5水泥砂浆粉面】	m^2	3293.926
		一层		1031.896
	厕所天棚	3.01×3.16×2	19.023	19.023
	楼梯间	(9.26−2.8)×2.76+2.76×(7.56−2.8)+2.8×2.76×1.189×2	49.344	49.344
	车间天棚	9.26×6.4+18.76×27.56+15.76×7.8	699.218	699.218
	LL3	2×(0.35−0.11)×(3−0.125×2)×2	2.640	2.640
	LL4	2×(0.65−0.11)×(42−0.125×2−0.3×5)	43.470	43.470
	LL5	2×(0.65−0.11)×[42−0.125×2−0.3×5−0.25−(3+3.4+0.125+0.15)]	35.991	35.991
	LL6	2×(0.65−0.11)×[39−0.125−0.15−0.25−0.3×4−(3.4+0.15+0.125)]	36.288	36.288
	KL1	2×(0.8−0.11)×(19−0.375×2−0.6−9.5)〈2〉	11.247	11.247
	KL2	2×(0.8−0.11)×(19−0.375−0.6)〈3〉	24.875	73.865
		2×(0.8−0.11)×(19−0.375×2−0.5)×2〈4、5〉	48.990	
	KL3	2×(0.8−0.11)×(19−0.375×2−0.5−3)〈6〉	20.355	20.355

续表

序号	部位	计算式	计算结果	小计
	KL6	2×(0.6−0.11)×(42−0.125−0.3×4−0.5−0.275−7.8)〈B〉	31.458	31.458
	KL7	0.3×(0.65−0.11)×(42−3−7.8−0.3−0.5×3−0.375−3−3.4)〈C〉	3.665	8.998
		2×(0.9−0.11)×(3+7.8−0.125−0.6−0.3−3−3.4)	5.333	
		二层		1059.973
	厕所天棚	3.01×3.16×2	19.023	19.023
	楼梯间	(9.26−2.8)×2.76+2.76×(7.56−2.8)+2.8×2.76×1.189×2	49.344	49.344
	车间天棚	9.26×6.4+18.76×27.56+15.76×7.8	699.218	699.218
	LL3	2×(0.35−0.11)×(3−0.125×2)	1.320	1.320
	LL4	2×(0.65−0.11)×(42−0.125×2−0.3×5)	43.470	43.470
	LL5	2×(0.65−0.11)×[42−0.125×2−0.3×5−0.25−(3+3.4)]	36.288	36.288
	LL6	2×(0.35−0.11)×(3−0.125×2)	1.320	1.320
	LL7	2×(0.65−0.11)×[39−0.125−0.15−0.25−0.3×4−(3.4+0.15+0.125)]	36.288	36.288
	KL1	2×(0.8−0.11)×(19−0.375×2−0.6−9.5)〈2〉	11.247	11.247
	KL2	2×(0.8−0.11)×(19−0.375−0.6)〈3〉	24.875	73.865
		2×(0.8−0.11)×(19−0.375×2−0.5)×2〈4、5〉	48.990	
	KL3	2×(0.8−0.11)×(19−0.375×2−0.5−3)〈6〉	20.355	20.355
	KL6	2×(0.6−0.11)×(42−0.125−0.3×4−0.4−0.275−7.8)〈B〉	31.556	31.556
	KL7	2×(0.65−0.11)×(42−3−7.8−0.3−0.5×3−0.375)〈C〉	31.347	36.680
		2×(0.9−0.11)×(3+7.8−0.125−0.6−0.3−3−3.4)	5.333	
		三层		1084.245
	厕所天棚	3.01×3.16×2	19.023	19.023
	楼梯间	(9.26−2.8)×2.76+2.76×7.56+2.8×2.76×1.189	47.884	47.884
	车间天棚	9.26×6.4+18.76×27.56+15.76×7.8	699.218	699.218
	WLL3	2×(0.65−0.11)×(42−0.125×2−0.3×5)	43.470	43.470
	WLL4	2×(0.65−0.11)×(42−0.125×2−0.3×5−0.25−3.4)	39.528	39.528
	LL5	2×(0.35−0.11)×(3−0.125×2)	1.320	1.320
	WLL6	2×(0.65−0.11)×(39−0.125−0.15−0.25−0.3×4−3.4)	36.585	36.585
	WKL1	2×(0.8−0.11)×(19−0.375×2−0.5−9.5)〈2〉	11.385	11.385

续表

序号	部位	计算式	计算结果	小计
	WKL2	2×(0.8−0.11)×(19−0.375×2−0.5)〈3〉	24.495	24.495
	WKL3	2×(0.8−0.11)×(19−0.375×2−0.5)×3〈4、5〉	73.485	73.485
	WKL4	2×(0.8−0.11)×(19−0.375×2−0.5−3)〈6〉	20.355	20.355
	WKL7	2×(0.6−0.11)×(42−0.125−0.3×4−0.4−0.275−7.8)〈B〉	31.556	31.556
	WKL8	2×(0.65−0.11)×(42−3−7.8−0.25−0.6×3−0.375)〈C〉	31.077	35.942
		2×(0.8−0.11)×(3+7.8−0.125−0.5−0.25−3−3.4)	4.865	
		机房		117.811
	天棚	9.26×2.76+9.26×7.56	95.563	95.563
	WLL3	2×(0.65−0.11)×(3+7.8−0.125×2−0.25)	11.124	11.124
	WLL4	2×(0.65−0.11)×(3+7.8−0.125×2−0.25)	11.124	11.124
		【计算工程量】3293.926(m^2)		
	0114	油漆、涂料、裱糊工程		
52	011401001001	木门油漆【聚氨酯油漆】	m^2	30.360
	同木门	30.36	30.360	30.360
		【计算工程量】30.360(m^2)		
53	011406001001	抹灰面油漆【内墙乳胶漆】	m^2	1693.118
	见柱墙面抹灰	1606.566+86.552	1693.118	1693.118
		【计算工程量】1693.118(m^2)		
54	011406001002	抹灰面油漆【外墙涂料】	m^2	1109.042
	混凝土外墙抹灰	1109.042	1109.042	1109.042
		【计算工程量】1109.042(m^2)		
55	011406001003	抹灰面油漆【天棚乳胶漆】	m^2	3293.926
	同天棚抹灰	3293.926	3293.926	3293.926
		【计算工程量】3293.926(m^2)		

分部分项定额工程量计算表

工程名称：×××服饰车间土建招标控制价　　标段：　　第　页　共　页

序号	部位	计算式	计算结果	小计
1	0101	土(石)方工程		
2	010101001001	平整场地【三类土，厚在300mm内，挖填找平】	m^2	812.698
3	A1-98	平整场地	$10m^2$	100.426
4		(42+0.12×2+2)×(19+0.12×2+2×2)−(3.9+7.8+0.12×2)×2	1004.258	

续表

序号	部位	计算式	计算结果	小计
5		【计算工程量】100.426($10m^2$)		
6	010101004001	挖基坑土方【三类土，挖土深度：1.5m 内，弃土运距 150m】	m^3	122.354
7	A1-59	人工挖底面积≤$20m^2$ 的基坑三类干土深度在 1.5m 以内	m^3	122.354
8		【计算工程量】122.354(m^3)		
9	A1-92+95×2	单(双)轮车运输土运距在 50m 以内	m^3	122.354
10		122.354	122.354	
11		【计算工程量】122.354(m^3)		
12	010101004002	挖基坑土方【三类土，挖土深度：3.0m 内，弃土运距 150m】	m^3	87.464
13	A1-60	人工挖底面积≤$20m^2$ 的基坑三类干土深度在 3m 以内	m^3	87.464
14	同清单量	87.464	87.464	87.464
15		【计算工程量】87.464(m^3)		
16	A1-92+95×2	单(双)轮车运输土运距在 50m 以内	m^3	87.464
17	同清单量	87.464	87.464	87.464
18		【计算工程量】87.464(m^3)		
19	010101003001	挖沟槽土方【三类土，挖土深度：1.5m 内，弃土运距 150m】	m^3	112.267
20	A1-27	人工挖底宽≤3m 且底长＞3 倍底宽的沟槽三类干土深度在 1.5m 以内	m^3	112.267
21	同清单量	112.267	112.267	112.267
22		【计算工程量】112.267(m^3)		
23	A1-92+95×2	单(双)轮车运输土运距在 150m 以内	m^3	112.267
24	同清单量	112.267	112.267	112.267
25		【计算工程量】112.267(m^3)		
26	010103001001	回填方【基础回填土、室内回填：夯填；运输距离 150m】	m^3	278.224
27	A1-104	基(槽)坑夯填回填土	m^3	192.985
28		基槽坑回填		192.985
29	挖土方	122.354+112.26+87.464	322.078	322.078
30	垫层	−19.955	−19.955	−19.955
31	桩承台	−51.773	−51.773	−51.773
32	基础梁	−34.998	−34.998	−34.998
33	电梯井底板	−4.412	−4.412	−4.412
34	电梯井	−(3+0.12×2)×(3.4+0.12×2)×(1.5−0.3)	−14.152	−14.152
35	砖基础	−(14.327+0.884)×0.1/0.4	−3.803	−3.803
36		【计算工程量】192.985(m^3)		
37	A1-102	地面夯填回填土	m^3	85.239

续表

序号	部位	计算式	计算结果	小计
38		室内回填		85.239
39		{(42−0.12×2)×(19−0.12×2)−0.24×[(7.8−0.12)+(3−0.12)+(3+3.4−0.12)+(9.5−0.12)+(9.5−0.12×2)]}×(0.3−0.1−0.06−0.02−0.01)	85.239	
40		【计算工程量】85.239(m^3)		
41	A1-1	人工挖一类土	m^3	278.240
42		278.24	278.240	
43		【计算工程量】278.240(m^3)		
44	A1-92+95×2	单(双)轮车运输土运距在150m以内	m^3	278.224
45		278.224	278.224	
46		【计算工程量】278.224(m^3)		
47	0103	桩基工程		
48	010301002001	预制钢筋混凝土管桩【管桩灌芯：C30商品混凝土】	m	1036.000
49	A3-91	C30井壁内灌注预拌混凝土 非泵送	m^3	5.890
50	三桩	3.14×0.13×0.13×1.5×10×3	2.388	2.388
51	四桩	3.14×0.13×0.13×1.5×2×4	0.637	0.637
52	五桩	3.14×0.13×0.13×1.5×3×5	1.194	1.194
53	六桩	3.14×0.13×0.13×1.5×2×6	0.955	0.955
54	九桩	3.14×0.13×0.13×1.5×9	0.716	0.716
55		【计算工程量】5.890(m^3)		
56	0104	砌筑工程		
57	010401001001	砖基础【±0.000以下：MU10混凝土实心砖；M10水泥砂浆砌筑】	m^3	14.327
58	A4-1.1	M7.5水泥砂浆直形砖基础	m^3	14.327
59	同清单量	14.327	14.327	14.327
60		【计算工程量】14.327(m^3)		
61	010402001001	砌块墙【±0.000以上：240厚MU10混凝土空心砖；M7.5混合砂浆砌筑】	m^3	261.500
62	A4-20.1	M7.5混合砂浆240厚轻骨料混凝土小型空心砌块	m^3	261.500
63	同清单量	261.50	261.500	261.500
64		【计算工程量】261.500(m^3)		
65	010402001002	砌块墙【女儿墙：240厚MU10混凝土空心砖；M7.5混合砂浆砌筑】	m^3	19.073
66	A4-20.1	M7.5混合砂浆240厚轻骨料混凝土小型空心砌块	m^3	19.073
67	同清单量	19.073	19.073	19.073
68		【计算工程量】19.073(m^3)		
69	0105	混凝土及钢筋混凝土工程		

续表

序号	部位	计算式	计算结果	小计
70	010501001001	垫层【素土夯实；C20商品混凝土垫层】	m^3	10.707
71	A1-99	地面原土打底夯	$10m^2$	10.707
72		10.707/0.1	107.070	
73		【计算工程量】10.707($10m^2$)		
74	A6-301.1	C20混凝土非泵送垫层	m^3	10.707
75	同清单量	10.707	10.707	10.707
76		【计算工程量】10.707(m^3)		
77	010501005001	桩承台基础【C30商品混凝土】	m^3	51.773
78	A6-308.1	C30混凝土非泵送桩承台独立柱基	m^3	51.773
79	同清单量	51.773	51.773	51.773
80		【计算工程量】51.773(m^3)		
81	010503001001	基础梁【C30商品混凝土】	m^3	34.998
82	A6-317	C30混凝土非泵送基础梁地坑支撑梁	m^3	34.998
83	同清单量	34.998	34.998	34.998
84		【计算工程量】34.998(m^3)		
85	010501004001	满堂基础【电梯底板：C30商品混凝土】	m^3	4.412
86	A6-306.1	C30混凝土非泵送无梁式满堂(板式)基础	m^3	4.412
87	同清单量	4.412	4.412	4.412
88		【计算工程量】4.412(m^3)		
89	010502001001	矩形柱【柱支模高度3.6m内，周长2.5m内，C30商品混凝土】	m^3	49.766
90	A6-313	C30混凝土非泵送矩形柱	m^3	49.766
91	同清单量	49.766	49.766	49.766
92		【计算工程量】49.766(m^3)		
93	010502002001	构造柱【支模高度3.6m内；C20商品混凝土】	m^3	25.505
94	A6-316	C20混凝土非泵送构造柱	m^3	25.505
95	同清单量	25.505	25.505	25.505
96		【计算工程量】25.505(m^3)		
97	010504001001	直形墙【电梯井壁：墙体厚度240；C30商品混凝土】	m^3	7.834
98	A6-328	C30混凝土非泵送电梯井壁	m^3	7.834
99	同清单量	7.834	7.834	7.834
100		【计算工程量】7.834(m^3)		
101	010505001001	有梁板【板底支模高度3.6m内；板厚度200以内；泵送商品混凝土C30】	m^3	472.580
102	A6-207	C30混凝土泵送有梁板	m^3	472.580
103	同清单量	472.58	472.580	472.580

续表

序号	部位	计算式	计算结果	小计
104		【计算工程量】472.580(m^3)		
105	010506001001	直形楼梯【泵送商品混凝土 C30】	m^2	63.319
106	A6-213.1	C30 混凝土泵送楼梯 直形	$10m^2$ 水平投影面积	6.332
107	同清单量	63.319	63.319	63.319
108		【计算工程量】6.332($10m^2$ 水平投影面积)		
109	A6-218.1	C30 混凝土泵送每增减楼梯、雨篷、阳台、台阶	m^3	−0.040
110		1 号设计含量		7.687
111	1 号 LL3	0.25×0.35×(3−0.25)×3	0.722	0.722
112	1 号 TL1	0.25×(0.35−0.1)×(3−0.25)×3	0.516	0.516
113	1 号休息平台	(1.8−0.125)×(3−0.25)×0.1×3	1.382	1.382
114	1 号梯段	0.5×0.28×0.164×(1.4−0.125)×10×2×3	1.756	1.756
115	1 号斜板	(1.4−0.125)×2.8×0.13×1.189×2×3	3.311	3.311
116		2 号设计含量		5.124
117	2 号 LL3	0.25×0.35×(3−0.25)×2	0.481	0.481
118	2 号 TL1	0.25×(0.35−0.1)×(3−0.25)×2	0.344	0.344
119	2 号休息平台	(1.8−0.125)×(3−0.25)×0.1×2	0.921	0.921
120	2 号梯段	0.5×0.28×0.164×(1.4−0.125)×10×2×2	1.171	1.171
121	2 号斜板	(1.4−0.125)×2.8×0.13×1.189×2×2	2.207	2.207
122		设计含量		0.192
123		−(7.687+5.124)	−12.811	
124		(7.687+5.124)×1.015	13.003	
125		定额含量		−13.044
126		−63.319×0.206	−13.044	
127		【计算工程量】−0.040(m^3)		
128	010503004001	圈梁【C20 商品混凝土】	m^3	3.040
129	A6-320	C20 混凝土非泵送圈梁	m^3	3.040
130	同清单量	3.04	3.040	3.040
131		【计算工程量】3.040(m^3)		
132	010505008001	雨篷、悬挑板、阳台板【雨篷；C30 商品混凝土】	m^3	1.110
133	A6-340.1	C30 混凝土非泵送复式雨篷水平挑檐	$10m^2$ 水平投影面积	0.111
134	同清单量	1.11	1.110	1.110
135		【计算工程量】0.111($10m^2$ 水平投影面积)		
136	A6-218.1	C30 混凝土泵送每增减楼梯、雨篷、阳台、台阶	m^3	0.201

续表

序号	部位	计算式	计算结果	小计
137	定额含量	－1.116×0.829	－0.925	－0.925
138	设计含量	1.11×1.015	1.127	1.127
139		【计算工程量】0.201(m^3)		
140	010507005001	扶手、压顶【女儿墙压顶：C30 商品混凝土】	m^3	2.046
141	A6-349.1	C30 混凝土非泵送压顶	m^3	2.046
142	同清单量	2.046	2.046	2.046
143		【计算工程量】2.046(m^3)		
144	010510003001	过梁【C20 商品混凝土】	m^3	0.910
145	A6-359	C20 混凝土非泵送过梁	m^3	0.910
146	同清单量	0.91	0.910	0.910
147		【计算工程量】0.910(m^3)		
148	A8-72	过梁安装 塔式起重机	m^3	0.910
149	同清单量	0.91	0.910	0.910
150		【计算工程量】0.910(m^3)		
151	A8-109	M10 水泥砂浆过梁接头灌缝	m^3	0.910
152	同清单量	0.91	0.910	0.910
153		【计算工程量】0.910(m^3)		
154	010507001001	散水、坡道【散水：详苏 J9508-39-3】	m^2	63.648
155	A1-99	地面原土打底夯	$10m^2$	6.365
156	同清单量	63.648	63.648	63.648
157		【计算工程量】6.365($10m^2$)		
158	A13-163	C20 现浇混凝土散水	$10m^2$ 水平投影面积	6.365
159	同清单量	63.648	63.648	63.648
160		【计算工程量】6.365($10m^2$ 水平投影面积)		
161	A10-170	建筑油膏伸缩缝	10m	10.548
162		(42＋0.12×2)×2＋(39＋0.12×2)－2.4－(2.4＋0.75×2)－(3.9＋7.8＋0.12×2)	105.480	
163		【计算工程量】10.548(10m)		
164	010507001002	散水、坡道【坡道：详苏 J9508-41-A】	m^2	9.450
165	A1-99	地面原土打底夯	$10m^2$	0.945
166	同清单量	9.45	9.450	9.450
167		【计算工程量】0.945($10m^2$)		
168	A13-164	C20 现浇大门混凝土斜坡	$10m^2$ 水平投影面积	0.945
169	同清单量	9.45	9.450	9.450
170		【计算工程量】0.945($10m^2$ 水平投影面积)		
171	010515001001	现浇构件钢筋【Ⅰ级钢：直径 Φ12mm 以内】	t	54.327
172	A5-1	现浇混凝土构件钢筋 Φ12 以内	t	54.327

续表

序号	部位	计算式	计算结果	小计
173	同清单量	54.327	54.327	54.327
174		【计算工程量】54.327(t)		
175	010515001002	现浇构件钢筋【新Ⅲ级钢：直径 ⏀25mm 以内】	t	17.450
176	A5-2换	现浇混凝土构件钢筋 ⏀25 以内	t	17.450
177	同清单量	17.45	17.450	17.450
178		【计算工程量】17.450(t)		
179	010515002001	预制构件钢筋【⏀25mm 以内】	t	0.570
180	A5-10	现场预制混凝土构件钢筋 ⏀20 以外	t	0.570
181	同清单量	0.57	0.570	0.570
182		【计算工程量】0.570(t)		
183	010515001003	现浇构件钢筋【砌体加固筋】	t	1.527
184	A5-26	砌体、板缝内加固钢筋 绑扎	t	0.764
185		1.527/2	0.764	
186		【计算工程量】0.764(t)		
187	A5-25	砌体、板缝内加固钢筋 不绑扎	t	0.764
188		1.527/2	0.764	
189		【计算工程量】0.764(t)		
190	010516002001	预埋铁件【管桩灌芯：3mm 厚钢托板】	t	0.092
191	A5-28	铁件安装	t	0.092
192	同清单量	0.092	0.092	0.092
193		【计算工程量】0.092(t)		
194	A5-27	铁件制作	t	0.092
195	同清单量	0.092	0.092	0.092
196		【计算工程量】0.092(t)		
197	0108	门窗工程		
198	010801001001	木质门【双面夹板门】	m^2	30.360
199	A16-199	胶合板门(无腰单扇)门框安装	$10m^2$	3.036
200	同清单量	30.36	30.360	30.360
201		【计算工程量】3.036($10m^2$)		
202	A16-197	胶合板门(无腰单扇)门框制作	$10m^2$	3.036
203	同清单量	30.36	30.360	30.360
204		【计算工程量】3.036($10m^2$)		
205	A16-198	胶合板门(无腰单扇)门扇制作	$10m^2$	3.036
206	同清单量	30.36	30.360	30.360
207		【计算工程量】3.036($10m^2$)		
208	A16-200	胶合板门(无腰单扇)门扇安装	$10m^2$	3.036

续表

序号	部位	计算式	计算结果	小计
209	同清单量	30.36	30.360	30.360
210		【计算工程量】3.036(10m^2)		
211	A16-314	铰链	个	26.000
212		(6+7)×2	26.000	
213		【计算工程量】26.000(个)		
214	A16-312	执手锁	把	13.000
215		6+7	13.000	
216		【计算工程量】13.000(把)		
217	010807001001	金属(塑钢、断桥)窗【塑钢推拉窗，暂按 260 元/m^2】	m^2	290.340
218	独立费	塑钢推拉窗	m^2	290.340
219		290.34	290.340	
220		【计算工程量】290.340(m^2)		
221	010802001001	金属(塑钢)门【铝合金玻璃门，暂按 300 元/m^2】	m^2	12.300
222	独立费	铝合金玻璃门	m^2	12.300
223		12.3	12.300	
224		【计算工程量】12.300(m^2)		
225	0109	屋面及防水工程		
226	011101006001	平面砂浆找平层【20 厚水泥砂浆找平】	m^2	778.603
227	A13-15	1∶3 水泥砂浆找平层(厚 20mm) 混凝土或硬基层上	10m^2	77.860
228	同清单量	778.603	778.603	778.603
229		【计算工程量】77.860(10m^2)		
230	010902001001	屋面卷材防水【4 厚 APP 防水卷材】	m^2	834.503
231	A10-40	单层 APP 改性沥青防水卷材 热熔满铺法	10m^2	83.450
232	同清单量	834.503	834.503	834.503
233		【计算工程量】83.450(10m^2)		
234	011101006002	平面砂浆找平层【20 厚 1∶2 水泥砂浆找平层】	m^2	834.503
235	A13-16	1∶3 水泥砂浆找平层(厚 20mm) 在填充材料上	10m^2	83.488
236	同清单量	834.877	834.877	834.877
237		【计算工程量】83.488(10m^2)		
238	011101003001	细石混凝土找坡【40 厚 C20 细石混凝土找坡】	m^2	8.286
239	A13-18	C20 现浇混凝土细石混凝土找平层 厚 40mm	10m^2	0.829
240	同清单量	8.286	8.286	8.286
241		【计算工程量】0.829(10m^2)		
242	010902004001	屋面排水管【女儿墙铸铁弯头落水口；PVC 落水斗；PVC 落水管】	m	103.600
243	A10-206	PVC 水斗 Ø110	10 只	0.900

续表

序号	部位	计算式	计算结果	小计
244		9	9.000	
245		【计算工程量】0.900(10只)		
246	A10-219	女儿墙铸铁弯头落水口	10只	0.900
247		9	9.000	
248		【计算工程量】0.900(10只)		
249	A10-202	PVC水落管 Ø110	10m	10.360
250	同清单量	103.6	103.600	103.600
251		【计算工程量】10.360(10m)		
252	010902008001	屋面变形缝【外墙变形缝：详见苏J09-2004-9-3】	m	47.600
253	A10-165	立面油浸麻丝 伸缩缝	10m	4.760
254	同清单量	47.6	47.600	47.600
255		【计算工程量】4.760(10m)		
256	A10-181	立面铁皮盖缝	10m	4.760
257	同清单量	47.6	47.600	47.600
258		【计算工程量】4.760(10m)		
259	010904002001	楼面 涂膜防水【卫生间：1.5mm聚氨酯防水层，四周翻起1500高】	m^2	104.166
260	A10-97-98	聚氨酯防水层 1.5mm厚	$10m^2$	10.417
261	同清单量	104.166	104.166	104.166
262		【计算工程量】10.417($10m^2$)		
263	0110	保温、隔热、防腐工程		
264	011001001001	保温隔热屋面【沥青玛琋脂隔气层；MLC轻质混凝土保温层(2%找坡；最薄处60厚)】	m^2	778.603
265	A10-110	平面刷石油沥青玛琋脂一遍	$10m^2$	77.860
266	同清单量	778.603	778.603	778.603
267		【计算工程量】77.860($10m^2$)		
268	A13-13换	MLC轻质混凝土	m^3	120.683
269		10.75标高		105.527
270		[(42−0.12×2)×(19−0.12×2)−9.5×10.8]×(0.06+9.5×0.02/2)	105.527	
271		14.35标高		15.157
272		[(10.8−0.12×2)×(9.5−0.12×2)]×(0.06+9.5×0.02/2)	15.157	
273		【计算工程量】120.683(m^3)		
274	0111	楼地面装饰工程		

续表

序号	部位	计算式	计算结果	小计
275	011102003001	块料地面【卫生间：8～10 厚地面砖(300×300)；干水泥擦缝；撒素水泥浆面(洒适量清水)；20 厚干硬性水泥砂浆粘结层；60 厚 C20 混凝土；100 厚碎石或碎砖夯实；素土夯实】	m^2	19.023
276	A1-99	地面原土打底夯	$10m^2$	1.902
277	同清单量	19.023	19.023	19.023
278		【计算工程量】1.902($10m^2$)		
279	A13-9	碎石干铺垫层	m^3	1.902
280		19.023×0.1	1.902	
281		【计算工程量】1.902(m^3)		
282	A13-13	C20 非泵送预拌混凝土垫层不分格	m^3	1.141
283		19.023×0.06	1.141	
284		【计算工程量】1.141(m^3)		
285	A13-81换	楼地面地砖单块 0.4m^2 以内干硬性水泥砂浆	$10m^2$	1.902
286	同清单量	19.023	19.023	19.023
287		【计算工程量】1.902($10m^2$)		
288	011102003002	块料地面【除卫生间外房间：8～10 厚地面砖(600×600)；干水泥擦缝；撒素水泥浆面(洒适量清水)；20 厚干硬性水泥砂浆粘结层；60 厚 C20 混凝土；100 厚碎石或碎砖夯实；素土夯实】	m^2	745.641
289	A1-99	地面原土打底夯	$10m^2$	74.564
290	同清单量	745.641	745.641	745.641
291		【计算工程量】74.564($10m^2$)		
292	A13-9	碎石干铺垫层	m^3	74.564
293		745.64×0.1	74.564	
294		【计算工程量】74.564(m^3)		
295	A13-13	C20 非泵送预拌混凝土垫层不分格	m^3	44.738
296		745.64×0.06	44.738	
297		【计算工程量】44.738(m^3)		
298	A13-81换	楼地面地砖单块 0.4m^2 以内干硬性水泥砂浆	$10m^2$	74.564
299		【计算工程量】74.564($10m^2$)		
300	011102003003	块料楼面【卫生间：10 厚地砖(300×300)铺面干水泥浆擦缝；5 厚 1∶1 水泥细砂浆结合层；15 厚 1∶3 水泥砂浆找平层；30 厚 C20 细石混凝土层；20 厚 1∶3 水泥砂浆找平层】	m^2	38.046
301	A13-15	1∶3 水泥砂浆找平层(厚 20mm) 混凝土或硬基层上	$10m^2$	3.805
302	同清单量	38.046	38.046	38.046

续表

序号	部位	计算式	计算结果	小计
303		【计算工程量】3.805(10m²)		
304	A13-18	C20 现浇混凝土细石混凝土找平层 厚 40mm	10m²	3.805
305	同清单量	38.046	38.046	38.046
306		【计算工程量】3.805(10m²)		
307	A13-81换	楼地面地砖单块 0.4m² 以内干硬性水泥砂浆	10m²	3.805
308	同清单量	38.046	38.046	38.046
309		【计算工程量】3.805(10m²)		
310	011101001001	水泥砂浆楼面【10 厚 1∶2 水泥砂浆面层；20 厚 1∶3 水泥砂浆找平】	m²	1547.680
311	A13-15	1∶3 水泥砂浆找平层(厚 20mm) 混凝土或硬基层上	10m²	154.768
312	同清单量	1547.68	1547.680	1547.680
313		【计算工程量】154.768(10m²)		
314	A13-22换	1∶2 水泥砂浆楼地面面层 厚 10mm	10m²	154.768
315	同清单量	1547.68	1547.680	1547.680
316		【计算工程量】154.768(10m²)		
317	011105001001	水泥砂浆踢脚线【踢脚线高 150，12 厚 1∶3 水泥砂浆粉面找坡，8 厚 1∶2.5 水泥砂浆压实抹光】	m²	81.864
318	A13-27	踢脚线水泥砂浆	10m	54.576
319		81.864/0.15	545.760	
320		【计算工程量】54.576(10m)		
321	011106004001	水泥砂浆楼梯面层【1∶2 水泥砂浆楼梯面层】	m²	63.319
322	A13-24	1∶2 水泥砂浆楼梯面层	10m² 水平投影面积	6.332
323	同清单量	63.319	63.319	63.319
324		【计算工程量】6.332(10m² 水平投影面积)		
325	0112	墙、柱面装饰与隔断、幕墙工程		
326	011204003001	块料墙面【卫生间：5 厚釉面砖(200×300)；6 厚 1∶0.1∶2.5 水泥石灰砂浆结合层；12 厚水泥砂浆打底】	m²	231.939
327	A14-80	墙面单块面积 0.06m² 以内墙砖 砂浆粘贴	10m²	23.194
328	同清单量	231.939	231.939	231.939
329		【计算工程量】23.194(10m²)		
330	011201001001	墙面一般抹灰【内墙粉刷：界面剂一道；15 厚 1∶1∶6 水泥石灰砂浆打底，10 厚 1∶0.3∶3 水泥石灰砂浆粉面压实抹光】	m²	1606.566
331	A14-31	混凝土面刷界面剂	10m²	160.657
332	同清单量	1606.566	1606.566	1606.566

续表

序号	部位	计算式	计算结果	小计
333		【计算工程量】160.657(10m^2)		
334	A14-40换	混凝土墙内墙抹混合砂浆	10m^2	160.657
335	同清单量	1606.566	1606.566	1606.566
336		【计算工程量】160.657(10m^2)		
337	011202001001	柱、梁面一般抹灰【柱面粉刷：12厚1∶3水泥砂浆打底，8厚1∶2.5水泥砂浆粉面】	m^2	86.552
338	A14-31	混凝土面刷界面剂	10m^2	8.655
339	同清单量	86.552	86.552	86.552
340		【计算工程量】8.655(10m^2)		
341	A14-21	矩形砖柱面抹水泥砂浆	10m^2	8.655
342	同清单量	86.552	86.552	86.552
343		【计算工程量】8.655(10m^2)		
344	011201001002	墙面一般抹灰【外墙粉刷：12厚1∶3水泥砂浆打底，6厚1∶2.5水泥砂浆粉面压实抹光】	m^2	1109.042
345	A14-31	混凝土面刷界面剂	10m^2	110.904
346	同清单量	1109.042	1109.042	1109.042
347		【计算工程量】110.904(10m^2)		
348	A14-10换	混凝土墙外墙抹水泥砂浆	10m^2	110.904
349	同清单量	1109.042	1109.042	1109.042
350		【计算工程量】110.904(10m^2)		
351	0113	天棚抹灰		
352	011301001001	天棚抹灰【刷素水泥浆一道，6厚1∶3水泥砂浆打底；6厚1∶2.5水泥砂浆粉面】	m^2	3293.926
353	A15-85	现浇混凝土天棚 水泥砂浆面	10m^2	329.393
354	同清单量	3293.926	3293.926	3293.926
355		【计算工程量】329.393(10m^2)		
356	0114	油漆、涂料、裱糊工程		
357	011401001001	木门油漆【聚氨酯油漆】	m^2	30.360
358	A17-31	润油粉、刮腻子、聚氨酯清漆 双组分混合型 三遍 单层木门	10m^2	3.036
359	同清单量	30.36	30.360	30.360
360		【计算工程量】3.036(10m^2)		
361	011406001001	抹灰面油漆【内墙乳胶漆】	m^2	1693.118
362	A17-177	内墙面 在抹灰面上 901胶白水泥腻子批、刷乳胶漆各三遍	10m^2	169.312
363	同清单量	1693.118	1693.118	1693.118
364		【计算工程量】169.312(10m^2)		
365	011406001002	抹灰面油漆【外墙涂料】	m^2	1109.042

续表

序号	部位	计算式	计算结果	小计
366	A17-197	外墙弹性涂料 二遍	$10m^2$	110.904
367	同清单量	1109.042	1109.042	1109.042
368		【计算工程量】110.904($10m^2$)		
369	A17-198	外墙弹性涂料 每增、减一遍	$10m^2$	110.904
370	同清单量	1109.042	1109.042	1109.042
371		【计算工程量】110.904($10m^2$)		
372	011406001003	抹灰面油漆【天棚乳胶漆】	m^2	3293.926
373	A17-178	柱、梁及天棚面 在抹灰面上 901 胶白水泥腻子批、刷乳胶漆各三遍	$10m^2$	329.393
374	同清单量	3293.926	3293.926	3293.926
375		【计算工程量】329.393($10m^2$)		

单价措施项目工程量计算表

工程名称：×××服饰车间土建招标控制价　　标段：×××服饰车间工程　　第　页　共　页

序号	部位	计算式	计算结果	小计
	011701	脚手架工程		
1	011701002001	外脚手架【砌外墙脚手，檐高 12m 内】	m^2	1222.802
	南立面	(42−7.8−3.9+0.12−0.12)×(0.3+3.6×3+0.8)	360.57	360.57
	东立面	(19+0.12×2)×(0.3+3.6×3+0.8)	228.956	228.956
	北立面	(42+0.12×2)×(0.3+3.6×3+0.8)+(10.8−0.12+0.12)×(3.7+0.5)	548.016	548.016
	机房	[(10.8−0.12+0.12)+(9.5−0.12+0.12)]×(3.7+0.5)	85.26	85.26
		【计算工程量】1222.802(m^2)		
2	011701003001	里脚手架【砌内墙脚手，墙体高 3.6m 内】	m^2	670.106
		一层		212.129
	〈1〉	(3.6−0.5)×19	58.9	58.9
	〈2〉～〈3〉	(3.6−0.35)×(9.5−0.12)	30.485	30.485
	〈C〉～〈D〉	(3.6−0.65)×(3.4−0.12×2)	9.322	9.322
	〈C〉～〈D〉	(3.6−0.65)×(3.4−0.12×2)	9.322	9.322
	〈2〉	(3.6−0.8)×(9.5−0.375−0.3)	24.71	24.71
	〈6〉	(3.6−0.8)×(3−0.12−0.125)	7.714	7.714
	〈A〉	(3.6−0.65)×(7.8+3.9)	34.515	34.515
	〈B〉	(3.6−0.6)×(7.8−0.25−0.275)	21.825	21.825
	〈C〉	(3.6−0.9)×(3+3.4−0.12−0.6)	15.336	15.336
		二层		200.774
	〈1〉	(3.6−0.5)×19	58.9	58.9

续表

序号	部位	计算式	计算结果	小计
	〈2〉～〈3〉	(3.6－0.35)×(9.5－0.12)	30.485	30.485
	〈C〉～〈D〉	(3.6－0.65)×(3.4－0.12×2)	9.322	9.322
	〈C〉～〈D〉	(3.6－0.65)×(3.4－0.12×2)	9.322	9.322
	〈2〉	(3.6－0.8)×(9.5－0.3－0.375)	24.71	24.71
	〈6〉	(3.6－0.8)×(3－0.12－0.125)〈6〉	7.714	7.714
	〈A〉	(3.6－0.65)×7.8	23.01	23.01
	〈B〉	(3.6－0.6)×(7.8－0.2－0.275)	21.975	21.975
	〈C〉	(3.6－0.9)×(3＋3.4－0.12－0.6)	15.336	15.336
		三层		202.903
	〈1〉	(3.6－0.5)×19	58.9	58.9
	〈2〉～〈3〉	(3.6－0.35)×(3－0.12)	9.36	31.626
		(3.6－0.11)×(9.5－3－0.12)	22.266	
	〈C〉～〈D〉	(3.6－0.65)×(3.4－0.12×2)×2	18.644	18.644
	〈2〉	(3.6－0.8)×(9.5－0.25－0.375)	24.85	24.85
	〈6〉	(3.6－0.8)×(3－0.125－0.12)	7.714	7.714
	〈A〉	(3.6－0.65)×7.8	23.01	23.01
	〈B〉	(3.6－0.6)×(7.8－0.2－0.275)	21.975	21.975
	〈C〉	(3.6－0.8)×(3＋3.4－0.12－0.5)	16.184	16.184
		机房		54.3
	〈1〉	(3.6－0.5)×9.5	29.45	29.45
	〈2〉	(3.6－0.8)×(9.5－0.25－0.375)	24.85	24.85
		【计算工程量】670.106(m^2)		
3	011701003002	里脚手架【内墙抹灰脚手，高3.6m内】	m^2	2487.925
		块料墙面		
		一层		86.133
	男厕	(3.01＋3.16)×2×(3.6－0.11)	43.067	43.067
	女厕	(3.01＋3.16)×2×(3.6－0.11)	43.067	43.067
		二层		86.133
	同一层	86.133	86.133	86.133
		三层		86.133
	同一层	86.133	86.133	86.133
		抹灰墙面		
		一层		595.045
	楼梯间	(9.26＋2.6)×2×(3.6－0.11)	82.783	154.816
		(7.56＋2.76)×2×(3.6－0.11)	72.034	
	车间	[(41.76＋18.76)×2＋0.26×19＋0.16]×(3.6－0.11)	440.229	440.229

续表

序号	部位	计算式	计算结果	小计
		二层		595.045
	楼梯间	(9.26+2.6)×2×(3.6−0.11)	82.783	154.816
		(7.56+2.76)×2×(3.6−0.11)	72.034	
	车间	[(41.76+18.76)×2+0.26×19+0.16]×(3.6−0.11)	440.229	440.229
		三层		595.045
	同二层	595.045	595.045	595.045
		机房		207.071
		(9.26+2.76)×2×(3.7−0.11)	86.304	
		(9.26+7.56)×2×(3.7−0.11)	120.768	
		独立柱		
		一层		79.572
		(0.5×4+3.6)×(3.6−0.11)×3〈KZ3〉+(0.6×4+3.6)×(3.6−0.11)〈KZ5〉	79.572	
		二层		79.572
		(0.5×4+3.6)×(3.6−0.11)×3〈KZ3〉+(0.6×4+3.6)×(3.6−0.11)〈KZ5〉	79.572	
		三层		78.176
		(0.5×4+3.6)×(3.6−0.11)×3〈KZ3〉+(0.5×4+3.6)×(3.6−0.11)〈KZ5〉	78.176	
		【计算工程量】2487.925(m^2)		
4	011701003003	里脚手架【天棚抹灰，高 3.6m 内】	m^2	2389.555
		天棚		
		一层		764.664
	厕所	3.01×3.16×2	19.023	19.023
	楼梯间	9.26×2.76+2.76×7.56	46.423	46.423
	车间	9.26×6.4+18.76×27.56+15.76×7.8	699.218	699.218
		二层		764.664
	厕所	3.01×3.16×2	19.023	19.023
	楼梯间	9.26×2.76+2.76×7.56	46.423	46.423
	车间	9.26×6.4+18.76×27.56+15.76×7.8	699.218	699.218
		三层		764.664
	厕所	3.01×3.16×2	19.023	19.023
	楼梯间	9.26×2.76+2.76×7.56	46.423	46.423
	车间	9.26×6.4+18.76×27.56+15.76×7.8	699.218	699.218
		机房		95.563
		9.26×2.76+9.26×7.56	95.563	

续表

序号	部位	计算式	计算结果	小计
		【计算工程量】2389.555(m^2)		
	011703	垂直运输		
5	011703001001	垂直运输	天	300
		300	300	
		【计算工程量】300.000(天)		
	011704	超高施工增加		
6	011704001001	超高施工增加	m^2	1
		【计算工程量】1.000(m^2)		
	011705	大型机械设备进出场及安拆		
7	011705001001	大型机械设备进出场及安拆	项	1
		【计算工程量】1.000(项)		
	011706	施工排水、降水		
8	011706002001	排水、降水	昼夜	1
		【计算工程量】1.000(昼夜)		
	011702	混凝土模板及支架(撑)		
9	011702001001	基础	m^2	83.4
		【计算工程量】83.400(m^2)		
10	011702002001	矩形柱	m^2	663.38
		【计算工程量】663.380(m^2)		
11	011702003001	构造柱	m^2	283.11
		【计算工程量】283.110(m^2)		
12	011702005001	基础梁	m^2	357.68
		【计算工程量】357.680(m^2)		
13	011702008001	圈梁	m^2	25.32
		【计算工程量】25.320(m^2)		
14	011702011001	直形墙	m^2	200.63
		【计算工程量】200.630(m^2)		
15	011702014001	有梁板	m^2	5056.61
		【计算工程量】5056.610(m^2)		
16	011702024001	楼梯	m^2	63.32
		【计算工程量】63.320(m^2)		
17	011702023001	雨篷、悬挑板、阳台板	m^2	1.11
		【计算工程量】1.110(m^2)		
18	011702025001	其他现浇构件	m^2	22.71
		【计算工程量】22.710(m^2)		

单价措施项目定额工程量计算表

工程名称：×××服饰车间土建招标控制价　　标段：×××服饰车间工程　第　页　共　页

序号	部位	计算式	计算结果	小计
1	011701	脚手架工程		
2	011701002001	外脚手架【砌外墙脚手，檐高 12m 内】	m^2	1222.802
3	A20-11	砌墙脚手架 外架子 双排 高 12m 以内	$10m^2$	122.28
4	同清单量	1222.802	1222.802	1222.802
5		【计算工程量】122.280($10m^2$)		
6	011701003001	里脚手架【砌内墙脚手，墙体高 3.6m 内】	m^2	670.106
7	A20-9	砌墙脚手架 里架子 高 3.60m 以内	$10m^2$	67.011
8	同清单量	670.106	670.106	670.106
9		【计算工程量】67.011($10m^2$)		
10	011701003002	里脚手架【内墙抹灰脚手，高 3.6m 内】	m^2	2487.925
11	A20-23	抹灰脚手架 高在 3.60m 内	$10m^2$	248.793
12	同清单量	2487.925	2487.925	2487.925
13		【计算工程量】248.793($10m^2$)		
14	011701003003	里脚手架【天棚抹灰，高 3.6m 内】	m^2	2389.555
15	A20-23	抹灰脚手架 高在 3.60m 内	$10m^2$	238.956
16	同清单量	2389.555	2389.555	2389.555
17		【计算工程量】238.956($10m^2$)		
18	011703	垂直运输		
19	011703001001	垂直运输	天	300
20	A23-8	现浇框架结构 檐口高度(层数)以内 20m(6)	天	300
21		300	300	
22		【计算工程量】300.000(天)		
23	A23-52	塔式起重机基础自升式塔式起重机起重能力在 630kN·m 以内	台	1
24		1	1	
25		【计算工程量】1.000(台)		
26	A23-58	施工电梯基础 双笼	台	1
27		1	1	
28		【计算工程量】1.000(台)		
29	011704	超高施工增加		
30	011704001001	超高施工增加	m^2	1
31	011705	大型机械设备进出场及安拆		
32	011705001001	大型机械设备进出场及安拆	项	1
33	14038	场外运输费用(塔式起重机 60kN·m 以内)	台次	1
34		1	1	
35		【计算工程量】1.000(台次)		

续表

序号	部位	计算式	计算结果	小计
36	14039	组装拆卸费(塔式起重机 60kN・m 以内)	台次	1
37		1	1	
38		【计算工程量】1.000(台次)		
39	14048	场外运输费用(施工电梯 75m)	台次	1
40		1	1	
41		【计算工程量】1.000(台次)		
42	14049	组装拆卸费(施工电梯 75m)	台次	1
43		1	1	
44		【计算工程量】1.000(台次)		
45	011706	施工排水、降水		
46	011706002001	排水、降水	昼夜	1
47	011702	混凝土模板及支架(撑)		
48	011702001001	基础	m^2	83.4
49	A21-12	现浇各种柱基、桩承台 复合木模板	$10m^2$	6.189
50		【计算工程量】6.189($10m^2$)		
51	A21-2	混凝土垫层 复合木模板	$10m^2$	1.121
52		【计算工程量】1.121($10m^2$)		
53	A21-8	现浇无梁式钢筋混凝土满堂基础 复合木模板	$10m^2$	0.229
54		【计算工程量】0.229($10m^2$)		
55	A21-138	现场预制小型构件 木模板	$10m^2$	0.801
56		【计算工程量】0.801($10m^2$)		
57	011702002001	矩形柱	m^2	663.38
58	A21-27	矩形柱 复合木模板	$10m^2$	66.338
59		【计算工程量】66.338($10m^2$)		
60	011702003001	构造柱	m^2	283.11
61	A21-32	构造柱 复合木模板	$10m^2$	28.311
62		【计算工程量】28.311($10m^2$)		
63	011702005001	基础梁	m^2	357.68
64	A21-34	基础梁 复合木模板	$10m^2$	35.768
65		【计算工程量】35.768($10m^2$)		
66	011702008001	圈梁	m^2	25.32
67	A21-42	圈梁、地坑支撑梁 复合木模板	$10m^2$	2.532
68		【计算工程量】2.532($10m^2$)		
69	011702011001	直形墙	m^2	200.63
70	A21-50	直形墙 复合木模板	$10m^2$	20.063
71		【计算工程量】20.063($10m^2$)		

续表

序号	部位	计算式	计算结果	小计
72	011702014001	有梁板	m^2	5056.61
73	A21-57	现浇板厚度 10cm 内 复合木模板	$10m^2$	505.661
74		【计算工程量】505.661($10m^2$)		
75	011702024001	楼梯	m^2	63.32
76	A21-74	现浇楼梯 复合木模板	$10m^2$ 水平投影面积	6.332
77		【计算工程量】6.332($10m^2$ 水平投影面积)		
78	011702023001	雨篷、悬挑板、阳台板	m^2	1.11
79	A21-76	现浇水平挑檐、板式雨篷 复合木模板	$10m^2$ 水平投影面积	0.111
80		【计算工程量】0.111($10m^2$ 水平投影面积)		
81	011702025001	其他现浇构件	m^2	22.71
82	A21-94	现浇压顶 复合木模板	$10m^2$	2.271
83		【计算工程量】2.271($10m^2$)		

附录3 某服饰车间(桩基础)部分工程量清单

×××服饰车间桩基部分工程

招标工程量清单

招　　标　　人：________________________

（单位盖章）

造价咨询人员：________________________

（单位盖章）

×××服饰车间工程桩基部分工程

招标工程量清单

招　标　人：________________　　造价咨询人：________________
（单位盖章）　　（单位盖章）

法定代表人
或其授权人：________________　　法定代表人
或其授权人：________________
（签字或盖章）　　（签字或盖章）

编　制　人：________________　　复　核　人：________________
（造价人员签字盖专用章）　　（造价工程师签字盖专用章）

编 制 时 间：________________　　复 核 时 间：________________

总 说 明

工程名称：×××服饰有限公司车间

一、工程概况：预应力混凝土管桩基础工程。
二、工程类别：三类。施工地点：厂区内。
三、定额工期：9天。工程质量等级：合格。
四、招标范围：桩基础工程。
五、工程量清单编制依据：
1. 招标文件。
2.《房屋建筑与装饰工程工程量计算规范》GB 50854—2013。
3. 施工图纸：结构图1张。
六、工程量清单计价格式应符合规范及省有关文件规定。

分部分项工程和单价措施项目清单与计价表

工程名称：×××服饰车间桩基工程招标控制价　　　　标段：　　　　第　页　共　页

序号	项目编码	项目名称	项目特征	计量单位	工程数量	金额		
						综合单价	合价	其中：暂估价
1	010301002001	预制钢筋混凝土管桩	PTC-400 (70) A-C60-7 管桩，桩长 14m，成品管桩暂按 2500 元/m^3 计	m	1036.000			
合　计								
1	011705001001	大型机械设备进出场及安拆			项	1.000		
合　计								

总价措施项目清单与计价表

工程名称：×××服饰车间桩基工程招标控制价　　　　标段：　　　　第　页　共　页

序号	项目编码	项目名称	计算基础	费率（%）	金额（元）	调整费率（%）	调整后金额（元）	备注
1	011707001001	安全文明施工		100				
	1	基本费	分部分项工程费＋单价措施项目费－工程设备费	1.5				
	2	省级标化增加费	分部分项工程费＋单价措施项目费－工程设备费	0.3				
	3	扬尘污染防治增加费	分部分项工程费＋单价措施项目费－工程设备费	0.11				
2	011707002001	夜间施工	分部分项工程费＋单价措施项目费－工程设备费					
3	011707003001	非夜间施工照明	分部分项工程费＋单价措施项目费－工程设备费					
4	011707005001	冬雨季施工	分部分项工程费＋单价措施项目费－工程设备费					
5	011707007001	已完工程及设备保护	分部分项工程费＋单价措施项目费－工程设备费					
6	011707006001	地上、地下设施、建筑物的临时保护设施	分部分项工程费＋单价措施项目费－工程设备费					
7	011707008001	临时设施	分部分项工程费＋单价措施项目费－工程设备费					
8	011707009001	赶工措施	分部分项工程费＋单价措施项目费－工程设备费					
9	011707010001	工程按质论价						
10	011707011001	住宅分户验收	分部分项工程费＋单价措施项目费－工程设备费					
合　计								

其他项目清单与计价汇总表

工程名称：×××服饰车间桩基工程招标控制价　　　标段：　　　　　　第　页　共　页

序号	项目名称	金额（元）	结算金额（元）	备注
1	暂列金额			
2	暂估价			
2.1	材料暂估价			
2.2	专业工程暂估价			
3	计日工			
4	总承包服务费			
合　计				

规费、税金项目计价表

工程名称：×××服饰车间桩基工程招标控制价　　　标段：　　　　　　第　页　共　页

序号	项目名称	计算基础	计算基数	计算费率（%）	金额（元）
1	规费	[1.1]+[1.2]+[1.3]		100	
1.1	社会保险费	分部分项工程费+措施项目费+其他项目费－工程设备费		1.3	
1.2	住房公积金	分部分项工程费+措施项目费+其他项目费－工程设备费		0.24	
1.3	环境保护税	分部分项工程费+措施项目费+其他项目费－工程设备费		0.1	
2	税金	分部分项工程费+措施项目费+其他项目费+规费－甲供设备费		9	
合　计					

附录4 某服饰车间(桩基础)工程招标控制价

×××服饰车间桩基工程

招 标 控 制 价

招　　标　　人：________________________________
（单位盖章）

造价咨询人员：________________________________
（单位盖章）

×××服饰车间桩基部分工程

招 标 控 制 价

招标控制价(小写)：305711.23

(大写)：叁拾万零伍仟柒佰壹拾壹元贰角叁分

招　标　人：＿＿＿＿＿＿＿＿(单位盖章)

造价咨询人：＿＿＿＿＿＿＿＿(单位资质专用章)

法定代表人
或其授权人：＿＿＿＿＿＿＿＿(签字或盖章)

法定代表人
或其授权人：＿＿＿＿＿＿＿＿(签字或盖章)

编　制　人：＿＿＿＿＿＿＿＿(造价人员签字盖专用章)

复　核　人：＿＿＿＿＿＿＿＿(造价工程师签字盖专用章)

总 说 明

工程名称：×××服饰有限公司车间

一、工程概况：预应力混凝土管桩基础工程。

二、工程类别：三类。施工地点：厂区内。

三、定额工期：9天。工程质量等级：合格。

四、招标范围：桩基础工程。

五、工程量清单编制依据：

1. 招标文件及工程量清单。

2.《建设工程工程量清单计价规范》GB 50500—2013。

3.《江苏省建设工程费用定额》(2014)。

4.《江苏省建筑与装饰工程计价定额》(2014)。

5. 施工图纸：结构图1张。

六、工程所有材料暂按省2014计价定额中价格计算。

七、人工工资暂按2014计价定额中预算工资计算。

八、机械台班费按2014计价定额中机械台班费用计算。

九、管理费费率和利润率按2014计价定额中费率执行。

十、现场安全文明施工措施费按创建“省级标化工地一星级”标准计取。

十一、措施项目费中夜间施工增加费、已完工程及设备保护费、赶工费、按质论价费、住宅分户验收费不计取；冬雨季施工增加费按0.2%，临时设施费按1.6%计算。

十二、规费中环境保护税暂按0.1%，社会保障费及住房公积金按定额规定计算。

十三、税金按9%计算。

十四、工程量清单计价格式应符合规范及江苏省有关文件规定。

单位工程招标控制价汇总表

工程名称：×××服饰车间桩基工程招标控制价　　标段：　　第　页　共　页

序号	项目内容	金额（元）	其中：暂估价
1	分部分项工程量清单	228375.84	187863.06
1.1	人工费	6133.12	
1.2	材料费	194498.64	187863.06
1.3	施工机具使用费	24118.08	
1.4	未计价材料费		
1.5	企业管理费	2113.44	
1.6	利润	1512.56	
2	措施项目	47567.71	
2.1	单价措施项目费	37696.43	
2.2	总价措施项目费	9871.28	
2.2.1	安全文明施工费	5081.98	
3	其他项目		
3.1	其中：暂列金额		
3.2	其中：专业工程暂估价		
3.3	其中：计日工		
3.4	其中：总承包服务费		
4	规费	4525.47	
5	税金	9711.28	
6	工程总价＝1＋2＋3＋4－（甲供材料费＋甲供设备费）/1.01＋5	305711.23	187863.06

分部分项工程和单价措施项目清单与计价表

工程名称：×××服饰车间桩基工程招标控制价　　标段：　　第　页　共　页

序号	项目编码	项目名称	项目特征	计量单位	工程数量	金额		
						综合单价	合价	其中：暂估价
1	010301002001	预制钢筋混凝土管桩	PTC-400(70)A-C60-7管桩，桩长14m，成品管桩暂按2500元/m^3计	m	1036.000	220.44	228375.84	187863.06
合计							228375.84	187863.06
1	011705001001	大型机械设备进出场及安拆		项	1.000	37696.43	37696.43	
合计							37696.43	

综合单价分析表

工程名称：×××服饰车间桩基工程招标控制价　　　　标段：　　　　第　页　共　页

项目编码	010301002001	项目名称	预制钢筋混凝土管桩【PTC-400(70)A-C60-7管桩，桩长14m，成品管桩暂按2500元/m^3计】						计量单位	m	工程数量	1036.000	
清单综合单价组成明细													
定额编号	定额项目名称	定额单位	数量	单价(元)					合价(元)				
				人工费	材料费	机械费	管理费	利润	人工费	材料费	机械费	管理费	利润
A3-21	静力压离心管桩 压桩 桩长在(24m)以内	m^3	0.07253	41.73	30.97	183.48	15.76	11.26	3.03	2.25	13.31	1.14	0.82
A3-23	送桩桩长在(24m)以内	m^3	0.00794	46.20	19.57	185.71	16.23	11.60	0.37	0.16	1.47	0.13	0.09
A3-27.3换	电焊接桩螺栓＋电焊履带式柴油打桩机7t	个	0.07143	35.26	55.91	118.93	10.79	7.71	2.52	3.99	8.50	0.77	0.55
独立费	成品管桩	m^3	0.07253		2500.00					181.34			
综合人工工日		小计							5.92	187.74	23.28	2.04	1.46
0.0748工日		未计价材料费											
清单项目综合单价									220.44				

材料费明细	主要材料名称、规格、型号	单位	数量	单价(元)	合价(元)	暂估单价(元)	暂估合价(元)
	预制钢筋混凝土离心管桩(成品)包括接桩螺栓	m^3	0.00073	1300.00	0.95		
	普通木成材	m^3	0.00065	1600.00	1.04		
	周转木材	m^3	0.00015	1850.00	0.28		
	钢丝绳	kg	0.00131	6.70	0.01		
	镀锌铁丝 8 号	kg	0.01044	4.90	0.05		
	钢支架、平台及连接件	kg	0.00914	4.16	0.04		
	送桩器摊销	kg	0.00611	6.20	0.04		
	型钢	t	0.00086	4080.00	3.51		
	垫铁	kg	0.00786	5.00	0.04		
	电焊条 J422	kg	0.07143	5.80	0.41		
	其他材料费	元	0.04286	1.00	0.04		
	其他材料费			—	2500.00	—	—
	材料费小计			—	187.56	—	0.18

单价措施项目综合单价分析表

工程名称：×××服饰车间桩基工程招标控制价　　　　标段：　　　　第　页　共　页

项目编码	011705001001	项目名称	大型机械设备进出场及安拆						计量单位	项	工程数量	1.000	
清单综合单价组成明细													
定额编号	定额项目名称	定额单位	数量	单价(元)					合价(元)				
				人工费	材料费	机械费	管理费	利润	人工费	材料费	机械费	管理费	利润
14030	场外运输费用(静力压桩机 1600kN)	台次	1.00000			23335.75	1633.50	1166.79			23335.75	1633.50	1166.79
14031	组装拆卸费(静力压桩机 1600kN)	台次	1.00000			10321.78	722.52	516.09			10321.78	722.52	516.09
综合人工工日		小计									33657.53	2356.02	1682.88
工日		未计价材料费											
清单项目综合单价									37696.43				
材料费明细	主要材料名称、规格、型号						单位		数量	单价(元)	合价(元)	暂估单价(元)	暂估合价(元)
	其他材料费									—		—	—
	材料费小计									—		—	

总价措施项目清单与计价表

工程名称：×××服饰车间桩基工程招标控制价　　标段：　　第　页　共　页

序号	项目编码	项目名称	计算基础	费率(%)	金额(元)	调整费率(%)	调整后金额(元)	备注
1	011707001001	安全文明施工		100				
	1	基本费	分部分项工程费＋单价措施项目费－工程设备费	1.5				
	2	省级标化增加费	分部分项工程费＋单价措施项目费－工程设备费	0.3				
	3	扬尘污染防治增加费	分部分项工程费＋单价措施项目费－工程设备费	0.11				
2	011707002001	夜间施工	分部分项工程费＋单价措施项目费－工程设备费					
3	011707003001	非夜间施工照明	分部分项工程费＋单价措施项目费－工程设备费					
4	011707005001	冬雨季施工	分部分项工程费＋单价措施项目费－工程设备费					
5	011707007001	已完工程及设备保护	分部分项工程费＋单价措施项目费－工程设备费					
6	011707006001	地上、地下设施、建筑物的临时保护设施	分部分项工程费＋单价措施项目费－工程设备费					
7	011707008001	临时设施	分部分项工程费＋单价措施项目费－工程设备费					
8	011707009001	赶工措施	分部分项工程费＋单价措施项目费－工程设备费					
9	011707010001	工程按质论价						
10	011707011001	住宅分户验收	分部分项工程费＋单价措施项目费－工程设备费					
合　计					9871.28			

其他项目清单与计价汇总表

工程名称：×××服饰车间桩基工程招标控制价　　　　标段：　　　　　第　页　共　页

序号	项目名称	金额（元）	结算金额（元）	备注
1	暂列金额			
2	暂估价			
2.1	材料暂估价			
2.2	专业工程暂估价			
3	计日工			
4	总承包服务费			
合　计				

规费、税金项目计价表

工程名称：×××服饰车间桩基工程招标控制价　　　　标段：　　　　　第　页　共　页

序号	项目名称	计算基础	计算基数	计算费率（%）	金额（元）
1	规费	[1.1]+[1.2]+[1.3]	4525.47	100	4525.47
1.1	社会保险费	分部分项工程费＋措施项目费＋其他项目费－工程设备费	275943.55	1.3	3587.27
1.2	住房公积金	分部分项工程费＋措施项目费＋其他项目费－工程设备费	275943.55	0.24	662.26
1.3	环境保护税	分部分项工程费＋措施项目费＋其他项目费－工程设备费	275943.55	0.1	275.94
2	税金	分部分项工程费＋措施项目费＋其他项目费＋规费－甲供设备费	280469.02	9	25242.21
合计					29767.68

分部分项清单工程量计算表

工程名称：×××服饰车间桩基工程招标控制价　　　　标段：　　　　　第　页　共　页

序号	部位	计算式	计算结果	小计
1	010301002001	预制钢筋混凝土管桩【PTC-400(70)A-C60-7管桩，桩长14m，成品管桩暂按2500元/m^3计】	m	1036.000
	三桩	14×10×3	420.000	420.000
	四桩	14×2×4	112.000	112.000
	五桩	14×3×5	210.000	210.000
	六桩	14×2×6	168.000	168.000
	九桩	14×9	126.000	126.000
		【计算工程量】1036.000(m)		

分部分项定额工程量计算表

工程名称：×××服饰车间桩基工程招标控制价　　　　第　页　共　页

序号	部位	计算式	计算结果	小计
1	010301002001	预制钢筋混凝土管桩【PTC-400(70)A-C60-7管桩，桩长14m，成品管桩暂按2500元/m^3计】	m	1036.000
2	A3-21	静力压离心管桩 压桩 桩长在24m以内	m^3	75.145
3	三桩	3.14×(0.2×0.2−0.13×0.13)×14×10×3	30.464	30.464
4	四桩	3.14×(0.2×0.2−0.13×0.13)×14×2×4	8.124	8.124
5	五桩	3.14×(0.2×0.2−0.13×0.13)×14×3×5	15.232	15.232
6	六桩	3.14×(0.2×0.2−0.13×0.13)×14×2×6	12.186	12.186
7	九桩	3.14×(0.2×0.2−0.13×0.13)×14×9	9.139	9.139
8		【计算工程量】75.145(m^3)		
9	A3-23	送桩桩长在(24m)以内	m^3	8.225
10		【计算工程量】8.225(m^3)		
11	A3-27.3换	电焊接桩螺栓+电焊履带式柴油打桩机7t	个	74.000
12	三桩	1×10×3	30.000	30.000
13	四桩	1×2×4	8.000	8.000
14	五桩	1×3×5	15.000	15.000
15	六桩	1×2×6	12.000	12.000
16	九桩	1×9	9.000	9.000
17		【计算工程量】74.000(个)		
18	独立费	成品管桩	m^3	75.145
19		75.145	75.145	
20		【计算工程量】75.145(m^3)		

参 考 文 献

［1］住房和城乡建设部标准定额研究所. 建设工程工程量清单计价规范 GB 50500—2013[S]. 北京：中国计划出版社，2013.

［2］住房和城乡建设部标准定额研究所. 房屋建筑与装饰工程工程量计算规范 GB 50854—2013[S]. 北京：中国计划出版社，2013.

［3］住房和城乡建设部规范编制组. 2013 建设工程计价计量规范辅导[M]. 北京：中国计划出版社，2013.

［4］住房和城乡建设部标准定额研究所. 建筑工程建筑面积计算规范 GB/T 50353—2013[S]. 北京：中国计划出版社，2014.

［5］江苏省住房和城乡建设厅. 江苏省建筑与装饰工程计价定额 [S]. 南京：江苏凤凰科学技术出版社，2014.

［6］江苏省住房和城乡建设厅. 江苏省建设工程费用定额 [S]. 南京：江苏凤凰科学技术出版社，2014. 5.

［7］江苏省建设工程造价管理总站. 工程造价基础理论 [M]. 南京：江苏凤凰科学技术出版社，2014.

［8］江苏省建设工程造价管理总站. 建筑与装饰工程技术与计价 [M]. 南京：江苏凤凰科学技术出版社，2014.

［9］常州市科新达计算机技术服务有限公司. 工程量清单报价 2014 使用手册 .

建筑工程计量与计价·学习工作页

（与《建筑工程计量与计价（第三版）》配套使用）

中国建筑工业出版社

目　录

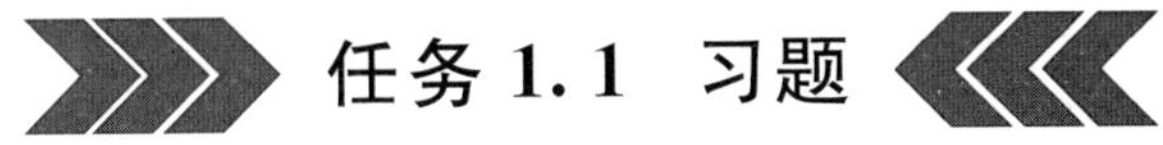

任务 1.1 习题

一、填空题

1. 建筑与装饰工程造价由______、______、______、______和______组成。

2. 现场安全文明施工费用由______、______和______组成。

3. 措施项目费由______、______两部分组成。单独装饰工程专业的措施项目费有脚手架、______、______和______。

4. 2014 费用定额中的其他项目费指______、______、______、______；规费指______、______、______、______。

5. 2014 费用定额中的建筑工程企业管理费率和利润率分别是______、______，单独装饰工程企业管理费率和利润率分别是______、______。

6. 措施费计算分为两种形式，一种是以______计算，另一种是以______计算。

7. 现场安全文明施工措施费的取费基础是______，公积金的取费基础是______。

8. 2014 费用定额中三类工程管理费和利润，其中打预制混凝土桩的管理费费率和利润费率分别是______，制作兼打桩的管理费费率和利润费率分别是______，建筑工程的管理费费率和利润费率分别是______。

9. 江苏省规定实行工程量清单计价工程项目，不可竞争费包括______。建筑工程创（省/市）一星级安全文明工地，其计算费率是______，制作兼打桩工程创（省/市）一星级安全文明工地，其计算费率是______。

10. 某地下室，建筑面积分别为（$9000m^2$/$10500m^2$），该工程的类别分别为______，管理费率分别为______，利润率分别为______。

10. 某建筑工程编制招标控制价。已知无工程设备，分部分项工程费 400 万元，单价措施项目费 32 万元，总价措施项目费 18 万元，其他项目费中暂列金额 10 万元，暂估材料 15 万元，专业工程暂估价 20 万元，总承包服务费 2 万元，计日工费用为 0，则该工程的社会保险费为______。

11. 某建筑工程，无工程设备。已知招标文件中要求创建省级建筑安全文明施工标准化工地，在投标时，该工程投标价中分部分项工程费 4200 万元，单价措施项目费 300 万元，则投标价中安全文明施工措施费应为______。

二、计算题

1. 已知某住宅的土石方工程费为 100000 元，砌筑工程费为 200000 元，混凝土及钢筋工程费为 150000 元，屋面工程费为 50000 元，脚手架工程费为 20000 元，模板工程费为 50000 元，大型机械进退场及安拆费为 10000 元，临时设施费费率 1%，按规定费率计取住宅分户验收费，按市级一星级标准计取安全文明施工措施费，社会保险费率费率 3.2%，住房公积金费率 0.53%，增值税税率 9%，预留金 40000 元，已知墙体工程中材料暂估价为 35000 元，专业工程暂估价为业主拟单独发包的门窗，其中门按 350 元/m^2（面积 $12m^2$），窗按 320 元/m^2（面积 $11m^2$）暂列。按 2014 计价定额的规定计算工程总造价并将计算结果填入下表。

工程造价汇总表

序号	费用名称	计算过程	计算结果
一	分部分项工程费		
1	土石方工程费		
2	砌筑工程费		
3	混凝土及钢筋工程费		
4	屋面工程费		
二	措施项目费		
1	单价措施项目费		
1.1	脚手架工程费		
1.2	模板工程费		
1.3	机械进退场及安拆费		
2	总价措施项目费		
2.1	住宅分户验收费		
2.2	临时设施费		
2.3	安全文明施工措施费		
三	其他项目费		
1	预留金额		
2	暂估价		
2.1	材料暂估价		
2.2	专业工程暂估价		
2.2.1	门		
2.2.2	窗		
四	规费		
1	社会保险费		
2	住房公积金		
五	税金		
六	工程造价		

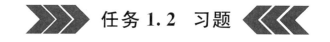

附图2：党群服务中心建筑施工图、结构施工图

任务 1.1 综合实训

请大家参考附图 1（学习工作页 P38，后同）计算思路和方法，独立完成附图 2 图纸中工程总造价（注意：该部分内容可以在学习完后续章节后再完成）。将计算结果填入下表。

工程造价汇总表

序号	费用名称	计算过程	计算结果
一	分部分项工程费		
1	土石方工程费		
2	砌筑工程费		
3	混凝土及钢筋工程费		
4	屋面防水工程费		
5	保温隔热及防腐工程费		
二	措施项目费		
1	单价措施项目费		
1.1	脚手架工程费		
1.2	模板工程费		
1.3	垂直运输工程费		
1.4	大型机械进退场及安拆费		
2	总价措施项目费		
2.1	安全文明施工措施费		
2.2	临时设施费		
……			
三	其他项目费		
1	暂列金额		
2	暂估价		
3	计日工		
4	总承包服务费		
四	规费		
1	环境保护税		
2	社会保障费		
3	住房公积金		
五	税金		
六	工程造价		

任务 1.2 习题

一、填空题

1. 计价表中的檐高是指________________的高度（______女儿墙、屋顶水箱、突出屋面的电梯间、楼梯间等的高度）。

2.《江苏省 2014 计价定额》中人工工资标准分为三类：一类工标准为 85 元/工日；二类工标准为______元/工日；三类工标准为______元/工日。

3. 定额中的综合单价由______、______、______、______和______等五项费用组成，一般建筑工程、打桩工程的管理费与利润，已按照______（一类、二类、三类）工程的标准计入综合单价内。______（一类、二类、三类）工程和______工程应根据《江苏省建设工程费用定额》（2014 年）规定，对______和______进行调整后计入综合单价内。

4. 本定额中材料预算单价由______、______和______组成。

5. 本定额中，砂浆按______考虑，如使用预拌砂浆，则必须进行______。

6. 本定额中机械台班单价按____________取定，其中：人工工资单价______元/工日；汽油______元/kg；柴油______元/kg；煤______元/kg；电______元/(kW·h)；水______元/m^3。

7. 本定额中，除脚手架、垂直运输费用定额已注明其适用高度外，其余章节均按檐口高度______以内编制的。超过______时，建筑工程另按建筑物超高增加费用定额计算______。

8. 预拌泵送矩形柱子目 6-190 中人工工资单价为 82 元/工日，如果人工工资调整为 95 元/工日，则该子目的综合单价为________________。（列出计算式）

9. 预拌泵送矩形柱子目 6-190 中采用的混凝土为预拌泵送 C30，单价为 362 元/m^3，如果换成 C20，则该子目的综合单价为________________。（列出计算式）

10. 预拌泵送矩形柱子目 6-190 默认为三类工程，假设该工程类别为二类，则该子目的综合单价为________________。（列出计算式）

任务 1.2 综合实训

附图2：党群服务中心建筑施工图、结构施工图

请参考附图 1 计算思路和方法，独立完成附图 2 图纸中工程总造价（注意：该部分内容可以在学习完后续章节后再完成）并将计算结果填入表 1。

工程造价汇总表　　表 1

序号	费用名称	计算过程	计算结果
一	分部分项工程费		
1	土石方工程费		
2	砌筑工程费		
3	混凝土及钢筋工程费		
4	屋面防水工程费		
5	保温隔热及防腐工程费		
二	措施项目费		
1	单价措施项目费		
1.1	脚手架工程费		
1.2	模板工程费		
1.3	垂直运输工程费		
1.4	大型机械进退场及安拆费		
2	总价措施项目费		
2.1	安全文明施工措施费		
2.2	临时设施费		
……			
三	其他项目费		
1	暂列金额		
2	暂估价		
3	计日工		
4	总承包服务费		
四	规费		
1	环境保护税		
2	社会保障费		
3	住房公积金		
五	税金		
六	工程造价		

任务 2.1 习题

一、单项选择题

1. 形成建筑空间的坡屋顶，结构净高在(　　)部位应计算一半面积。

A. 2.2m 及以上　　B. 1.2～2.1m　　C. 1.2～2.2m　　D. 1.2m 以下

2. 某单层建筑物层高 2.1m，外墙外围结构水平投影面积 150m^2 建筑物建筑面积为(　　)。

A. 150m^2　　B. 75m^2　　C. 50m^2　　D. 0m^2

3. 下列应计算建筑面积的是(　　)。

A. 建筑物内的管道井　　B. 操作平台

C. 外挑宽度为 2.0m 的悬挑雨篷　　D. 露台

4. 下列不应计算建筑面积的是(　　)。

A. 室外台阶　　B. 观光电梯　　C. 玻璃幕墙　　D. 空调搁板

5. 在计算建筑面积时，当无围护结构，有围护设施，并且结构层高在 2.2m 以上时，(　　)按其结构底板水平投影计算 1/2 建筑面积。

A. 立体车库　　B. 室外挑廊　　C. 悬挑看台　　D. 阳台

二、填空题

1. 利用坡屋顶内空间时，顶板下表面至楼面的净高超过________的部位应计算全面积；净高在________的部位应计算 1/2 面积；净高不足________的部位不应计算面积。

2. 多层建筑物首层应按其外墙勒脚以上结构外围水平面积计算；二层及以上楼层应按其外墙结构外围水平面积计算。层高在____及以上者应计算全面积；层高________者应计算 1/2 面积。

3. 对于建筑物间的架空走廊，有顶盖和围护结构的，应按其________________；无围护结构、有围护设施的，应按其____________________。

4. 窗台与室内楼地面高差在______且_______在_______的凸（飘）窗，应按其__________________。

5. 围护结构不垂直于水平面的楼层，应按其底板面的外墙外围水平面积计算。结构净高在________的部位，应计算全面积；结构净高在________的部位，应计算面积；结构净高在__________的部位，不应计算建筑面积。

6. 对于建筑物内的设备层、管道层、避难层等有结构层的楼层，结构层高在_______的，应计算全面积；结构层高在________的，应计算______。

7. 有柱雨篷应按其结构板水平投影面积的________计算建筑面积；无柱雨篷结构外边线至外墙结构外边线的宽度在__________的，应按雨篷结构板的水平投影面积的________计算建筑面积。

三、计算题

1. 某坡屋顶建筑物如图 1 所示，计算该坡屋顶内空间的建筑面积。

2. 全地下室的平面图如图 2 所示，出入口有永久性顶盖，计算该建筑物的建筑面积。

3. 某建筑物利用坡地，设计为深基础，并加以利用，如图 3 所示，试计算该建筑物的建筑面积。

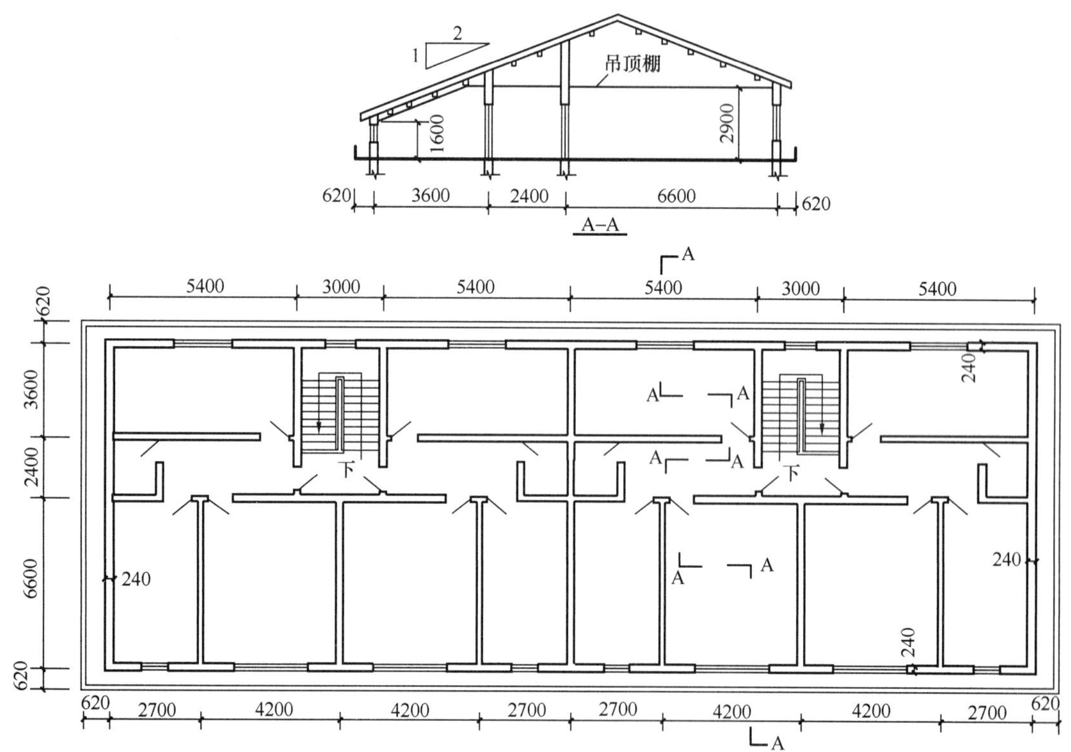

图 1 坡屋顶建筑物示意图

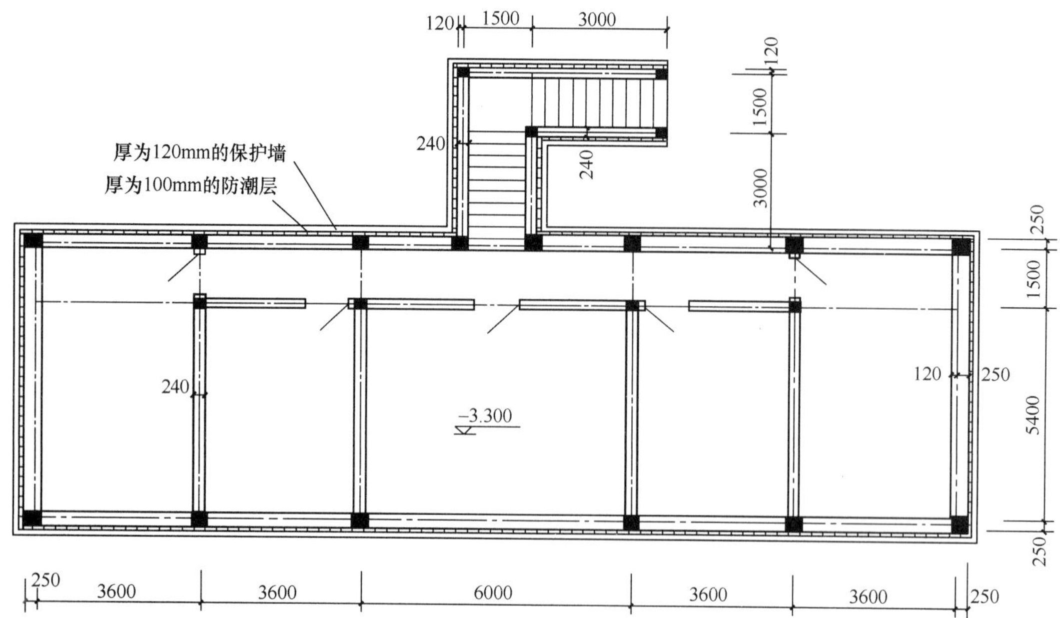

图 2 有地下室建筑物示意图

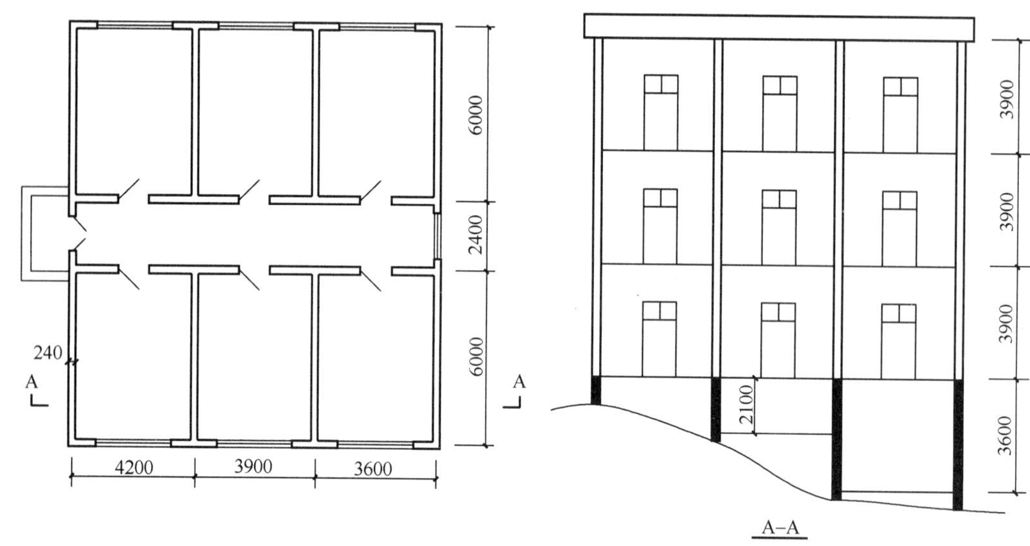

图 3 有地下室建筑物示意图

任务 2.1 综合实训

附图2：党群服务中心建筑施工图、结构施工图

请参考附图 1 建筑面积计算思路和方法，根据建筑面积计算规范计算附图 2 图纸中的建筑面积，并将计算结果填入表 1。

建筑面积计算表　　表 1

楼层	建筑面积计算式	工程量（m^2）
一层		
二层		
三层		
合计		

任务 2.2 习题

一、填空题

1. 打预制钢筋混凝土桩的体积，按设计桩长（包括__________，不扣除__________）乘以桩截面面积以立方米计算，管桩的__________应扣除。

2. 混凝土灌注桩的混凝土灌入量以设计桩长（含桩尖长）________________乘桩截面面积以立方米计算。

3. 钻孔灌注混凝土桩（土孔）预算材料用量充盈系数为____________，操作损耗为_________；混凝土的定额用量为_________。

4. 钻孔混凝土灌注桩，泥浆外运的体积等于_________的体积以立方米计算；砖砌浆池所耗用的人工、材料暂按每________m^3 体积 1.00 元计算。

5. 送桩：以送桩长度桩长（自__________另加__________）乘桩截面积以立方米计算。

6. 将 10 根 300mm×300mm 的预制钢筋混凝土方桩送入地坪以下 1m 深，其送桩工程量为_______________。

7. 灌注混凝土、砂、碎石桩使用活瓣桩尖时，单打、复打桩体积均按__________计算。使用预制混凝土桩尖时，单打、复打桩体积均按______________________________计算。

8. 打试桩可按相应定额项目的人工、机械乘系数_______，试桩期间的停置台班结算时应按实调整。

9. 计价定额中打桩，与桩接触的土壤级别已综合考虑，执行中定额子目______(换算、不换算)。子目中的桩长度是指包括_________及接桩后的总长度。

10. 计价定额中打桩（包括方桩、管桩）已包括_______m 内的场内运输，实际超过_____m 时，应按构件运输相应定额执行，并扣除定额内的场内运输费。

11. 2014 计价定额子目 3-1 中人工费 68.68 元的由来列式表达为_______________；管理费 23.82 元的由来列式表达为__________________；利润 12.99 元的由来列式表达为_________________。

12. 凿灌注混凝土桩头按_________计算，凿、截断预制方（管）桩均以__________计算。

二、计算题

1. 某单位工程桩基础，设计为预制方桩 300mm×300mm，每根工程桩长 18m（6＋6＋6），共 200 根。桩顶标高为－2.15m，设计室外地面标高为－0.60m，柴油打桩机施工，采用方桩包钢板接桩。根据 14 计价定额计算打桩、接桩及送桩工程量并计价。

2. 某单独招标打桩工程，断面及示意如图 1 所示，设计静压预应力圆形管桩 75 根，设计桩长 18m（9＋9），桩外径 400mm，壁厚 35mm，自然地面标高－0.450m，桩顶标高－2.10m，螺栓加焊接接桩，管桩接桩接点周边设计用钢板，根据当地地质条件不需要使用桩尖，成品管桩市场信息价 2500 元/m³。本工程人工单价、除成品管桩外其他材料单价、机械台班单价按计价定额执行不调整。按 2014 计价定额和 2014 费用定额的规定计算打桩工程分部分项工程费。

3. 某工程现场搅拌钢筋混凝土钻孔灌注桩，土壤类别三类土，单桩设计长度 10m，桩直径 450mm，设计桩顶距自然地面高度 2m，混凝土强度等级 C30，泥浆外运在 5km 以内，共计 100 根桩。计算该项目工程量，并按计价表计算该分部分项工程综合单价。

4. 如图 2 所示，设计钻孔灌注混凝土桩 25 根，桩径 ϕ900mm，设计桩长 28m，入岩 1.5m，自然地面标高－0.6m，桩顶标高－2.60m，C25 混凝土现场自拌，根据地质情况土孔混凝土充盈系数为 1.25，岩石孔混凝土充盈系数为 1.1。以自身的黏土及灌入的自来水进行护壁，砌泥浆池，泥浆外运按 8km。请按上述条件和 2014 计价定额的规定计算该打桩工程的分部分项工程费（人工工资按 2014 计价定额，管理费 14%，利润 8%）。

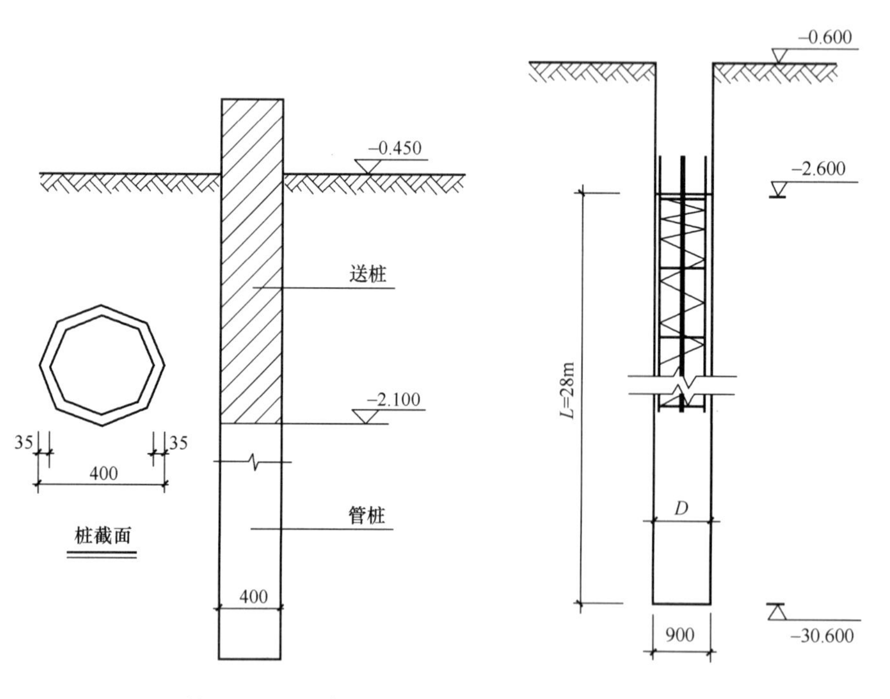

图 1　静压预应力管桩　　　图 2　钻孔灌注桩

附图2：党群服务中心建筑施工图结构施工图

请参考附图 1 计算思路和方法，按计价定额独立完成附图 2 图纸中桩基工程费计算（费率按 14 计价定额不调整）。补充条件：采用 A 型成品桩尖，桩尖长 350mm，已知桩尖市场价为 130 元/个，成品管桩市场信息价为 1600 元/m³，管桩采用 C40 微膨胀混凝土灌芯，灌芯长度 2m，C40 微膨胀混凝土市场价为 850 元/m³。试将计算结果填入表 1、表 2。

分部分项定额工程量计算表　　　**表 1**

序号	部位	计算式	计算结果	小计
	桩基工程			
一		打试桩，桩长 24m 以内	m³	
1				
二		静力压管桩，桩长 24m 以内	m³	
1				
三		送桩，桩长 24m 以内	m³	
1				
四		混凝土灌芯	m³	
1				
五		成品桩尖	个	
1				
六		成品管桩	m³	
1				

桩基工程分部分项计价表　　　**表 2**

序号	定额编号	项目名称	计量单位	工程量	综合单价（元）	合价（元）
1		打试桩，桩长 24m 以内				
2		静力压管桩，桩长 24m 以内				
3		管桩送桩，桩长 24m 以内				
4		C40 微膨胀混凝土灌芯				
5		成品桩尖				
6		成品管桩				
合计						

任务 2.3 习题

一、单项选择题

1. 有梁板按(　　)体积之和计算。

A. 主梁　　B. 次梁

C. 板　　D. 次板

2. 现浇混凝土整体楼梯工程量包括(　　)。

A. 休息平台　　B. 平台梁

C. 斜梁　　D. 梯板

3. 根据江苏省 2014 计价定额规定，整体楼梯按水平投影面积计算工程量，不扣除宽度小于(　　)。

A. 200mm 的楼梯井　　B. 300mm 的楼梯井

C. 400mm 的楼梯井　　D. 500mm 的楼梯井

4. 根据江苏省 2014 计价定额规定，按直形墙计算的 L、T、十形柱的两边之和应超过(　　)。

A. 1m　　B. 1.5m

C. 2m　　D. 2.5m

5. 根据江苏省 2014 计价定额规定，现浇柱、梁、墙、板（各种板）的人工工日需要乘系数调整的室内净高应超过(　　)。

A. 3.6m　　B. 5m

C. 8m　　D. 12m

6. 根据江苏省 2014 计价定额规定，现浇钢筋混凝土斜梁套用相应子目需换算的前提是大于(　　)。

A. 5°　　B. 10°

C. 15°　　D. 20°

二、填空题

1. 有梁带形混凝土基础，其梁高与梁宽之比在 4∶1 以内的，按_____计算。超过 4∶1 时，其基础底按____计算，上部按____计算。

2. 满堂（板式）基础仅带有边肋者，按____套用子目。

3. 独立柱桩基承台：按图示尺寸实体积以立方米算至________。

4. 有梁板的柱高，自柱基上表面（或楼板上表面）算至楼板____表面处。

5. 无梁板的柱高，自柱基上表面（或楼板上表面）至______高度计算。

6. 有预制板的框架柱，柱高自柱基上表面至____计算。

7. 构造柱按____计算，应扣除与____的体积，与砖墙嵌接部分的混凝土体积____计算。

8. 梁与柱连接时，梁长算至________。

9. 主梁与次梁连接时，次梁长算至________。伸入砖墙内的梁头、梁垫体积________计算。

10. 圈梁、过梁应分别计算，过梁长度按图示尺寸，图纸无明确表示时，按门窗洞口外围宽另加______计算。平板与砖墙上混凝土圈梁相交时，圈梁高应算至______。

11. 依附于梁（包括阳台梁、圈过梁）上的混凝土线条（包括弧形条）按____计算。

12. 现浇挑梁按______计算，其压入墙身部分按____计算；挑梁与单梁、框架梁连接时，其挑梁应并入相应梁内计算。

13. 有梁板按______计算，有后浇板带时，后浇板带（包括主、次梁）应扣除。

14. 无梁板按______计算。

15. 平板按______计算。

16. 整体楼梯包括休息平台、平台梁、斜梁及楼梯梁按______计算，不扣除宽度小于____的楼梯井，伸入墙内部分不另增加，楼梯与楼板连接时，楼梯算至__________。

17. 阳台、雨篷，按伸出墙外的板底______计算，伸出墙外的牛腿不另计算。水平、竖向悬挑板按____________计算。

18. 阳台、沿廊栏杆的轴线柱、下嵌、扶手按______________计算。混凝土栏板、竖向挑板按____________计算。栏板的斜长如图纸无规定时，按___________计算。

19. 预制钢筋混凝土框架的梁、柱现浇接头，按设计断面以立方米计算，套用______子目。

20. 台阶按____计算，平台与台阶的分界线以最上层台阶的外口减______宽度为准，台阶宽以外部分并入____工程量计算。

三、计算题

1. 根据图 1 计算 8 根预制工字形柱的混凝土工程量。

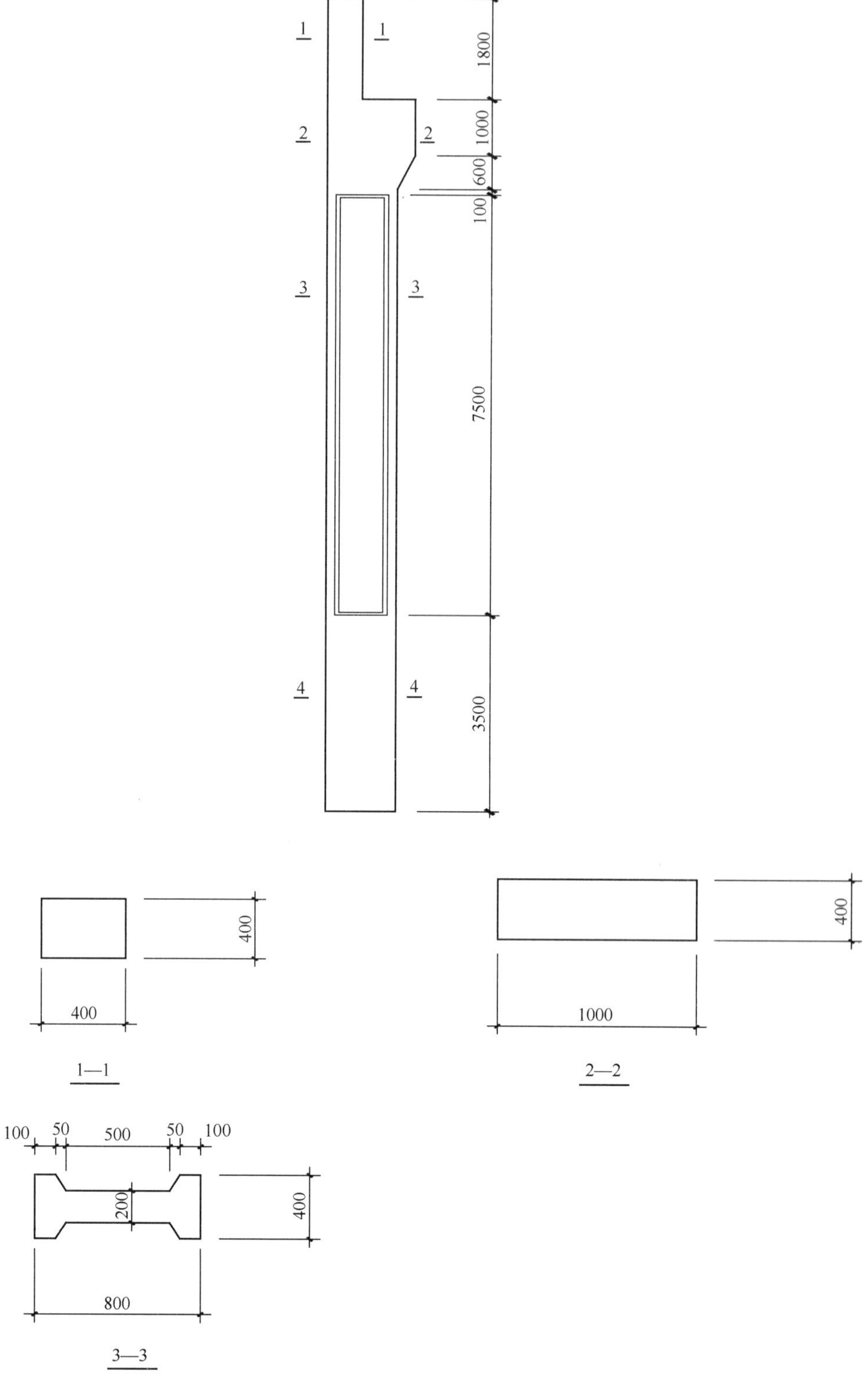

图 1　预制工字形柱

2. 某现浇钢筋混凝土有梁板如图 2 所示，计算有梁板混凝土工程量。

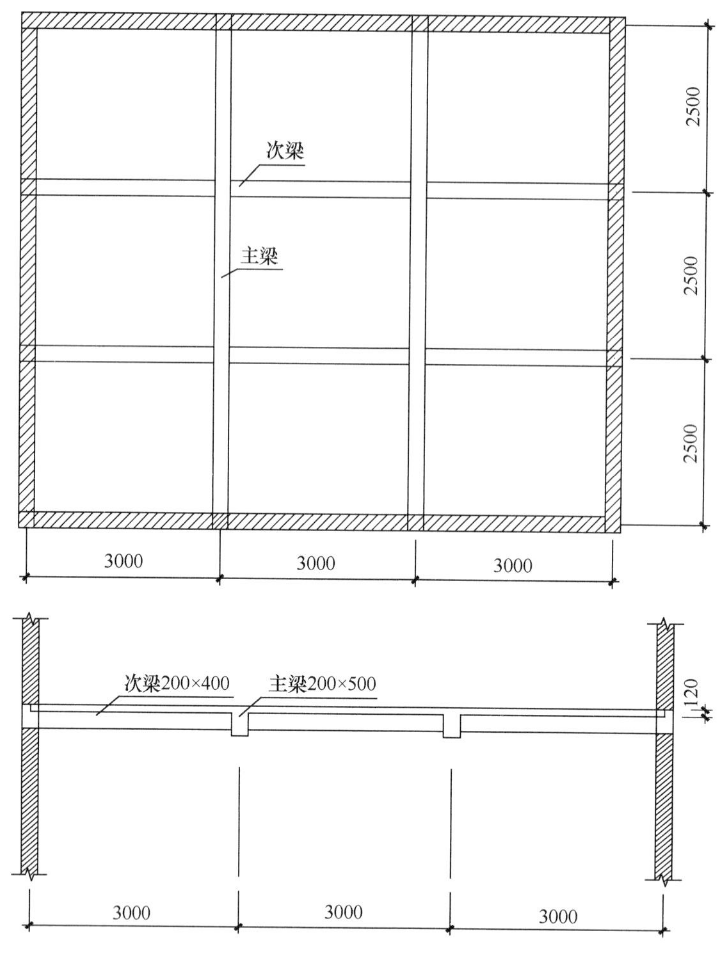

图 2　现浇钢筋混凝土有梁板

3. 某工程设计为钢筋混凝土构造柱共计 8 个，如图 3、图 4 所示，建筑物层高 3.6m。试按照 2014 计价定额计算规则，计算混凝土工程量。

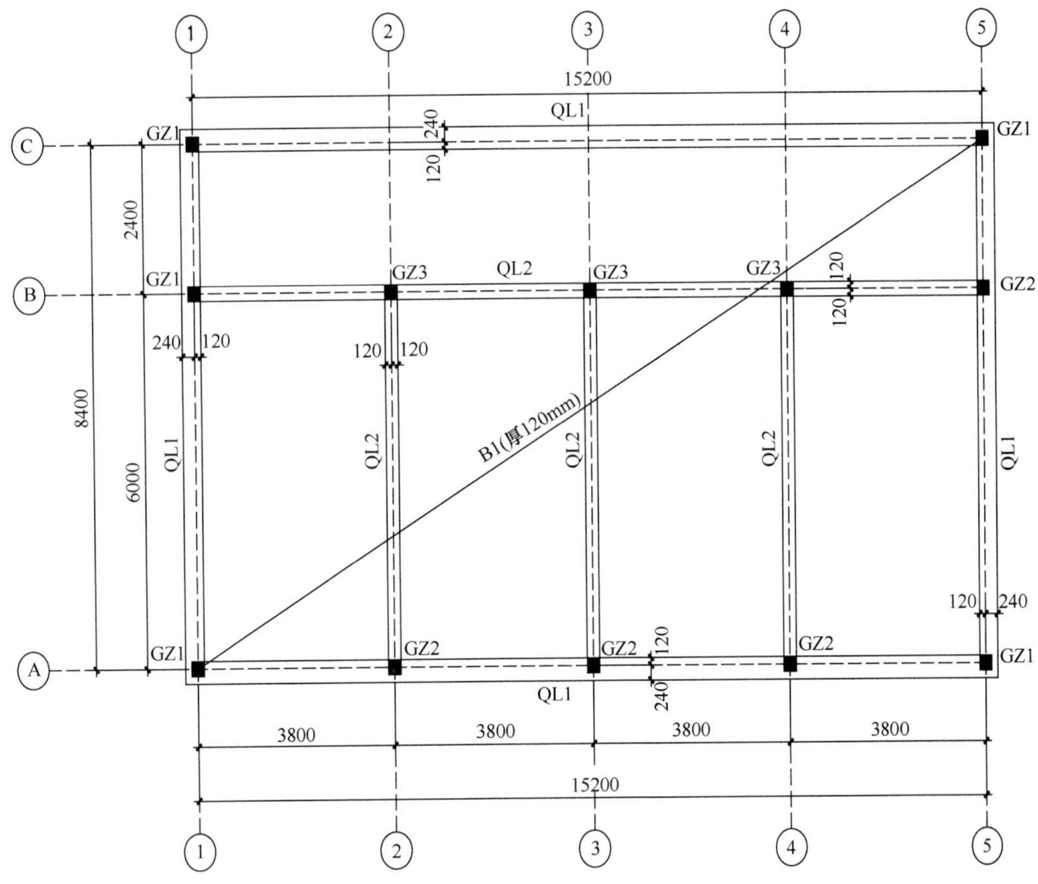

图 3　某工程结构平面图

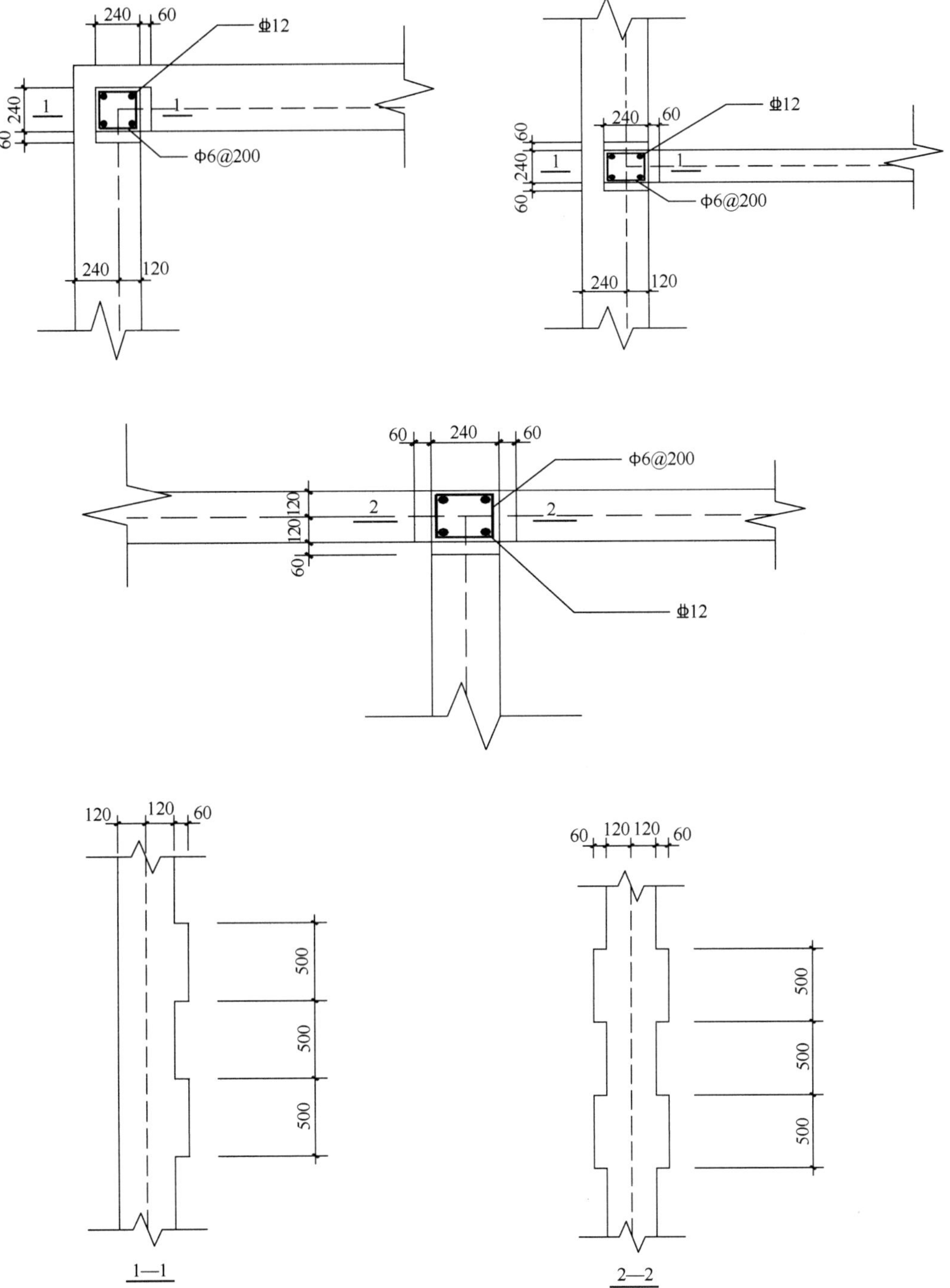

图 4　结构详图

任务 2.3 综合实训

附图2：党群服务中心建筑施工图、结构施工图

请参考附图 1 计算思路和方法，按计价定额独立完成附图 2 图纸中混凝土工程费计算。混凝土按预拌混凝土考虑。基础、柱、有梁板、墙及楼梯雨篷，按泵送考虑，其他砌体中的混凝土构件（构造柱、圈梁、过梁、压顶等）按非泵送考虑，垫层按非泵送考虑。试将计算结果填入表 1、表 2。

分部分项定额工程量计算表 **表 1**

序号	部位	计算式	计算结果	小计
		混凝土工程		
一		现浇 C20 素混凝土垫层	m³	
1	承台			
2	JLL			
3	L			
4	条形基础			
二		现浇 C30 桩承台基础	m³	
1	承台			
三		现浇 C30 基础梁	m³	
1	JLL			
2	L			
四		现浇 C30 直形墙	m³	
1	1-1			
2	2-2			
五		现浇 C30 条形基础		
1	外墙下条基			
六		现浇 C25 地圈梁		
1	地圈梁			
七		现浇 C30 框架柱（断面周长 1.6m 以内，支模高度 8m 以内）	m³	
1	基础顶～5.350			
八		现浇 C30 框架柱（断面周长 2.5m 以内，支模高度 8m 以内）	m³	
1	基础顶～5.350			
九		现浇 C30 框架柱（断面周长 1.6m 以内，支模高度 3.6m 以内）	m³	

续表

序号	部位	计算式	计算结果	小计
1	5.350～屋顶			
十		现浇 C30 框架柱（断面周长 1.6m 以内，支模高度 5m 以内）	m³	
1	5.350～屋顶			
十一		现浇 C30 有梁板（板厚 200 以内，支模高度 8m 以内）	m³	
1	二层 5.350			
十二		现浇 C30 有梁板（板厚 200 以内，支模高度 5m 以内）	m³	
1	三层 9.250			
十三		现浇 C30 有梁板（板厚 200 以内，支模高度 5m 以内，斜板）		
1	屋顶			
十四		现浇 C30 有梁板（板厚 200 以内，支模高度 3.6m 以内，斜板）		
1	屋顶			
十五		现浇 C25 构造柱		
1	基础			
2	一层内墙			
3	一层外墙			
4	二层内墙			
5	二层外墙			
6	三层内墙			
7	三层外墙			
8	女儿墙			
十六		现浇 C25 圈梁（水平系梁）		
1	一层内墙			
2	一层外墙			
3	二层内墙			
4	二层外墙			
5	三层内墙			
6	三层外墙			
十七		现浇 C25 圈梁（女儿墙压顶）		
1	6.800			
2	10.500			
十八		现浇 C25 过梁	m³	
1	一层内墙			
2	一层外墙			
3	二层内墙			

续表

序号	部位	计算式	计算结果	小计
4	二层外墙			
5	三层内墙			
6	三层外墙			
十九		现浇 C25 窗台梁		
1	底层内墙			
2	底层外墙			
3	顶层内墙			
4	顶层外墙			
二十		现浇 C25 门窗边框		
1	一层内墙			
2	一层外墙			
3	二层内墙			
4	二层外墙			
5	三层内墙			
6	三层外墙			
二十一		现浇 C30 直形楼梯	m^2	
1	楼梯间一			
2	楼梯间二			
二十二		现浇 C30 雨篷	m^2	
1	雨篷			
二十三		现浇 C30 楼梯雨篷阳台每增加调整		
1	楼梯混凝土量			
2	雨篷混凝土量			
3	调整含量			
二十四		现浇 C15 台阶		
1	台阶 1			
2	台阶 2			
3	台阶 3			
二十五		现浇 C15 混凝土坡道		
1	无障碍坡道 1			
2	无障碍坡道 2			
二十六		现浇 C20 混凝土散水		
1	散水			

混凝土工程分部分项计价表　　表 2

序号	定额编号	项目名称	计量单位	工程量	综合单价（元）	合价（元）
1		现浇 C20 素混凝土垫层，预拌非泵送				
2		现浇 C30 桩承台基础，预拌泵送				
3		现浇 C30 基础梁，预拌泵送				
4		现浇 C30 直形墙（墙厚 300 以内），预拌泵送				
5		现浇 C30 条形基础，预拌泵送				
6		现浇 C25 地圈梁，预拌非泵送				
7		现浇 C30 框架柱（断面周长 1.6m 以内，支模高度 8m 以内），预拌泵送				
8		现浇 C30 框架柱（断面周长 2.5m 以内，支模高度 8m 以内），预拌泵送				
9		现浇 C30 框架柱（断面周长 1.6m 以内，支模高度 3.6m 以内），预拌泵送				
10		现浇 C30 框架柱（断面周长 1.6m 以内，支模高度 5m 以内），预拌泵送				
11		现浇 C30 有梁板（板厚 200 以内，支模高度 8m 以内），预拌泵送				
12		现浇 C30 有梁板（板厚 200 以内，支模高度 5m 以内），预拌泵送				
13		现浇 C30 有梁板（板厚 200 以内，支模高度 5m 以内，斜板），预拌泵送				
14		现浇 C30 有梁板（板厚 200 以内，支模高度 3.6m 以内，斜板），预拌泵送				
15		现浇 C25 构造柱，预拌非泵送				
16		现浇 C25 圈梁（水平系梁），预拌非泵送				
17		现浇 C25 圈梁（女儿墙压顶），预拌非泵送				
18		现浇 C25 过梁，预拌非泵送				
19		现浇 C25 圈梁（窗台梁），预拌非泵送				
20		现浇 C25 构造柱（门窗边框），预拌非泵送				
21		现浇 C30 直形楼梯，预拌泵送				
22		现浇 C30 雨篷，预拌泵送				
23		现浇 C30 楼梯雨篷阳台每增加调整				
24		现浇 C15 台阶				
25		现浇 C15 混凝土坡道				
26		现浇 C20 混凝土散水				
合计						

任务 2.4 习题

一、单项选择题

1. 在砌筑工程工程量计算规则中，砖砌围墙按(   )子目计算。

A. 零星构件　　B. 外墙　　C. 内墙　　D. 围墙

2. 某工程的砖墙墙厚为 1/2 砖墙，墙长为 30m，墙高 3m，墙体内混凝土构造柱体积 2.5m^3，钢筋混凝土梁头所占体积 0.60m^3，墙身上有 1 个 0.60m×0.65m 矩形洞口，则该砖墙的工程量为(   )m^3。

A. 7.46　　B. 7.65　　C. 7.81　　D. 8.254

3. 下面关于砌筑工程工程量计算方法中，不正确的是(   )。

A. 砖墙工程量不扣除嵌入墙内的梁头体积

B. 框架间的砌体，内外墙长度分别以框架间的净长计算，高度按框架间的净高计算

C. 女儿墙的工程量从屋面板上表面算至女儿墙顶面（如有混凝土压顶时算至压顶下表面）

D. 围墙的高度算至压顶上表面（如有混凝土压顶时算至压顶下表面），围墙柱单独按砖柱工程量计算

4. 某建筑工程，卫生间采用蒸压加气混凝土砌块，100 厚，预拌散装 DMM5.0 砂浆砌筑，预拌砂浆材料预算单价 310 元/t。现编制招标控制价，则该砌块砌筑工程的定额综合单价中材料费为(   )。

A. 246.10 元/m^3　　B. 265.86 元/m^3　　C. 265.98 元/m^3　　D. 270.47 元/m^3

5. 已知某单层建筑物其外墙中心线长度为 50.9m，内墙净长度为 96.7m，墙厚 240mm，墙高 3.3m，其中门窗面积为 90.4m^2，400mm×600mm 孔洞有 8 个，构造柱的体积为 13.62m^3，圈梁体积为 8.48m^3，则该墙的工程量为(   )m^3。

A. 80.41　　B. 73.10　　C. 72.64　　D. 95.20

二、填空题

1. 基础、墙身使用不同材料时，位于设计室内地坪±300mm 以内，以____________为分界线，超过±300mm，以______________分界。

2. 砌体墙身长度的确定：外墙按______________计算，内墙按________________计算。

3. 砌体外墙高度的确定：有现浇钢筋混凝土平板楼屋者，应算至________________女儿墙应自外墙梁（板）顶面至女儿墙顶面，有混凝土压顶者，算至__________。

4. 砌体内墙高度的确定：有现浇钢筋混凝土楼隔层者，算至______________，有框架梁时，算至______________。

5. 砌块墙、多孔砖墙中，窗台虎头砖、腰线、门窗洞边接茬用________已包括在定额内。

6. 计算墙体工程量时，应扣除_________、过人洞、______、__________、梁、过梁、圈梁、挑梁、_________和暖气包槽、壁龛的体积，不扣除______、梁垫、外墙预制板头、檩条头、垫木、木楞头、沿椽木、木砖、_________、砖砌体内的加固钢筋、木筋、铁件、钢管及每个面积在________以下的孔洞等所占的体积。突出墙面的________、压顶线、山墙泛水、烟囱根、门窗套及__________、挑檐等体积亦不增加。

7. ________系指砖砌门蹲、房上烟囱、地垄墙、水槽、水池脚、垃圾箱、________花台、煤箱、垃圾箱、容积在 3m^3内的水池、大小便槽（包括踏步）、____等砌体。

8. 基础深度自设计室外地面至砖基础底表面超过 1.5m，其超过部分每立方米砌体增加人工__________。

9. 墙基防潮层按墙基顶面____________乘以长度以平方米计算，有附垛时将附垛面积并入墙基内。

10. 定额中的填充墙是指________________________，与常说的框架填充墙完全不同。

三、计算题

1. 图 1 为某基础的平面图和剖面图，图中虚线为基础墙体。试计算砖基础工程量。

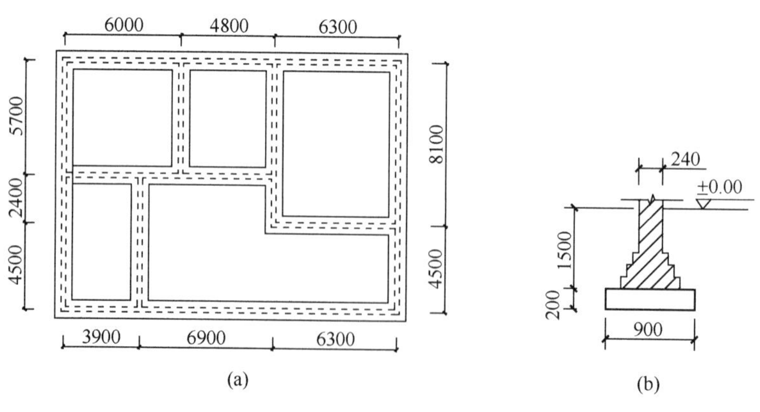

图 1　某基础平面图与剖面图

（a）基础平面图；（b）基础剖面图

续表

序号	部位	计算式	计算结果	小计
4	二层外墙			
5	三层内墙			
6	三层外墙			
十九		现浇 C25 窗台梁		
1	底层内墙			
2	底层外墙			
3	顶层内墙			
4	顶层外墙			
二十		现浇 C25 门窗边框		
1	一层内墙			
2	一层外墙			
3	二层内墙			
4	二层外墙			
5	三层内墙			
6	三层外墙			
二十一		现浇 C30 直形楼梯	m^2	
1	楼梯间一			
2	楼梯间二			
二十二		现浇 C30 雨篷	m^2	
1	雨篷			
二十三		现浇 C30 楼梯雨篷阳台每增加调整		
1	楼梯混凝土量			
2	雨篷混凝土量			
3	调整含量			
二十四		现浇 C15 台阶		
1	台阶 1			
2	台阶 2			
3	台阶 3			
二十五		现浇 C15 混凝土坡道		
1	无障碍坡道 1			
2	无障碍坡道 2			
二十六		现浇 C20 混凝土散水		
1	散水			

混凝土工程分部分项计价表 **表 2**

序号	定额编号	项目名称	计量单位	工程量	综合单价（元）	合价（元）
1		现浇 C20 素混凝土垫层，预拌非泵送				
2		现浇 C30 桩承台基础，预拌泵送				
3		现浇 C30 基础梁，预拌泵送				
4		现浇 C30 直形墙（墙厚 300 以内），预拌泵送				
5		现浇 C30 条形基础，预拌泵送				
6		现浇 C25 地圈梁，预拌非泵送				
7		现浇 C30 框架柱（断面周长 1.6m 以内，支模高度 8m 以内），预拌泵送				
8		现浇 C30 框架柱（断面周长 2.5m 以内，支模高度 8m 以内），预拌泵送				
9		现浇 C30 框架柱（断面周长 1.6m 以内，支模高度 3.6m 以内），预拌泵送				
10		现浇 C30 框架柱（断面周长 1.6m 以内，支模高度 5m 以内），预拌泵送				
11		现浇 C30 有梁板（板厚 200 以内，支模高度 8m 以内），预拌泵送				
12		现浇 C30 有梁板（板厚 200 以内，支模高度 5m 以内），预拌泵送				
13		现浇 C30 有梁板（板厚 200 以内，支模高度 5m 以内，斜板），预拌泵送				
14		现浇 C30 有梁板（板厚 200 以内，支模高度 3.6m 以内，斜板），预拌泵送				
15		现浇 C25 构造柱，预拌非泵送				
16		现浇 C25 圈梁（水平系梁），预拌非泵送				
17		现浇 C25 圈梁（女儿墙压顶），预拌非泵送				
18		现浇 C25 过梁，预拌非泵送				
19		现浇 C25 圈梁（窗台梁），预拌非泵送				
20		现浇 C25 构造柱（门窗边框），预拌非泵送				
21		现浇 C30 直形楼梯，预拌泵送				
22		现浇 C30 雨篷，预拌泵送				
23		现浇 C30 楼梯雨篷阳台每增加调整				
24		现浇 C15 台阶				
25		现浇 C15 混凝土坡道				
26		现浇 C20 混凝土散水				
合计						

任务 2.4 习题

一、单项选择题

1. 在砌筑工程工程量计算规则中，砖砌围墙按(　　)子目计算。

A. 零星构件　　B. 外墙　　C. 内墙　　D. 围墙

2. 某工程的砖墙墙厚为 1/2 砖墙，墙长为 30m，墙高 3m，墙体内混凝土构造柱体积 2.5m³，钢筋混凝土梁头所占体积 0.60m³，墙身上有 1 个 0.60m×0.65m 矩形洞口，则该砖墙的工程量为(　　)m³。

A. 7.46　　B. 7.65　　C. 7.81　　D. 8.254

3. 下面关于砌筑工程工程量计算方法中，不正确的是(　　)。

A. 砖墙工程量不扣除嵌入墙内的梁头体积

B. 框架间的砌体，内外墙长度分别以框架间的净长计算，高度按框架间的净高计算

C. 女儿墙的工程量从屋面板上表面算至女儿墙顶面（如有混凝土压顶时算至压顶下表面）

D. 围墙的高度算至压顶上表面（如有混凝土压顶时算至压顶下表面），围墙柱单独按砖柱工程量计算

4. 某建筑工程，卫生间采用蒸压加气混凝土砌块，100 厚，预拌散装 DMM5.0 砂浆砌筑，预拌砂浆材料预算单价 310 元/t。现编制招标控制价，则该砌块砌筑工程的定额综合单价中材料费为(　　)。

A. 246.10 元/m³　　B. 265.86 元/m³　　C. 265.98 元/m³　　D. 270.47 元/m³

5. 已知某单层建筑物其外墙中心线长度为 50.9m，内墙净长度为 96.7m，墙厚 240mm，墙高 3.3m，其中门窗面积为 90.4m²，400mm×600mm 孔洞有 8 个，构造柱的体积为 13.62m³，圈梁体积为 8.48m³，则该墙的工程量为(　　)m³。

A. 80.41　　B. 73.10　　C. 72.64　　D. 95.20

二、填空题

1. 基础、墙身使用不同材料时，位于设计室内地坪±300mm 以内，以__________为分界线，超过±300mm，以__________分界。

2. 砌体墙身长度的确定：外墙按__________计算，内墙按__________计算。

3. 砌体外墙高度的确定：有现浇钢筋混凝土平板楼屋者，应算至__________女儿墙应自外墙梁（板）顶面至女儿墙顶面，有混凝土压顶者，算至__________。

4. 砌体内墙高度的确定：有现浇钢筋混凝土楼隔层者，算至__________，有框架梁时，算至__________。

5. 砌块墙、多孔砖墙中，窗台虎头砖、腰线、门窗洞边接茬用________已包括在定额内。

6. 计算墙体工程量时，应扣除________、过人洞、______、________、梁、过梁、圈梁、挑梁、________和暖气包槽、壁龛的体积，不扣除______、梁垫、外墙预制板头、檩条头、垫木、木楞头、沿椽木、木砖、________、砖砌体内的加固钢筋、木筋、铁件、钢管及每个面积在________以下的孔洞等所占的体积。突出墙面的________、压顶线山墙泛水、烟囱根、门窗套及________、挑檐等体积亦不增加。

7. ________系指砖砌门蹲、房上烟囱、地垄墙、水槽、水池脚、垃圾箱、________花台、煤箱、垃圾箱、容积在 3m³ 内的水池、大小便槽（包括踏步）、____等砌体。

8. 基础深度自设计室外地面至砖基础底表面超过 1.5m，其超过部分每立方米砌体增加人工________。

9. 墙基防潮层按墙基顶面__________乘以长度以平方米计算，有附垛时将附垛面积并入墙基内。

10. 定额中的填充墙是指______________，与常说的框架填充墙完全不同。

三、计算题

1. 图 1 为某基础的平面图和剖面图，图中虚线为基础墙体。试计算砖基础工程量。

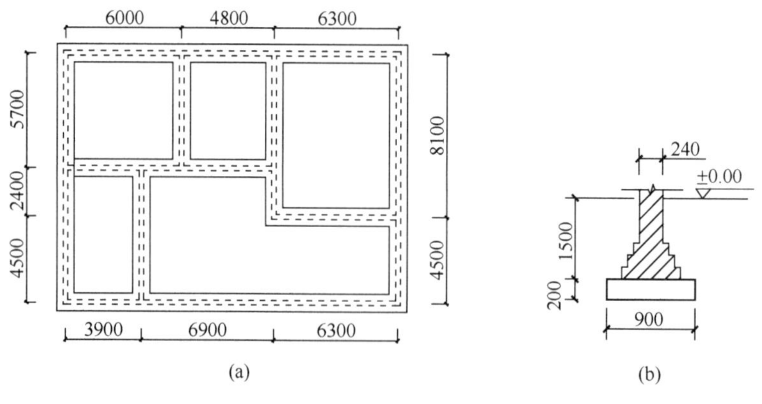

图 1　某基础平面图与剖面图

（a）基础平面图；（b）基础剖面图

2. 某砖混结构房屋平面图与剖面图如图 2 所示，墙体采用 M5.0 混合砂浆砌筑标准砖，M1 为 1000mm×2400mm，C1 为 1500mm×1500mm，M1 过梁断面为 240mm×240mm，C1 过梁断面为 240mm×240mm，外墙均设圈梁，断面为 240mm×240mm，计算墙体工程量并计价。

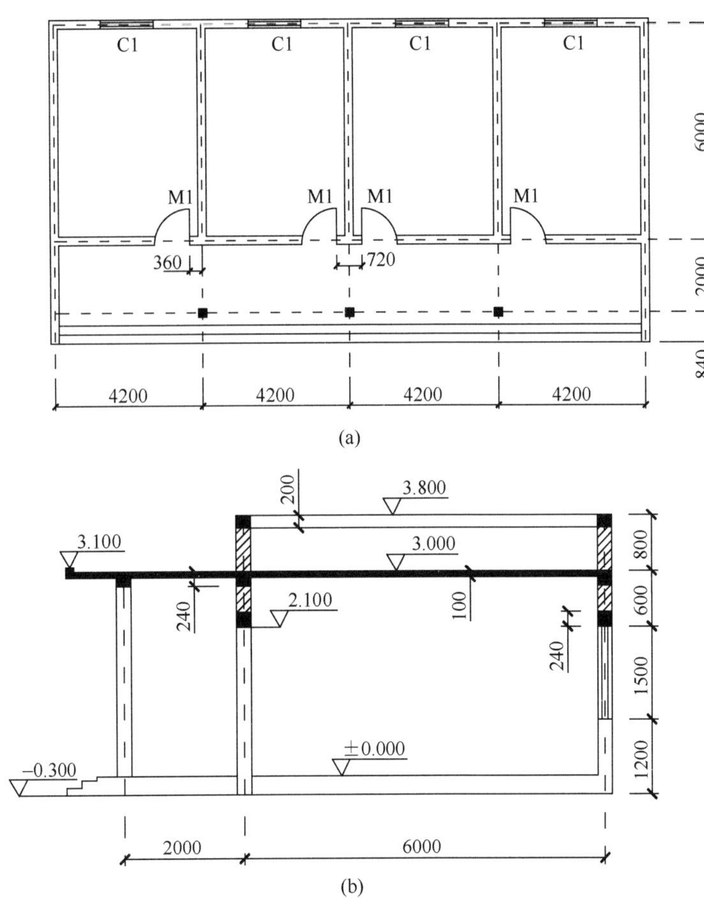

图 2 某砖混结构房屋平面图与剖面图

（a）平面图；（b）剖面图

任务 2.4 综合实训

附图2：党群服务中心建筑施工图、结构施工图

请参考附图 1 计算思路和方法，按计价定额独立完成附图 2 图纸中砌筑工程费计算。将计算结果填入表 1、表 2。

分部分项定额工程量计算表 　　**表 1**

序号	部位	计算式	计算结果	小计
		砌筑工程		
一		砖基础（M10 水泥砂浆砌筑 MU10 实心灰砂砖）	m^3	
1	地梁上			
2	外墙下			
3		扣除		
4	构造柱			
二		20 厚 1∶2 防水砂浆防潮层	m^2	
1	地梁上砖基础内			
三		外墙（含女儿墙，Mb7.5 混合砂浆砌筑 MU5.0 煤矸石烧结空心砌块）	m^3	
1		一层		
2	外墙			
3		扣除		
4	门窗			
5	过梁			
6	构造柱			
7	水平系梁			
8	窗台梁			
9	门窗边框			
10		二层		
11	外墙			
12	女儿墙			
13		扣除		
14	门窗			
15	过梁			
16	构造柱			

续表

序号	部位	计算式	计算结果	小计
17	水平系梁			
18	门窗边框			
19		三层		
20	外墙			
21	女儿墙			
22		扣除		
23	门窗			
24	过梁			
25	构造柱			
26	水平系梁			
27	窗台梁			
28	门窗边框			
四		内墙（Mb5.0 混合砂浆砌筑 MU5.0 煤矸石烧结空心砌块）	m^3	
		一层		
1	内墙			
2		扣除		
3	门窗			
4	过梁			
5	构造柱			
6	水平系梁			
7	窗台梁			
8	门窗边框			
9		二层		
10	内墙			
11		扣除		
12	门窗			
13	过梁			
14	构造柱			
15	水平系梁			
16	门窗边框			
17		三层		
18	内墙			
19		扣除		
20	门窗			

续表

序号	部位	计算式	计算结果	小计
21	过梁			
22	构造柱			
23	水平系梁			
24	窗台梁			
25	门窗边框			

砌筑工程分部分项计价表 **表 2**

序号	定额编号	项目名称	计量单位	工程量	综合单价（元）	合价（元）
1		砖基础，M10 水泥砂浆砌筑 MU10 实心灰砂砖				
2		20 厚 1：2 防水砂浆防潮层				
3		外墙，Mb7.5 混合砂浆砌筑 MU5.0 煤矸石烧结空心砌块				
4		内墙，Mb5.0 混合砂浆砌筑 MU5.0 煤矸石烧结空心砌块				
合计						

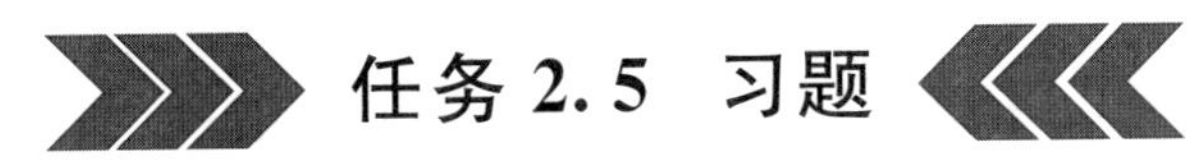

任务 2.5 习题

一、单项选择题

1. 机械挖四类土基坑，原槽坑做垫层，设计室外地面至垫层底面的高度为 2.1 m，垫层厚度为 100mm，坑上作业，基坑的放坡系数为(　　)。

A. 1∶0.25　　B. 1∶0.1　　C. 1∶0.33　　D. 不需要放坡

2. 某建筑工程中人工挖塔吊基础土方，已知所挖基坑底面积 4.5m×4.5m，挖土深度 2.8m，三类干土，按 2014 年计价定额，该人工挖土子目的定额综合单价为(　　)。

A. 36.92 元/m³　　B. 42.19 元/m³　　C. 43.25 元/m³　　D. 48.52 元/m³

3. 标准砖基础下设 150mm 厚 C20 混凝土垫层，垫层不需要支模，基槽土方开挖时，其沟槽开挖的工作面为(　　)。

A. 300mm　　B. 200mm　　C. 1000mm　　D. 不需要工作面

二、填空题

1. 土、石方的体积除定额中另有规定外，均按__________，填土按________计算。

2. 挖土深度一律以__________为起点，如实际自然地面标高与设计地面标高不同时，其工程量在竣工结算时调整。

3. 干土与湿土的划分，应以地质勘察资料为准；如无资料时以________为准，以上为干土，以下为湿土。

4. 运余松土或挖堆积期在一年以内的堆积土，除按运土方定额执行外，另增加______的定额项目。

5. 机械土方定额是按_____________计算的；如实际土壤类别不同时，定额中机械台班量乘以相应系数。

6. 土石方体积均按______________计算。

7. 自卸汽车运土，按__________考虑，如系反铲挖掘机装车，则自卸汽车运土台班量乘系数________；拉铲挖掘机装车，自卸汽车运土台班量乘系数___________。

三、计算题

1. 某工程基础平面图、剖面图如图 1 所示。试求建筑物挖土方、基础回填土、室内回填土、余（取）土运输工程量并计价（施工组织设计可自行拟定，图中尺寸单位为毫米，按三类土计）。

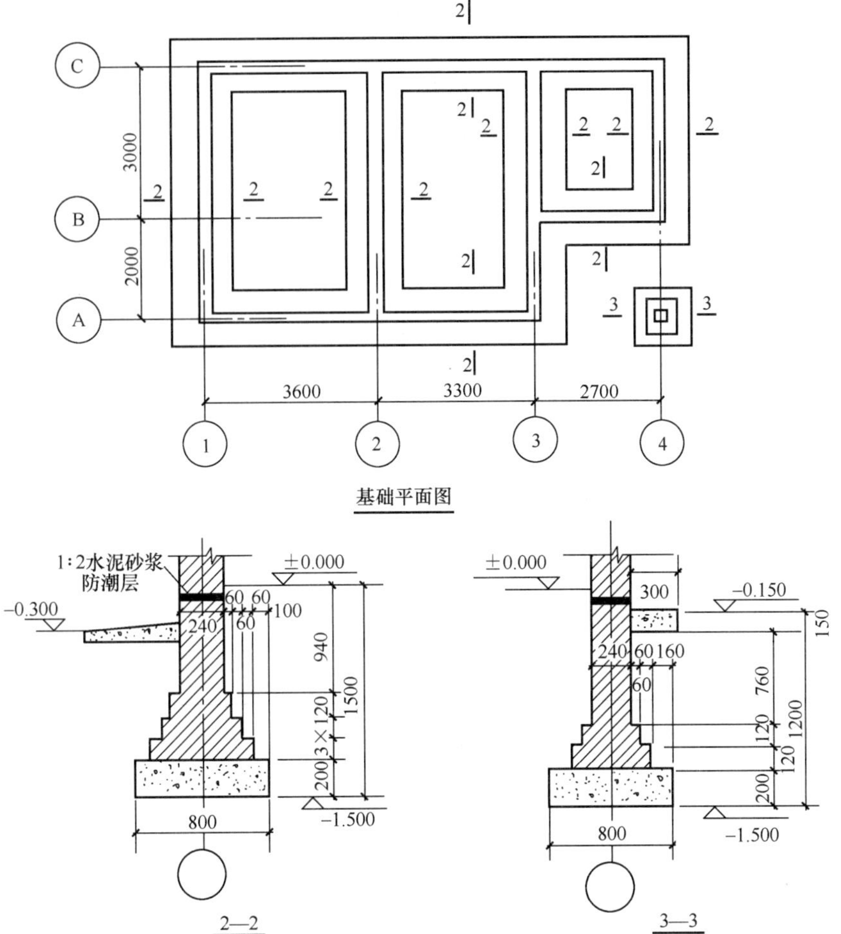

图 1　某工程基础平面图、剖面图

2. 已知某混凝土独立基础如图 2 所示，长度为 2.1m，宽度为 1.5m。设计室外标高为 −0.300m，垫层底部标高为−2.100m，工作面 C=300mm，坑内土质为三类土。试计算人工挖土工程量并计价。

3. 某建筑物地下室见图 3，地下室墙外壁做涂料防水层，施工组织设计确定用反铲挖掘机挖土，土壤为三类土，机械挖土坑内作业，土方外运 1km，回填土已堆放在距场地 150m 处，计算挖土方工程量、回填土工程量并计价。

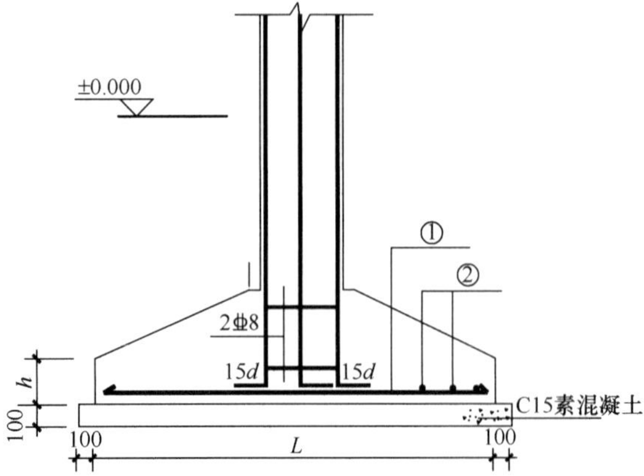

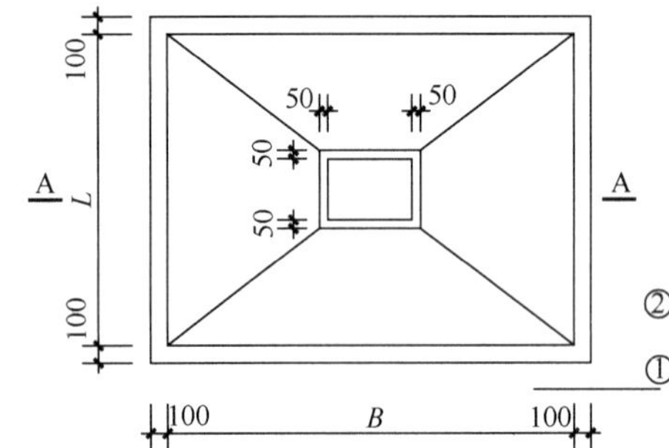

图 2 某混凝土独立基础

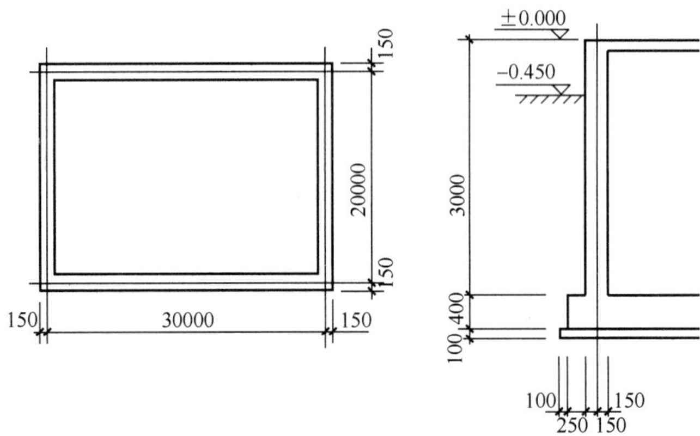

图 3 某建筑物地下室示意图

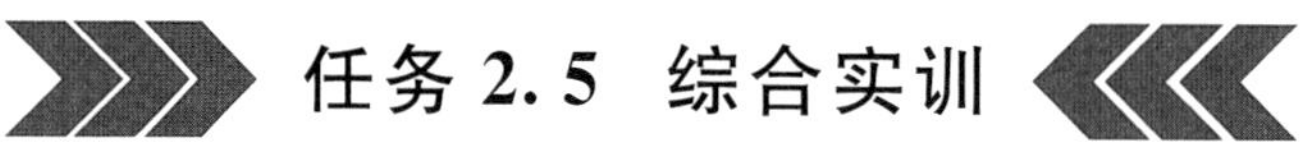

任务 2.5 综合实训

请参考附图 1 计算思路和方法，按计价定额独立完成附图 2 图纸中土石方工程费用计算。已知附图 2 施工方案为：采用 75kW 履带式推土机平整场地，人工挖土方，基坑槽回填土，自卸汽车弃土外运 1km。试完成工程量计算和定额套用计算（表 1、表 2）。

分部分项定额工程量计算表　　　　表 1

序号	部位	计算式	计算结果	小计
	土、石方工程			
一		履带式推土机 75kW 平整场地厚 300mm 以内	m^2	
1				
二		人工挖底宽≤3m 且底长>3 倍底宽的沟槽三类干土深度在 1.5m 以内	m^3	
1	基础联系梁			
2	拉梁			
三		人工挖底面积≤20m² 的基坑三类干土深度在 1.5m 以内	m^3	
1	单桩承台			
2	双桩承台			
3	三桩承台			
4	四桩承台			
5	五桩承台			
6	六桩承台			
7	九桩承台			
8	十一桩承台			
四		基槽坑回填		
1	挖土方			
2	垫层			
3	桩承台			
4	基础梁			
5	地圈梁			
6	砖基础			
7	混凝土条形基础			

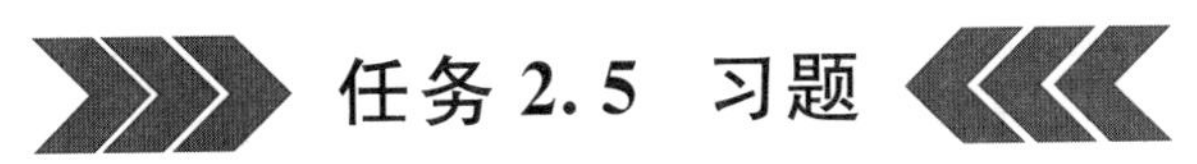

任务 2.5 习题

一、单项选择题

1. 机械挖四类土基坑，原槽坑做垫层，设计室外地面至垫层底面的高度为 2.1 m，垫层厚度为 100mm，坑上作业，基坑的放坡系数为(　　)。

A. 1∶0.25　　B. 1∶0.1　　C. 1∶0.33　　D. 不需要放坡

2. 某建筑工程中人工挖塔吊基础土方，已知所挖基坑底面积 4.5m×4.5m，挖土深度 2.8m，三类干土，按 2014 年计价定额，该人工挖土子目的定额综合单价为(　　)。

A. 36.92 元/m³　　B. 42.19 元/m³　　C. 43.25 元/m³　　D. 48.52 元/m³

3. 标准砖基础下设 150mm 厚 C20 混凝土垫层，垫层不需要支模，基槽土方开挖时，其沟槽开挖的工作面为(　　)。

A. 300mm　　B. 200mm　　C. 1000mm　　D. 不需要工作面

二、填空题

1. 土、石方的体积除定额中另有规定外，均按__________，填土按________计算。

2. 挖土深度一律以__________为起点，如实际自然地面标高与设计地面标高不同时，其工程量在竣工结算时调整。

3. 干土与湿土的划分，应以地质勘察资料为准；如无资料时以________为准，以上为干土，以下为湿土。

4. 运余松土或挖堆积期在一年以内的堆积土，除按运土方定额执行外，另增加______的定额项目。

5. 机械土方定额是按_____________计算的；如实际土壤类别不同时，定额中机械台班量乘以相应系数。

6. 土石方体积均按______________计算。

7. 自卸汽车运土，按__________考虑，如系反铲挖掘机装车，则自卸汽车运土台班量乘系数________；拉铲挖掘机装车，自卸汽车运土台班量乘系数___________。

三、计算题

1. 某工程基础平面图、剖面图如图 1 所示。试求建筑物挖土方、基础回填土、室内回填土、余（取）土运输工程量并计价（施工组织设计可自行拟定，图中尺寸单位为毫米，按三类土计）。

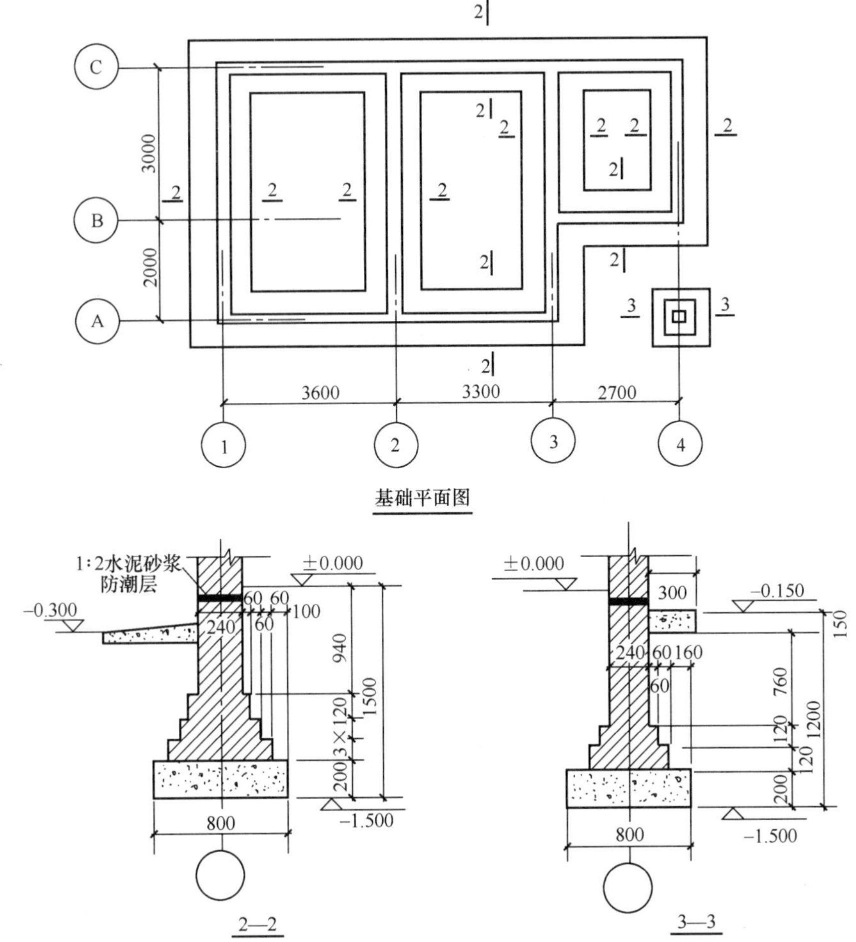

图 1　某工程基础平面图、剖面图

2. 已知某混凝土独立基础如图 2 所示，长度为 2.1m，宽度为 1.5m。设计室外标高为 −0.300m，垫层底部标高为 −2.100m，工作面 C=300mm，坑内土质为三类土。试计算人工挖土工程量并计价。

3. 某建筑物地下室见图 3，地下室墙外壁做涂料防水层，施工组织设计确定用反铲挖掘机挖土，土壤为三类土，机械挖土坑内作业，土方外运 1km，回填土已堆放在距场地 150m 处，计算挖土方工程量、回填土工程量并计价。

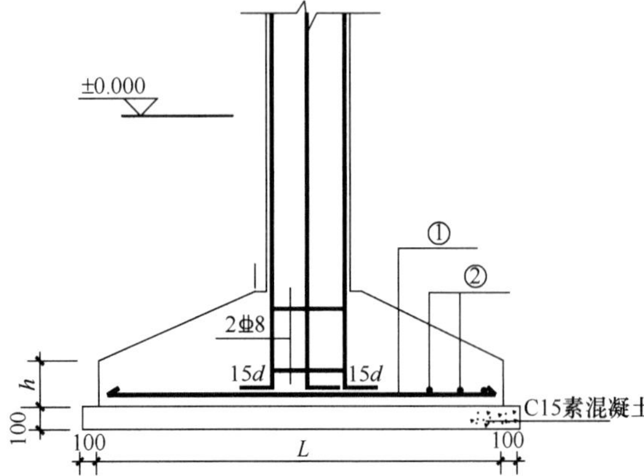

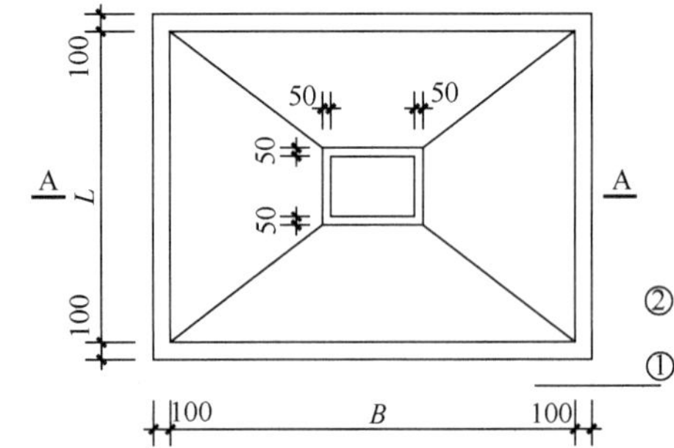

图 2　某混凝土独立基础

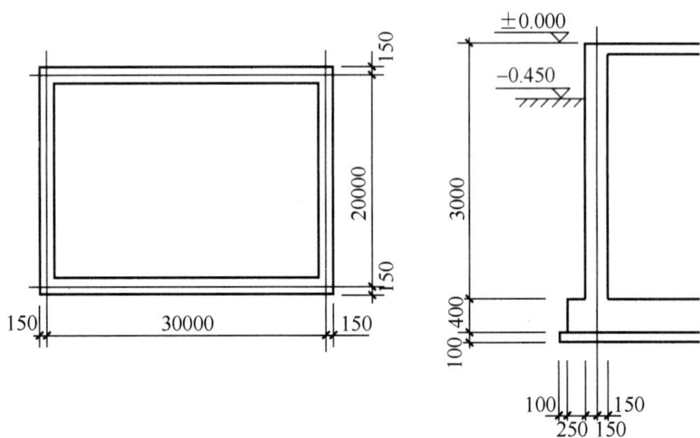

图 3　某建筑物地下室示意图

任务 2.5　综合实训

附图2：党群服务中心建筑施工图、结构施工图

请参考附图 1 计算思路和方法，按计价定额独立完成附图 2 图纸中土石方工程费用计算。已知附图 2 施工方案为：采用 75kW 履带式推土机平整场地，人工挖土方，基坑槽回填土，自卸汽车弃土外运 1km。试完成工程量计算和定额套用计算（表 1、表 2）。

分部分项定额工程量计算表　　　**表 1**

序号	部位	计算式	计算结果	小计
	土、石方工程			
一		履带式推土机 75kW 平整场地厚 300mm 以内	m^2	
1				
二		人工挖底宽≤3m 且底长>3 倍底宽的沟槽三类干土深度在 1.5m 以内	m^3	
1	基础联系梁			
2	拉梁			
三		人工挖底面积≤$20m^2$ 的基坑三类干土深度在 1.5m 以内	m^3	
1	单桩承台			
2	双桩承台			
3	三桩承台			
4	四桩承台			
5	五桩承台			
6	六桩承台			
7	九桩承台			
8	十一桩承台			
四		基槽坑回填		
1	挖土方			
2	垫层			
3	桩承台			
4	基础梁			
5	地圈梁			
6	砖基础			
7	混凝土条形基础			

续表

序号	部位	计算式	计算结果	小计
8	框架柱			
9	构造柱			
五		地面夯填回填土		
1	一层卫生间及前室			
2	一层强弱电间			
3	一层其他房间			
六		自卸汽车运土运距 1km 以内	m^3	
1				

土石方工程分部分项计价表 **表 2**

序号	定额编号	项目名称	计量单位	工程量	综合单价（元）	合价（元）
1		履带式推土机 75kW 平整场地厚 300mm 以内				
2		人工挖底宽≤3m 且底长>3 倍底宽的沟槽三类干土深度在 1.5m 以内				
3		人工挖底面积≤20m² 的基坑三类干土深度在 1.5m 以内				
4		基槽坑回填				
5		地面夯填回填土				
6		自卸汽车运土运距 1km 以内				
合计						

任务 2.6 习题

一、单项选择题

1. 按江苏省计价定额规定，工程量需要在设计图纸量基础上加定额规定的场外运输、安装损耗的薄型构件的厚度为(　　)。

A. 20m 以内　　B. 30m 以内　　C. 40m 以内　　D. 50m 以内

2. 按江苏省计价定额规定，钢屋架中的轻型屋架指的是单榀质量在(　　)。

A. 0.2t 以下者　　B. 0.5t 以下者　　C. 0.6t 以下者　　D. 1t 以下者

3. 按江苏省计价定额规定，预制混凝土镂空花格窗施工图外形面积为 $20m^2$，则其制作工程量为(　　)。

A. $20m^2$　　B. $20.36m^2$　　C. $20.3m^2$　　D. 无法确定

4. 按江苏省计价定额规定，加工厂预制混凝土构件安装项目中包括的场内运输费为(　　)。

A. 150m　　B. 300m　　C. 500m　　D. 1km

5. 按江苏省计价定额规定，构件安装中的履带式机重机的安装高度为(　　)。

A. 20m 内为准　　B. 30m 内为准　　C. 40m 内为准　　D. 50m 内为准

二、填空题

1. 构件运输中，混凝土梁类别为____________，混凝土过梁类别为____________。

2. 构件运输中，钢柱类别为____________，钢栏杆类别为____________。

三、计算题

1. 某金属构件为多边形钢板如图 1 所示，A 与 C 之对角线 1300mm，E 垂直宽度为 1000mm，求钢板工程量。

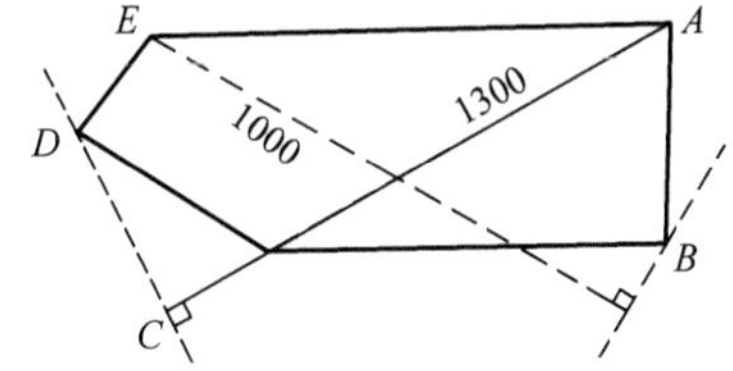

图 1　某金属构件示意图

2. 某简易钢屋架如图 2 所示，按照计价定额规则计算金属结构工程量。

3. 某工程从预制构件厂运输大型屋面板（6m×1m）$100m^3$，8t 汽车运输 9km，求屋

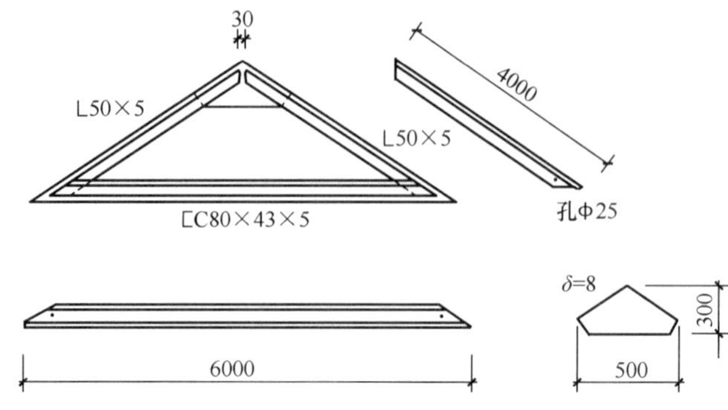

图 2　某简易钢屋架示意图

面板运费及安装费（该工程为二类工程）。

4. 某工程需要安装预制钢筋混凝土槽形板 80 块，如图 3 所示，预制厂距施工现场 12km。试计算运输、安装工程量。

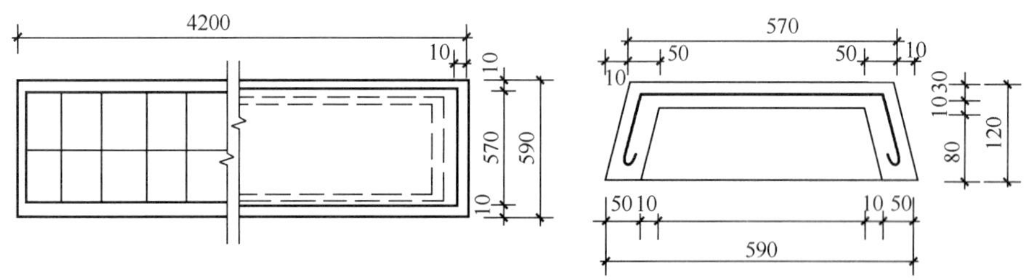

图 3　某需要安装预制钢筋混凝土槽形板示意图

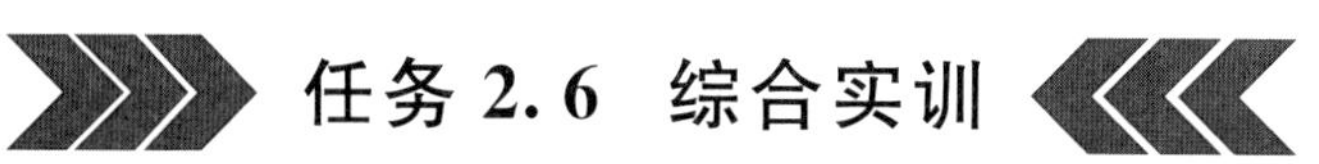

附图2：党群服
中心建筑施工图
结构施工图

请参考附图 1 计算思路和方法，按计价定额独立完成附图 2 图纸中构件运输及安装工程费计算。试完成工程量计算表和定额套用表（表 1、表 2）。

分部分项定额工程量计算表　　**表 1**

序号	部位	计算式	计算结果	小计
		土、石方工程		
一		混凝土管桩运输	m^2	
1				
二		门窗运输	m^3	
1				
三		过梁运输与安装	m^3	
1				

构件运输及安装工程工程分部分项计价表　　**表 2**

序号	定额编号	项目名称	计量单位	工程量	综合单价（元）	合价（元）
1		混凝土管桩运输				
2		门窗运输				
3		过梁运输与安装				
合计						

任务 2.7 习题

一、单项选择题

1. 根据江苏省 2014 计价定额规定，瓦屋面工程量等于屋面水平投影面积乘以屋面坡度系数，该屋面坡度系数指的是(　　)。

A. 延长系数　　B. 隅延尺系数　　C. 屋面坡度　　D. 屋面角度

2. 瓦屋面的工程量计算(　　)。

A. 按水平投影面积计算

B. 按水平投影面积乘以屋面坡度延长系数计算

C. 按水平投影面积乘以隅延尺系数计算

D. 按水平投影面积 2 倍计算

3. 根据江苏省 2014 计价定额规定，屋面排水定额中，阳台出水口至落水管中心线按 1m 计算，该长度指的是(　　)。

A. 水平长度　　B. 垂直长度　　C. 斜长　　D. 弧长

4. 建筑防水工程中，变形缝的工程量(　　)。

A. 按“平方米”计算　　B. 不计算

C. 按“米”计算　　D. 视情况而定

5. 以下关于平、立面防水说法正确的是(　　)。

A. 地面防水、防潮层按主墙间净面积计算

B. 扣除柱、垛、附墙烟囱

C. 扣除 0.3m^2以上孔洞所占面积

D. 扣除突出地面的构筑物、设备基础等所占面积

E. 与墙面连接处高度 600mm 以内的立面面积并入平面防水工程

二、填空题

1. 屋面坡度为 1∶2，其延长系数为________；屋面建筑坡度为 3%时，其延长系数为________。

2. 瓦屋面按水平投影面积乘以屋面坡度延长系数 C 以平方米计算（瓦出线已包括在内），不扣除房上烟囱、风帽底座、风道、屋面小气窗、斜沟等所占面积，屋面小气窗的出檐部分________（增加/不增加）。

3. 卷材屋面按图示尺寸的水平投影面积乘以规定的坡度系数以平方米计算。女儿墙、伸缩缝、天窗等处的弯起高度按图示尺寸计算________（并入/不并入）屋面工程量内；如图纸无规定时，女儿墙的弯起高度按________计算，天窗弯起高度按________计算并入屋面工程量内。

4. 建筑物地面、地下室防水层按主墙（承重墙）间净面积以平方米计算，扣除凸出地面的构筑物、柱、设备基础等所占面积，不扣除附墙垛、间壁墙、附墙烟囱及 0.3m^2以内孔洞所占面积。与墙间连接处高度在________以内者，按展开面积计算并入平面工程量内，超过时，按立面防水层计算。

三、计算题

1. 有一两坡水的坡形屋面，其外墙中心线长度为 40m，宽度为 15m，四面出檐距外墙外边线为 0.3m，屋面坡度系数 $k=1.25$，外墙厚 240mm。试计算屋面工程量。

2. 某平屋面工程做法为：

① 4 厚高聚物改性沥青卷材防水层一道；

② 20 厚 1∶3 水泥砂浆找平层；

③ 1∶6 水泥焦渣找 2%坡，最薄处 30 厚；

④ 60 厚聚苯乙烯泡沫塑料板保温层。

要求按图 1 所示，计算屋面防水、找平、找坡、保温工程量。

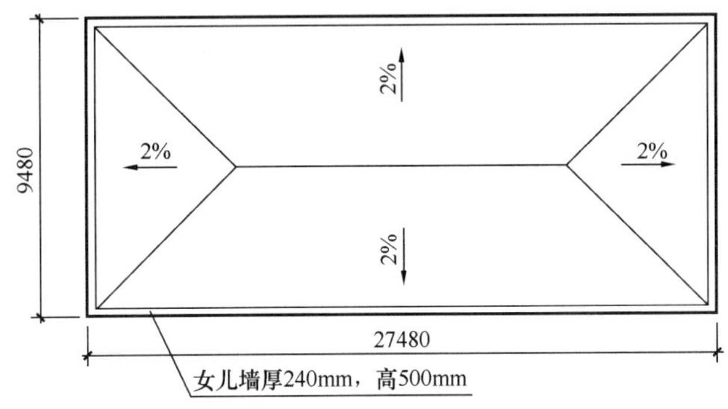

图 1　屋顶平面示意图

3. 某房屋工程屋面平面及节点如图 2 所示，已知屋面分层构造自下而上为：钢筋混凝土屋面板；20 厚 1∶3 水泥砂浆找平层；干铺油毡一层；杉木顺水条；挂瓦条；面水泥钢钉挂盖水泥彩瓦，四周设收口滴水瓦，彩瓦屋脊（正脊、斜脊同），屋脊带封头附件共六只。试计算该瓦屋面工程量。

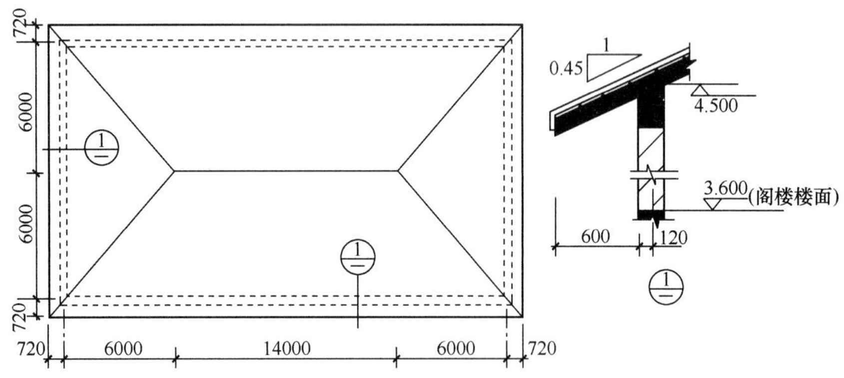

图 2　某房屋工程屋面平面及节点示意图

任务 2.7　综合实训

请参考附图 1 计算思路和方法，按计价定额独立完成附图 2 图纸中屋面及防水工程计算。屋面部分包括坡屋面、露台、雨篷、卫生间等处的防水、排水，计算时请认真识读图纸并结合图集，弄清楚其构造做法，同时要注意泛水的构造要求，厘清计算思路，注意计算顺序，将计算结果填入表 1、表 2。

分部分项定额工程量计算表　　**表 1**

序号	部位	计算式	计算结果	小计
		屋面及防水工程		
一		20 厚 1∶3 水泥砂浆找平层	m^2	
1	坡屋面			
2	楼面五（露台）			
3	雨篷			
二		4 厚 SBS 沥青防水卷材	m^2	
1	坡屋面			
2	雨篷			
三		40 厚 C20 细石混凝土找平层	m^2	
1	坡屋面			
四		ϕ4@150×150 钢筋网	t	
1	坡屋面			
2	楼面五（露台）			
五		沥青瓦	m^2	
1	坡屋面			
六		1∶2 聚氨酯防水涂料隔汽层	m^2	
	楼面五（露台）			
七		1.2 厚三元乙丙橡胶防水卷材	m^2	
1	楼面五（露台）			
八		砂浆隔离层	m^2	
1	楼面五（露台）			
九		40 厚 C25 细石混凝土找平层	m^2	
1	楼面五（露台）			
2	雨篷			

续表

序号	部位	计算式	计算结果	小计
十		1.5厚聚氨酯防水层	m^2	
1	楼面五（露台）			
2	一层卫生间			
3	二层卫生间			
十一		1.2厚聚氨酯防水涂膜	m^2	
1	雨篷			
十二		屋面铸铁落水口（带罩）ϕ100	只	
1	3.400			
2	4.500			
3	9.000			
4	12.800			
十三		PVC水斗ϕ110	只	
1	3.400			
2	4.500			
3	9.000			
4	12.800			
十四		PVC水落管ϕ110	m	
1	3.400			
2	4.500			
3	9.000			
4	12.800			
十五		成品金属檐沟	m	
	12.800			

屋面及防水工程分部分项计价表　　表2

序号	定额编号	项目名称	计量单位	工程量	综合单价（元）	合价（元）
1		20厚1∶3水泥砂浆找平层				
2		4厚SBS沥青防水卷材				
3		40厚C20细石混凝土找平层				
4		ϕ4@150×150钢筋网				
5		沥青瓦				
6		1∶2聚氨酯防水涂料隔汽层				
7		1.2厚三元乙丙橡胶防水卷材				

续表

序号	定额编号	项目名称	计量单位	工程量	综合单价（元）	合价（元）
8		砂浆隔离层				
9		40厚C25细石混凝土找平层				
10		1.5厚聚氨酯防水层				
11		1.2厚聚氨酯防水涂膜				
12		屋面铸铁落水口（带罩）ϕ100				
13		PVC水斗ϕ110				
14		PVC水落管ϕ110				
15		成品金属檐沟				
合计						

任务 2.8 习题

一、单项选择题

1. 保温隔热层的计量单位是(　　)。

A. 按“平方米”计算　　B. 按“立方米”计算

C. 按“米”计算　　D. 视情况而定

2. 工程量按体积计算的是(　　)。

A. 防腐混凝土面层　　B. 防腐砂浆面层

C. 块料防腐面层　　D. 砌筑沥青浸渍砖

3. 根据《建设工程工程量清单计价规范》GB 50500—2013 的有关规定，计算墙体保温隔热工程量清单时，对于有门窗洞口且其侧壁需作保温的，正确的计算方法是(　　)。

A. 扣除门窗洞口所占面积，不计算其侧壁保温隔热工程量

B. 扣除门窗洞口所占面积，计算其侧壁保温隔热工程量，将其并入保温墙体工程量内

C. 不扣除门窗洞口所占面积，不计算其侧壁保温隔热工程量

D. 不扣除门窗洞口所占面积，计算其侧壁保温隔热工程量

二、填空题

1. 墙体隔热，外墙按__________线，内墙按__________乘图示尺寸的高度及厚度以体积计算，应扣除冷藏门洞口和管道穿墙洞口所占的体积。

2. 平面砌筑双层耐酸块料时，按单层面积乘以系数__________计算。

3. 踢脚板按设计图示尺寸以面积计算。门洞所占面积__________（扣除/不扣除），相应侧壁展开面积__________（增加/不增加）。

三、计算题

1. 某平屋面工程如图 1 所示，其保温层为 60 厚聚苯乙烯泡沫塑料板。试计算屋面保温工程量并计价。

2. 【例 2-8-3】中屋面保温层的做法为聚苯乙烯挤塑板，厚 25mm。试计算其保温层的工程量并计价。

3. 某库房地面做 1∶0.533∶0.533∶3.121 不发火沥青砂浆防腐面层，踢脚线抹 1∶0.3∶1.5∶4 铁屑砂浆，厚度均为 20mm，踢脚线高度 200mm，如图 2 所示。墙厚均为 240mm，门洞地面做防腐面层，侧边不做踢脚线。根据工程量计算规范计算该库房工程防

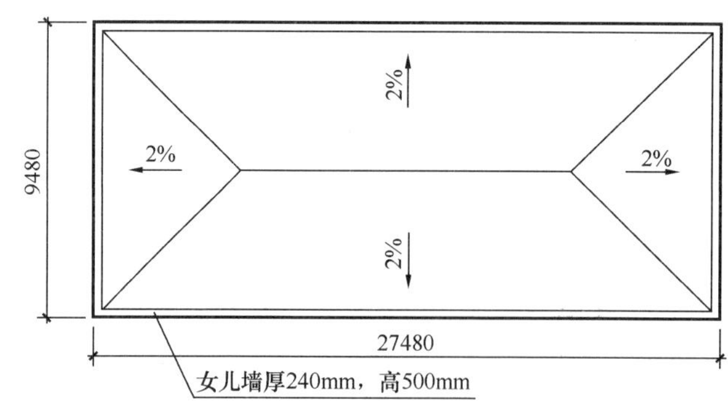

图 1　屋顶平面示意图

腐面层及踢脚线的分部分项工程量。

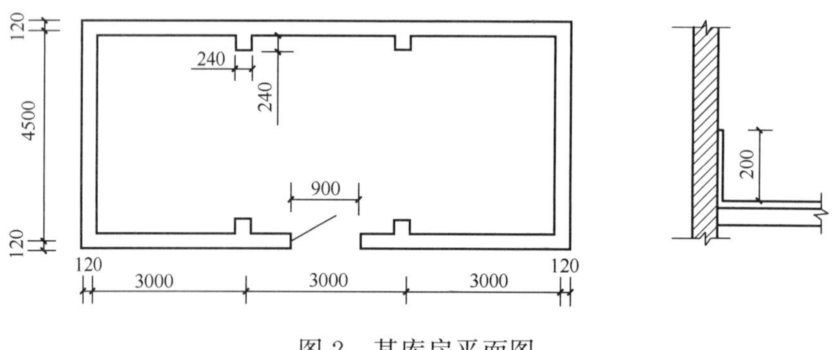

图 2　某库房平面图

4. 某工程示意图如图 3 所示，该工程外墙保温做法：①基层表面清理；②刷界面砂浆 5mm；③刷 30mm 厚胶粉聚苯颗粒；④门窗边做保温宽度为 120mm。试计算该工程外墙外保温的分部分项工程量。

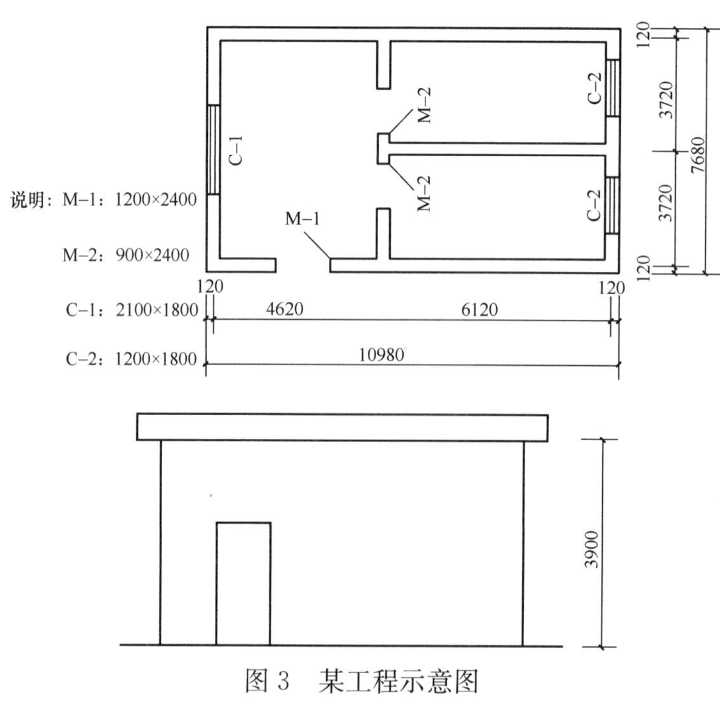

图 3　某工程示意图

任务 2.8 综合实训

请参考附图 1 计算思路和方法，按计价定额独立完成附图 2 图纸中保温隔热工程费计算。已知附图 2 保温隔热工程主要为外墙保温、坡屋面保温和平屋面保温，计算时注意识读图纸中相应位置，计算准确、不遗漏、将计算结果填入表 1、表 2。

分部分项定额工程量计算表 **表 1**

序号	部位	计算式	计算结果	小计
		保温隔热工程		
一		界面剂一道	m²	
1	保温不上人屋面			
二		屋面保温材料挤塑聚苯板 70 厚	m²	
1	保温不上人屋面			
2	楼面五（露台）			
3	雨篷			
三		LC5.0 轻集料混凝土最薄处 30 厚	m³	
1	楼面五（露台）			
2	雨篷			
四		发泡水泥保温板 40 厚	m²	
1	保温墙面			
五		发泡水泥保温板 90 厚	m²	
1	挑空楼板			

保温隔热工程分部分项计价表 **表 2**

序号	定额编号	项目名称	计量单位	工程量	综合单价（元）	合价（元）
1		界面剂一道				
2		屋面保温材料挤塑聚苯板 70 厚				
3		LC5.0 轻集料混凝土最薄处 30 厚				
4		墙体发泡水泥板保温层 40 厚				
5		发泡水泥保温板 90 厚				
合计						

任务 2.9 习题

一、判断题

1. 整体面层、块料面层中的楼地面项目，均包括踢脚线工料。（ ）

2. 水泥砂浆、水磨石楼梯包括踏步、踢脚板、踢脚线、平台、堵头，楼梯底抹灰，楼梯底抹灰按天棚抹灰相应项目执行。（ ）

3. 整体面层的踢脚线按延长米计算。其门洞长度不予扣除，侧壁不增加；块料面层踢脚线按图示尺寸以实贴延长米计算，门洞扣除，侧壁另加。（ ）

4. 楼地面面层定额项目均不包括酸洗打蜡，设计采用酸洗打蜡的，应另列项目进行计算。（ ）

5. 石材块料面板镶贴及切割费用已包含在定额内，但石材磨边未包含在内。（ ）

二、填空题

1. 整体面层、找平层均按________计算，应扣除凸出地面________、设备基础、地沟等所占面积，不扣除柱、垛、________、附墙烟囱及面积在________的孔洞所占面积，但门洞、空圈、暖气包槽、壁龛的开口部分________。

2. 块料面层，按________计算，应扣除凸出地面的构筑物、设备基础、柱、间壁墙等不做面层的部分，0.3m²以内的孔洞面积不扣除，门洞、空圈、暖气包槽、壁龛的开口部分的工程量________。

3. 计算内墙面抹灰面积时，洞口侧壁和顶面抹灰________；计算外墙面抹灰面积时，洞口侧壁、顶面及垛等抹灰，应________。

4. 内墙面抹灰长度，以________计算，其高度按________确定，不扣除________所占面积。

5. 玻璃幕墙以框________计算。自然层的水平隔离与建筑物的连接按________计算。幕墙上下设计有窗者，计算幕墙面积时，窗面积________，但按照定额要求相应增加人工和材料。

6. 砖墙中平墙面的混凝土柱、梁等的抹灰工程量应________计算，凸出墙面的混凝土柱、梁面抹灰工程量应________计算。

7. 块料柱梁面均按块料面层的建筑尺寸面积计算。门窗洞口面________，侧壁、附垛贴面应________。

8. 楼梯底面并入相应的________工程量内计算。混凝土楼梯、螺旋楼梯的底板为斜板时，按其水平投影面积（包括休息平台）乘系数________。

9. 天棚面抹灰按____________计算，天棚饰面的面积按计算。二者均不扣除间壁墙、检修孔、附墙烟囱、柱垛和管道所占面积，但天棚饰面应扣除独立柱、0.3m^2 以上的灯饰面积（石膏板、夹板天棚面层的灯饰面积不扣除）与天棚相连接的窗帘盒面积。

10. 密肋梁、井字梁、带梁天棚抹灰面积，按__________计算，并入天棚抹灰工程量内。

三、计算题

1. 某房屋平面如图 1 所示，装修做法如下：①水泥砂浆地面，粘贴 200mm 高水磨石踢脚板；②地面铺 600mm×600mm 全瓷地砖，150mm 高瓷砖踢脚线。试分别计算地面、踢脚板的工程量。

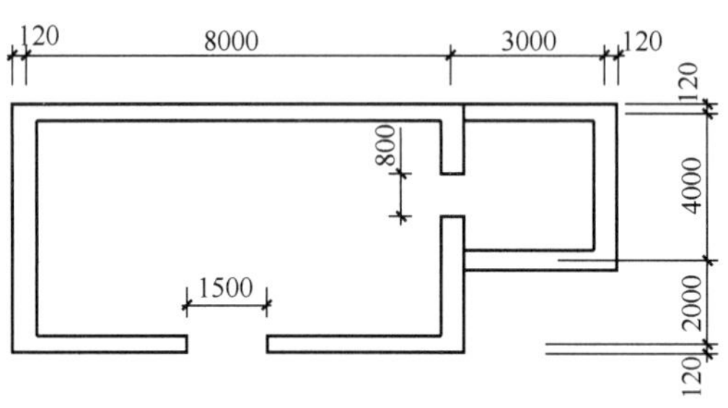

图 1

2. 某工程如图 2 所示，内墙面抹 1∶2 水泥砂浆底，1∶3 石灰砂浆找平层，麻刀石灰浆面层，共 20mm 厚。内墙裙采用 1∶3 水泥砂浆打底（19 厚），1∶2.5 水泥砂浆面层（6 厚），门窗尺寸：M：1000mm×2700mm，C：1500mm×1800mm。试计算内墙面抹灰工程量并计价。

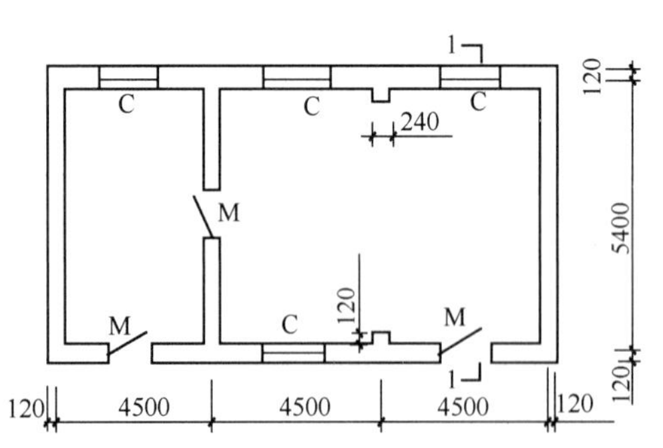

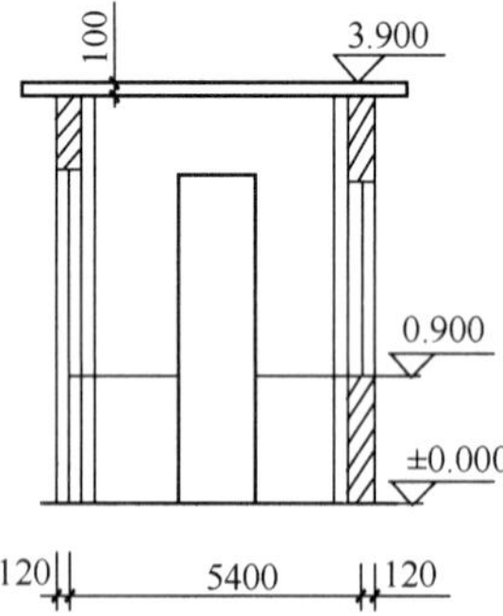

图 2

3. 某三级天棚尺寸如图 3 所示，钢筋混凝土板下吊双层楞木，面层为塑料板。试计算顶棚工程量并计价。

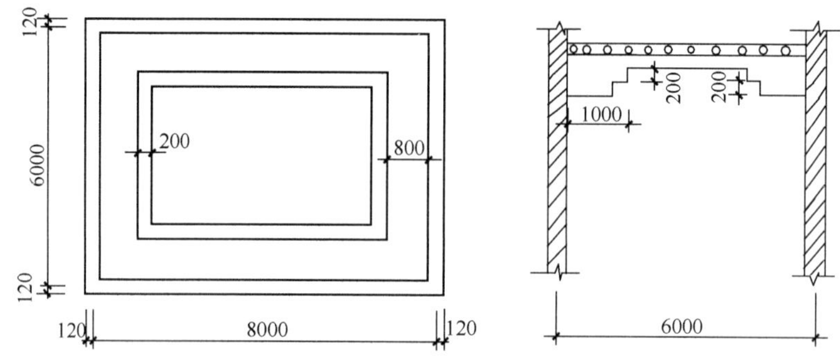

图 3　某三级天棚尺寸示意图

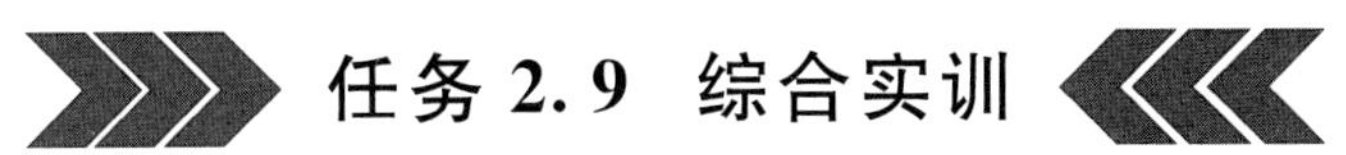

任务 2.9 综合实训

附图2：党群服务中心建筑施工图、结构施工图

请参考附图 1 计算思路和方法，按计价定额独立完成附图 2 图纸中装饰工程费计算。将计算结果填入表 1、表 2。

分部分项定额工程量计算表 **表 1**

序号	部位	计算式	计算结果	小计
		楼地面工程		
一		垫层（60 厚 C20 混凝土垫层）	m^3	
1	一层			
二		防滑地砖地面（10 厚防滑地砖）	m^2	
1	一层卫生间及前室			
三		水泥砂浆地面（20 厚 1∶2.5 水泥砂浆）	m^2	
1	一层强弱电间			
四		水磨石楼梯（30 厚彩色混凝土面层）	m^2	
1	所有楼梯踏步			
五		楼梯防滑铜条（1∶1 水泥金刚砂防滑条）	m	
1	楼梯一			
六		水磨石地面（10 厚 1∶2.5 水泥彩色石子地面，磨光打蜡）	m^2	
1	一层其他房间			
七		水磨石嵌铜条	m	
1	一层其他房间			
八		水磨石踢脚线（15 厚预制水磨石板）	m	
1	水磨石地面处			
九		水泥砂浆找平层（20 厚 1∶3 水泥砂浆找平）	m^2	
1	二三层强弱电间			
十		防滑地砖楼面（10 厚防滑地砖）	m^2	
1	二三层卫生间及前室			
十一		水泥砂浆楼面（20 厚 1∶2.5 水泥砂浆）	m^2	
1	空调外挂机平台			
十二		防滑地砖楼面（10 厚防滑地砖）	m^2	
1	二三层其他房间			
十三		地砖踢脚线	m	

续表

序号	部位	计算式	计算结果	小计
1	地砖地面处			
		墙柱面工程		
一		块料墙面（墙面砖）	m^2	
1	卫生间			
		天棚工程		
一		天棚龙骨	m^2	
1	顶棚三			
二		天棚吊筋（10 号镀锌低碳钢丝吊杆）	m^2	
1	顶棚三			
三		天棚面层（9 厚矿棉装饰吸声板）	m^2	
1	顶棚三			
四		天棚龙骨	m^2	
1	顶棚二			
五		天棚吊筋（龙骨吸顶吊件）	m^2	
1	顶棚二			
六		天棚面层（5 厚穿孔难燃胶合板）	m^2	
1	顶棚二			

注：部分墙面、天棚采用油漆、涂料等装修做法以及面层做法不明的，未包含在本表中。

装饰工程分部分项计价表 **表 2**

序号	定额编号	项目名称	计量单位	工程量	综合单价（元）	合价（元）
1		垫层（60 厚 C20 混凝土垫层）				
2		防滑地砖地面（一层卫生间及前室，10 厚防滑地砖）				
3		水泥砂浆地面（一层强弱电间，20 厚 1∶2.5 水泥砂浆）				
4		水磨石楼梯（所有楼梯面层，30 厚彩色混凝土面层）				
5		楼梯防滑铜条（楼梯一，1∶1 水泥金刚砂防滑条）				
6		水磨石地面（一层其他房间，10 厚 1∶2.5 水泥彩色石子地面，磨光打蜡）				
7		水磨石嵌铜条（一层其他房间）				

续表

序号	定额编号	项目名称	计量单位	工程量	综合单价（元）	合价（元）
8		水磨石踢脚线（15厚预制水磨石板）				
9		水泥砂浆找平层（二、三层强弱电间，20厚1∶3水泥砂浆找平）				
10		防滑地砖楼面（二、三层卫生间及前室，10厚防滑地砖）				
11		水泥砂浆楼面（空调外挂机平台，20厚1∶2.5水泥砂浆）				
12		防滑地砖楼面（二、三层其他房间，10厚防滑地砖）				
13		地砖踢脚线				
14		块料墙面（卫生间，墙面砖）				
15		天棚龙骨（卫生间：T型轻钢横撑龙骨TB24×28，中距600，与次龙骨插接；T型轻钢次龙骨TB24×28，中距600，与主龙骨插接；T型轻钢主龙骨TB24×38，间距800）				
16		天棚吊筋（卫生间，10号镀锌低碳钢丝吊杆）				
17		天棚面层（卫生间，9厚矿棉装饰吸声板）				
18		天棚龙骨（多功能厅、教育培训基地、入口大堂、党建展示：C型轻钢覆面次龙骨CB50×20，间距≤400；C型轻钢覆面横撑龙骨CB50×20，间距≤1200）				
19		天棚吊筋（龙骨吸顶吊件）				
20		天棚面层（5厚穿孔难燃胶合板）				
合计						

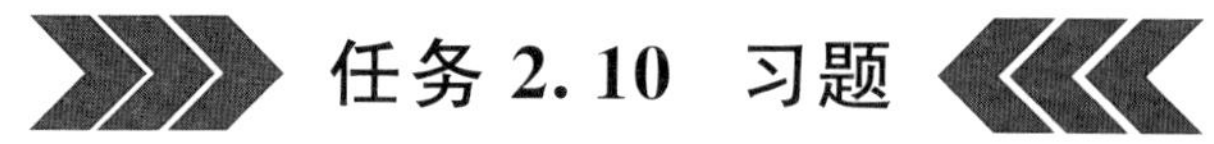

任务 2.10 习题

一、单项选择题

1. 根据江苏省2014计价定额的规定，可以计算建筑物超高增加费的是(　　)。

A. 5层房屋　　B. 檐高20m的建筑物

C. 6层房屋　　D. 檐高25m的建筑物

2. 根据江苏省2014计价定额的规定，建筑檐高整个超过20m或层数超过6层部分应按其超过部分的建筑面积计算(　　)。

A. 整层超高费　　B. 层高超高费

C. 每米增高超高费　　D. 装饰工程超高人工降效系数

3. 根据江苏省2014计价定额的规定，单独装饰工程超高人工降效系数，以超过20m部分或6层部分的(　　)。

A. 建筑面积计算工程量　　B. 层数计算工程量

C. 人工费计算工程量　　D. 分部分项工程费计算工程量

4. 根据江苏省2014计价定额，下列关于建筑物超高增加费说法正确的是(　　)。

A. 对于坡屋面内空间设计加以利用的，计算超高费时，檐口高度应从设计室外地面算至坡屋面山尖1/2处

B. 建筑物层高超过3.6m时，应按超高费章节相应子目计算层高超高费

C. 超高费中不包含垂直运输机械的降效费用

D. 对于自然地面标高低于设计室外标高的情况，在计算超高费时，檐口高度应从自然地面标高起算

5. 某住宅工程，6层，无地下室，檐口高度21m。从设计室外地面到第六层楼面高度为18m，从设计室外地面到第六层楼顶面高度为21m。已知第六层的建筑面积为800m^2，则按江苏省2014年计价定额，该住宅工程的超高费为(　　)。

A. 4688.00元　　B. 7788.00元　　C. 14064.00元　　D. 23364.00元

二、填空题

1. 超高费内容包括__________、__________、__________和__________等所需费用。超高费包干使用，不论实际发生多少，均按江苏省2014计价定额执行，不调整。

2. 建筑物檐高超过20m或建筑物超过6层部分的按__________计算。

3. 建筑物檐高超过 20m，但其最高一层或其中一层楼面未超过 20m 且在 6 层以内时，则该楼层在 20m 以上部分的超高费，每超过 1m（不足 0.1m 按 0.1m 计算）按相应定额的____________计算。

4. 建筑物 20m 或 6 层以上楼层，如层高超过____________时，层高每增高 1m（不足 0.1m 按 0.1m 计算）按相应子目的 20%计取。

5. 同一建筑物中有 2 个或 2 个以上的不同檐口高度时，应分别按____________竖向切面的建筑面积套用定额。

三、计算题

1. 某多层民用建筑的檐口高度为 29m，共 7 层，室内外高差为 0.45m，第一层层高为 4.55m，第二层至第七层层高为 4.0m，每层建筑面积为 600m²。试计算建筑物超高费。

2. 某商住楼，室内外高差为 0.3m，主楼为 9 层加屋顶楼梯间顶标高为 30.4m，其中底层层高为 3.7m，二层至九层层高为 3.0m，每层建筑面积为 1200m²；顶层上楼梯间高 2.4m，屋顶楼梯间建筑面积为 35.5m²；附楼共 7 层，底层层高为 3.7m，二层至七层层高为 3.0m，每层建筑面积为 600m²。试计算建筑物超高费。

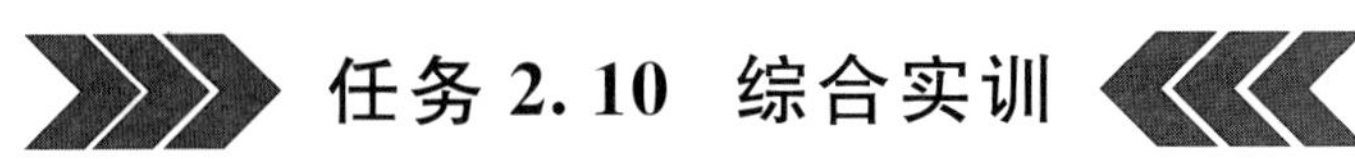

附图2：党群服务中心建筑施工图、结构施工图

附图 1 和附图 2 的檐高都未超过 20m，层数没有超过 6 层，最高一层楼面未超过 20m 且在 6 层以内，不计取建筑物超高增加费。

任务 2.11 习题

一、单项选择题

1. 砖基础自(　　)超过 1.50m 时，按相应砌墙脚手架执行。

A. 设计室内地坪至垫层（或混凝土基础）上表面的深度

B. 设计室内地坪至垫层（或混凝土基础）下表面的深度

C. 设计室外地坪至垫层（或混凝土基础）上表面的深度

D. 设计室外地坪至垫层（或混凝土基础）下表面的深度

2. 建筑物檐高高度超过 20m，但其最高一层或其中一层楼面未超过 20m 时，则该楼层脚手架材料增加费(　　)。

A. 不能计算超高增加费

B. 按整层计算超高增加费

C. 20m 以上部分计算每增高 1m 增加费

D. 既按整层计算超高增加费又计算 20m 以上部分每增高 1m 增加费

3. 砌体高度在(　　)以内者，套用里脚手架。

A. 3m　　B. 3.6m　　C. 5m　　D. 8m

4. 室内（包括地下室）净高超过(　　)时，天棚需抹灰（包括钉天棚）应按满堂脚手架计算。

A. 3m　　B. 3.6m　　C. 5m　　D. 8m

5. 凡砌筑高度超过(　　)的砌体均需计算脚手架。

A. 1.5m　　B. 2m　　C. 3m　　D. 3.6m

6. 某住宅工程，3 层，无地下室，檐高 11.05m，建筑面积为 2000m^2，层高均在 3.6m 以内，按 2014 年计价定额，则该工程的综合脚手架费用应为(　　)。

A. 42820.00 元　　B. 35980.00 元　　C. 32660.00 元　　D. 29040.00 元

7. 某工业厂房中，已知抹灰脚手架搭设高度为 13m，按 2014 年计价定额，该抹灰脚手架的定额综合单价为(　　)。

A. 95.08 元/10m^2　B. 123.88 元/10m^2　C. 130.07 元/10m^2　D. 136.27 元/10m^2

二、填空题

1. 脚手架分为__________和__________两部分。

2. 凡砌筑高度超过__________砌体均需计算脚手架。

3. 砌体高度在 3.60m 以内者，套用_______________；高度超过 3.60m 者，套用__________。

4. 层高超过 3.6m 的钢筋混凝土框架柱、墙（楼板、屋面板为现浇板）所增加的混凝土浇捣脚手架费用，以每 10m^2 __________，按满堂脚手架相应子目乘以 0.3 系数执行。

5. 天棚抹灰高度超过__________，按室内净面积计算满堂脚手架。

三、计算题

1. 如图 1 所示，试计算现浇混凝土框架柱脚手架工程量。

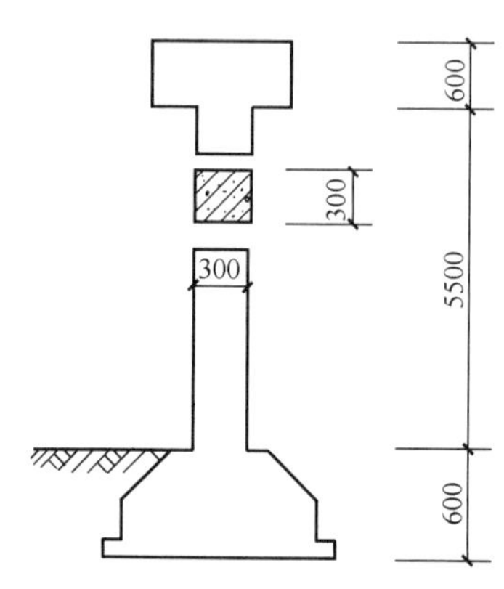

图 1　现浇框架柱示意图

2. 如图 2 所示，试计算现浇混凝土框架梁脚手架工程量。

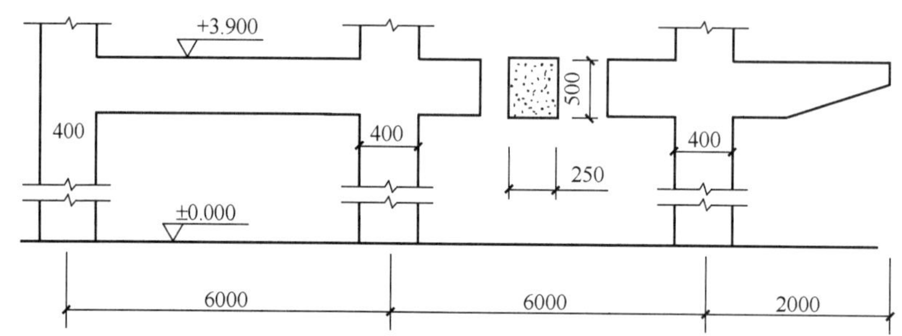

图 2　某现浇混凝土梁示意图

3. 如图 3 所示，试计算独立砖柱脚手架工程量。

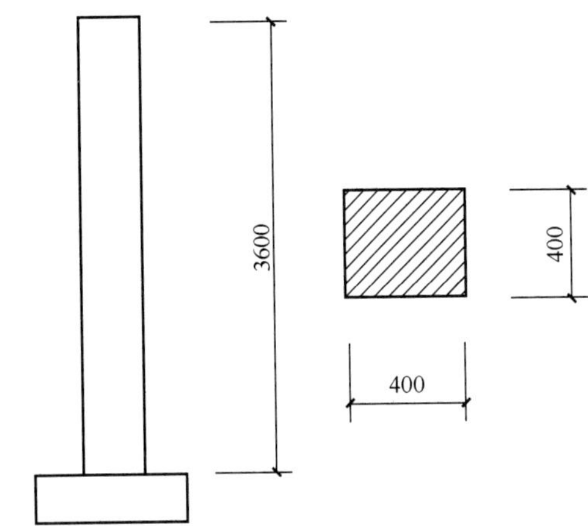

图 3　某独立砖柱示意图

4. 如图 4 所示，试计算脚手架工程量（已知基础长＝20m）。

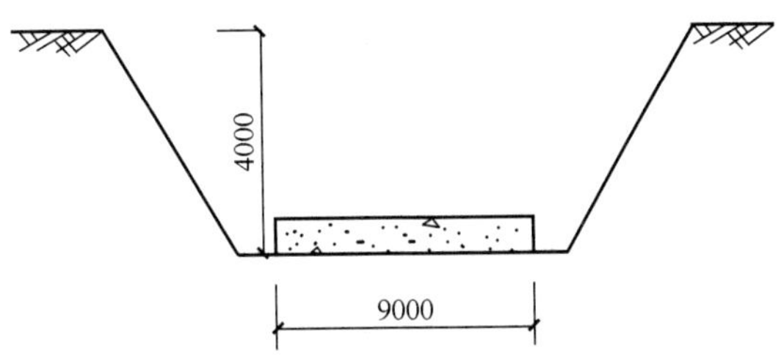

图 4　满堂基础示意图

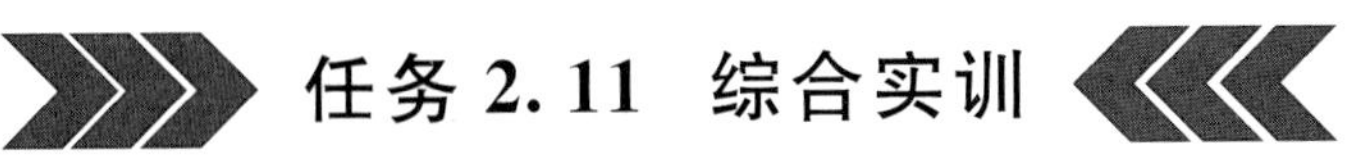

任务 2.11　综合实训

请参考附图 1 计算思路和方法，按计价定额独立完成附图 2 图纸中脚手架工程费计算。附图 2 不符合单项脚手架计算要求，按综合脚手架考虑。但层高超过 3.6m 的钢筋混凝土框架柱、梁、墙混凝土浇捣脚手架单独列项，按单项定额规定计算。试将计算结果填入表 1、表 2。

分部分项定额工程量计算表　　**表 1**

序号	部位	计算式	计算结果	小计
		脚手架工程		
一		综合脚手架	m^2	
1	层高在 8m 以内			
2	层高在 5m 以内			
3	层高在 3.6m 以内			
二		单项脚手架	m^2	
1	混凝土浇捣脚手架基本层 8m 以内			
2	混凝土浇捣脚手架基本层 5m 以内			

脚手架工程分部分项计价表　　**表 2**

序号	定额编号	项目名称	计量单位	工程量	综合单价（元）	合价（元）
1		综合脚手架，檐高在 12m 以上，层高在 8m 内				
2		综合脚手架，檐高在 12m 以上，层高在 5m 内				
3		综合脚手架，檐高在 12m 以上，层高在 3.6m 内				
4		满堂脚手架，基本层高 8m 以内				
5		满堂脚手架，基本层高 5m 以内				
合计						

任务 2.12 习题

一、填空题

1. 现浇钢筋混凝土整体楼梯的模板工程量按楼梯露明水平投影面积计算，不扣除__________mm 的楼梯井所占的面积，伸入墙内部分__________（增加/不另增加）。

2. 混凝土底板面积在 1000m² 内，有梁式满堂基础的反梁或地下室墙侧面的模板如用砖侧模时，砖侧模的费用__________（增加或不增加）；超过 1000m² 时，反梁用砖侧模，则砖侧模及边模的组合钢模应分别另列项目计算。

3. 现浇钢筋混凝土柱、梁、墙、板的支模高度以净高（底层无地下室者高需另加室内外高差）在________以内为准，净高超过________的构件其钢支撑、________及________需乘以系数。例如，高度在 5m 以内的框架柱，其支模用钢支撑及零星卡具的消耗量乘以系数________，模板人工乘以系数________。

4. 投标报价时模板工程量可按设计图纸计算模板__________或使用__________折算模板面积，两种方法仅能使用其中一种，相互不得混用。使用含模量者，竣工结算时模板面积________（可以/不得）调整。

5. 柱、梁、板的支模高度净高是指：无地下室底层是指设计__________地面至上层板底面；其他层是指楼层板________至上层板______。

6. 构造柱按图示________计算面积，锯齿形部分按锯齿形最宽面计算模板宽度。

7. 现浇混凝土及钢筋混凝土模板工程量除另有规定者外，均按混凝土与模板的______以平方米计算。若使用含模量计算模板接触面积者，其工程量=____________________。

8. 模板材料已包含砂浆垫块与钢筋绑扎的 22 号镀锌铁丝在内，现浇构架和现场预制构件不用砂浆垫块，而改用塑料卡，每 10m² 模板另加塑料卡费用________，计______只。

9. 计算混凝土墙模板时：墙长算至________；无柱或暗柱时，外墙按__________计算，内墙按________计算，暗柱按________墙内工程量计算；墙高算至______，无梁或暗梁时，算至______，暗梁按________墙内工程量计算，无板无梁时，算至________。

10. 计算墙模板时，__________（扣除/不扣除）后浇带，单面附墙柱凸出墙面部分按__________墙面模板工程量计算，双面附墙柱按________计算。

11. 已知某工程中，现浇混凝土矩形柱截面尺寸为 600mm×600mm，且该尺寸矩形柱合计混凝土工程量为 25.00m³，根据 2014 计价定额中《混凝土及钢筋混凝土构件模板、钢筋含量表》中的含模量计算，该尺寸矩形柱的模板合计工程量为______________。

二、计算题

1. 某三类工程的独立基础，如图 1 所示，共 20 个基础。分别按接触面积计算和含模量计算模板工程量并计价。

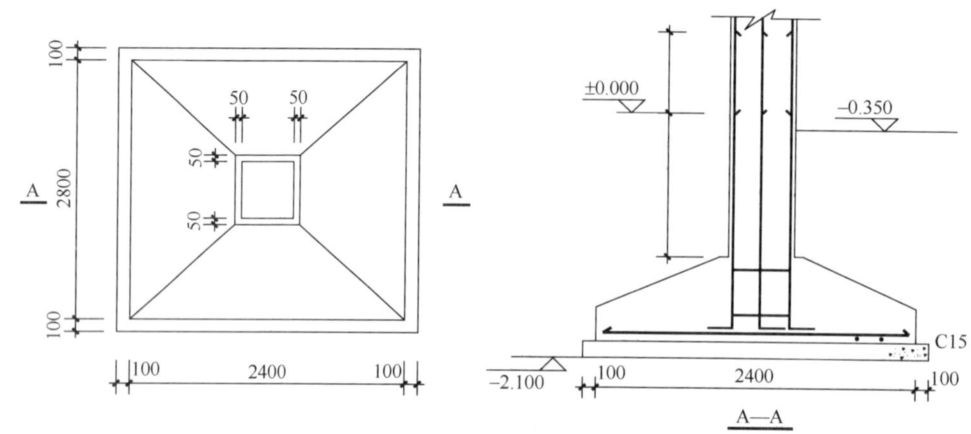

图 1　某三类工程独立基础示意图

2. 某多层现浇框架办公楼三层楼面如图 2 所示，板厚 120mm，二层楼面至三层楼面高 4.2m。请根据 2014 计价定额有关规定，计算该层楼面④～⑤轴和Ⓒ～Ⓓ轴范围内的（计算至 KL1、KL5 梁外侧）现浇混凝土梁板的模板工程量（分别按接触面积和含模量计算并按 2014 计价定额计价）。

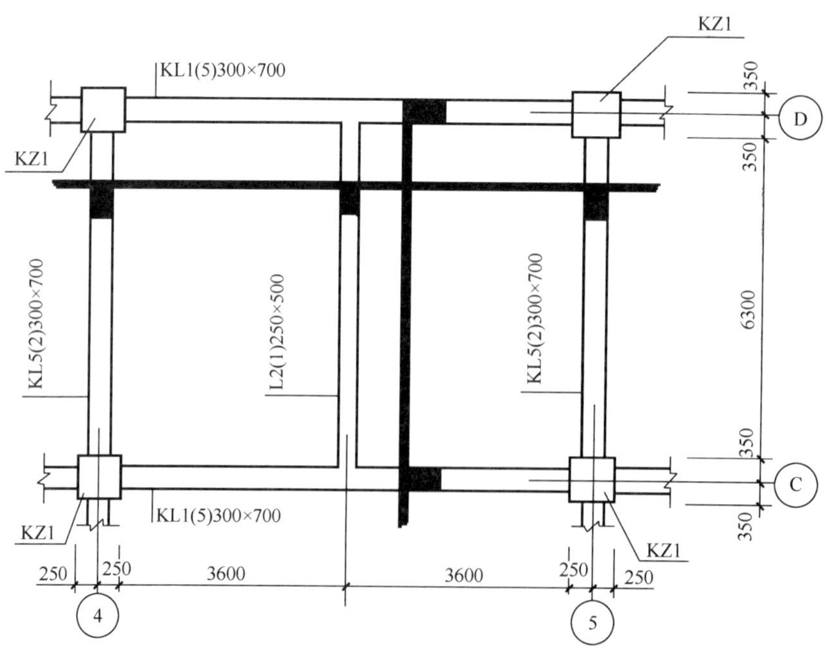

图 2　某多层现浇框架办公楼三层楼面示意图

3. 某工程现浇混凝土构造柱断面如图 3 所示，其中有 4 根布置在直角转角处，4 根布置在 T 形转角处（构造柱为 370mm×240mm），该工程墙体厚度为 240mm。构造柱高为 20.04m。试计算其模板接触面积（采用复合木模）工程量并计价。

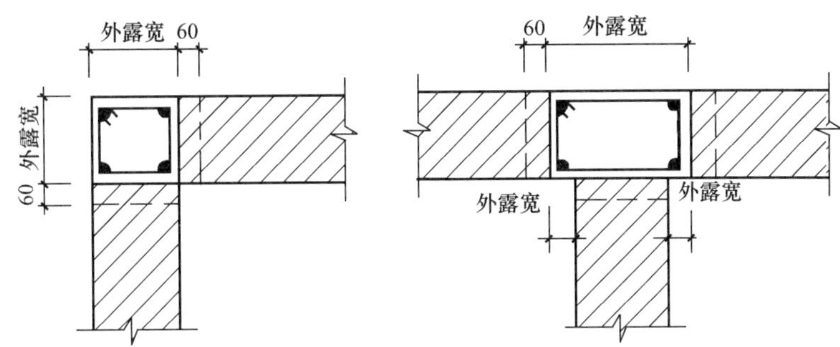

图 3　构造柱外露宽需支模板示意图

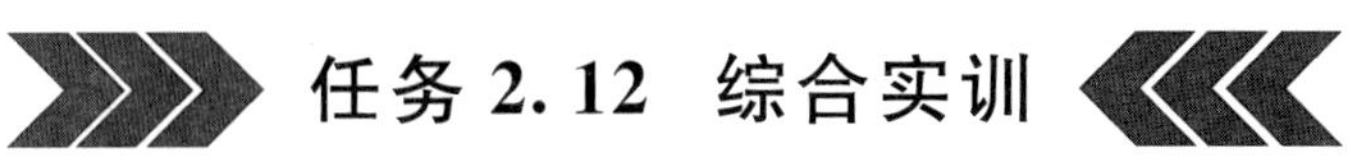

任务 2.12　综合实训

附图2：党群服务中心建筑施工图、结构施工图

请参考附图 1 计算思路和方法，按计价定额用含模量法独立完成附图 2 图纸中模板工程费计算（模板采用复合木模板）。将计算结果填入表 1、表 2。

单价措施项目定额工程量计算表　　　　**表 1**

序号	部位	计算式	计算结果	小计
		模板工程		
一		混凝土垫层	m^2	
1				
二		桩承台基础	m^2	
1				
三		无梁式带形基础	m^2	
1				
四		矩形柱（断面周长 1.6m 以内，支模高度 8m 以内）	m^2	
1	基础顶～5.350			
五		矩形柱（断面周长 2.5m 以内，支模高度 8m 以内）	m^2	
1	基础顶～5.350			
六		矩形柱（断面周长 1.6m 以内，支模高度 3.6m 以内）	m^2	
1	5.350～屋顶			
七		矩形柱（断面周长 1.6m 以内，支模高度 5m 以内）	m^2	
1	5.350～屋顶			
八		构造柱	m^2	
1				
九		基础梁	m^2	
1				
十		地圈梁	m^2	
1				
十一		圈梁（水平系梁）	m^2	
1				
十二		圈梁（窗台梁）	m^2	
1				
十三		女儿墙压顶	m^2	

续表

序号	部位	计算式	计算结果	小计
1				
十四		门窗边框	m^2	
1				
十五		直形墙	m^2	
1				
十六		有梁板（板厚200以内，支模高度8m以内）	m^2	
1	5.350标高			
十七		有梁板（板厚200以内，支模高度5m以内）	m^2	
1	9.250标高			
十八		有梁板（板厚200以内，支模高度5m以内，斜板）	m^2	
1	屋顶			
十九		有梁板（板厚200以内，支模高度3.6m以内，斜板）	m^2	
1	屋顶			
二十		楼梯	m^2	
1				
二十一		复式雨篷	m^2	
1				
二十二		台阶	m^2	
1				

模板工程单价措施项目计价表 **表2**

序号	定额编号	项目名称	计量单位	工程量	综合单价（元）	合价（元）
1		混凝土垫层复合木模板				
2		桩承台基础复合木模板				
3		无梁式带形基础复合木模板				
4		矩形柱复合木模板（断面周长1.6m以内，支模高度8m以内）				
5		矩形柱复合木模板（断面周长2.5m以内，支模高度8m以内）				
6		矩形柱复合木模板（断面周长1.6m以内，支模高度3.6m以内）				
7		矩形柱复合木模板（断面周长1.6m以内，支模高度5m以内）				

续表

序号	定额编号	项目名称	计量单位	工程量	综合单价（元）	合价（元）
8		构造柱复合木模板				
9		基础梁复合木模板				
10		地圈梁复合木模板				
11		圈梁复合木模板（水平系梁）				
12		圈梁复合木模板（窗台梁）				
13		直形墙复合木模板				
14		有梁板复合木模板（板厚200以内，支模高度8m以内）				
15		有梁板复合木模板（板厚200以内，支模高度5m以内）				
16		有梁板复合木模板（板厚200以内，支模高度5m以内，斜板）				
17		有梁板复合木模板（板厚200以内，支模高度3.6m以内，斜板）				
18		楼梯复合木模板				
19		复式雨篷复合木模板				
20		台阶复合木模板				
21		女儿墙压顶复合木模板				
22		门窗边框复合木模板				
合计						

任务 2.13 习题

一、单项选择题

1. 某办公楼，现浇框架结构，檐口高度 35m，层数 8 层，为二类工程。施工方案中垂直运输机械仅配置自升式塔式起重机 1 台。根据 2014 计价定额，考虑工程类别对管理费、利润费率影响，按该施工方案，该办公楼的垂直运输费的定额综合单价为(　　)。

A. 732.30 元/天　B. 727.65 元/天　C. 712.05 元/天　D. 509.11 元/天

2. 根据 2014 计价定额的规定，建筑物垂直运输中的卷扬机施工考虑的机械为(　　)。

A. 1 台卷扬机　B. 2 台卷扬机

C. 1 台塔式起重机、1 台卷扬机　D. 1 台塔式起重机、2 台卷扬机

3. 根据 2014 计价定额的规定，建筑物垂直运输中的塔吊施工考虑的机械为(　　)。

A. 1 台卷扬机　B. 2 台卷扬机

C. 1 台塔式起重机、1 台卷扬机　D. 1 台塔式起重机、2 台卷扬机

4. 根据 2014 计价定额的规定，不计算垂直运输机械台班的单层建筑物垂直运输高度为(　　)。

A. 3.6m 以内　B. 5m 以内　C. 8m 以内　D. 9m 以内

5. 某项目施工降水采用轻型井点降水，共布置降水管 68 根，降水周期为 20 天。按 2014 计价定额，该工程的施工降水措施费为(　　)。

A. 14912.40 元　B. 17553.38 元　C. 22325.35 元　D. 22543.38 元

二、填空题

1. 施工排水和基坑排水的区别是＿＿＿＿＿＿＿＿＿＿。

2. 基坑排水的两个条件是＿＿＿＿＿＿、＿＿＿＿＿＿。

3. 如果有一工程在施工中没有挖出水来，＿＿＿＿＿＿(仍需要/不需要) 计算基坑排水。

4. 基坑、地下室排水按＿＿＿＿＿＿以＿＿＿＿＿＿为单位计算。

5. 井点降水材料使用摊销量中＿＿＿＿＿＿(包括/不包括) 井点拆除时材料损耗量?

6. 井点降水＿＿＿＿＿＿根为一套，累计根数不足一套者，按＿＿＿＿＿＿计算。井点使用计价表单位为＿＿＿＿＿＿，一天按＿＿＿＿＿＿小时计算。井管的安装、拆除以＿＿＿＿＿＿计算。

三、计算题

1. 某工程项目，整板基础，在地下常水位以下，基础面积 150×25 (m^2)，基础埋深 5.5m，地下水位在地面以下 1m，施工采用井点降水，基础施工工期为 80 天。试编制井点降水施工组织设计方案并计算井点降水费用。

2. 某工程为框架-剪力墙结构，18 层，每层建筑面积 2000m^2。钢筋混凝土箱形基础，一层地下室，现场配置 80t 自升塔式起重机、带塔卷扬机各一台。试计算该工程计价表垂直运输费。

3. 某三类工程因施工现场狭窄，计有 300t 弯曲成型钢筋和 20 万块空心砖发生二次转运，成型钢筋采用人力双轮车运输，转运运距 250m，空心砖采用人力双轮车运距，转运运距 100m。试计算该工程计价表二次转运费。

任务 2.13 综合实训

附图2：党群服务中心建筑施工图、结构施工图

附图 2 中施工排水、降水及二次搬运费暂不考虑。请参考附图 1 计算思路和方法，按计价定额独立完成附图 2 图纸中垂直运输机械费的计算。工期请查阅《建筑安装工程工期定额》TY01-89-2016。垂直运输考虑施工用 1 台塔吊，型号 QTZ50，施工电梯双笼 1 部；大型机械设备进出场及安拆费考虑按塔式起重机 60kN·m 以内的场外运输及组装拆卸费、施工电梯 75m 的场外运输及组装拆卸费。试将计算结果填入表 1、表 2。

分部分项定额工程量计算表 **表 1**

序号	部位	计算式	计算结果	小计
一		垂直运输机械费		
1	塔式起重机施工			
2	塔式起重机基础、塔式起重机与建筑物连接件			
3	电梯基础、电梯与建筑物连接件			
二		大型机械进退场费		
1	塔式起重机场外运输费用			
2	塔式起重机组装拆卸费用			
3	电梯场外运输费用			
4	电梯组装拆卸费用			

分部分项计价表 **表 2**

序号	定额编号	项目名称	计量单位	工程量	综合单价（元）	合价（元）
		垂直运输费				
1		塔式起重机施工，现浇框架，檐口高度 20m 以内				
2		塔式起重机基础自升式塔式起重机起重能力在 630kN·m 以内				
3		施工电梯基础双笼				

续表

序号	定额编号	项目名称	计量单位	工程量	综合单价（元）	合价（元）
		大型机械进退场费				
4		塔式起重机场外运输费用				
5		塔式起重机组装拆卸费用				
6		电梯场外运输费用				
7		电梯组装拆卸费用				
合计						

任务 3.1 习题

一、单项选择题

1. 工程量清单的编制者是(　　)。

A. 建设主管部门　　B. 招标人

C. 投标人　　D. 工程造价咨询机构

2. 从性质上说，工程量清单是(　　)的组成部分。

A. 招标文件　　B. 施工设计图纸

C. 投标文件　　D. 可行性研究报告

3. 对工程量清单概念表述不正确的是(　　)。

A. 工程量清单是包括工程数量的明细清单

B. 工程量清单也包括工程数量相应的单价

C. 工程量清单由招标人提供

D. 工程量清单是招标文件的组成部分

4. 建筑物的场地平整工程量应(　　)。

A. 按实际体积计算

B. 按地下室面积计算

C. 按设计图示尺寸以建筑物首层建筑面积计算

D. 按基坑开挖面积计算

5. 现浇混凝土矩形柱的工程量在计算时，其柱高的计算方法错误的是(　　)。

A. 有梁板的柱高，应自柱基上表面（或楼板上表面）至上一层楼板上表面之间的高度计算

B. 无梁板的柱高，应自柱基上表面（或楼板上表面）至柱帽下表面之间的高度计算

C. 框架柱的柱高，应自柱基上表面（或楼板上表面）至柱顶高度计算

D. 依附柱上的牛腿和升板的柱帽不并入柱身体积计算

6. 已知某单层建筑物其外墙中心线长度为 50.9m，内墙净长度 96.7m，墙厚 240mm，墙高 3.3m，其中门窗面积为 90.4m^2，400mm×600mm 孔洞有 8 个，构造柱的体积为 13.62m^3，圈梁体积为 8.48m^3，则该墙的工程量为(　　)。

A. 80.41m^3　　B. 73.10m^3　　C. 72.64m^3　　D. 95.20 m^3

7. 混凝土灌注桩的工程量按(　　)计算。

A. 设计图示桩尺寸体积以立方米

B. 设计图示尺寸桩体积＋扩大头部分体积以立方米

C. 设计图示桩长度尺寸以米

D. 设计图示桩尺寸体积＋充盈量以立方米

8. 关于土方工程量的计算下面说法不正确的是(　　)。

A. 场地平整按设计图示尺寸以建筑物首层建筑面积计算

B. 基础挖土方按基础底面积乘以挖土深度计算

C. 管沟土方按设计图示中心线乘管沟宽度再乘平均深度以体积计算

D. 土方工程量计算时不考虑放坡、操作工作面、支挡土板等措施

9. 现浇楼梯工程量按图示水平投影面积计算，楼梯井面积是否扣除的界限值是(　　)。

A. 300mm　　B. 400mm　　C. 500mm　　D. 600mm

10. 框架柱的柱高应自柱基上表面算至(　　)之间的高度计算。

A. 楼板下表面　　B. 楼板上表面　　C. 梁底面　　D. 柱顶

11. 梁与柱相连时，梁长算至(　　)。

A. 柱的侧面　　B. 轴线　　C. 柱中心线　　D. 柱外缘线

12. 与墙相连的薄壁柱按(　　)项目编码列项。

A. 矩形柱　　B. 异形柱　　C. 墙　　D. 板

13. 楼梯与楼地面相连时，无梯口梁者算至最上一层踏步边沿加(　　)mm。

A. 100　　B. 200　　C. 300　　D. 500

14. 天棚吊顶清单工程量应扣除(　　)所占面积。

A. 独立柱　　B. 附墙柱　　C. 检查口　　D. 间壁墙

二、填空题

1. 分部分项工程量清单的五个要件是项目编码、__________、__________、________和________。

2. 整体面层清单工程量按设计图示尺寸以面积计算。扣除__________、__________、__________、__________，不扣除______________。__________、____________、__________、__________不增加面积。

3. 块料楼梯面层的清单工程量计算规则是________________。

4. 块料台阶面层的清单工程量计算规则是______________。

5. 窗台板的清单工程量计算规则是______________。

三、计算题

1. 某独立柱截面基础尺寸为 600mm×600mm，垫层尺寸比基础每边伸出 100mm，垫层厚 100mm，基础底面标高为－1.800m，自然地面标高为－0.450m。试计算该基础施工挖土方清单工程量。

2. 某现浇混凝土条形基础长 30m，截面为阶梯形，自下而上截面尺寸分别 500mm×500mm、300mm×300mm，高度分别为 0.3m、0.2m。试计算该条基清单工程量。

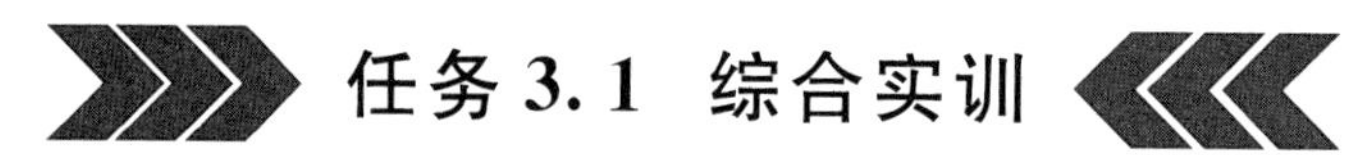

任务 3.1 综合实训

附图2：党群服务中心建筑施工图、结构施工图

请参考附图 1 计算思路和方法，按清单计价规范独立完成附图 2 图纸中工程量清单编制。将计算结果填入表 1。

工程量清单编制表 **表 1**

序号	项目编码	项目名称	项目特征	计量单位	工程量

任务 3.2 习题

一、单项选择题

1. 按《建设工程工程量清单计价规范》GB 50500—2013 规定，各子项工程量乘以对应的综合单价经累计得到(　　)费用。

A. 分部分项工程　B. 单位工程　C. 单项工程　D. 工程项目

2. 根据江苏省清单计价法的规定，(　　)不属于措施项目费的内容。

A. 环境保护费　B. 低值易耗品摊销费

C. 临时设施费　D. 脚手架费

3. 工程量清单计价规范规定，对清单工程量以外的可能发生的工程量变更应在(　　)费用中考虑。

A. 分部分项工程费　B. 零星工程项目费

C. 暂列金额　D. 措施项目费

4. 采用工程量清单计价，规费计取的基数是(　　)。

A. 分部分项工程费

B. 人工费

C. 人工费＋机械费

D. 分部分项工程费＋措施项目费＋其他项目费－工程设备费

二、填空题

某板式雨篷，水平投影面积 $20m^2$，混凝土清单工程量为 $2.4m^3$，C20 泵送商品混凝土，则现浇混凝土工程中该板式雨篷清单综合单价为__________。

任务 3.2 综合实训

附图2：党群服务中心建筑施工图、结构施工图

请参考附图 1 计算思路和方法，按清单计价规范独立完成附图 2 图纸中工程量清单计价编制。将计算结果填入表 1。

分部分项工程量清单计价表　　**表 1**

序号	项目编码	项目名称	项目特征	计量单位	工程量	金额（元）	
						综合单价	合价

附图 1　某服饰车间建筑施工图、结构施工图

某服饰有限公司

车间一

建筑施工图

江苏×××设计院 资质等级：乙级 证书编号：×× 工程编号：××	图纸目录			
	建设单位	×××服饰有限公司		
	工程名称	车间一		

序号	图号	图纸名称	图纸规格	备注
1	建施 1/9	建筑设计总说明　门窗表	2 号	
2	建施 2/9	一层平面图	2 号	
3	建施 3/9	二层平面图	2 号	
4	建施 4/9	三层平面图	2 号	
5	建施 5/9	屋顶层平面图	2 号	
6	建施 6/9	南立面图	2 号	
7	建施 7/9	北立面图	2 号	
8	建施 8/9	4—4 剖面图　东立面图	2 号	
9	建施 9/9	1—1 剖面图　2—2 剖面图　3—3 剖面图	2 号	
10	结施 1/7	结构设计说明	2 号	
11	结施 2/7	车间三和服装车间、综合楼轴线关系	2 号	
12	结施 3/7	桩和承台平面布置图	2 号	
13	结施 4/7	柱平面布置图和基础梁平面布置图	2 号	
14	结施 5/7	二层梁和板配筋图及 1 号楼梯详图	2 号	
15	结施 6/7	三层梁和板配筋图及 2 号楼梯详图	2 号	
16	结施 7/7	三层屋顶和电梯机房梁和板配筋图 电梯机房屋顶梁和板配筋图	2 号	

建筑设计总说明

1. 设计依据

(1) 江苏省常州市规划局建设用地规划设计要点。

(2) 建设单位提供的设计任务书以及有关地形图、红线图。

(3) 建设单位委托设计合同。

(4) 国家《工程建设标准强制性条文》及国家、江苏省、常州市相关规范、规程、标准。

2. 项目概况

(1) 工程名称: 车间

(2) 建设地点: 常州市钟楼区经济开发区。

(3) 建设单位: ×××服饰有限公司。

(4) 使用功能: 厂房。

(5) 建筑面积: 2440m^2。

(6) 建筑基底面积: 813m^2。

(7) 建筑工程等级: 二级。

(8) 设计使用年限: 本工程结构体系为框架结构，以主体结构确定的建筑耐久年限为50年。

(9) 建筑层数: 地上: 三层局部四层　建筑总高度: 10.800m。

(10) 防火设计建筑分类: 工业类　耐火等级: 二级按《建筑设计防火规范》GB 50016—2014设防。

(11) 生产的火灾危险性分类: 丁类。

(12) 屋面防水等级: 屋面防水等级为三级，防水材料使用年限为10年。

(13) 建筑设防烈度: 七度，按《建筑抗震设计规范》GB 50011—2010设计。

3. 总平面　施工放线、设计标高与尺寸单位

(1) 按本工程《总平面定位图》及本工程《底层平面图》进行放线。

(2) 本工程室内设计标高±0.000相当于黄海高程的4.600室内外高差为300mm。

(3) 图中所住标高除屋面为结构标高外，其他均为建筑标高。

(4) 总图及设计标高均以米为单位，其余尺寸除特别注明外均以毫米为单位。

4. 用料说明和室内外装饰

(1) 砌体工程: 除图纸说明外，±0.000以下采用MU10混凝土实心砖，M7.5水泥砂浆；±0.000以上墙采用MU10混凝土空心砖，砂浆为M7.5混合砂浆，框架填充墙采用加气混凝土砌块砂浆为M5.0混合砂浆。底层四周均设钢筋混凝土窗台240×120,4 ⌀10,ϕ6@200

(2) 室外工程: 散水: 采用苏J08-2006-29-2

坡道: 采用苏 J08-2006-35-1

(3) 防潮防水: 墙身防潮: 砖墙墙身在室内地坪下60处设20厚1:2水泥砂浆掺5%避水浆防潮层。

空调管线穿墙应预埋PVC管，圆孔直径为80mm，挂壁式空调机孔中心距楼地面高为1950mm，柜式空调机孔中心距地面200mm。空调管线穿墙预埋管侧面距墙为100mm。

(4) 屋面工程: 屋面工程设计与施工以《屋面工程技术规范》GB 50345—2012为依据施工时必须先阅读《苏J01-2005施工说明》第48~51页之“屋面做法说明部分”，并达到要求。

凡泛水阴角及其他转角须铺垫卷材的基层应做圆角；卷材防水屋面的天沟，檐沟纵向坡度为1%

排水口距女儿墙端部大于400，且以排水口为中心，半径500范围内的屋面坡度不应小于5%女儿墙详见苏J03-2006-14，水斗和落水管详见苏J03-2006-58，UPVC雨水管，直径为100mm，管底距地200mm。

(5) 装饰工程: 内外墙面、楼地面及顶棚装饰(粉刷)材料见《装饰构造材料做法表》及各立面所注。

所有檐口、外门窗洞口、女儿墙压顶、雨蓬及其他外墙突出部位，均做滴水线并要求平直、整齐、光洁。

外露铁件表面均需喷砂除锈后刷防锈漆二道，调和漆二道。

公用楼梯间的楼梯斜扶手垂直高度为900mm，凡平台水平段大于500mm时栏杆高度为1050mm，下设100×100混凝土踢脚，栏杆竖向间距≤110

楼梯金属栏杆做法为苏J05-2006-7-1，楼梯木扶手做法为苏J05-2006-11-4

装饰工程所用材料、规格、色彩应符合设计图要求，事先需经设计人员确认方可使用。

卫生间四周墙体浇筑200高C20混凝土，宽同墙体。

凡不同墙体材料交界处加铺一层金属网，网宽300。

凡墙上预留或后凿的孔洞，安装完毕后须用C20细石混凝土填实，然后再做粉刷饰面层。

其他做法说明

(1) 构造柱具体详见结施。

(2) 室内装修具体由用户自理。

(3) 防盗由用户自理。

(4) 门窗由专业单位制作，制作前应绘制安装图并经设计人员认可后方可施工。

5. 门窗工程

(1) 门窗、玻璃幕墙的类型、规格、数量及所选材料系列见门窗明细表。

(2) 本工程所注门窗尺寸均为洞口尺寸，门窗立面为外视立面。门窗加工一般考虑粉刷厚度每边为20mm；当设计图外粉刷材料厚度要求时门窗加工尺寸应符合专门粉刷材料的厚度要求。

(3) 门窗立樘: 单项开启木门(窗)框与门开启方向墙面平齐，双向开启或平移门(窗)的木门(窗)框以及塑料门窗、铝合金门窗的门窗框居墙中。卫生间门安装时，门窗宜高出地面20mm，其中木材与墙体接触部分及预埋木砖应涂焦油防腐。

(4) 通常: 木门窗框扇断面选用三级，5mm白片玻璃；铝合金门窗框扇断面选用80系列，5mm白片玻璃；塑料门窗框扇断面选用90系列，5mm白片玻璃。如断面、玻璃及其他技术有专门要求时，以门窗表中专门说明为准。

(5) 平面图中未标注门边墙角尺寸者一般为半砖。

(6) 其他: 所有门窗的小五金配件必须齐全，不得遗漏。凡推拉窗均应加设防窗扇脱落的限位装置。

凡防火门窗及防火卷帘均应采用常州市消防部门认可的合格产品。

玻璃幕墙须由具有设计资质的专业公司设计、安装，并对其安全及质量负责。玻璃幕墙必须采用预埋件连接固定，不得临时采用膨胀螺栓。

6. 化学建材

(1) 化学建材包括塑料管道、塑料门窗、防水密封材料及建筑涂料。

(2) 本工程所选用的化学建材应符合住房和城乡建设部第27号公告《关于发布化学建材技术与产品的公告》中优选类或推荐类的要求。

7. 其他

(1) 土建、水电暖等设备施工时应密切配合，各专业图纸要相应配合使用。配电箱、管线、埋件及洞口应预埋预留，不得对砌体、主体结构进行破坏性开凿。施工应严格按国家及本地区颁发的现有规范、规程、标准的要求进行，严格按图施工。施工过程中遇到问题应及时与设计院联系，以便妥善解决。

(2) 凡有管道、井道穿屋面板、女儿墙外，安装完毕后均应随即用建筑密封胶作嵌缝处理。

(3) 凡窗头、窗台、阳台、雨蓬、飘窗板底均作滴水线。

(4) 本工程室内装修除按《建筑构造统一做法表》规定的装修项目外，其余由二次市内装修设计确定，不列入土建施工范围。二次装修必须符合消防安全要求，同时不能影响结构安全和损害水电设施

(5) 各种装饰材料的质量、颜色、规格尺寸等均应选好样品，经建设单位和设计单位协商认可后，才能定货、施工。

(6) 凡风道、烟道内壁砌筑灰缝须饱满，并随砌随原浆抹平。

(7) 凡柱和门洞口阳角处均应做宽50高2000厚20的水泥砂浆护角。

(8) 凡木砖或木材于砌体接触部位均应涂防腐油；凡金属铁件均应先除锈，后涂防锈漆一道，面层再油调和漆二道。

(9) 油漆: 木装修采用聚氨酯清漆，做法详见苏J01-2005-13-9易锈金属制品均先用红丹打底，再做调和漆二道。

(10) 基槽开挖后须先进行白蚁防治后方可基础施工。

(11) 本工程各分部分项施工质量均应符合现行建筑安装工程施工及验收规范的质量标准。

构造装饰做法一览表

装修名称	构造装饰做法	适用房间或部位
地面 地砖地面	8~10厚地面砖，干水泥擦缝 撒素水泥面（洒适量清水） 20厚1:2干硬性水泥砂浆（或建筑胶水泥砂浆） 粘结层60C15混凝土 100厚碎石或碎砖夯实 素土夯实	地面
楼面1 地砖楼面	10厚地砖铺面干水泥浆擦缝 5厚1:1水泥细砂浆结合层 15厚1:3水泥砂浆找平层 30厚C20细石混凝土层，坡向地漏 水乳型橡胶沥青防水涂料 一布四涂防水层，厚1.8mm，四周翻起1500高 20厚1:3水泥砂浆找平层，四周抹小八字角 现浇钢筋混凝土楼板	卫生间
楼面2 水泥楼面	10厚1:2 水泥砂浆面层 20厚1:3 水泥砂浆找平层 现浇钢筋混凝土楼板	除楼面1
内墙面1	5厚釉面砖白水泥擦缝 6厚1:0.1:2.5水泥石灰砂浆结合层 12厚水泥砂浆打底	卫生间
内墙面2	刷内墙涂料 10厚1:0.3:3水泥石灰砂浆粉面 15厚1:1:6水泥石灰砂浆打底 界面处理剂一道	除釉面砖内墙和公共部分的所有内墙
内墙面3	刷内墙涂料 10厚1:0.3:3水泥石灰砂浆粉面 15厚1:1:6水泥石灰砂浆打底 界面处理剂一道	楼梯
涂料外墙面	喷（刷）外墙涂料 6厚1:2.5水泥砂浆粉面，水刷带出小麻面 12厚1:3水泥砂浆打底 刷界面处理剂一道	涂料外墙
平顶	内墙涂料一底二度 6 厚 1:2.5 水泥砂浆粉面 6 厚 1:3 水泥砂浆打底 刷素水泥浆一道 现浇钢筋混凝土楼板	所有平顶

构造装饰做法一览表

装修名称	构造装饰做法	适用房间或部位
屋面1	4厚APP防水卷材 20厚水泥砂浆找平层 MLC轻质混凝土保温层（2%找坡，最薄处60厚）沥青玛瑞脂隔汽层 20厚1:2水泥砂浆找平层 现浇屋面板	平屋面
内外墙粉刷前作基地处理	混凝土面先刷素水泥浆一道（内掺水重3~5%801胶）砌块面先喷一道801胶水泥浆（配比801:胶:水泥:水＝1:1:4） 砌块与柱相接用钢丝网粘贴	
防水砂浆防潮层	20厚1:20水泥砂浆掺5%避水浆，位置在-0.060m标高处	室内标高为±0.000适用砖墙墙身
踢脚	8厚1:2.5水泥砂浆压实抹光 12厚1:3水泥砂浆粉面找坡 (踢脚高150)	室内
水泥护角线	15厚1:2.5水泥砂浆，边宽50， 高2000，两遍成活	墙体阳角处

门　窗　表

类别	编号	洞口尺寸		数量	备注
		宽	高		
门	M2428	2400	2800	1	铝合金玻璃门
	M2028	2000	2800	1	铝合金玻璃门
	M0922	900	2200	6	双满夹板门
	FM1222	1200	2200	7	双满夹板门
窗	C2418	2400	1800	49	塑钢推拉窗
	C2018	2000	1800	3	塑钢推拉窗
	C1816	1800	1600	15	塑钢推拉窗
	C1814	1800	1400	4	塑钢推拉窗
	C1812	1800	1200	3	塑钢推拉窗
	C1509	1500	900	3	塑钢推拉窗
	C1518	1500	1800	3	塑钢推拉窗

注: 所有门窗尺寸均为洞口尺寸，实际制作应以实测为准，相应减去饰面材料厚度。

凡单扇窗玻璃面积>1.5m^2，均采用5mm钢化玻璃。

所有门窗数量按实际为准，以上数量仅供参考。

					建设单位		设计号	
设计		项目负责人			工程名称	车间一	图别	建施
制图		专业负责人			建筑设计总说明　门窗表		图号	1/9
校对		审定					比例	
审核		院长					日期	

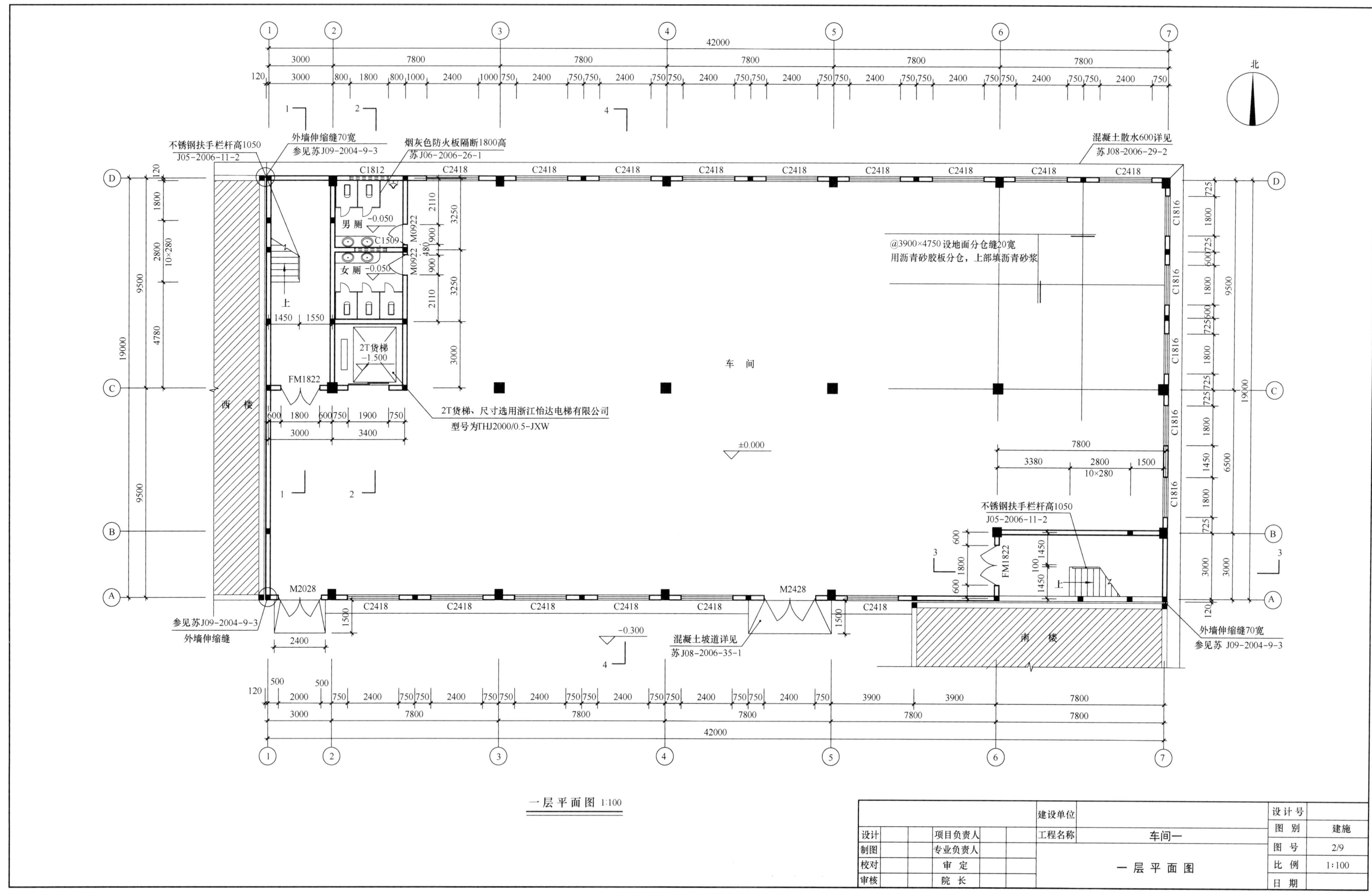

一层平面图 1:100

					建设单位		设计号	
设计			项目负责人		工程名称	车间一	图 别	建施
制图			专业负责人		一 层 平 面 图		图 号	2/9
校对			审 定				比 例	1:100
审核			院 长				日 期	

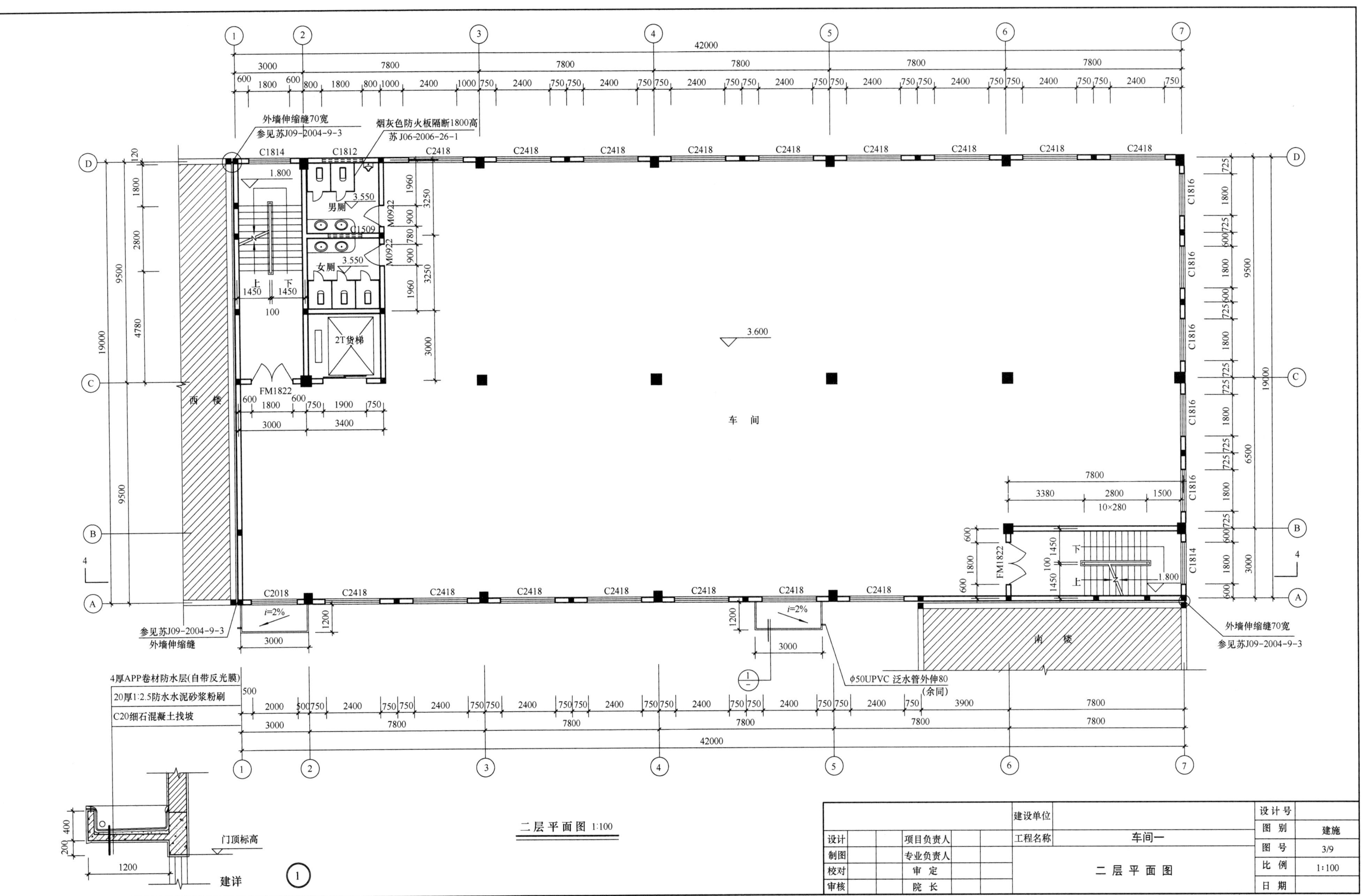

二层平面图 1:100
车间
西楼
南楼
男厕
女厕
2T货梯
外墙伸缩缝70宽
参见苏J09-2004-9-3
烟灰色防火板隔断1800高
苏J06-2006-26-1
4厚APP卷材防水层(自带反光膜)
20厚1:2.5防水水泥砂浆粉刷
C20细石混凝土找坡
φ50UPVC 泛水管外伸80
(余同)
门顶标高
建详
建设单位
工程名称
车间一
设计
制图
校对
审核
项目负责人
专业负责人
审定
院长
二层平面图
设计号
图别
建施
图号
3/9
比例
1:100
日期

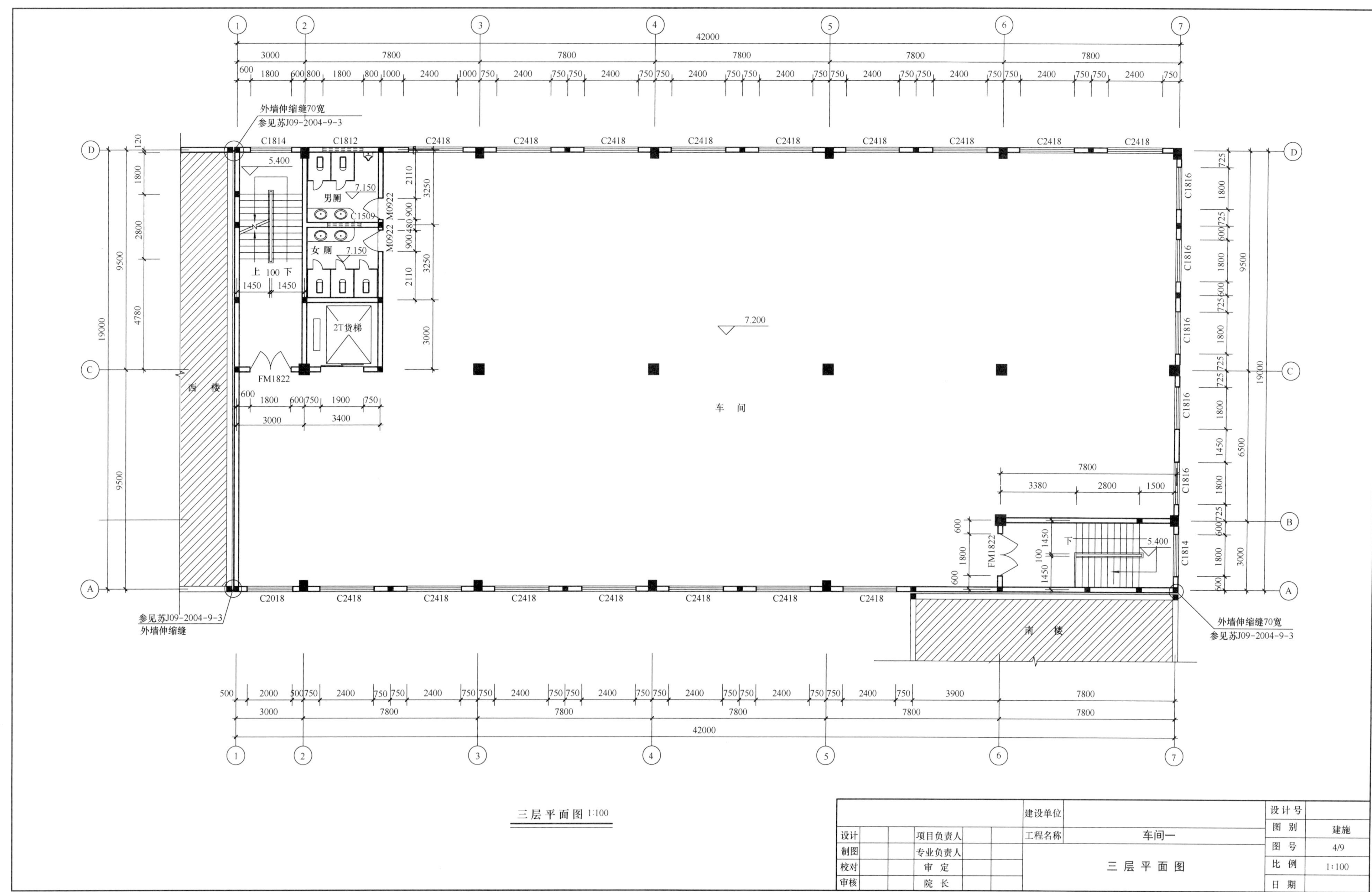
外墙伸缩缝70宽
参见苏J09-2004-9-3
西楼
南楼
车间
7.200
男厕
女厕
2T货梯
FM1822
参见苏J09-2004-9-3
外墙伸缩缝
三层平面图 1:100
建设单位
工程名称 车间一
设计
制图
校对
审核
项目负责人
专业负责人
审定
院长
三层平面图
设计号
图别 建施
图号 4/9
比例 1:100
日期

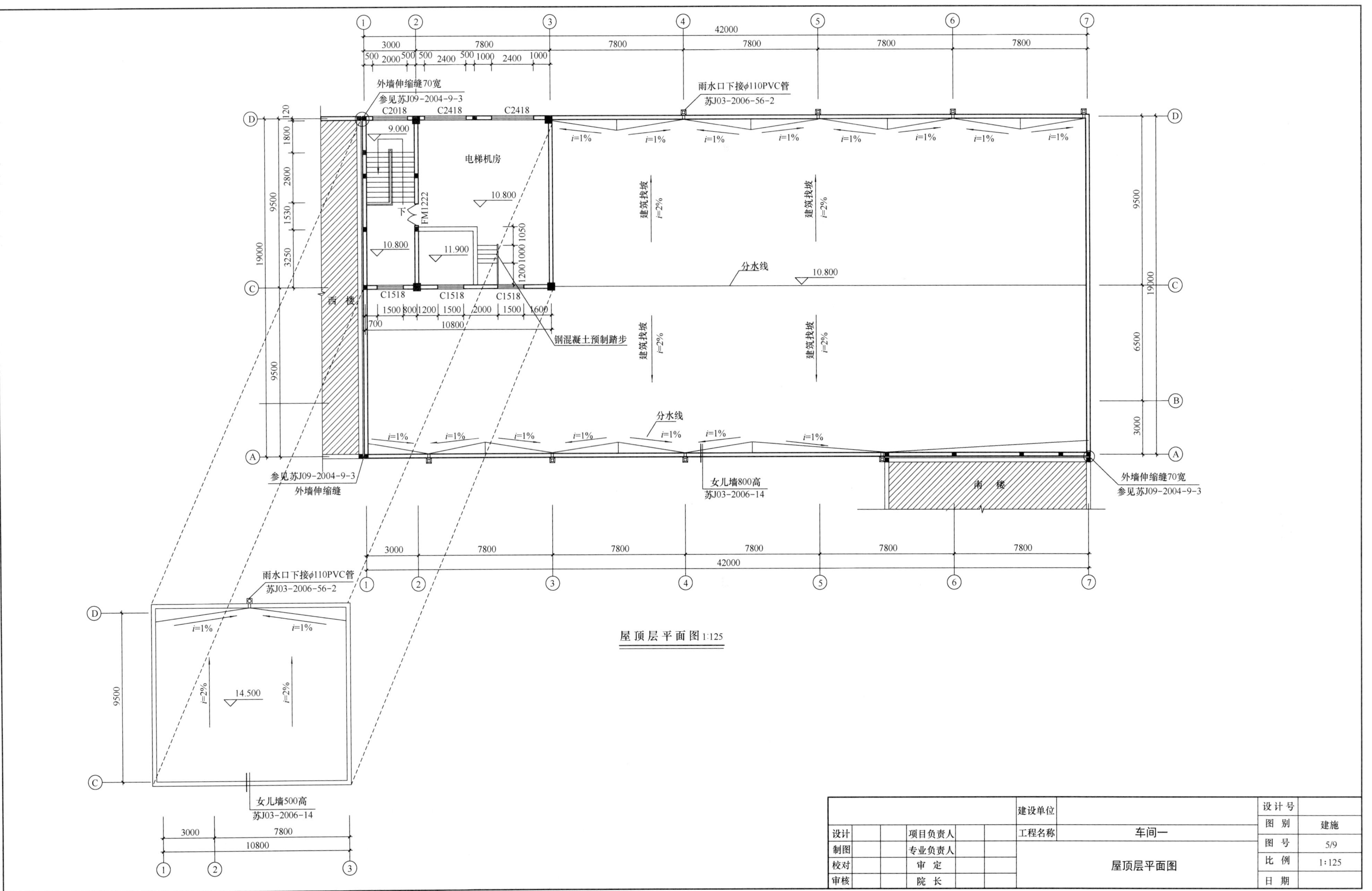

					建设单位		设计号	
							图 别	建施
设计			项目负责人		工程名称	车间一	图 号	5/9
制图			专业负责人		屋顶层平面图		比 例	1:125
校对			审 定					
审核			院 长				日 期	

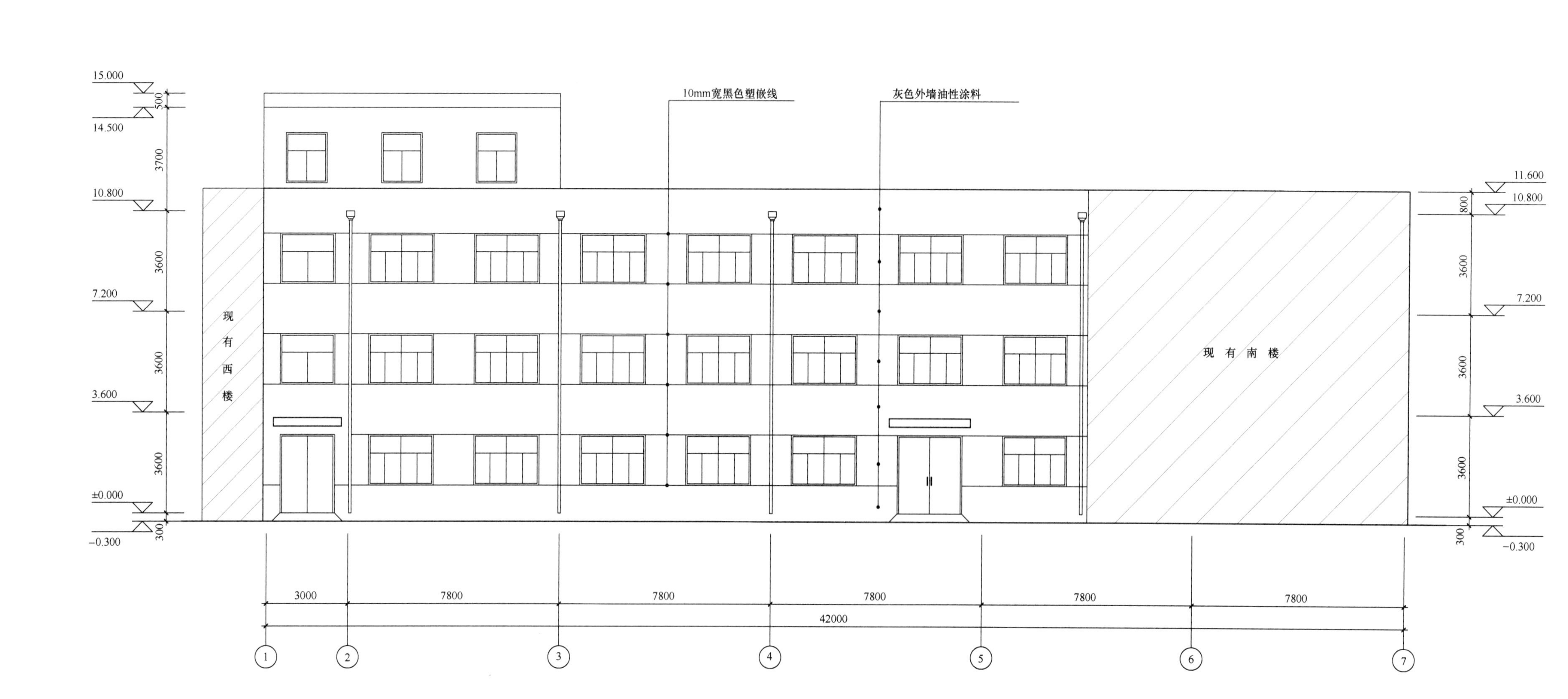

南立面图1:100

						建设单位		设计号	
设计			项目负责人			工程名称	车间一	图别	建施
制图			专业负责人			南立面图		图号	6/9
校对			审定					比例	1:100
审核			院长					日期	

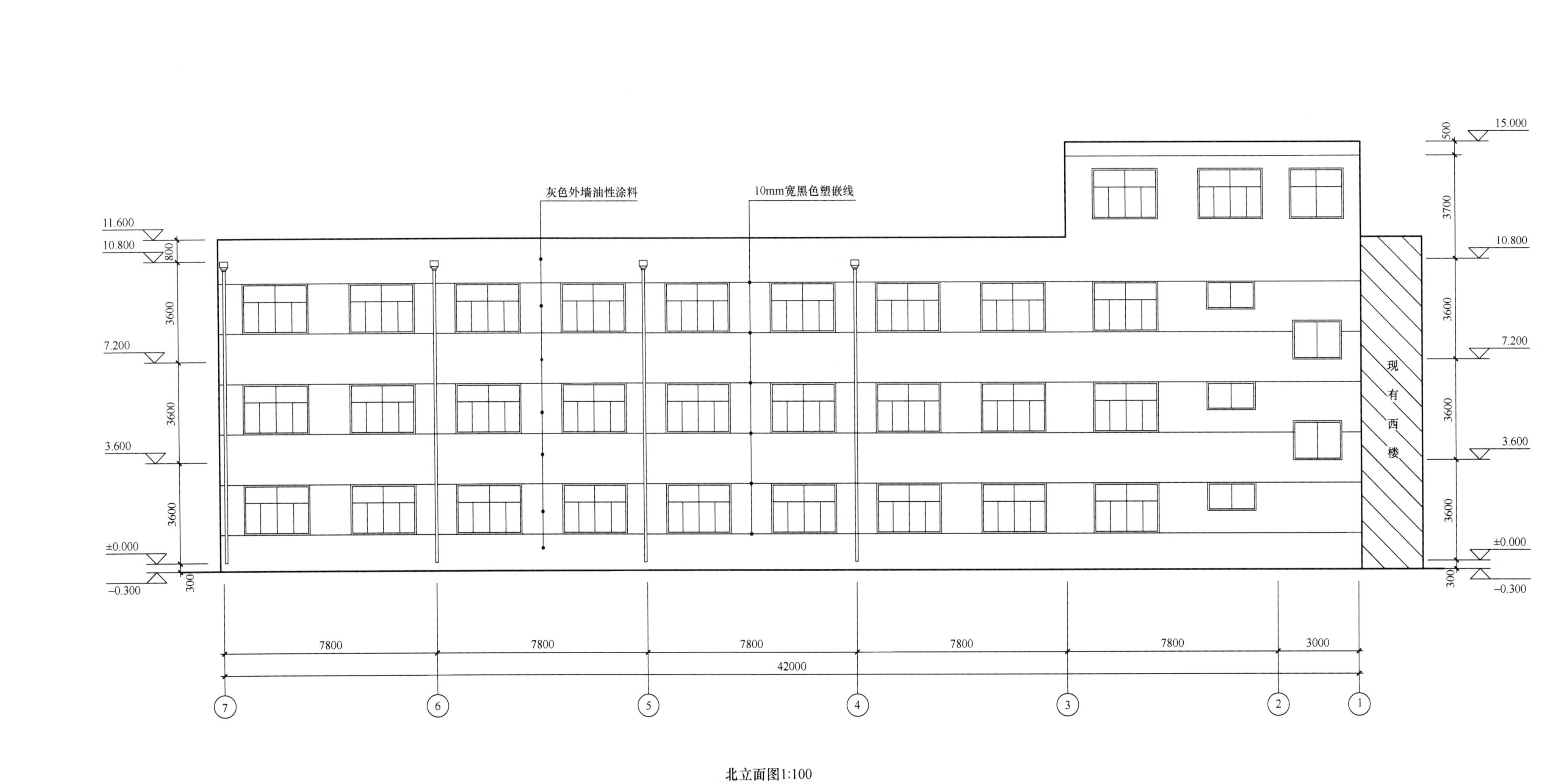

北立面图1:100

					建设单位		设计号	
设计			项目负责人		工程名称	车间一	图别	建施
制图			专业负责人				图号	7/9
校对			审定		北立面图		比例	1:100
审核			院长				日期	

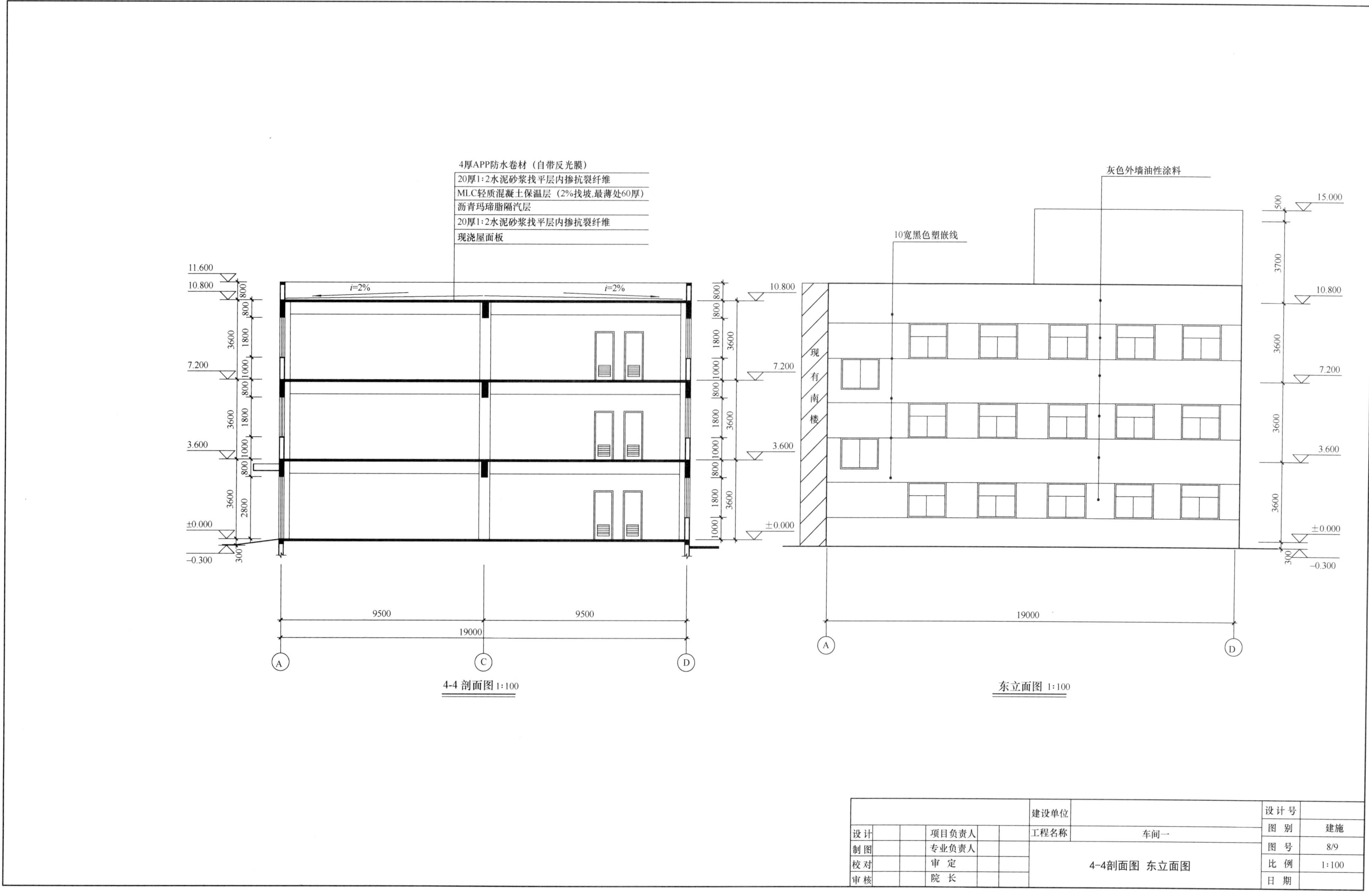

					建设单位		设计号	
设计			项目负责人		工程名称	车间一	图别	建施
制图			专业负责人		4-4剖面图 东立面图		图号	8/9
校对			审定				比例	1:100
审核			院长				日期	

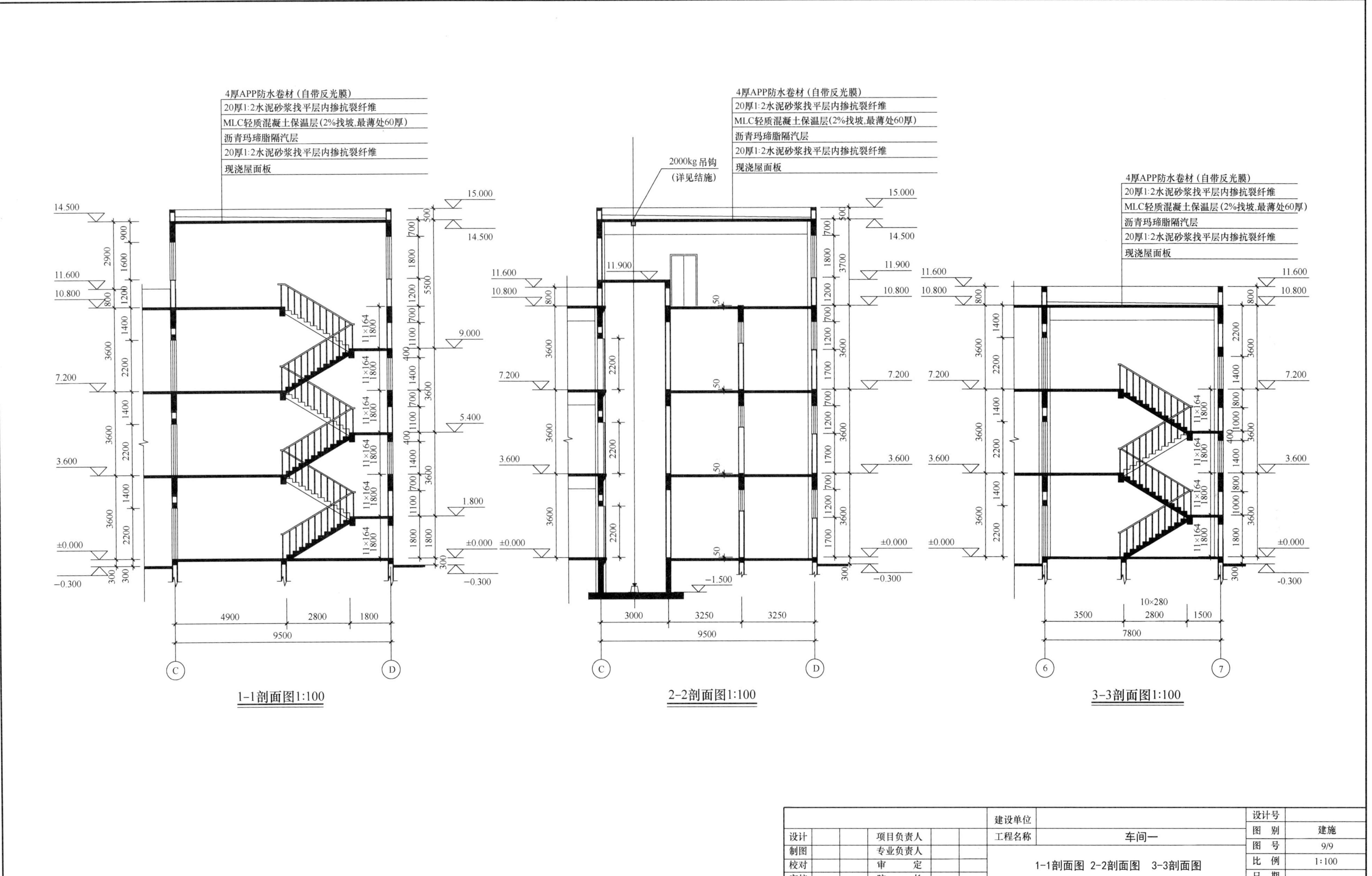

						建设单位		设计号	
设计			项目负责人			工程名称	车间一	图　别	建施
制图			专业负责人			1-1剖面图 2-2剖面图 3-3剖面图		图　号	9/9
校对			审　　定					比　例	1:100
审核			院　　长					日　期	

结构设计说明

一、本工程结构设计的主要依据：

1. 结构设计所采用的主要标准：
   国家标准《建筑结构可靠性设计统一标准》GB 50068—2018
   国家标准《建筑工程抗震设防分类标准》GB 50223—2008
   国家标准《建筑抗震设计规范》GB 50011—2010
   国家标准《建筑结构荷载规范》GB 50009—2012
   国家标准《混凝土结构设计规范》GB 50010—2010
   国家标准《建筑地基基础设计规范》GB 50007—2011
   国家标准《砌体结构设计规范》GB 50003—2011
   国家标准《建筑桩基技术规范》JGJ 94—2008
   国家标准《建筑结构制图标准》GB /T 50105—2010
2. 江苏省地质工程勘察院《勘察报告》CZ0918
3. 建设方提出的符合有关标准、法规的与结构有关的书面要求。

二、一般说明

1. 全部尺寸除注明外，标高以米（m）为单位，其他均以毫米（mm）为单位。
2. 本工程室内地坪设计标高 ±0.000相当于黄海高程4.000m。
3. 本工程建筑结构及各类结构构件的安全等级均为二级，重要性系数均为1.0；结构的设计使用年限为5年。
4. 本工程建筑抗震设防类别为丙类，所在地区抗震设防烈度为7度，设计基本地震加速度值为0.10g，设计地震分组为第一组；场地地震影响系数特征周期为0.45s。
5. 本工程建筑场地类别为Ⅲ类，地基土类型为中软土；场地属稳定场地，适宜本工程建设。地基基础设计等级为丙级。
6. 本工程地面以上房屋结构车间层数三层，建筑总高度(10.8m)；采用现浇钢筋混凝土框架结构，抗震等级为三级。
7. 本工程建筑的耐火设计等级为二级，各类构件的材料和截面尺寸满足规范对燃烧性能和耐火极限的要求。
8. 本工程所在地区50年一遇的基本风压W_0=0.40kPa，地面粗糙度为B类；5年一遇的基本雪压S_0=0.35kPa，雪荷载准永久值系数分区为Ⅲ区。砌体施工质量等级B级。
9. 高温、多雨及雨期施工时，应根据有关施工规范采取相应措施。
10. 本工程所使用的结构计算软件：
(1) 上部结构采用中国建筑科学研究院编制的"多层及高层空间有限元分析软件（SATWE新规范2005）"；
(2) 地基基础采用中国建筑科学研究院编制的"基础设计软件（JCCAD新规范2005）"；
11. 本工程选用标准图集：
(1) 国家建筑标准图集《混凝土结构施工图平面整体表示方法制图规则和构造详图》22G101—1
(2) 国家建筑标准图集《混凝土结构施工图平面整体表示方法制图规则和构造详图》22G101—2

三、建筑材料

1. 柱、梁、楼板及楼梯板等各类构件：各层柱、梁、楼板及楼梯皆采用C30混凝土；基础采用C30混凝土；各类非结构构件（构造柱、圈梁、过梁、女儿墙等）采用C30 混凝土。基础垫层采用C15混凝土。
2. 混凝土结构构件的环境类别详下表：

环境类别		条　件	结构构件
一		室内正常环境	±0.000 以上梁、板、柱
二	a	室内潮湿环境；与无侵蚀性的水或土壤直接接触的环境	±0.000 以下与土接触的柱
	b	上部外露混凝土构件	如雨篷、阳台、构架等构件

3. 结构混凝土应符合下表的规定：

环境类别		最大水灰比	最小水泥用量(kg/m³)	最低混凝土强度等级	最大氯离子含量（%）	最大碱含量（%）
一		0.65	225	C20	1.0	不限制
二	a	0.60	250	C25	0.3	3.0

4. 钢筋的强度标准值应具有不小于95%的保证率。
   HRB400 级 用符号 ⍦表示，$f_y=f_y'$=360N/mm²
   预埋件采用Q235B钢材，预埋件锚筋、吊环、吊钩等采用HPB300级钢筋制作。严禁采用冷加工钢筋。
   当钢筋的品种、级别或规格需做变更时，必须经设计同意并办理设计变更文件。所有外露铁件均应除锈涂红丹两道，刷防锈漆两度。
5. 钢板的焊接采用E43XX型焊条，HRB400级钢筋采用E55XX型焊条，不同强度等级的钢筋焊接时按高强度的确定焊条型号。
6. 砖墙：框架部分 ±0.000 以下混凝土实心砖　MU10 水泥砂浆 M10。
   ±0.000 以上外墙为混凝土空心砖MU10 (240)混合砂浆M7.5。
   所用的各类材料应符合现行国家标准的规定，不得使用不合格的原材料。材料的检测、加工以及试块的制作等项工作应严格遵循相关规范。

四、楼面及屋面活荷载

1. 楼（屋）面设计活荷载标准值 (kN/m²)：

用　途	二~三层	楼 梯	卫生间	三层屋面	机房屋面	电梯机房
标准值	4.0	4.0	4.0	2.0	0.5	7.0

2. 在施工及使用过程中，均不得超过以上数值，并不得在梁板上增设建筑图中未设置的隔墙等。
3. 未经技术鉴定或设计许可，不得改变结构的用途和使用环境。

五、钢筋混凝土结构构件

一）钢筋的保护、锚固和连接

1. 未特别注明的钢筋的混凝土保护层最小厚度、纵向钢筋的最小锚固和搭接长度详22G101-1。
2. 在施工中采用水泥垫块或塑料卡等措施确保钢筋的混凝土保护层厚度。
3. 位于同一连接区段内的受拉钢筋搭接接头面积百分率：对梁类、板类及墙类构件，不大于25%；对柱类构件，不大于50%。纵向受力钢筋连接接头的位置应避开梁端、柱端箍筋加密区。
4. 次梁处均在主梁上设附加箍筋 每侧3根 @50 钢筋直筋同梁箍筋
   或设吊筋 20d 主梁高h≥800时弯起角为60°，当梁高h≤80 时弯起角为45°。

二）钢筋混凝土板

1. 现浇楼板中受力钢筋，距梁边或墙边50mm内开始配置。
2. 双向板中，短向底筋放在下层，长向筋放在短向筋之上；短向面筋放在上层，长向筋放在短向筋之下。
3. 单向板的板底筋及单向板、双向板支座筋的分布筋，除图中注明外，屋面及外露结构构件采用Φ8@150。楼面采用Φ8@200。
4. 板底钢筋应伸至梁中心线且锚固长度不小于10d，不得在跨中位置搭接；板面钢筋端头应锚入梁或混凝土墙且不得在支座附近搭接。对于配置双层双向钢筋的楼板，应加定位支撑筋，以保证上下层钢筋位置准确。
5. 现浇楼板上直接支承填充墙时，在墙下位置的板底处增设钢筋，未标注位置采用4Φ14，大样详"图一"。
6. 现浇板内暗埋管线时，管外径不得大于板厚的1/3，上下均应有钢筋网片，预埋处无上层钢筋网片时，须沿埋线方向加设，大样详"图二"。交叉布线处应妥善处理，并使管壁至板上下边缘沿净距不小于25mm。
7. 板上预留孔洞且洞边无梁时，按如下要求处理：孔洞直径或长边尺寸小于300时，板筋由洞边绕过，不需截断；孔洞直径或长边尺寸大于 300时，在洞边板内增设附加筋，每边上下各设置 2Φ12 并且不得小于洞口处该方向截断钢筋面积的一半，大样详 "图三"。
8. 各楼层外墙阳角处设置 Φ8@100放射形钢筋，大样详 "图四"。板面标高不同时，板筋大样详"图七"。
9. 所有屋面开洞均应做翻口，配筋大样详"图五"。
10. 混凝土板中的管线、设备孔洞及预埋件均需按设备图所示位置及大小预留，不得事后凿洞及自行留洞。屋面、卫生间、厨房、水沟等排水位置，均需按建筑平面图所示坡度施工。厕所、厨房四周均设翻边120×200。

三）钢筋混凝土柱、墙、梁

1. 钢筋混凝土柱、墙、梁施工图采用平面整体表示方法，严格按照22G101-1 编制。钢筋混凝土柱采用截面注写方式。
2. 对跨度不小于4m的梁其模板应按跨度的2%起拱，悬臂梁按挑长的2%起拱。
3. 对于悬臂构件、跨度不小于8m的梁、其上起柱的梁，混凝土未达到设计强度时不得拆除底模及其支撑。
4. 穿梁管道洞口应预留，洞口直径不大于梁高的1/3 且洞口上下的高度不应小于200mm；第一个洞口距离 柱边≥1.5h，洞口间的间距≥300 直径大于 200时 预埋套管，洞边配筋大样详"图六"。
5. 纵向受力钢筋搭接长度范围内的箍筋间距不大于搭接钢筋较小直径的5倍且不大于100。

四）钢筋混凝土板式楼梯施工图采用平面整体表示方法，制备规则及标准构造详图详22G101-2 中平面注写方式。

五）基础

1. 根据江苏省地质工程勘察院勘察报告(报告编号CZ0918)基础采用，桩基础。桩持力层为④-2粉砂。桩采用预应力管桩。桩径D=400mm，桩长L=14m。单桩承载力R=600kN。
2. 基槽基坑回填,每回填 200~230分层夯实，压实系数0.95。

六、非结构构件

1. 框架填充墙设置位置以及墙体厚度详建施，墙顶应与框架梁或楼板密切结合。
2. 除各层平面图标注之外，填充墙在以下位置设置构造柱：
(1) 墙长大于5m时，在墙体中部设置构造柱使每段填充墙长小于5m。
(2) 挑梁上填充墙体的尽端设置构造柱。
3. 砌体填充墙沿框架柱、构造柱和剪力墙全高每隔500mm 设置 2Φ6拉结筋，拉筋伸入墙内的长度不应小于墙长的1/5 且不小于700mm，当墙长小于1400mm 时拉筋沿墙全长贯通；钢筋末端做90° 弯钩。
4. 厚度≤120 的砌体填充墙高度超过2.7m，厚度＞40 砌体填充墙高度超过40mm时，在墙体半高处或门窗上皮设置与柱相连且沿墙通长的钢筋混凝土水平系梁，梁高180，上、下各设置2Φ12 纵筋，兼做过时，下部纵筋增加一根Φ14，箍筋Φ6@200。
5. 门窗及设备孔洞定位详各专业施工图纸，洞顶均设钢筋混凝土过梁，当洞顶与结构梁板距离小于过梁高度时与结构梁板浇成整体，截面和配筋详下图表：
   当填充墙砌块高度模数为90时，过梁高度：60 改为90、120 改为80、240改为270，配筋不变。

七、其他说明

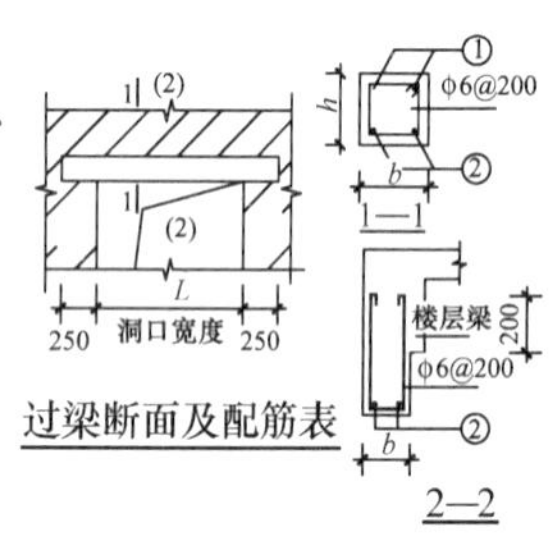

过梁断面及配筋表

L ＼ b (墙厚)	b=90 或 120 (1)	b=90 或 120 (2)	b=90 或 120 h	b=200 或 240 (1)	b=200 或 240 (2)	b=200 或 240 h
L≤900		2Φ8	60		2Φ10	60
900<L≤1500	2Φ8	2Φ10	120	2Φ8	2Φ12	120
1500<L≤2100	2Φ8	2Φ12	180	2Φ8	2Φ14	180
2100<L≤2700				2Φ8	2Φ14	240
2700<L≤3300				2Φ10	3Φ14	240
L>3300				2Φ10	3Φ14	L/14

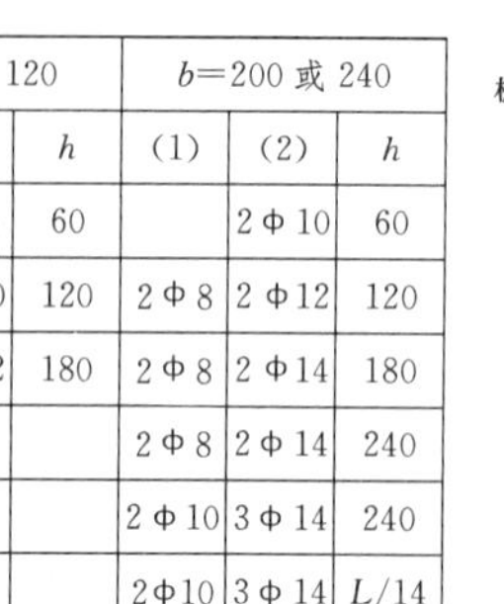

1. 楼梯栏杆、幕墙、建筑立面线角的预埋配件按建筑施工图的要求设置；设备基础连接件、预留孔洞、预埋套管、电气管线以及避雷接地等均应配合电气、给水排水、暖通等专业施工图纸或图集施工。混凝土浇筑前有关施工安装单位应互相配合核对相关图纸，以免遗漏或差错。
2. 电梯井道施工应与建施及电梯厂方提供的土建图纸相互核对，确认各种开洞、留孔、预埋件位置尺寸正确，同时应加强井道四周剪力墙垂直校核，务使偏差控制在电梯安装的允许范围以内。
3. 凡未特殊注明的非受力铁件连接焊缝面均采用6mm满焊，但焊缝高度不大于焊件的厚度或直径。
4. 本工程在施工中及使用期间进行沉降观测，观测点布置另行商定。水准基点的设置、仪器精度以及观测频度等均应满足相关规范的要求。
5. 施工中除满足本施工图的各项要求外，还要严格遵循相关勘察、施工及验收规范以及《工程建设标准强制性条文 房屋建筑部分》（2013年版）中其他专业的各项要求。
6. 未经施工图审查部门批准的设计文件不得交付实施。
7. 工程施工前，应组织相关单位施工图会审，由设计单位向施工单位和监理单位说明设计意图、解释设计文件。

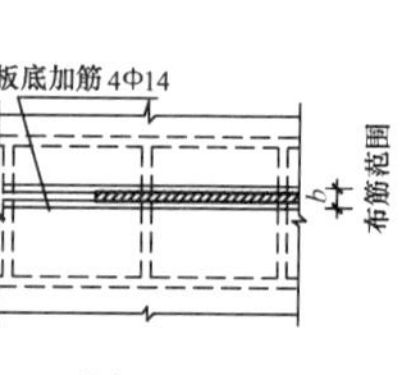

图一

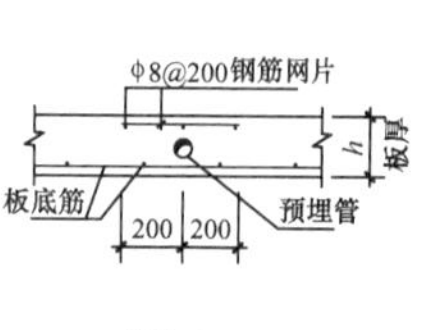

图二

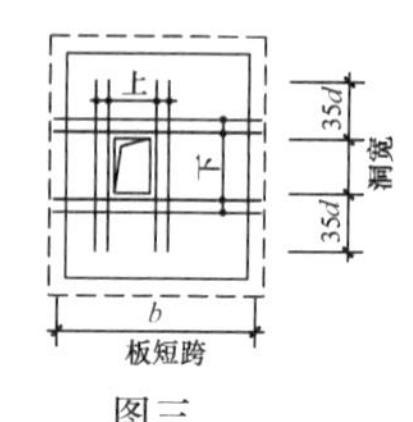
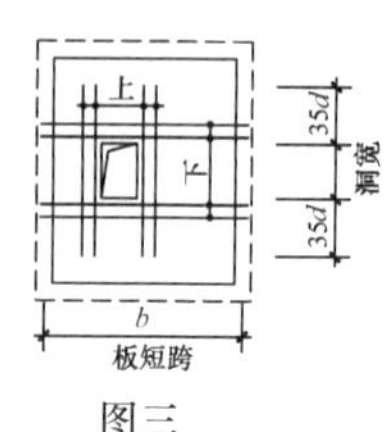

图三

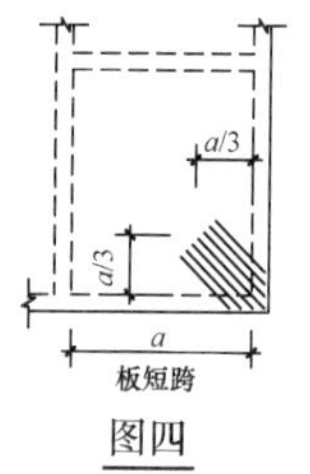

图四

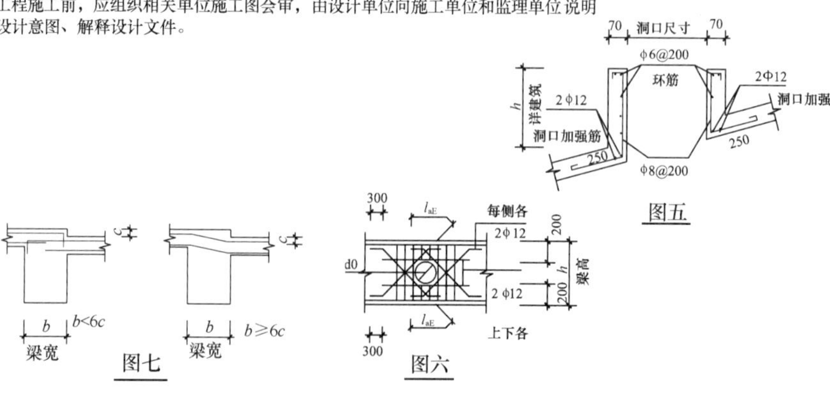

图五

图七

图六

设 计		项目负责人		建设单位		设计号	
制 图		专业负责人		工程名称	车间一	专 业	结构
校 对		审 定		结构设计说明		图 号	结施 1/7
审 核		院 长				比 例	
						日 期	

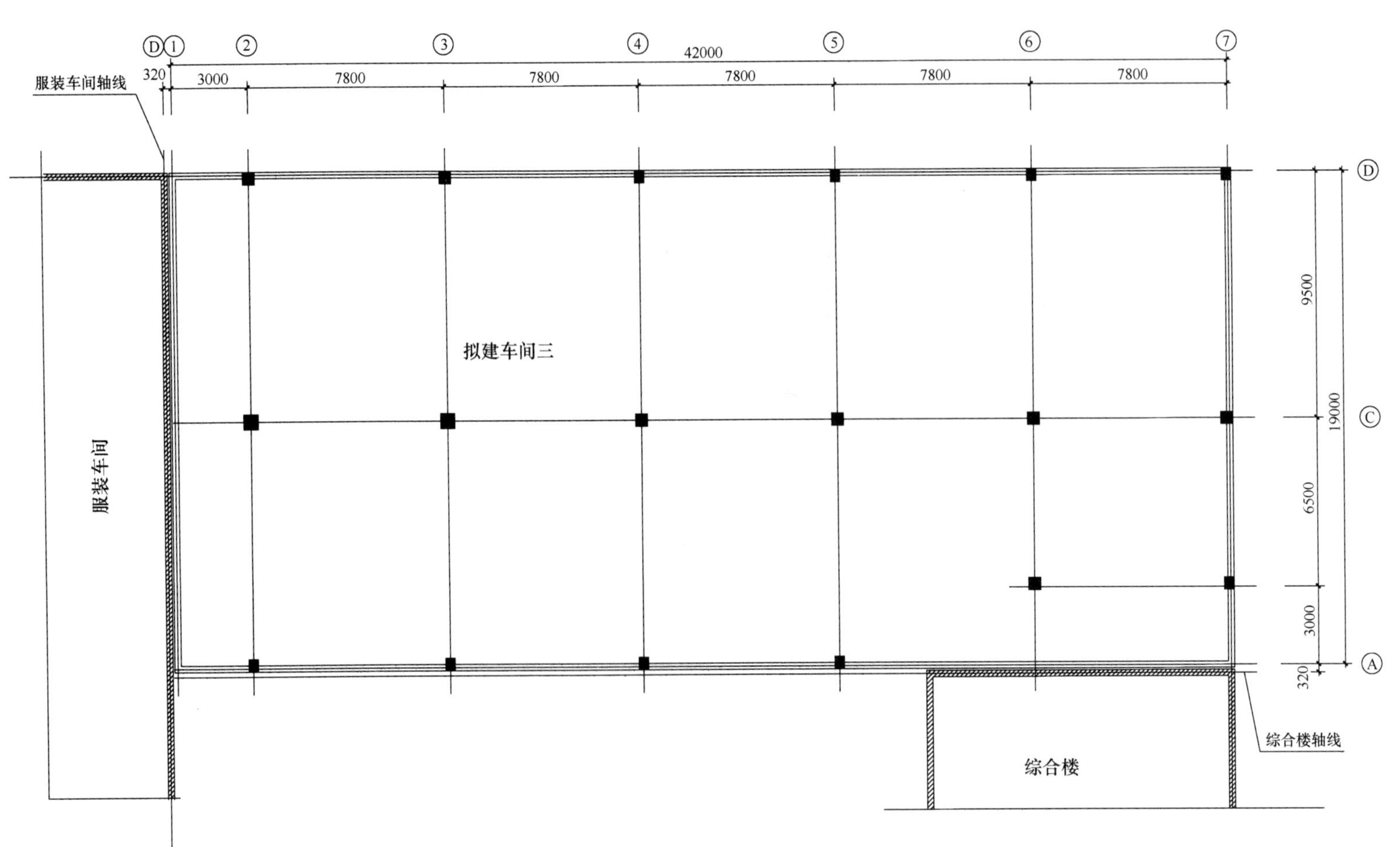

车间三和服装车间、综合楼轴线关系

					建设单位		设计号	
							专 业	结构
设 计			项目负责人		工程名称	车间一	图 号	结施 2/7
制 图			专业负责人		车间三和服装车间、综合楼轴线关系		比 例	
校 对			审 定					
审 核			院 长				日 期	

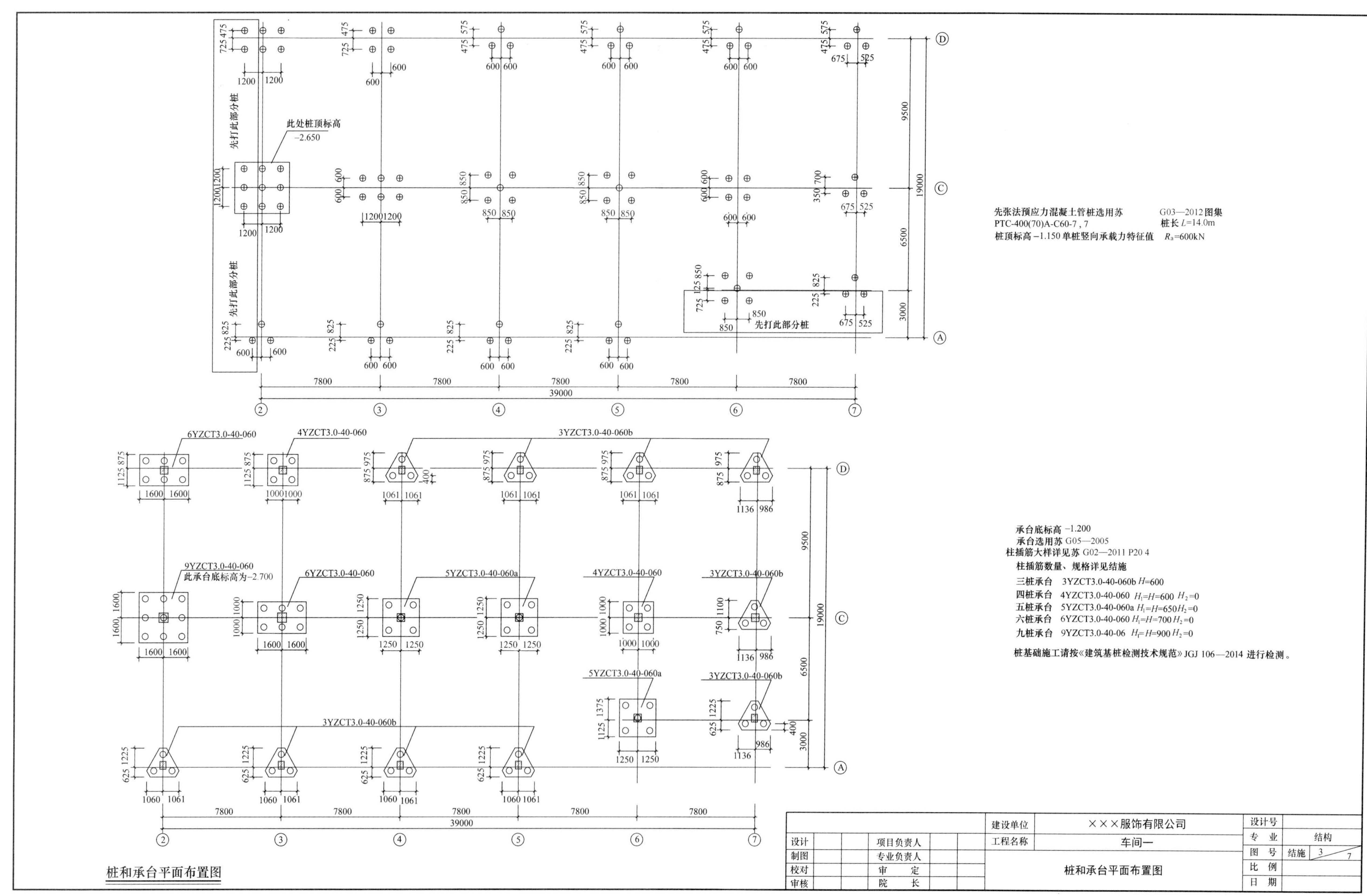
先打此部分桩
此处桩顶标高 −2.650
先打此部分桩
先打此部分桩
先张法预应力混凝土管桩选用苏 G03—2012图集
PTC-400(70)A-C60-7，7 桩长 L=14.0m
桩顶标高 −1.150 单桩竖向承载力特征值 Ra=600kN
6YZCT3.0-40-060
4YZCT3.0-40-060
3YZCT3.0-40-060b
9YZCT3.0-40-060
此承台底标高为 −2.700
5YZCT3.0-40-060a
承台底标高 −1.200
承台选用苏 G05—2005
柱插筋大样详见苏 G02—2011 P20 4
柱插筋数量、规格详见结施
三桩承台 3YZCT3.0-40-060b H=600
四桩承台 4YZCT3.0-40-060 H1=H=600 H2=0
五桩承台 5YZCT3.0-40-060a H1=H=650 H2=0
六桩承台 6YZCT3.0-40-060 H1=H=700 H2=0
九桩承台 9YZCT3.0-40-06 H1=H=900 H2=0
桩基础施工请按《建筑基桩检测技术规范》JGJ 106—2014 进行检测。
桩和承台平面布置图
建设单位 ×××服饰有限公司
工程名称 车间一
桩和承台平面布置图
设计 项目负责人
制图 专业负责人
校对 审定
审核 院长
设计号
专业 结构
图号 结施 3/7
比例
日期

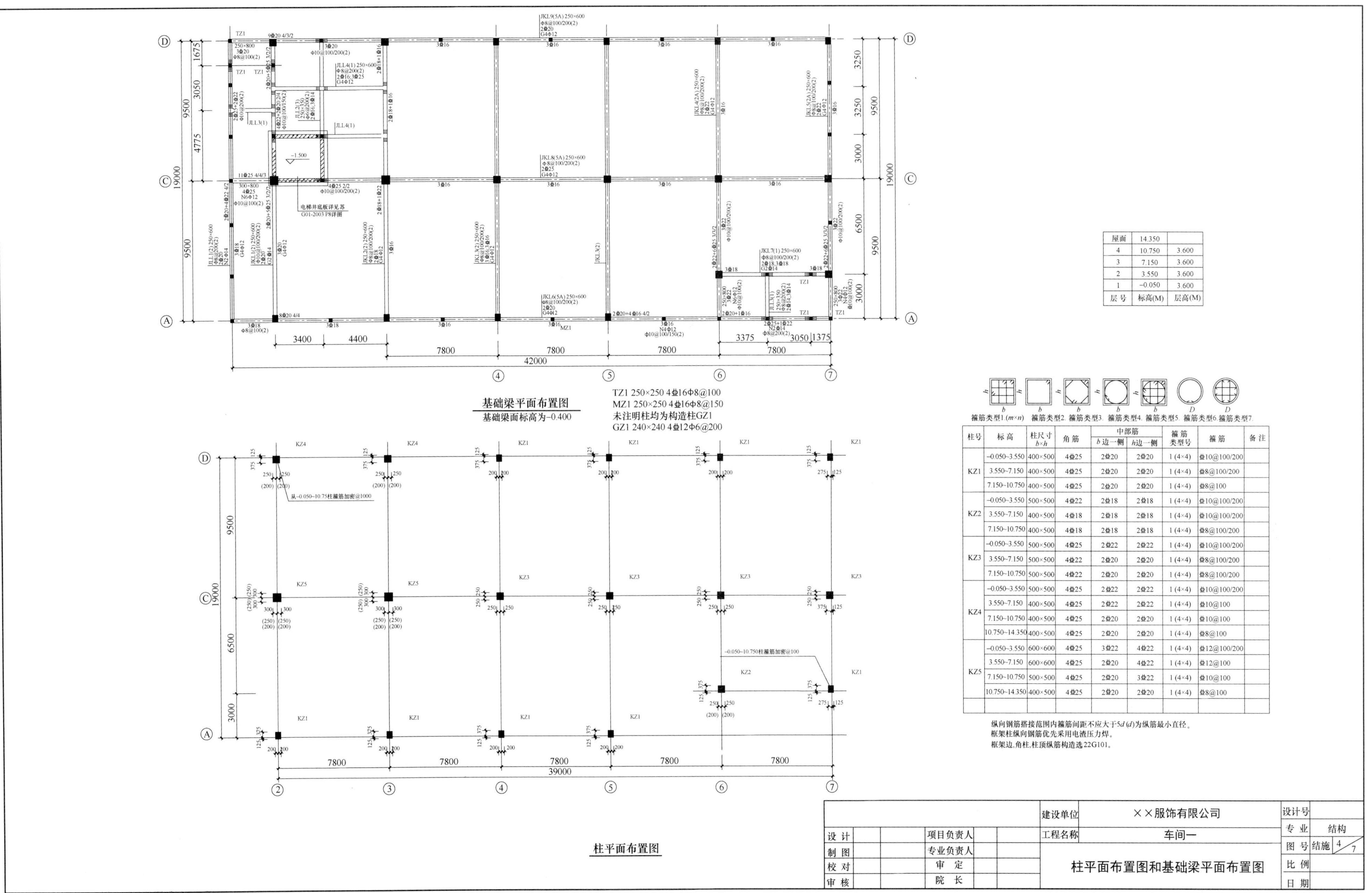

屋面	14.350	
4	10.750	3.600
3	7.150	3.600
2	3.550	3.600
1	-0.050	3.600
层号	标高(M)	层高(M)

柱号	标高	柱尺寸 b×h	角筋	中部筋 b边一侧	中部筋 h边一侧	箍筋类型号	箍筋	备注
KZ1	-0.050~3.550	400×500	4⌀25	2⌀20	2⌀20	1 (4×4)	⌀10@100/200	
	3.550~7.150	400×500	4⌀25	2⌀20	2⌀20	1 (4×4)	⌀8@100/200	
	7.150~10.750	400×500	4⌀25	2⌀20	2⌀20	1 (4×4)	⌀8@100	
KZ2	-0.050~3.550	500×500	4⌀22	2⌀18	2⌀18	1 (4×4)	⌀10@100/200	
	3.550~7.150	400×500	4⌀18	2⌀18	2⌀18	1 (4×4)	⌀10@100/200	
	7.150~10.750	400×500	4⌀18	2⌀18	2⌀18	1 (4×4)	⌀8@100/200	
KZ3	-0.050~3.550	500×500	4⌀25	2⌀22	2⌀22	1 (4×4)	⌀10@100/200	
	3.550~7.150	500×500	4⌀22	2⌀20	2⌀20	1 (4×4)	⌀8@100/200	
	7.150~10.750	500×500	4⌀22	2⌀20	2⌀20	1 (4×4)	⌀8@100/200	
KZ4	-0.050~3.550	500×500	4⌀25	2⌀22	2⌀22	1 (4×4)	⌀10@100/200	
	3.550~7.150	400×500	4⌀25	2⌀22	2⌀22	1 (4×4)	⌀10@100	
	7.150~10.750	400×500	4⌀25	2⌀20	2⌀20	1 (4×4)	⌀10@100	
	10.750~14.350	400×500	4⌀25	2⌀20	2⌀20	1 (4×4)	⌀8@100	
KZ5	-0.050~3.550	600×600	4⌀25	3⌀22	4⌀22	1 (4×4)	⌀12@100/200	
	3.550~7.150	600×600	4⌀25	2⌀20	4⌀22	1 (4×4)	⌀12@100	
	7.150~10.750	500×500	4⌀25	2⌀20	3⌀22	1 (4×4)	⌀10@100	
	10.750~14.350	400×500	4⌀25	2⌀20	2⌀20	1 (4×4)	⌀8@100	

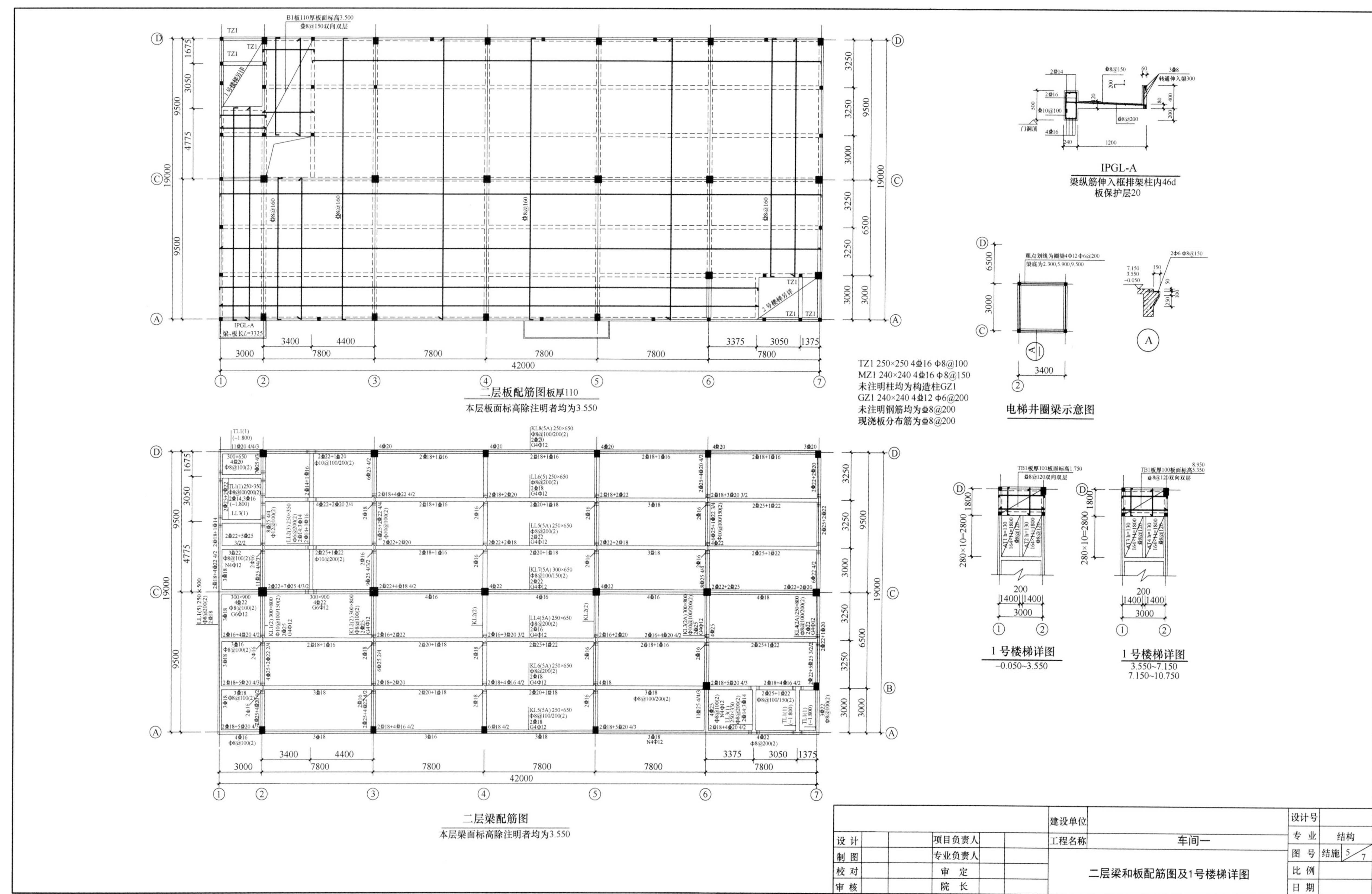

二层板配筋图板厚110
本层板面标高除注明者均为3.550
B1板110厚板面标高3.500
⏀8@150双向双层
1号楼梯另详
2号楼梯另详
IPGL-A
梁、板长L=3325
TZ1 250×250 4⏀16 Φ8@100
MZ1 240×240 4⏀16 Φ8@150
未注明柱均为构造柱GZ1
GZ1 240×240 4⏀12 Φ6@200
未注明钢筋均为⏀8@200
现浇板分布筋为⏀8@200
IPGL-A
梁纵筋伸入框排架柱内46d
板保护层20
电梯井圈梁示意图
二层梁配筋图
本层梁面标高除注明者均为3.550
1号楼梯详图
-0.050~3.550
1号楼梯详图
3.550~7.150
7.150~10.750
建设单位
设计号
设计
项目负责人
工程名称
车间一
专业
结构
制图
专业负责人
图号
结施 5/7
校对
审定
二层梁和板配筋图及1号楼梯详图
比例
审核
院长
日期

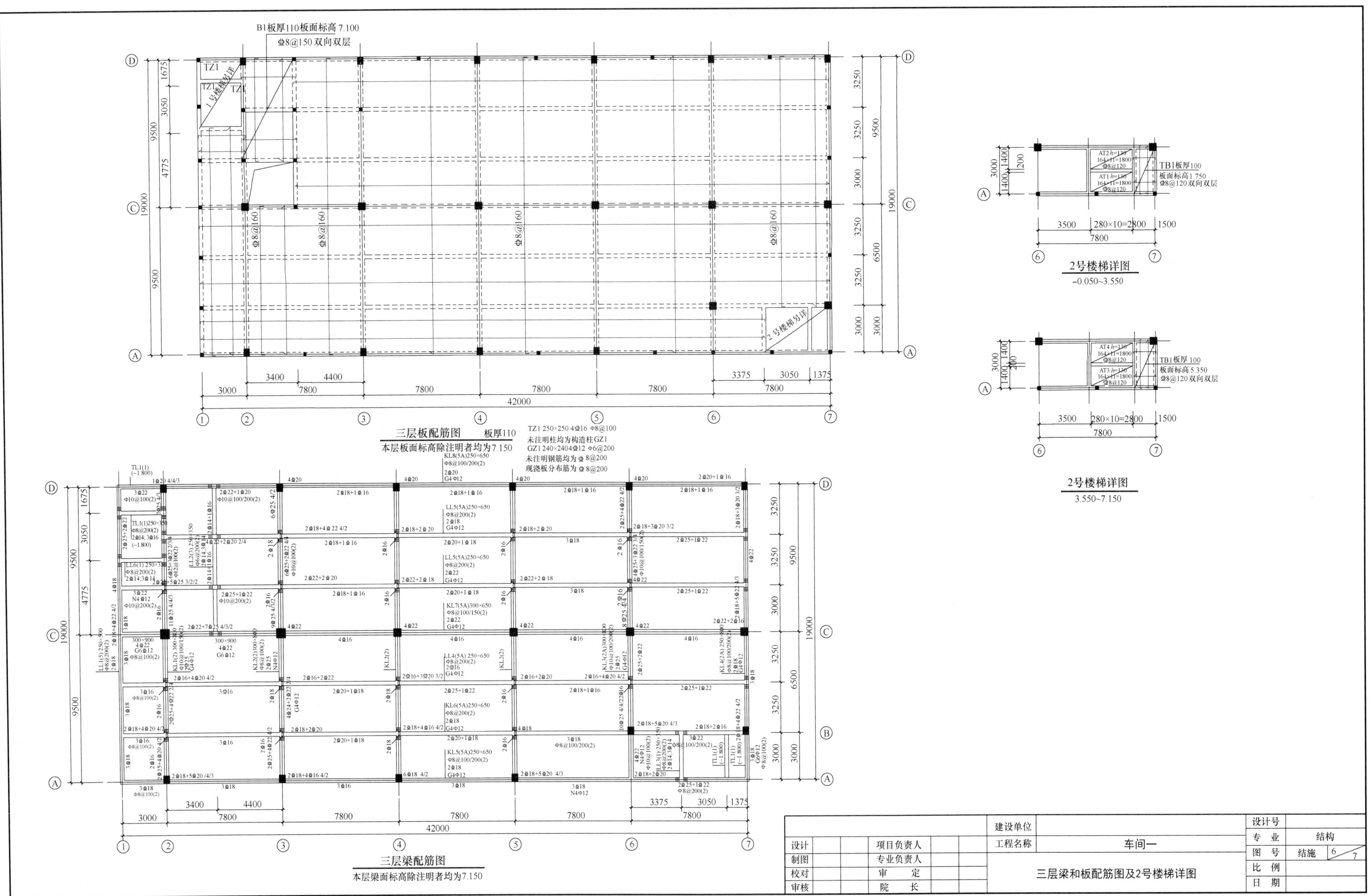

B1板厚110板面标高 7.100
⌀8@150 双向双层
1号楼梯另详
2号楼梯另详
三层板配筋图 板厚110
本层板面标高除注明者均为7.150
TZ1 250×250 4⌀16 Φ8@100
未注明柱均为构造柱GZ1
GZ1 240×240 4⌀12 Φ6@200
未注明钢筋均为⌀8@200
现浇板分布筋为⌀8@200
2号楼梯详图
−0.050~3.550
TB1板厚100
板面标高1.750
⌀8@120 双向双层
2号楼梯详图
3.550~7.150
TB1板厚100
板面标高5.350
⌀8@120 双向双层
三层梁配筋图
本层梁面标高除注明者均为7.150
建设单位
工程名称
车间一
三层梁和板配筋图及2号楼梯详图
设计
制图
校对
审核
项目负责人
专业负责人
审定
院长
设计号
专业 结构
图号 结施 6/7
比例
日期

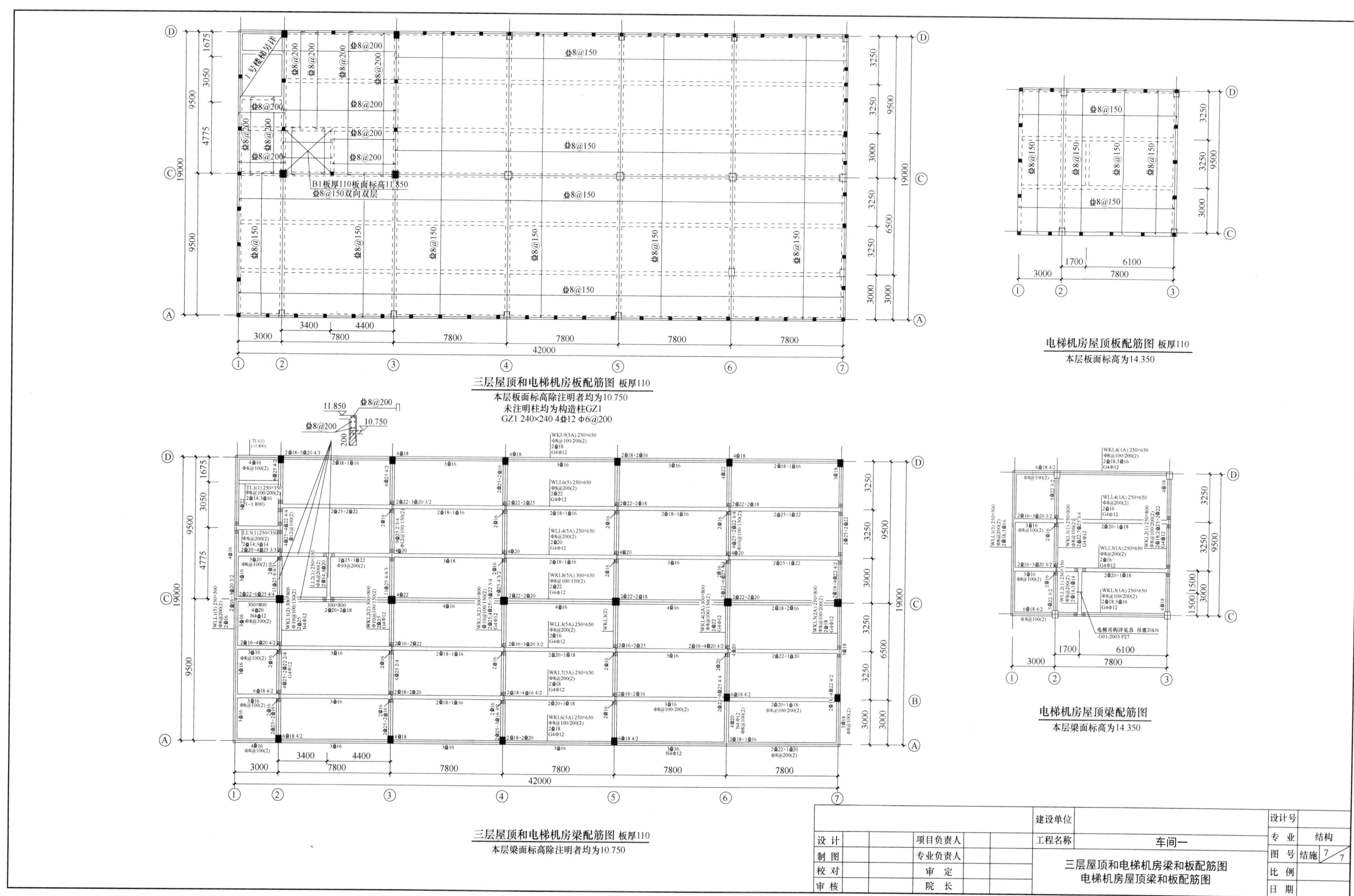

三层屋顶和电梯机房板配筋图 板厚110
本层板面标高除注明者均为10.750
未注明柱均为构造柱GZ1
GZ1 240×240 4⌀12 Φ6@200
B1板厚110板面标高11.850
⌀8@150双向双层
1号楼梯另详
电梯机房屋顶板配筋图 板厚110
本层板面标高为14.350
三层屋顶和电梯机房梁配筋图 板厚110
本层梁面标高除注明者均为10.750
电梯机房屋顶梁配筋图
本层梁面标高为14.350
电梯吊钩详见苏 吊重20kN
G01-2003 P27
建设单位
工程名称
车间一
设计号
专业
结构
图号
结施 7/7
设计
制图
校对
审核
项目负责人
专业负责人
审定
院长
三层屋顶和电梯机房梁和板配筋图
电梯机房屋顶梁和板配筋图
比例
日期